맥주의 지리

맥주의 지리 지역, 환경 그리고 사회

초판 1쇄 발행 2024년 2월 29일

엮은이 마크 패터슨·낸시 홀스트 풀렌
옮긴이 전병운·이보영

펴낸이 김선기
펴낸곳 (주)푸른길
출판등록 1996년 4월 12일 제16-1292호
주소 (08377) 서울특별시 구로구 디지털로 33길 48 대륭포스트타워 7차 1008호
전화 02-523-2907, 6942-9570~2
팩스 02-523-2951
이메일 purungilbook@naver.com
홈페이지 www.purungil.co.kr

ISBN 978-89-6291-091-9 93980

The Geography of Beer
Regions, Environment, and Societies

맥주의 지리

지역, 환경 그리고 사회

푸른길

역자 서문

지난 20년간 국내외 대학에서 교양과목인 '지리학의 이해'를 강의하면서 늘 강의 노트에 담을 새로운 주제를 찾고 있었다. 그러던 중 푸른길에서 2018년에 발간한 번역서 『와인의 지리학』을 만났다. 이후에도 줄곧 새로운 주제를 찾던 중 2019년에 미국에서 출간된 책 『The Geography of Beer: Regions, Environment, and Societies』(2014)를 우연히 보게 되었다. 아직 한국어 번역본이 출간되지 않았다는 것을 알게 되어 고민 끝에 번역을 계획했고, 그 결과물로 『맥주의 지리: 지역, 환경 그리고 사회』라는 한국어판이 출간되었다.

이 책은 세계에서 세 번째로 소비량이 많은 음료인 맥주를 매개로 지리학 전반을 소개하는 도서이다. 수제 맥주의 인기가 높아진 때에 맥주를 지리적으로 접근한다는 것 자체가 굉장한 장점이다. 대학에서 전공자나 비전공자를 위한 '지리학의 이해'와 같은 교양 강의의 교재로 활용될 수 있고 일반인을 위한 지리 교양 도서로 추천해도 손색이 없다.

이 책은 맥주가 어떻게 지역, 환경, 사회에 영향을 끼쳤는지를 공간적 측면에서 다루고 있다. 크게 지역, 환경, 사회의 세 부분으로 나누어 17개의 장으로 구성되어 있다. 3부에 걸쳐서 맥주의 재료를 조달하는 방법은 대부분 지리에 달려 있고, 사람들의 전통은 지리를 반영하고, 맥주의 생산과 유통 방식은 지리에 따른다는 것이 소개된다. 또한 이 책은 맥주의 과거와 현재의 생산과 유통 그리고 사회적 영향을 훌륭하게 지도화하고 기술하고 있다. 현재 세계에 맥주의 스타일이 140가지 이상이 있다. 맥주의 역사, 지리, 생산 그리고 사회적 연관성이 17개의 장에서 흥미롭게 기술되어 있다.

이 책은 경북대학교 이보영 교수와 함께 번역하였다. 필자는 서문 및 목차를 포함해서 1장에서 9장까지 번역하였고, 10장부터 17장까지 그리고 색인은 이보영 교수가 번역하였다. 여러모로 바쁘신 가운데도 이 책을 번역하자는 제의에 흔쾌히 응해 주신 이보영 교수님께 지면을 빌려 다시 감사드리고 싶다.

마지막으로 어려운 시기에 이 책의 출간을 선뜻 허락해 주신 푸른길 대표님과 편집을 담당해 주신 출판사 관계자분에게 깊은 감사의 뜻을 전한다.

2024년 2월
역자를 대표하여
전병운

저자 서문

내가 39년 전에 일을 시작한 이후로 맥주 양조 산업은 극적으로 변했다. 거대 다국적기업의 세계화와 부상 그리고 아주 작은 전문(speciality) 맥주 양조장의 성장이라는 두 개의 주요한 변화는 서로 정반대 현상처럼 보일 수 있지만 후자는 분명히 전자 때문에 촉발되었다. 1930년대 중반 금주령 이후 미국에 750개 이상의 맥주 양조장이 있었다. 1800년대 중반부터 후반까지 대부분의 소규모 맥주 양조장은 독일 이민자의 후손이 운영하였고 대부분의 대도시에 적어도 100만 배럴을 생산할 수 있는 맥주 양조장이 하나는 있었다. 몇몇 초대형 맥주 양조장은 유통 경계를 자신들의 지역 소재지를 넘어서까지 확장하기 시작했다.

  1975년에 나는 1848년 독일 이민자들이 세운 맥주 양조장인 위스콘신주 먼로에 있는 맥주 양조회사 조지프 후버(Joseph Huber)에서 가장 낮은 직책인 조합 주류 판매원으로 시작했다. 이 무렵 미국의 양조회사는 45개로 줄어들었고 전국 규모의 양조업체들이 광고 비용과 규모의 경제를 마음대로 사용할 수 있었던 반면에 일부 오래되고 규모가 작은 지역의 맥주 양조회사는 간신히 버티고 있었다. 이러한 전국 규모의 다공장 맥주 양조업체인 앤하이저-부시(Anheuser-Busch), 슐리츠(Schlitz), 팹스트(Pabst), 밀러(Miller), 힐레만(G. Heileman), 팔스타프(Falstaff), 칼링-내셔널(Carling-National) 그리고 단일 거대 맥주 양조장인 쿠어스(Coors), 스트로(Stroh), 햄스(Hamm's), 올림피아(Olympia), 발란틴(Ballantine), 라인골드(Rheingold), 셰퍼(Schaeffer) 및 제너시(Genesee) 중에서 계약제 또는 가상의 맥주 양조업체가 된 팹스트를 제외하고는 더 이상 단일 업체가 별개의 독립체로 존재하지 않는다는 것은 놀라운 일이다. 나머지는 모두 합병, 폐업 또는 외국계 다국적기업에 인수되었다. 나는 내 생전에 한때 세계에서 가장 큰 맥주 양조업체였던 앤하이저-부시가 벨기에/브라질 컨소시엄에 의해 인수되는 날을 목격할 것이라고 1975년에는 결코 생각하지 못했다. 이제 이 컨소시엄은 이전보다 훨씬 더 큰 규모가 되었고 지금은 전 세계 맥주의 4분의 1을 생산한다. 그들은 글로벌 패권을 추구하는 맥주 양조그룹이 낳은 복합기업인 사브밀러(SABMiller: South African Breweries Miller)에 쫓기고 있다. 사브밀러는 아프리카에서 우위를 점하는 회사로, 소비에트 연합의 붕괴, 밀러와 쿠어스라는 미국 기업의 합병 그리고 아마 보다 중요하게도 중국에서 가장 큰 맥주 양조회사이고 세계에서 가장 많이 판매되는 단일 브랜드인 스노(Snow)의 생산업체인 CRB(China Resources Beer)의 50% 소유권을 가진 후에 동유럽에서 지역이 개방됨에 따라 맥주 양조장을 매입했다.

7년 전 미국을 제치고 세계 최대 맥주 양조국으로 떠오른 중국은 그사이 지금은 그 2배의 맥주를 생산하는 지점까지 성장하였고 성숙한 북미 시장에서 총거래량이 비교적 안정적으로 유지되는 동시에 여전히 성장하고 있다.

하이네켄(Heineken)과 칼스버그(Carlsbergs)는 AB-I(Anheuser-Busch InBev)와 사브밀러의 전례를 따라 전 세계에서 양조장을 사들이고 만들었다. 중국 맥주 양조업체 칭다오(Tsingdao) 및 옌징(Yanjing)과 일본 맥주 양조업체 기린(Kirin)과 아사히(Asahi)를 포함한 다른 맥주 양조 대기업이 이들 맥주 양조업체의 뒤를 이었다. 일본 맥주 양조업체들은 인구 감소와 시장 축소에 직면하여 해외 진출을 모색하고 있다. 기린은 이제 필리핀에서 산미구엘(San Miguel)뿐만 아니라 오스트레일리아에서 45% 시장 점유율을 차지하는 라이언네이션(Lion Nathan)의 소유주이다. 오스트레일리아에서 다른 주요 업체는 현재 사브밀러가 소유한 포스터스(Fosters)이다. 이들 기업 모두 계속해서 인수를 모색하고 있으며 그들 사이에 합병도 있을 것에 의심의 여지가 없다.

미국에서 대형 양조업체들의 부상은 그들 모두가 비슷한 스타일의 맥주, 첨가물을 35%로 하여 쓴맛이 적고 맛이 더욱 가벼운 라거(lager)뿐만 아니라 더 중요한 것은 맥주에서 칼로리 대부분을 차지하는 잔류당과 알코올을 줄임으로써 저칼로리 수준을 달성한 맥주를 생산하면서 여지를 남겼다.

1975년에 미국의 가장 오래된 맥주 양조장에서 온 잉링포터(Yuengling Porter), 발란틴 인도 페일 에일(Ballantine India Pale Ale)(쓴맛 지수 50, 알코올 도수 6%, 통에서 1년간 숙성된), 후버 맥주 양조회사(Huber Brewing)의 독일 스타일 라거인 아우크스부르거(Augsburger) 등과 같은 몇 가지 전문 맥주가 있었다. 그러나 이들은 이례적인 것이지 일반적인 것은 아니다.

이 여지를 메우기 위해 미국 최초의 소형 맥주 양조장 뉴앨비언(New Albion)이 1977년 캘리포니아 소노마에 생겼다. 나는 당시 인근 앵커스팀(Anchor Steam)에서 일하면서 그들의 성공과 실패를 직접 목격했다. 뉴앨비언은 그 당시 미국에서 생산되었던 맥주의 99%를 차지했던 가벼운 라거와 대조되는 맥아 100% 홉 맛이 나고 과일 향이 나는 에일(ale)을 생산했다. 이러한 스타일의 맥주 양조를 위한 영감은 의심할 여지 없이 앵커스팀에서 비롯되었다. 앵커스팀은 오랜 역사를 지니고 아주 강한 홉 맛이 나는 새로운 맥아 100% 황색 맥주를 생산했던 아주 작은 맥주 양조장(당시에는 11,000배럴, 12,900헥토리터)이었다. 곧 다른 소규모 맥주 양조장이 캘리포니아와 뒤이어 전국에서 나타나기 시작하였다. 처음에는 품질이 매우 일관되지 못했다. 이들 맥주 양조장은 대부분 풍부한 맛을 가진 맥주를 생산하는 이전의 자가 맥주 양조업체에 의해 시작되었다. 어떤 경우에는 초기 수제 맥주 양조업체들이 미숙한 발효, 오염 및 초보적인 장비로 일관되지 않은 맛을 냈기 때문에 맛을 잃은 것을 깨닫지 못했다. 이러한 많은 맥주 양조장의 품질이 점차 전문적인 수준으로 성장했고 이에 따라 많은 수제 맥주 공장의 규모가 증가하였다. 그들의 성공은 현재 미국에서 2,000개 이상의 소형 맥주 양조장과 자가 양조 맥줏집이 있을 정도로 더 많은 맥주 양조장을 탄생시켰다. 그중 가장 큰 두 업체인 시에라네바다(Sierra Nevada)와 뉴벨기에(New Belgium)는 원래의 서부 맥주 양조장을 기념하기 위해 동부 해안에 양조장을 만들었다. 특히 시에라네바다는 현재는 없어진 미국맥주양조업체에 필적하는 매우 앞선 연구와 연구 개발을 지속하고 있다. 그래서 어떤 면에서 맥주 양조가 수많은 소규모 지역 맥주 양조장에서 전국 규모의 맥주 양조장으로 그리고 다시 지역 맥주 양조업체로서 제자리로 되돌아왔다. 이들 지역 맥주 양조업체는 이제 세계에서의 모든 스타일뿐만 아니라 수제 맥주 산업에서 개발된 새로운 스타일을 생산하는 차별성을 가진다. 40년 전만 해도 미국의 거의 모든 맥주는 4~5가지 스타일로 구성되었지만, 전미 맥주 축제(Great American Beer Festival)에서 맥주는 80개 이상의 범주에서 평가되고 있다. 사실 수제 맥주의 움직임이 계속 커지고 천천히 주류 맥주 양조업체를 잠식하게 됨에 따라 이들 주류 맥주 양조업체들도 수제 스타일의 맥주를 생산하거나 수제 맥주 양조장을 인수하기 시작했다.

수제 맥주의 성공이 전 세계적으로 주목을 받은 것은 아니었다. 캐나다, 일본, 오스트레일리아와 심지어 이런 스타일의 맥주가 처음 도입된 영국, 아일랜드, 독일과 같은 국가에서 전문 맥주를 생산하는 소규모 맥주 양조장의 성장으로 이어졌다.

1975년에 나는 오늘 무슨 일이 일어날지 결코 예측하지 못했다. 그러나 대규모 세계적 맥주 양조업체의 지속적인 성장과 지역의 전문 맥주 양조업체의 부상이라는 정반대 현상은 가까운 미래에도 계속될 것이다.

앨런 콘하우저(Alan Kornhauser)

맥주 양조 마스터

감사의 글

이 책은 세계 각지에서 많은 기고자에 의해 이루어진 노작이다. 따라서 우리는 이 책의 시작부터 완성에 이르기까지 도움을 주신 분들을 알아보고 감사하고 싶다.

먼저 우리는 맥주의 지리와 관련된 다양한 주제들에 관한 지식을 기고해 준 모든 저자들에게 감사하고 싶다. 그들의 전문적 지식과 전문가 기질은 단연코 최고였다. 특히 짧은 마감일과 때때로 광범위한 수정을 고려할 때, 우리는 그들이 알고 있는 것을 취하고 이 책의 전체를 아우르는 주제와 글쓰기 양식에 맞게 그것을 하나의 장으로 적합하게 만드는 그들의 능력에 감사한다. 모든 익명의 검토자에게도 감사를 드린다. 그들의 논평은 이 책의 전체적인 응집력을 향상시켰고, 저자들이 그들의 글을 확장시킬 수 있도록 했고 그들 작업에서 '지리'를 발견할 수 있도록 했다.

우리는 지리가 공간적 측면을 강조하는 고유한 특성 때문에 다른 학문과 구별된다고 믿는다. 저자 중에 많은 분이 지리학자로 훈련받지 않았기 때문에, 우리는 지리를 공간적 결과를 소개할 장으로 통합시키는 데 도움을 줄 한두 명의 매우 중요한 분과 함께 작업했다. 특히 우리는 예술 작품이나 다름없는 많은 지도를 만든 지도학자인 마이클 베스트(Michael D. Vest)와 이 책의 많은 측면에서 우리를 도왔고 이 책을 소개하는 장에 있는 주목할 만한 그림을 만들어 우리의 기본적인 비전을 설명했던 조교인 레베카 매토드(Rebecca Mattord)에게 감사하고 싶다.

출판 편집자인 로버트 도(Robert K. Doe) 박사님께 기탄없이 감사를 드리고 싶다. 그가 신이 나서 이 프로젝트를 광범위하게 지원한 것에 대해서도 감사를 드린다. 이 책의 아이디어는 미국지리학회 연례학술대회 중 한 토론에서 비롯되었다. 어떤 편집자가 이 아이디어를 처음으로 생각해냈는지에 대한 논쟁이 여전히 있지만, 로버트는 이 프로젝트를 늘 옹호했고 이 책을 구상하고 현실화시키기 위해 인내하고 열성적으로 지원해 주었다.

우리는 우리를 계속 작업하게 하고 우리의 많은 질문에 적시에 답을 제공했던 프로젝트 코디네이터인 나오미 포트노이(Naomi Portnoy)를 포함한 출판팀의 다른 모든 팀원뿐만 아니라, 본문 교정과 여러 장을 최종본으로 편집한 크레스트 프리미디어 솔루션(Crest Premedia Solutions)의 프로젝트 매니저인 닐루 사후(Neelu Sahu)에게도 감사하고 싶다.

또한 우리는 맥주의 과학, 경제, 지리 그리고 많은 종류, 스타일, 하위 스타일의 맛을 우리에게 교육해 준 것에 대해 2013년 맥주계량학학술대회(Beeronomics Conference) 및 관련 회원 여러분께(세계에서 두 번째로 흥미로운 남자를 포함하여) 감사드린다.

마지막으로, 우리가 연구를 진행하면서 이야기를 나누었던 모든 맥주 양조 마스터들께 감사드린다. 당신의 지식, 열정, 경험 그리고 물론 맥주를 공유해 주셔서 감사드린다. 이 책을 맥주지리학자들에게 바친다.

물, 보리, 효모
쓴맛을 내기 위해 약간의 홉을 추가하면
맥주 양조는 공간적이다.

차례

1.

맥주의 지리들

마크 패터슨Mark W. Patterson, 낸시 홀스트 풀렌Nancy Hoalst-Pullen
케네소 주립대학교

| 요약 |

맥주는 물과 차에 이어 세 번째로 널리 소비되는 음료이다(Nelson 2005). 맥주를 만드는 4가지 기본 재료들, 즉 물, 곡물, 홉, 효모는 맥주를 단순한 음료처럼 보이게 하지만 맥주의 복잡성은 와인과 견줄 정도다(아마도 능가한다). 맥주는 다양한 종류(예: 에일 및 라거), 스타일[예: 앰버 에일, 보리 와인, 헤페바이젠, 인도 페일 에일(IPA: India Pale Ale), 필스너, 스타우트] 및 하위 스타일을 가지고 있다. 현재까지 맥주양조협회가 분류한 맥주 스타일은 140가지가 넘는다(Brewers Association 2012). 색을 보는 안목이 매우 뛰어나다고 할지라도 그렇게 많은 에일과 라거의 스타일과 하위 스타일을 구별하기가 어려울 것이다. 그렇다면 어떻게 그 간단한 음료가 이렇게 복잡할 수 있을까? 이것은 한마디로, 지리이다.

서론

맥주는 물과 차에 이어 세 번째로 널리 소비되는 음료이다(Nelson 2005). 맥주를 만드는 4가지 기본 재료들, 즉 물, 곡물, 홉, 효모는 맥주를 단순한 음료처럼 보이게 하지만 맥주의 복잡성은 와인과 견줄 정도다(아마도 능가한다). 맥주는 다양한 종류(예: 에일 및 라거), 스타일(예: 앰버 에일, 보리 와인, 헤페바이젠, 인도 페일 에일, 필스너, 스타우트) 및 하위 스타일을 가지고 있다. 현재까지 맥주양조협회가 분류한 맥주 스타일은 140가지가 넘는다(Brewers Association 2012). 색을 보는 안목이 매우 뛰어나다고 할지라도 그렇게 많은 에일과 라거의 스타일과 하위 스타일을 구별하기가 어려울 것이다. 그렇다면 어떻게 그 간단한 음료가 이렇게 복잡할 수 있을까? 이것은 한마디로, 지리이다.

지리는 맥주 재료의 공급뿐만 아니라, 맥주의 생산과 유통에도 영향을 미친다. 와인에 쓰이는 포도처럼, 맥주는 재료 면에서 지리적이다. 맛의 차이는 사용된 곡물과 홉의 다양성에서 나온다. 어느 정도까지는 다양한 보리(또는 맥아를 만드는 데 사용되는 다른 곡물)와 홉이 재배되는 지역의 차이(토양과 기후)가 맥주의 특성에서 미묘한 차이를 만들어 낸다. 또한 물과 물에 함유된 미네랄 함량도 맥주가 내는 맛(추출된 맥아즙의 맛부터 홉의 쓴맛과 완성된 맥주의 전반적인 특성에 이르기까지)에 중요한 역할을 한다(Smith 2012). 심지어 세계의 여러 지역에서 온 다양한 종류의 효모도 맥주의 맛에 영향을 미친다.

맥주, 특히 수제 맥주의 생산은 부분적으로 재료에 의존하지만, 양조업자와 맥주 스타일의 지방주의(또는 지역주의)에 더 영향을 받는다. 예를 들면, 태평양 북서부(여기가 홉이 자라는 곳이기 때문에)에서 온 맥주는 홉 맛이 난다. 반면에 태평양 북동부 지역의 맥주 양조업자들은 영국의 에일과 포터(por-ters: 흑맥주의 일종)를 선호한다. 그렇다고 북동부 지역의 맥주 양조업자들이 홉 맛이 나는 맥주를 생산할 수 없다거나, 태평양의 북서부 지역의 맥주 양조업자들이 훌륭한 맥아 맛이 나는 맥주를 생산할 수 없다는 것은 아니다. 지역에 따른 선호는 지역의 역사, 신지방주의[공간적 독특성과 장소의 질을 회복하기 위한 사람들의 운동으로서 Flack(1997)에 의해 고안된]의 역할 그리고 지방 맥주 양조 마스터들의 혁신적인 특성이 결합해 내는 시너지 관계에 기인할 것이다.

또한 분포는 맥주의 종류와 스타일에 의해 결정된다. 큰 양조장, 특히 미국 스타일의 라거 양조장들은 국내 및 국제적으로 분포하는 형태이지만, 작은 수제 맥주 양조장들은 맥주가 생산되는 지역 사회 주변에 국지적으로 분포하는 경향이 있다. 게다가 유럽에서의 맥주 생산은 기원지와 직접적으로 연관되어 있다. 그리고 많은 맥주가 그렇게 명명되었다[예: 버드와이저(Budweiser), 필스너(Pilsner), 람빅(Lambic), 벨기에 에일(Belgian ale) 등]. 이와 같이 맥주의 스타일과 브랜드의 관계는 다양한 지역에서 성장하고 있으며 지역 사회로부터 지지를 받고 있다. 사실 맥주는 많은 지역, 환경 그리고 사회에서 중요한 부분을 차지하고 있다.

그림 1.1은 선정된 맥주 스타일과 하위 스타일의 기원을 지도화함으로써 맥주의 지리를 명시적으로 보여 준다. 물론 분량의 제한 때문에 몇 가지 맥주 스타일은 제외되었다. 그러나 이 그림은 독자에게 많은 일반 맥주 스타일의 지리적 기원에 대한 시각적 개요를 제시해 준다. 실제로 맥주에는 지리가 있다.

이 책의 제목은 맥주의 지리(단수)지만, 이 장의 제목은 맥주의 지리들(복수)이다. 각각의 맥주에는 전해지기를 기다리는 저마다의 지리 이야기가 있다. 다음 장에서는 지리학자만이 아니라 인류학자, 역사학자, 사회학자 그리고 심지어 언어학자도 맥주의 지리 이야기를 한다는 것을 알게 될 것이다.

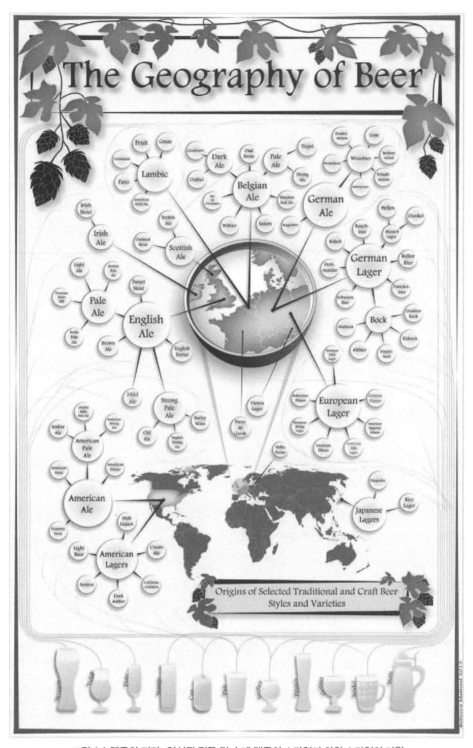

그림 1.1 맥주의 지리: 엄선된 전통 및 수제 맥주의 스타일과 하위 스타일의 기원

그러나 모든 경우에 지역, 환경, 사회의 측면에서 맥주의 재료 공급, 생산 및(또는) 유통에 미치는 지리의 영향은 로컬부터 글로벌 규모까지 쉽게 확인할 수 있다. 그래서 우리는 맥주의 많은 지리적 양상을 담아내는 일련의 장들을 여러분에게 소개한다.

책의 구조

이 책은 지역, 환경, 사회 세 부문으로 나뉜다. 우리가 장들을 배치한 특정한 방식에 대해서는 논쟁의 여지가 있고, 이 부문들이 상호 배타적이지 않다는 것에 동의한다. 눈치 빠른 독자는 이 책 내에서 다른 저자와 장을 인용하는 일부 저자를 포함하면서 각 장의 인용이 다양한 수준에서 중복되는 것을 발견할 것이다.

맥주의 지역

이 부문의 주제는 다양하며 지리, 역사 등의 측면을 포함하고 있지만 일관된 주제는 맥주의 재료 공급, 생산 그리고 유통과 관련된 장소(지역)의 역할이다. 먼저 넬슨(Nelson)의 2장을 보자. 그는 기원전 1000년부터 서기 1000년까지 2,000년에 걸쳐 유럽의 맥주를 조사한다. 고고학적 발견들과 고대의 문헌들에 대한 상세한 분석을 통해 다양한 곡물과 첨가물이 맥주의 생산에 어떻게 사용되었고 위치와 강하게 연결되었는지에 관한 예들을 제공한다. 슈얼(Sewell)의 3장은 비옥한 초승달 지대에서부터 현재의 상태로까지 맥주 확산에 대해 개괄적으로 설명한다. 그는 맥주의 확산(및 대중화)에 유럽에서의 가톨릭 수도원뿐만 아니라 신대륙으로 간 독일 이민자들의 역할이 중요했음을 언급한다.

다음 세 개의 장은 북아메리카에서 맥주의 지리에 초점을 맞춘다. 4장에서 바츨리(Batzli)는 식민지 시대부터 현재에 이르기까지 미국의 맥주 양조업 발달에 초점을 맞춘다. 그는 미국의 맥주 양조장에 관한 자료를 조사하여 6개의 시계열 지도를 만든다. 각 지도는 1612년 이래 미국 맥주 양조의 지리적 확대와 축소를 보여 준다. 그는 왜 이 역사적인(그리고 현대의) 공간 패턴이 존재하는지에 대해 고찰한다. 이어 5장에서 시어즈(Shears)는 지리적 초점을 위스콘신주로 좁히고, 이 주에서의 맥주 산업 발전을 밝힌다. 그는 교통과 규모의 경제와 같은 중요한 지리적 개념들을 논의하고, 성공적인 맥주 양조업자들은 지방 시장의 개발에 집중한 사람들이었다고 결론짓는다. 6장에서 가우스(Gauss)와 비티(Beatty)는 세계 최대의 맥주 수출국인 멕시코로 관심을 돌린다. 아주 오래전 1850년대부터 지리는 멕시코의 맥주 생산에서 역할을 해 왔다. 그들은 산업화, 자원에 대한 접근, 도시화의 위치와 공간적 상호관계를 통해 멕시코 맥주의 지리를 조사한다.

이 부문의 마지막 장인 7장에서 미타그(Mittag)는 지리가 맥주의 특정한 하위 스타일과 스타일을 명명하는 데 어떤 역할을 했는지에 대한 좋은 소개를 제공한다. 쾰쉬(Kölsch), 람빅, 필스너, 캘리포니아 커먼(California common) 등과 같은 친숙한 하위 스타일과 스타일은 각기 기원지의 이름을 따서 명명되었다. 게다가 이 장소들은 위도 40~50도에 위치하는 경향이 있다. 이 위도에서의 기후와 토양이 맥주 양조에 필요한 재료를 재배하는 데 더 많은 도움이 된다.

맥주의 환경

환경의 역할은 특히 맥주의 네 가지 핵심 재료 측면에서 이 부문의 가장 중요한 주제를 이룬다. 먼저, 코프(Kopp)의 8장은 농업적 관점과 유럽에서 북미 그리고 전 세계로 수 세기에 걸친 이동 관점에서 홉에 대해 살펴본다. 유럽에서 천 년 이상 맥주를 만드는 데 홉이 중요한 역할을 했지만, 그동안 홉은 특정한 기후와 특정한 토양 유형에서 재배되었다. 품종이 서로 다른 지역의 기후 및 토양 특성에 적응함에 따라 맛을 내는 특성이 변했다. 홉은 원래 '콜럼버스 교환'의 일부로 신대륙에 들어왔기 때문에, 태평양 북서부 지역에서 주로 재배되는 새로운 품종이 생산되었다. 오늘날 홉은 대체로 미개척 맥주 시장인 중국을 포함한 전 세계에서 재배되고 있다. 지리적 관점에서 보면, 홉의 생산은 토양과 기후 체제에 기반을 둔 세계적 확산의 좋은 예이다.

수질은 맥주 양조 과정에서 항상 중요한 역할을 해 왔다. 가트렐 등(Gatrell et al.)은 9장에서 수문지리와 지리심리학의 개념을 탐구하고 물 기반 도상학(iconography)이 양조장에서 맥주를 홍보하는 데 어떻게 사용되었는지를 조사한다. 물 화학이 발전하기 전까지 양조업자들은 맥주에 사용되는 물의 자연적인 수질에 크게 의존했다. 오늘날 맥주 양조업자들은 맥주 스타일과 하위 스타일에 있어서 보다 엄격한 수질을 만들기 위해 물 화학을 이용한다. 그러나 물에 부가물을 섞음(예를 들어, 홉의 쓴맛을 강조하기 위해 석고를 첨가하는 것)에도 불구하고, 많은 맥주 양조업자들은 지리심리학적 마케팅 도구로서 물의 순도를 사용한다.

다음으로, 율(Yool)과 컴리(Comrie)는 10장에서 다양한 스타일의 맥주에 대해 그리고 자연환경이 맛에 미치는 영향에 대해 논의한다. 그들은 다양한 수제 맥주를 표본 추출함으로써 맥주의 테루아

(맛에 대한 환경의 영향)를 탐색한다. 그들은 기후 변화가 맥주의 재료 공급에 어떻게 영향을 미칠 수 있는지 추측하고, 홉 생장 지역이 잠재적으로 축소되고 있다는 것을 넌지시 말한다.

마지막으로, 홀스트 풀렌 등(Hoalst-Pullen et al.)은 11장에서 수제 맥주 산업의 지속 가능성에 대해 살펴본다. 그들은 지속 가능한 목표와 관행에 대한 업계의 자세를 알아보기 위해 지역의 수제 맥주 양조장을 설문 조사했다. 그들은 이들 양조장 중 대다수가 환경적, 경제적 그리고 사회적 지속 가능성을 촉진하는 관행을 포함하고 있지만, 대규모 맥주 양조장이 아닌 소수의 수제 맥주 양조장에서 이산화탄소의 배출량을 검사한다는 것을 알아냈다.

맥주의 사회

이 책의 마지막 부분은 사회와 맥주 간의 관계에 관한 것이다. 사회가 다면적인 것처럼, 경제학에서 소셜 미디어에 이르는 주제까지 포함한 이 부분도 역시 그러하다. 먼저, 헤울란(Haugland)은 12장에서 물 화학 및 식민지화와 인도 페일 에일(IPA)의 발전 및 대중화 간의 관계를 기술한다. 그는 IPA의 지리적 여정을 영국에서의 보잘것없는 출발, 인도로의 이동 그리고 미국에서의 새로운 인기와 관련하여 이야기한다.

매클로플린 등(McLaughlin et al.)은 13장에서 미국에서 수제 맥주 양조에 대한 공간분석을 수행한다. 그들은 미국의 맥주 생산 및 소비의 양상을 비교한다. 즉 2011년 맥주 양조장의 수가 사상 최고치에 가까움에도 불구하고, 같은 해 1인당 맥주 소비량은 최저 수준이었다. 이 역설을 이해하기 위해 그들은 세 가지 접근법을 택한다. 먼저, 시간적 변화에 따른 맥주 양조장 수를 분석한다. 둘째, 수제 맥주 생산 추세를 조사한다. 셋째, 수제 맥주 생산의 공간적 및 시간적 패턴을 탐색하기 위해 수제 맥주 양조장의 위치를 지도화한다.

14장에서 하워드(Howard)는 세계적 관점에서 맥주 산업의 성장과 발전에 대해 살펴본다. 그는 세계 맥주 산업의 두 가지 중요한 경향, 즉 대기업에 의한 기업 합병과 새로운 시장으로의 확장을 확인한다. 현재 4개의 기업이 세계 맥주 시장의 약 50%를 지배하고 있다. 이 기업들은 주로 페일 또는 미국 스타일의 라거를 생산하지만, 최근에 시장 점유율을 높이기 위해 다른 하위 스타일들을 양조하고 있다. 그는 이러한 추세는 수제 맥주 시장의 성장과 마케팅에 대한 문화적 장벽(예를 들면, 브랜드 충성도)에 의한 역행이라고 결론짓는다.

15장에서 슈넬(Schnell)과 리스(Reese)는 신지방주의의 개념을 소개한다. 그들은 신지방주의를 "장소에 대한 적극적이고 의식적인 애착의 형성과 유지"라고 정의한다(Schnell and Reese 2003). 그들은 맥주 양조장은 이름 짓기와 이미지를 통해 어떤 장소에 대한 심리적 애착을 만들어 내고, 이러한 장소에 대한 애착은 강력한 마케팅 도구로 사용되며 브랜드 충성도를 강화한다고 주장한다. 맑은 산천, 도시의 랜드마크 등 여러 지역적 도상학(iconography)의 이미지가 지방 맥주에 대한 충성심을 고취시키기 위해 사용되고는 한다. 이것은 특히 수제 맥주 양조장에 적용되지만(그들 중 일부는 꽤 성공적이었다), 대기업들이 가짜 소형 맥주 양조장을 만들고 신지방주의를 창조하려고 시도하면서 엇갈린 결과를 가져왔다. 저자들은 충성심에 영향을 미치는 가장 중요한 요인은 맥주가 양조되는 지역 사회와의 연계성이라고 결론짓는다.

16장에서 에버츠(Eberts) 또한 신지방주의에 대해 검토하는데 캐나다 측면에서 살펴본다. 그는 캐나다에서 기업 통합(미국에서의 기업 통합과 유사한)이 만연했다는 것에 주목하면서 캐나다에서 맥주 양조의 역사를 밝히는 것으로 시작한다. 그러나 소형 맥주 양조는 1980년대 중반에 소기업들이 맥주를 홍보하기 위해 신지방주의 전략을 이용하면서 성장하기 시작했다. 그는 유사 신지방주의라고 부르는 한 가지 뚜렷한 예를 발견하는데 그것은 특정 기업이 마케팅 권리를 통해 극단적으로 신지방주의를 전개하는데도 맥주 브랜드를 장소에 연계시키는 증거가 거의 발견되지 않는다는 것이다.

이 부문의 마지막 장인 17장에서 주크(Zook)와 푸어두이스(Poorthuis)는 '맥주 공간'을 보여 주는 지도를 만들기 위해 소셜 미디어의 데이터를 사용한다. 그들은 지오코드화된 트윗을 사용하여 문화적 및 지리적으로 참조된 '와인 공간'과 '맥주 공간'의 비교 지도, 순한 맥주의 공간성을 강조하는 지도 그리고 마지막으로 '싼 맥주'의 지역 지리를 묘사한 지도를 포함하는 일련의 맥주 공간 지도를 만든다. 그들의 연구는 현실 세계에서 맥주의 사회지리를 반영하는 소셜 미디어에 포착된 기저에 있는 맥주의 지리들을 보여 준다.

잔을 들면서

분명히 지리는 이전에도 그랬고 앞으로도 계속해서 맥주의 생산과 소비에서 중요한 역할을 할 것이다. 와인처럼 맥주는 재료뿐만 아니라 맥주 양조 마스터의 전통과 혁신에 근거하여 지역주의, 독특한 맛, 테루아를 가지고 있다. 또한 지역주의는 맥주의 명칭에서도 분명히 드러난다. 문화가 새로운 장소로 이동함에 따라 사람들은 맥주의 양조 방법, 재료, 지식 그리고 때로는 맥주 자체(제한된 수량이지만)를 가져왔다.

교통 인프라가 성장함에 따라 재료(물은 주목할 만한 예외)를 추가로 수송할 능력도 향상되었다. 마찬가지로 홉의 자연적인 보존 능력도 맥주가 다른 대륙으로 운송되는 것을 가능하게 했다. 교통 인프라의 발전과 함께 냉장고의 출현으로 주류 맥주 종류로서 라거는 미국 전역에 빠르게 퍼져나갔다. 1980년대 무렵 맥주 산업에서 세계화는 확고하게 자리 잡았지만 소비자들은 소수의 스타일만 쉽게 이용할 수 있었다. 하지만 그 맥주 산업에서 기업 통합은 현대 수제 맥주 운동을 위한 여지를 남겼다. 1980년대 이래로 소형 맥주 양조장, 자가 양조 맥주 그리고 심지어 가내 양조자들에 의한 작은 맥주 양조장들이 틈새를 메우기 위해 끼어들었다.

맥주가 만들어지는 규모(스케일)에 상관없이 지리는 맥주의 일생 각 단계에 분명히 내재되어 있다. 맥주에 대한 지리와 지리의 놀라운 영향을 위해 우리 함께 축배를 들자. 건배!

참고문헌

Beer Institute (2013) http://www.beerinstitute.org/assets/map-pdfs/Beer_Economic_Impact_US.pdf. Accessed 30 Sept 2013

Brewers Association (2012) http://www.brewersassociation.org/attachments/0000/7526/2012_BA_Beer_Styles_Final.pdf. Accessed 24 Sept 2013

Brewers Association (2013) http://www.brewersassociation.org/pages/business-tools/craft-brewing-statistics/number-of-breweries. Accessed 24 Sept 2013

Brewers of Europe (2009) http://www.brewersofeurope.org/docs/publications/Contribution%20made%20by%20Beer%20to%20the%20European%20economy%20FULL%20REPORT%2010-8-2009.pdf. Accessed 30 Sept 2013

Flack W (1997) American microbreweries and neolocalism: "Ale-ing" for a sense of place. J Cult Geo 16(2): 37-53. Accept

Kirin H (2011a) http://www.kirinholdings.co.jp/english/news/2012/0808_01.html#table2. Accessed 29 Sept 2013

Kirin H (2011b) http://www.kirinholdings.co.jp/english/news/2011/1221_01.html. Accessed 29 Sept 2013

Nelson M (2005) The barbarian's beverage: A history of beer in ancient Europe Routledge, Abingdon, p.1. ISBN 0-415-31121-7. Accessed 21 Sept 2010

Schnell SM, Reese JF (2003) Microbreweries as tools of local identity. J Cult Geo 21(1): 45-70

Smith B (2012) Brewing-hard or soft? beersmith.com/blog/2008/08/24/brewing-water-hard-or-soft/. Accessed 30 Oct 2013

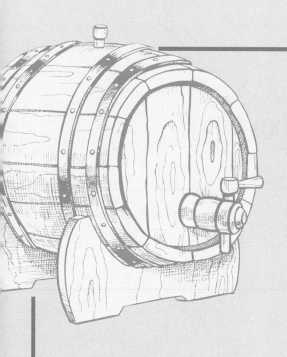

1부: 지역

Regions

2.

기원전 1000년에서 서기 1000년까지 유럽 맥주의 지리

맥스 넬슨Max Nelson
윈저대학교

| 요약 |

오늘날 맥주의 스타일이 급증하고 있으며 대부분은 근대 유럽에서 개발된 것들이다. 그러나 고대 유럽에 존재한 더 단순한 맥주의 지리에 관한 몇몇 증거들이 있다. 보리는 맥주 양조업자들(남부 이탈리아와 그리스 외부에 있는 맥주 양조업자)이 사용하는 일반적인 곡물이었다. 반면에 밀은 서부 유럽의 많은 지역에서 보조 곡물로 사용되었다. 대신에 수수는 동부 유럽에서 사용되었다. 비록 많은 종류의 식물 첨가물들이 맥주에 사용되었지만, 두 가지 주요한 것이 인기가 있었다. 스윗 게일(sweet gale)은 기원전 1세기경 라인강 하구에서 처음으로 입증되었고, 홉은 서기 9년에 일드프랑스 지역에서 처음으로 널리 대중화되었다. 꿀 역시 이베리아 반도와 아일랜드를 제외한 서유럽 전역에서 맥주에 자주 사용되었을 것이다. 이러한 상황은 매우 단편적인 증거에 근거하고 많은 세부 사항에서 부정확할 수 있다는 점을 강조한다. 미래의 고고학적 발견들이 우리의 지식에 많은 것을 더해주기를 희망한다.

서론

오늘날 맥주의 스타일이 급증하고 있다. 이들 스타일은 물, 효모, 곡물, 홉 및 그에 사용되는 기타 첨가물의 성질과 비율 그리고 때로는 생산, 저장 또는 제공을 위해 사용되는 특별한 기법에 의해 구별된다. 그래서 어떤 맥주는 효모로 발효하여 라거(lager)로 만들어지고 일부는 에일(ale)로 만들어진다. 어떤 맥주는 알코올 도수가 낮고 어떤 것은 꽤 높다. 어떤 것은 약간 구운 보리로 만들어지지만, 다른 것은 많이 구운 보리를 사용하고 심지어 밀이나 다른 곡물을 포함한다. 어떤 것은 방부제로 홉만 포함하지만, 다른 것은 아주 진한 홉 맛에 의존한다. 어떤 것은 과일, 꿀, 허브 또는 향신료를 첨가했고 일부는 위스키 통에 보관된다. 일반적으로 벨기에 사이슨(Belgian saison), 프랑스 비에르 드 가르데 (French biere de garde), 아일랜드 스타우트(Irish stout), 영국 브라운 에일(British brown ale), 발틱 포터 (Baltic porter), 핀란드 사흐티(Finnish sahti), 체코 필스너(Czech pilsner), 독일 쾰쉬(German Kölsch), 이 탈리아 밤 맥주 등과 같은 맥주 스타일은 특정한 지역에서 오랜 실험의 전통에 의한 결과이다(현대적인 스타일과 많은 지도를 포함한 최신 안내서는 Webb and Beaumont 2012와 이 책 7장 참조). 대부분의 이런 지역 스타일들은 근대에 개발되었지만, 고대 유럽에 존재한 보다 단순한 맥주의 지리에 관한 몇몇 증거가 있다. 이것이 이 장의 주제이다. 아직까지 아무도 고대에 관한 종합적인 맥주의 지리를 시도하지 않았다. 반면에 다른 술에 관한 역사지리 연구는 제시되었다.

술의 역사지리

'술의 지리'를 제시한 셰라트(Sherratt 1995, p.32)는 선사 시대 어느 시점에 술은 메소포타미아와 지중해의 온대 지역에 사는 사람들이 연기로 흡입하던 마약을 대체했지만, 스텝 지역과 특히 사막 지역에 사는 사람들은 이전의 관행을 계속했다고 주장했다. 또한 그는 남유럽에서 과일, 특히 포도는 술 생산을 위해 발효되었고, 이것이 포도를 재배하지 않던 북유럽에서의 꿀과 곡물 발효에 영향을 주었다고 주장했다(pp.25-26).

그러한 남·북유럽의 공식화는 여러 가지 다른 측면에서 제시되었을지라도 많은 학문에서 일반적이었다. 그러므로 웨인스 등(Wayens et al. 2002, pp.93-94)은 「맥주의 간략한 역사지리」에서 유럽에는 북쪽에서는 맥주를 마시고 남쪽에서는 와인을 마시는 두 가지 음주 전통이 발달했다고 제시했다. 이들 전통은 중세 시대에 확립되었고 오늘날까지 어느 정도 남아 있다. 저자들은 기후 결정론이 북유럽에서 맥주를 많이 마시는 것을 정당화하지 않는다는 것을 인정하면서도 적어도 부분적으로는 기후 조건과 농업의 발전에 기인한다고 설명했다. 이는 맥주의 주재료인 곡물이 남유럽에서 자랐기 때문에 기후가 남유럽에서 맥주를 마시지 않은 것을 설명하지 못한다는 의미일 것이다. 그러나 저자들은 남유럽에 맥주가 없었던 이유에 대해서는 언급하지 않았다.

엥스(Engs 1995, pp.228-229)는 고대에 뿌리를 둔 유럽의 현대적 패턴에 대해 미묘하게 다른 이론을 제시했다. 이 이론은 스칸디나비아, 네덜란드, 영국, 북부 및 동부 독일에서 맥주를 마시는 것과 이탈리아, 스페인, 포르투갈, 남부 프랑스 및 그리스에서 와인을 마시는 것 그리고 이들 지역 사이에 있는 프랑스 북부, 독일 남서부, 벨기에, 오스트리아 및 스위스를 포함한 지역에서 맥주를 마시거나 와인을 마시는 것이 혼합되어 있는 것으로 구성되어 있다. 엥스(Engs)는 이것이 "생태계, 계절적 변화 및 사회 정치적 구조 때문"이라고 설명했다(p.228). 그리고 남유럽에서 맥주를 마시지 않은 것은 목재가 맥주 양조에 필요했기 때문에 이미 "초기 고대"로부터 시작되었던 삼림 벌채가 그 원인이었다고 주장하였다(p.231).

그러나 이러한 남북 이론은 오해의 소지가 있고 좀 구시대적이다. 엥스의 연구 이후 20년도 안 돼서 유럽의 상황이 바뀌었다. 1997~1999년 UN 식량농업기구 통계를 분석한 그리그(Grigg)는 맥주 소비가 증가하고 있으며 예상대로 맥주는 북유럽에서, 와인은 남유럽에서 우세함을 보여 주었다(2004, p.101, 104-106). 그러나 최근에는 대체로 남유럽과 동유럽에서 맥주를 마시는 것이 증가하고 와인을 마시는 것이 감소하고 있으며, 동시에 맥주를 마시는 것은 북유럽과 중부 유럽에서 감소하고 있었다. 이는 유럽의 음주 전통이 등질화되는 것으로 볼 수 있다(Marques-Vidal 2009, p.138; Colen and Swinnen 2011, pp.131-132; Herrick 2011, p.147). 사실 맥주는 오늘날 남부 유럽에서 꽤 인기 있는 음료이다(Medina 2011, pp.73-75). 이탈리아에서는 진정한 수제 맥주 양조 혁명이 있었다(Webb and Beaumont 2012, pp.158-163). 최근 세계보건기구의 세계 음주 패턴에 관한 연구에서 지적한 바와 같이(2011, p.6), "오늘날 스페인에서 순수 알코올 1리터가 가장 많이 소비되는 알코올 음료는 맥주지만, 스웨덴에서는 와인이다". 이미 시가우트(Sigaut 1997, p.82)는 맥주가 여전히 북유럽을, 와인이 남유럽을 상징하지만, 오늘날 다소 보편적인 맥주의 지리가 존재한다고 지적했다.

현재의 연구에서 더 중요한 것은 남북 이론이 유럽에서 현대적 소비 패턴의 실제를 부정확하게 반영할 뿐만 아니라 고대의 패턴도 잘못 표현하고 단순화시키고 있다는 것이다. 요컨대 중세 이전에도 지금의 포르투갈, 스페인, 프랑스 남부, 이탈리아 북부 및 그리스의 일부에서 어느 시점에 확실히 맥주를 마셨다. 또한 남유럽인들은 장작이 부족해 맥주 양조를 하지 않았다는 엥스의 결론에 대응하여, 최근 연구는 예를 들어 삼림 벌채가 고대 그리스에서는 이따금 문제였지만 삼림은 재생되었고, 대부분 즉시 공급할 수 있는 목재가 남아 있었기 때문에(Thommen 2012, p.41) 그의 이론이 고대 그리스인들이 맥주를 만들지 않고 마시지 않은 이유를 설명하지 못한다는 것을 보여 준다.

사실 북유럽과 남유럽 여러 지역에서 최근에 발견된 고고학적인 증거에 의하면, 청동기 시대(기원전 약 3000~1000년)에 알코올 음료는 일반적으로 과일, 곡물, 꿀을 포함하여 재배되거나 자연 그대로의 많은 발효 가능한 생산물이 혼합되어 만들어졌다(Sherratt 1995, p.25; Nelson 2005, p.16. 덴마크와 스코틀랜드로부터 북부의 증거는 Koch 2003, pp.126-132; Nelson 2005, pp.11-13, p.13의 지도; McGovern 2009, pp.137-145에서 조사된다. 또한, 영국에 대해 Dinley 2004, p.viii을 참조. 그리스로부터 남부의 증거는

Nelson 2005, pp.13-16; McGovern, Glusker, Exner and Hall 2008, pp.202-203; McGovern 2009, pp.186-186에서 조사된다. 키프로스에 대해 Crewe and Hill 2012를 참조. 스페인에 대해 Garrido-Pena, Rojo-Guerra, García-Martínez de Lagrán, and Tejedor-Rodríguez 2011, pp.110-111, 114-115). 실제로 이 기간에 자생하거나 재배된 생산물 중 발효될 수 있는 것은 어느 것이든 고려하지 않고 특정한 스타일의 알코올 음료로 생산되었다. 좋은 예는 기원전 1500~1300년의 것으로 추정되는 덴마크 유틀란트반도 남부의 에그트베드(Egtved)에 있는 젊은 여성의 무덤에서 나온다. 무덤 안에서 라임, 메도스위트, 흰색의 클로버 꽃가루뿐만 아니라 밀알, 보그 머틀(bog myrtle), 카우베리, 크랜베리 등의 흔적이 담긴 자작나무 껍질로 된 양동이가 발견되었다. 벌꿀, 술·맥주·와인과 같은 음료의 흥미로운 잔해로 추정할 수 있다(Koch 2003, p.129; Nelson 2005, p.12; McGovern 2009, p.144-145).

스칸디나비아와 같은 일부 장소에서 계속되었을지라도 무분별하게 혼합된 발효 음료의 생산이 줄어들기 시작했던 것은 철기 시대(대략 기원전 1000년경 이후부터)였다(McGovern 2009, pp.153-154). 시간이 지나면서 이 전통은 유럽의 다른 지역에서 와인(과일, 특히 포도로 만든), 맥주[곡물, 특히 보리로 만든(나는 현대의 일반적인 의미에서 발효 곡물로 만든 어떤 알코올 음료로 내내 '맥주'를 사용한다)] 및 벌꿀 술(벌꿀로 만든)의 별도 제조로 바뀌었다. 와인을 만드는 것은 그들의 기술 지식을 유럽 전역에 전파한 그리스인들과 나중에 에트루리아인들과 로마인들로 둘러싸인 포도나무가 풍부한 남쪽 지역에 집중되었다. 그리고 포도 재배가 포도나무가 자랄 수 있는 한 북쪽에서 행해졌다. 맥주를 만드는 것은 켈트족과 게르만족 그리고 다른 민족들로 둘러싸인 서부, 중부, 북부 유럽의 많은 지역에서 우세했다. 오늘날 그런 상황이 여전히 남아 있는 것처럼, 서기 10세기까지 갈리아(근대 프랑스)는 와인과 더 연관되었고 독일은 맥주와 더 연관되었다(Nelson 2005, p.81). 반면에 그리스인들이나 이탈리아의 로마인들은(로마제국 내에 다른 곳에서 발견되었지만) 일반적으로 한 번도 맥주를 마신 적이 없다. 왜냐하면, 그들은 그것을 남자답지 않은 '차갑고' '습한' 물질로 간주했기 때문이다. 그리고 그것은 썩은 곡물에서 생산되어 '뜨겁고' '건조할' 뿐만 아니라 포도로 만든 남성적인 와인보다 못하다고 여겼다(Nelson 2001, pp.101, 103-104; 2005, pp.33-37, 출간 예정). 마지막으로, 꿀은 로마인의 와인과 켈트인의 맥주에서 계속해서 사용되었지만, 벌꿀 술을 만드는 것은 북부 지역에서 가장 두드러졌던 것 같다(독일의 증거는 Koch 2003, pp.132-135 참조). 벌꿀 술은 중세에 이르기까지 아마 스칸디나비아 최북단에서 유일한 음료였다. 적어도 서기 9세기 후반에 '에스토니아'의 평민들(아마도 발트해에서)은 맥주를 마시지 않고 벌꿀 술을 마셨다고 한다(Old English Orosius, 1.1 in Bately 1980, p.17).

이 장은 독특한 알코올 음료가 만들어졌던 기원전 1000년부터 오늘날 흔한 홉으로 맛을 낸 맥주가 대중화되었던 서기 1000년까지의 기간에 오직 유럽의 맥주에만 집중할 것이다. 비록 맥주를 만드는 것이 동쪽 지역에서 유럽으로 왔다는 연구가 있을지라도(예를 들면, McGovern 2009, pp.132-133의 지도 뿐만 아니라 이 책 3장 참조), 외부로부터 영향을 받지 않은 독자적인 본래의 유럽 맥주 양조 전통이 여기서 추정되고 따라서 비유럽적 증거는 무시된다.

고대 유럽의 맥주지리에 관하여

맥주를 만드는 것은 고대에 주로 집안일이었기 때문에, 맥주 스타일은 아마 집집마다 상이했을 것이다. 그리고 지역적 다양성은 주로 얻을 수 있고 선호하는 재료로 구별되었다. 그러므로 예를 들면 주어진 양조 맥주는 의심할 여지 없이 지역적으로 이용 가능한 물과 야생 효모가 제공하는 그들 자체의 특정한 특성을 띠게 된다.

확실히 적어도 로마 시대에는 맥주를 만드는 것이 단순한 집안일에서 나아가 유럽의 일부 지역에서 전문적으로 행하는 활동으로 성장했다. 이렇게 맥주가 로마 군대의 부대를 위해 영국과 같은 일부 지역의 전문 양조업자들에 의해 생산되었다. 맥아 제조업자 옵타투스(Optatus)와 양조업자 아트렉투스(Atrectus)는 서기 100년경 빈돌란다(Vindolanda)에 있는 군대에 납품한 것으로 알려져 있다(Nelson 2005, pp.65-66). 확실히 맥주를 대량으로 만들 뿐만 아니라 다소 일관된 제품을 생산할 전문성이 필요했다. 또한 서기 초반에 모젤강 유역과 같은 맥주 양조 중심지(지금의 독일, 룩셈부르크, 프랑스)가 생겨났다. 독일의 트리어(Trier)에는 양조업자 길드가 존재했는데 그들 중에는, 남아 있는 단편적 묘비로부터 알려진 포르투나투스(Fortunatus)라는 사람과 호시디아(Hosidia)라는 이름의 여자가 있었던 것 같다. 그곳에 또 다른 양조업자인 카푸릴루스(Capurillus)는 명시적으로 길드와 연결되어 있지 않았다(pp.56-57, 60-63). 프랑스 메츠의 모젤강 상류에서 멀지 않은 곳에 양조업자인 줄리어스(Julius)가 확인되었다(p.60). 비록 지금 아무것도 알려진 것이 없지만, 모젤강 유역의 이들 양조업자는 아마도 그들만의 특별한 스타일을 개발했을 것이다. 서기 9세기 초에 샤를마뉴(Charlemagne)는 그들의 전문지식과 청결에 대한 관심을 보장하기 위하여 황실의 소유지에서 일하는 양조업자들을 위한 규제를 마련했다(p.99). 그 무렵 서유럽에 있는 수도원 양조장들은 매우 큰 규모의 산업 양조를 위한 표준을 정했다(pp.100-114). 이것은 결국 광범위하게 서로 다른 개별 지방 스타일의 맥주가 급증하는 것을 끝내게 했다.

일반적으로 맥주가 어디에서 누구에 의해 양조되었는지에 대해서는 알려진 것이 있지만, 불행하게도 서기 1000년 이전에 개별 가구 또는 대형 상업 또는 산업 기업체 등 무엇이든지 간에 다른 지역에서 생산하던 독특한 방법에 대한 증거가 거의 없다. 가장 분명한 고대 자료들 중 하나인 로마의 작가 플리니(Pliny)가 서기 1세기에 쓴 것에 의하면, 갈리아와 히스파니아의 사람들(각각 대략 현대의 프랑스와 스페인)은 "다양한 방법"(pluribus modis)을 사용하여 맥주를 만들었다. 히스파니아 사람들도 맥주를 숙성시켰고(14.29.149 in André 1958, p.72) 그리고 추가 세부 정보는 제공하지 않지만, 갈리아인들은 "다양한 종류"(plura generes)의 맥주를 가지고 있었다(22.82.164 in André 1970, pp.79-80).

많은 허술한 증거 때문에 오직 두 가지 요인만이 정말로 고대 유럽에서 발견된 맥주의 종류를 광범위하게 구별하는 데 사용될 수 있다. 즉 맥주를 만드는 데 사용된 기본 곡물과 첨가물들이다. 맥주의 하위 스타일을 자세히 조사하기 전에, 문헌이나 물질로 존재하고 문제가 있는 본질을 고려하는 증거를 살펴볼 가치가 있다.

맥주에 관한 현존하는 최초의 고대 유럽 문헌 자료는 맥주를 마시지 않는 사람들(그리스인들과 로마인들)에 의해 저술되었다. 그래서 그것들은 잠재적으로 와전되거나 편향되어 있다. 심지어 맥주를 마시는 사람들도 고대 후기 그리고 중세 초기(고대 웨일스어, 고대 아일랜드어, 고대 영어와 고대 노르드어 책에서)까지 그들 자신의 음료에 대해 종종 막연하고 불완전하게 기록하였다. 사실 보통 맥주는 종류나 성분을 분류하지 않고 총칭으로만 작성된 자료에서 언급된다(그러한 참고문헌은 여기에서 제외시키지만, Nelson 2005에서 찾을 수 있다). 저자들이 정말로 맥주를 구별할 때, 가끔 첨가물에 대해서도 언급하지만 주로 맥주를 만드는 데 사용되는 곡물로 구별한다. 그러나 이러한 언급조차도 어떤 종류의 구체적인 시간적 또는 지리적 맥락에서 종종 언급하기 어렵다. 예를 들면, 서기 1세기에 에페수스(Ephesus, 유럽 바로 밖에 있는 지금의 튀르키예)의 그리스 의학작가인 루퍼스(Rufus)는 대추로 만든 맥주가 위장에 좋지 않다고 짧은 구절에서 언급했다. 이 구절은 800년 이상이 지난 후 페르시아 외과의사의 책 속에서 아랍어 번역본으로만 지금 잔존한다(fr. 197.1 in Al-Razī, Kitab al-hawī 11.1 in Daremberg and Ruelle 1879, p.481; Nelson 2005에서 무시됨). 루퍼스 자신이 훨씬 이전의 자료를 인용하였는지, 개인적인 경험에서 이야기하는 것인지 또는 대추 맥주를 흔한 음료 또는 특수 의료용 혼합물로 생각하고 있었는지를 지금은 알 수 없다(다른 자료에서 확인되는 것처럼, Nelson 2005, p.73에서 제시됨). 그러므로 고대에 대추 맥주를 마셨다는 그의 증언은 확신할 수 없다.

한편 고고학적 발견을 통해 알려진 바와 같이 물질 증거는 특정한 장소와 확실히 연결되어 있고 종종 정확한 기간을 찾아낼 수 있다. 하지만 그것은 때때로 문헌 증거만큼 해석하기가 애매하거나 어렵다(고대부터 맥주를 위해 존재하는 물질 증거의 종류에 대한 조사에 대해서는 Stika 2011, pp.56-58 참조). 이 증거 중 일부는 문헌 자료에서 발견된 것처럼 총칭으로 되어 있다. 즉 그것은 특정 위치에서 맥주를 만들거나 마실 확률을 가리킨다. 하지만 관련된 맥주의 구체적인 종류를 알아낼 방법은 없다. 따라서 맥주의 생산, 보관 그리고 소비에 사용되는 도구 및 용기, 맥주 그 자체의 잔류물(옥살산칼슘 또는 '활석탄암'의 형태로) 그리고 양조장의 고고학적 유적들은 모두 음료의 존재를 나타낸다. 하지만 이런 종류의 물질 증거는 보통 맥주의 종류에 대해 아무것도 말해 주지 않는다. 반면에 맥주를 위한 재료들의 발견물은 맥주의 하위 스타일의 모습을 제공하는 데 도움이 된다. 곡물 또는 곡물 꽃가루의 발견물 자체가 빵 만드는 것 이상으로 맥주 만드는 것에 관련되어 있다고 할 수 없지만, 맥아 곡물의 발견물은 더 잠정적으로 맥주와 관련될 수 있다(van Zeist 1991, pp.119~120; Stika 2011, p.56). 곡물은 곡물의 녹말이 설탕으로 전환될 수 있도록 하는 적절한 발효 이전에 반드시 맥아(젖어서 발아하고 그리고 가열되고 건조되며 구워질 가능성이 있는)로 만들어져야 한다. 그다음 효모가 설탕을 알코올과 탄산 포화로 변환할 수 있다. (간단하게 말하면) 곡물이 젖은 들판이나 축축한 저장 장소에 존재함으로써 우연히 발아할 수 있다. 따라서 의도적인 발아만이 맥주를 만드는 것을 가리키는 것으로 간주되어야 한다. 그러나 맥아 곡물은 그리스와 로마에서 흔히 볼 수 있는 빵을 만들기 위해 사용될 수 있거나(André 1961, pp.57~58) 자체로 먹을 수도 있다. 그 증거로 영국 전역의 많은 장소에서 특히 서기 3~4세기로 추정되는 시기에 주로 밀의 알갱이가 검게 탄 건조대들이 발견되었다. 이는 맥주 생산을 위한 맥아 제조를 가리킬 수도 있지만(예를 들면, van der Veen 1989; Cool 2006, p.141, n.59; Parks 2012) 그렇지 않을 수도 있다. 맥주 첨가물도 같은 해석 문제가 발생한다. 예를 들면, 영국의 그라베니(Graveney)에서 발견된 서기 10세기의 것으로 추정되는 수백 송이의 홉 꽃은 양조장이 아닌 용기의 맥락에서 발견되었다(Nelson 2005, p.112). 따라서 그것들이 맥주에 사용되기 위한 것이었는지를 확실하게 알 수가 없다. 그 위치에서 맥주가 이전에 존재했다는 것이 훨씬 더 확실해지는 것은 맥아 곡물과 일반적인 맥주 첨가물(홉과 같은)이 함께 또는 그럴듯한 양조장[예를 들면, 갈은 맥아와 물의 혼합물인 매시(mash)를 가열하기 위한 공간을 가진]의 맥락에서 발견될 때만이다.

문헌과 물질을 포함한 모든 증거가 매우 단편적이기 때문에 고대 유럽에서 맥주의 정확한 지리에 관한 어떤 종류의 확실한 발표를 하는 것은 불가능하다. 사실 종종 단일 자료로부터 장기간에 걸친 전체 지역에 대한 추론이 필요하기 때문에 모든 결론이 매우 잠정적이라는 것은 틀림없다.

맥주에 사용된 곡물

맥주의 원료가 되는 곡물 또는 곡물의 조합은 그 구성의 가장 필수적인 부분 중 하나이다. 보리는 오늘날 맥주를 만드는 데 사용되는 가장 흔한 곡물이다. 고대 유럽에서도 마찬가지였다. 맥주가 만들어지는 곳에서 보리는 보통 기본 재료였다. 보리 맥주가 있는 거의 모든 곳에는 밀(특히 서유럽에서) 또는 수수(동유럽에서만)로 만든 2차 맥주도 있었다(그림 2.1 참조; 지도는 공시적이어서 시간이 지남에 따라 가능한 변화가 나타나지 않는다). 보리 맥주가 있었던 일부 지역(아일랜드 및 스칸디나비아와 같은)에 밀이나 수수 맥주가 있었는지에 대한 분명한 증거가 없다. 하지만 밀이 이 지역들에 존재했기 때문에 밀 맥주는 아마도 그곳에서도 잘 만들어졌을 것이다. 고대 유럽에서 호밀이나 귀리와 같은 다른 곡물들도 맥주를 만드는 데 사용되었지만, 이들에 대한 증거는 너무 불확실해서 일반적으로 제외될 수도 있다. 어떤 문헌 증거도 곡물들이 고대 유럽에서 한 개의 맥주에 합쳐진 적이 있는지 여부를 의심할 여지 없이 보여 주는 데 도움이 되지 않는다. 하지만 고고학적 증거 중 일부는 다음을 가리킨다. 예를 들면, 맥주 제조를 위한 맥아로 만든 독일 소맥(밀)과 보리는 영국 콜체스터(Colchester)의 한 매장지에서 10 대 1의 비율로 함께 발견되었다(Cool 2006, pp.141–186). 그리고 밀, 수수, 호밀과 함께 보리의 꽃가루는 이탈리아 베루키오(Verucchio)의 한 무덤에 있던, 맥주를 담았을지도 모르는 청동 용기에서 함께 발견되었다(Marchesini and Marvelli 2002, pp.301–305). 고대에 많은 곡물 밭들은 다양한 종으로 뒤섞여 있었다. 이것들은 맥주를 만들기 위해 종종 무분별하게 함께 맥아로 만들어졌다.

맥주를 위해 사용되었던 곡물을 명확하게 그리고 분명하게 보여 준 문헌 및 물질 증거만이 여기에

그림 2.1 생산 과정에서 사용된 곡물별 맥주의 가능 분포(기원전 1000년~서기 1000년)

제시된다. 때때로 맥주에 사용된 곡물을 나타낼 수 있는(Nelson 2001, pp.19-94) 맥주의 종류를 위해 사용된 용어(그리스어 또는 라틴어 또는 그 외에 켈트어 또는 게르만어)는 제외될 것이다. 왜냐하면 이러한 유형의 증거는 고대 유럽에서 맥주 스타일의 분포에 관한 추가 정보를 제공하지 않기 때문이다.

보리

보리는 2줄(*Hordum distichum* L.)과 6줄(*Hordeum hexastichum* L.) 모두 고대 유럽에서 널리 재배되었다. 보리는 맥주를 만들기 위해 쉽게 맥아로 만들 수 있었다(Nelson 2001, pp.106-107; 현재 맥주 양조에서 보리의 사용은 Schwarz and Li 2011를 참조). 문헌과 물질 증거 모두에서 증명된 것처럼, 보리 맥주는 고대 유럽에서 가장 널리 생산되어 마신 종류라는 것은 의심의 여지가 없다(증거가 연대기 순으로 제시된 표 2.1을 참조).

　기원전 7~5세기까지 그리스인들은 발칸반도 북동부의 트라케(Thrace)와 파에오니아(Paeonia)(각각 대략 현대의 불가리아와 마케도니아)에 있는 그들의 이웃들에게 보리 맥주에 대해 말했다. 나중에 로마인들이 이탈리아에서 퍼져나가면서, 기원전 2세기 이후의 작가들은 지금의 스페인(왕이 은그릇과 금그릇으로 맥주를 마셨던), 프랑스, 독일뿐만 아니라 이탈리아 알프스, 북서 발칸반도 그리고 (대략) 우크라이나와 러시아에 있는 사람들에게 보리 맥주에 대해 이야기했다. 또한 기원전 1세기에 맥주는 지금의 포르투갈인 루시타니아인들 사이에서 친척들과 함께 축제할 때 마셨다(Posidonius, fr. 22 in Strabo, 3.3.7 in Theiler 1982, p.40). 종류는 알려진 바 없지만, 보리로 만든 것으로 추정된다. 더 나아가 보리 맥아로 만든 맥주는 서기 700년경의 법으로부터 아일랜드에서 입증된다(Binchy 1982에서 논의됨). 게다가 서기 1000년경에 현재 형식의 고대 아일랜드 시에서 색슨인들의 쓴 맥주와 게르긴(Geirgin)에서의 와인처럼 붉은 맥주(Séla Cano meic Gartnán 450-485 in Binchy 1963, pp.17-18)를 포함하는 아일랜드와 영국 왕국의 다양한 맥주들을 언급한다. 게르긴은 지금의 스코틀랜드에 있는 아일랜드 정착지를 의미할 수 있다(Binchy 1963, pp.xxvii, 38). 많은 고대 아일랜드 자료들은 붉은 맥주를 언급한다. 이것은 특별히 볶아서 만든 맥주 보리이다(오늘날 아일랜드 스타일의 붉은 에일의 경우처럼, Griffiths 2007, p.34 참조). 그래서 아마도 서기 9세기의 자료는 성 브리짓이 기적적으로 목욕물을 빨간 맥주로 바꾸었다고 언급한다(*Ni car Brigit* 36 in Stokes and Strachan 1903, p.337). 이것은 확실히 서기 9세기 자료에 타라의 왕이 될 사람들이 '아일랜드의 주권'을 의인화한 처녀 여신에 의해 황금잔에 상징적으로 붉은 맥주를 제공받는다고 전해지는 것으로 보아 아일랜드 엘리트 음료로 간주되었다

표 2.1 유럽에서 보리 맥주의 증거(기원전 1000년~서기 1000년)

현대 위치	보리 맥주를 위한 문헌자료	맥주용일 가능성이 높은 맥아로 만든 보리의 물질 발견물
발칸지역 북동부	Archilochus, fr. 42 West (seventh century BC) in Athenaeus, 10.447b (second century AD), who assumes it is barley(Thrace) Hecataeus, fr. 154 (sixth century BC) in Athenaeus, 10.447d (second century AD) (Paeonia) Hellanicus, fr. 66 (fifth century BC) in Athenaeus, 10.447c (second century AD) (Thrace) (all in Olson 2009, pp.138, 140)	
독일	Tacitus, Germania 23.1 (first century AD) (Germania) (Winterbottom and Ogilvie 1975, p.49)	Eberdingen–Hochdorf (fifth century BC) (Stika 2011, pp.58,61)
프랑스	Posidonius, fr. 169 (first century BC) in Diodorus Siculus, 5.26.2 (first century BC) (Gaul) (Theiler 1982, p.138) Dionysius of Halicarnassus, 13.11.1 (first century AD) (among Celts) (Jacoby 1967, p.245)	Roquepertuse (fifth century BC) (Bouby, Boissinot, and Marinval 2011, pp.355,357)
스페인	Polybius, 34.9.15 (second century BC) (Iberia) (Buettner–Wobst 1963, p.418)	
덴마크		Østerbølle (first century AD) (van Zeist 1991, pp.119,120)
영국		Colchester (first century AD) (Cool 2006, pp.141,142, 176)
이탈리아 북부	Strabo, 4.6.2 (first century AD) (among Ligurians) (Lasserre 1966, p.171)	Verucchio (eight century BC) (Marchesini and Marvelli 2002) Pombia (sixth century BC) (Castelletti, Maspero, Motella De Carlo, Pini, and Ravazzi 2001; Gambari 2001, pp.145.146; 2005)
발칸지역 북서부	Cassius Dio, 49.36.3 (third century AD) (Pannonia) (Cary 1917, p.414) Ammianus, 26.8.2 (fourth century AD) (Illyricum) (Marie 1984, p.86)	
우크라이나/ 러시아	Priscus, fr. 11.2 (fifth century AD) in Constantine Porphyrogenitus, Excerpta 3 (tenth century AD) (Scythia) (Blockley 1983, p.260)	
스웨덴		Eketorp (sixth century AD) (van Zeist 1991, p.120)
아일랜드	Cáin Aigillne 8 (eight century AD) (Thurneysen 1923, p.348)	

(Baile in Scáil 6, 9, 10, 11, and 14 in Murray 2004, pp.34-36, 38).

게다가 아마도 양조를 위한 맥아 보리의 발견물은 보리 맥주가 영국, 덴마크 그리고 스웨덴에 존재했다는 것을 증명한다. 그러나 보리 맥주를 이용할 수 있었던 지역의 북쪽 한계와 남쪽 한계 모두는 현재 확인한 증거로는 가늠하기 어렵다. 북쪽 한계에 대해서는 보리 맥주가 노르웨이까지 도달했다는 것은 거의 의심의 여지가 없다. 서기 10세기경에 노르웨이의 시인 에빈드르(Eyvindr)는 선왕하콘에 관한 그의 시에서 맥주를 언급했다(Hákonarmál 16 in Snorri Sturluson, Heimskringla 4.32 in Jónsson 1900, p.221). 선왕 하콘은 기독교를 장려하기 위해 만약 사람들이 크리스마스를 맥주의 축제로 축하하지 않는다면, 벌금을 내야 한다는 법을 만들었다고 전해 내려왔다(Snorri Sturluson, Heimskringla 4.13 in Jónsson 1900, p.185). 이때 맥주에 사용된 기본 곡물은 현존하는 자료 중 어느 것에도 명시되어 있지 않은 것으로 보이지만, 아마도 보리였을 것이다. 남쪽 한계에 관해서는 비록 이탈리아 남부에서 보리를 사용한 증거가 존재하지 않지만, 초기 철기 시대 두 개의 무덤에서 최근 발견된 것들(Nelson 2005에서 무시된)은 이탈리아 북부에서 보리로 맥주를 제조했을 것을 암시한다.

밀

고대 유럽에서 탈곡되었거나 껍질이 벗겨진 다양한 종류의 밀이 알려져 있었다. 그것은 껍질이 벗겨졌든지(*Triticum dicoccum* Schrank) 탈곡되었든지(*Triticum turgidum* L.) 간에 아마도 주로 에머(emmer) 밀로 알려진 품종이었을 것이다(Nelson 2001, pp.108-110). 이것은 맥주를 만드는 데 가장 흔하게 사용되었다. 비록 밀 맥주는 프랑스의 브르타뉴에서도 발견될지라도(Webb and Beaument 2012, p.132) 현대 유럽에서 밀 맥주가 양조된 주요 지역은 벨기에로부터 독일을 거쳐서 폴란드에 이르는 넓은 지역에 걸쳐 있었다(Hieronymus 2010, p.16). 영국의 밀 맥주 생산은 19세기에 중단되었지만, 1980년대 후반부터 부활했다(Cornell 2010, pp.153-155; Hieronymus 2010, p.18). 고대에 밀 맥주가 유럽에서 더 널리 퍼졌다는 것은 분명하다(시간순으로 제시된 표 2.2를 참조). 게다가 고대에 밀 맥주는 보통 밀 맥아로만 만들어졌을지라도, 현대의 밀 맥주는 불가피하게 밀 맥아와 보리 맥아를 섞어서 만들어졌다.

기원전 1세기부터 서기 1세기까지 그리스와 로마의 작가들은 밀 맥주는 지금의 프랑스와 영국 지역에서 소비되었다는 것을 인정했다. 더욱이 쿨(Cool 2006, pp.141-142)은 보리 맥주가 북부 영국에서 더 널리 퍼졌고 밀 맥주는 영국 남부에서 더 흔했다고 고고학적 증거(드문)로부터 주장했다. 또한 지

표 2.2 유럽에서 밀 맥주의 증거(기원전 1000년~서기 1000년)

현대 위치	밀 맥주를 위한 문헌자료	맥주용일 가능성이 높은 맥아로 만든 밀의 물질 발견물
프랑스	Posidonius, fr. 170 (first century BC) in Athenaeus, 4.151e (second century AD) (Gaul) (Theiler 1982, p.142) Pliny the Elder, 18.12.68 (first century AD) (Gaul) (Le Bonniec and Le Boeuffle 1972, p.81)	
영국	Dioscorides, 2.88 (first century AD) (Wellmann 1958, p.171)	Catsgore (Roman Era) (van Zeist 1991, pp.119, 120) Colchester (first century AD) (Cool 2006, pp.141, 142, 176) Isca (first,second century AD) (van Zeist 1991, pp.119, 120)
독일	Tacitus, Germania 23.1 (first century AD) (Winterbottom and Ogilvie 1975, p.49)	Bad Durkheim (Roman Era) (van Zeist 1991, 120)
스페인	Dioscorides, 2.88 (first century AD) (Iberia) (Wellmann 1958, p.171) Pliny the Elder, 18.12.68 (first century AD) (Hispania) (Le Bonniec and Le Boeuffle 1972, p.81) Florus, 1.34.12 (second century AD) (Numantia) (Jal 1967, p.80) Orosius, 5.7.13 (fourth century AD) (Numantia) (Arnaud-Lindet 1991, p.100)	
발칸지역 북서부	Ammianus, 26.8.2 (fourth century AD) (Illyricum) (Marie 1984, p.86)	

표 2.3 유럽에서 수수 맥주의 증거(기원전 1000년~서기 1000년)

현대 위치	수수 맥주를 위한 문헌자료	맥주용일 가능성이 높은 맥아로 만든 수수의 물질 발견물
발칸지역 북동부	Hecataeus, fr. 154 (sixth century BC) in Athenaeus, 10.447d (second century AD) (Paeonia) (Olson 2009, p.140)	
발칸지역 북서부	Cassius Dio, 49.36.3 (second,third century AD) (Pannonia) (Cary 1917, p.414)	
우크라이나/ 러시아	Anonymous Lexicon in P.Oxy. XV.1802.ii.42 (second,third century AD) (Scythia) (Grenfell and Hunt 1922, p.158)	

금의 스페인 지역 거주자는 그들만의 밀 맥주 종류를 가지고 있었다(Nelson 2001, pp.47-50에서 이후 자료를 참조). 게다가 문헌 및 물질 증거로부터 알려진 바와 같이 서기 1세기 무렵 게르만 부족들이 밀

맥주를 소비했다. 마지막으로, 밀 맥주는 발칸반도의 북서쪽에 존재했다. 그곳에서 밀 맥주는 가난한 사람들의 음료인 보리 맥주와 함께 있었던 것으로 4세기에 알려졌다. 또한 밀 맥주는 대략 지금의 우크라이나와 러시아 지역의 스키타이인들 사이에서 발견되었을 가능성이 있지만 증거는 불확실하다(Nelson 2005, pp.43~44). 만약 그렇다면, 이것은 유럽에서 보리, 밀, 수수 맥주가 따로 있었던 것으로 알려진 유일한 지역이었을 것이다.

수수

수수는 매우 강인한 곡물이 아니며 적은 수익을 낸다. 이것이 왜 수수가 고대 유럽의 음식이나 음료를 위한 매우 인기 있는 곡물이 아니었는지를 설명하는 사실들이다. 보통 흔한 품종(*Panicum miliaceum* L.)이 맥주를 만드는 데 사용되는 것 같다(Nelson 2001, pp.110~111). 수수 맥주는 기원전 6~서기 3세기에 그리스의 북쪽 발칸반도의 문헌 자료에서 그리고 스키타이인들(대략 지금의 우크라이나와 러시아 지역에서 거주했던) 사이에서도 증명되었다(시간순으로 제시된 표 2.3을 참조). 분명히 "수수를 사용할 때 최고의 품질과 맛을 얻을 수 있을지라도", 발칸반도에서 보자(boza)라는 이름의 맥주는 오늘날에도 여전히 많은 곡물을 사용하여 만들어진다(Yegin and Fernández-Lahore 2012, p.535). 이것은 아마도 그 지역의 고대 수수 맥주에서 유래한 것일 수 있다. 수수가 서유럽의 맥주에서 사용되지 않았다는 것은 다른 자료에서 언급되지 않는 것으로 알 수 있다. 그래서 서기 7세기에 조너스(Jonas)는 오직 밀이나 보리로만 만든 맥주에 대해 언급했고 그것을 갈리아, 영국, 아일랜드, 독일뿐만 아니라, 발칸반도에 배치하였다(Vita Columbani 1.16 in Krusch 1905, p.179). 그 후에 동부 유럽의 비잔틴 자료(Leontinus)는 귀리와 수수로 만든 맥주에 대해 듣고 알았지만, 이방인들이 특히 맥주를 위해 밀과 보리를 사용했다고 서술했다(Geoponica 7.34.1 in Beckh 1895, pp.212~213).

맥주에 사용된 첨가물

아무것도 첨가하지 않은(plain) 맥주(맥아 곡물, 물, 효모로만 만든)는 향이 많이 부족하기 때문에 다양한 첨가물, 특히 지역적으로 이용 가능한 식물이 맛을 개선하기 위해 초기부터 사용되었을 것임에 틀림없다(Behre 1999, p.35; Hornsey 2009, p.36). 게다가 몇몇 식물들은 방부제 역할을 했기 때문에 맥주에 첨가되었다(Behre 1999, p.35; Dineley 2004, p.13). 그래서 만든 후에 맥주를 빨리 마실 필요가 없었다. 그러나 중세 시대까지 맥주는 주로 비교적 빨리 소비된 음료였고 수입 또는 수출이 거의 없는 지방 제품이었다는 것을 가정할 수 있다(Nelson 2005, pp.49-50, 94-97에서처럼 서기 7세기 무렵에 어떤 맥주는 저장되었고 아마도 이미 운송되었을지라도).

베레(Behre 1999, pp.35, 36)는 현존하는 고대 그리스와 로마의 자료처럼 고대 유럽 맥주를 기본 곡물에 의해 구별하기보다는 유럽 맥주의 두 가지 주요 스타일에 대해 언급했다. 유럽 맥주의 두 가지 스타일은 고대에 생겨났고 스윗 게일로 만들어진 것과 홉으로 만들어진 것이 있었다. 그는 중세 초기의 모든 맥주들은 둘 중의 한 유형이었고, 시간이 흐르면서 홉으로 된 맥주가 스윗 게일 맥주를 대체하게 되었다고 주장했다. 베레는 다른 허브(herb)들이 사용되었지만 별로 중요하지 않았다고 제시했다[1999, p.35; 이 중 일부의 목록은 맥주에 헨베인(henbane)의 사용을 특히 강조한 Dinley 2004, pp.13-18 그리고 Hagen 2006, pp.207-208를 참조]. 예를 들면 오직 하나의 자료만이 맥주에 플리베인(fleabane)이 사용되었다고 언급했다(Hecataeus, fr. 154 in Athenaeus, 10.447d in Olson 2009, p.140). 게다가 몇몇 맥주 첨가물들은 아마도 순수한 약용이었을지 모른다. 서기 1000년경부터 필사본으로 현존하는 고대 영어 의학 문서『라크눈가(Lacnunga)』는 기침을 막기 위해 보어편(boarfern), 비숍워트(bishopwort), 힌드헬스(hindhealth), 페니로얄(pennyroyal), 페리윙클(periwinkle)이 들어 있는 구리 주전자에서 양조된 밀 맥아로 만들어진 맥주를 기술했다(180 in Pollington 2000, p.242). 하지만 이 장에서는 스윗 게일, 홉 그리고 분명히 널리 퍼진 첨가제인 꿀에만 초점을 맞출 것이다(그림 2.2 참조).

스윗 게일

보그 머틀[Bog myrtle(*Mirica gale* L.)]로도 알려진 스윗 게일은 북유럽 해안을 따라 자생하는 관목이다(Behre 1999, p.36, 그림 1; Nelson 2001, pp.139-140). 맥주에 넣으면 "약간 자극적이고 독특한 그리고 아마도 강하지만 여전히 달콤한 맛일 것이다"(Unger 2011, p.49). 어떤 사람들은 스윗 게일 맥주를 홉으로 만든 맥주와 구별했다. 전자는 졸리게 하고 후자는 약간 진정시킨다고 주장한다(Hornsey 2009, p.37). 서기 1000년 이전의 문헌 자료는 스윗 게일 맥주를 분명하게 언급하지 않는다. 하지만 기원전 1세기~서기 1세기의 것으로 추정되는 맥주용 스윗 게일의 작은 과실들이 라인강 하구 네덜란드 북부의 여러 장소에서 발견되었다(발견물의 지도를 가지고 있는 Behre 1999, p.37의 그림 3; pp.35, 39; Hornsey 2009, p.38). 서기 10세기 네덜란드에서 다양한 허브로 만든 한 종류의 맥주는 그뤼트(*gruit*)로 알려지게 되었다. 보통 스윗 게일이 주성분이었다고 추정된다(예를 들어, Hornsey 2009, p.37에 의해). 하지만 그뤼트의 정확한 구성은 알려지지 않았고 스윗 게일이 그것에 사용된 허브의 두드러진 종류가 아닐 수도 있다(Unger 2004, pp.30-34; 2011, pp.49, 51). 그럼에도 불구하고 로마 시대부터 중세에 이르기까지 지금의 네덜란드인 지역에 아마도 맥주에 스윗 게일을 사용하는 지속적인 전통이 있었다. 아마 스윗 게일은 다른 장소에서도 맥주에 사용되었다. 적어도 서기 10세기 고대 영어 의학서인 『라크눈가』는 폐 질환을 치료하기 위해 맥주에 다른 허브들 중에서 스윗 게일뿐만 아니라 꿀을 끓이는 것을 언급한다(Pollington 2000, p.200에서 59). 분명히 알 수 없는 이유로 홉으로 만든 맥주는 점차 스윗 게일과 다른 허브로 만든 맥주를 대체했다. 그런 맥주들은 20세기 후반에 어떤 모험적인 맥주 양조자[네덜란드의 하를럼에서 현재 만들어진 요펜 코이트 그뤼트(Jopen Koyt gruit)와 같은]에 의해 재창조될 때까지 자취를 감추었다.

홉

홉(*Humulus lupulus* L.)은 유럽 본토 전역에 걸쳐 발견된 덩굴 식물이다. 홉의 암꽃 기름은 이제 맥주 양조에 거의 보편적으로 사용된다. 그것은 쓴맛을 나게 하고 방부제, 살균제 그리고 청정제로서의 역할을 한다(Nelson 2001, pp.140-144; 2011, p.77; 맥주 양조에서 홉의 현대적 사용에 대해서는 Hieronymus 2012, pp.176-202 참조). 그러나 정확히 언제 홉이 처음으로 맥주에 사용되었는지는 불분명하다. 베레(Behre 1999, p.38, 그림 4; pp.39-41)는 홉이 서기 6세기로 거슬러 올라가는 고고학적 맥락에서 발견되었지만 맥주 양조와 확실하게 연결되어 있지 않았다는 것을 보여 주었다. 그러나 더 최근에, 이탈리아 북부 폼비아(Pombia)에 있는 기원전 6세기 켈트족 무덤 유골함에 안치된 토기에서 보리와 함께 홉의 흔적이 발견되었다. 이것은 홉으로 만든 맥주가 한때 생각했던 것보다 훨씬 더 오래되었을 가능성을 제시한다(Castelletti, Maspero, Motella De Carlo, Pini, and Ravazzi 2001, p.107; Gambari 2001, p.146; Marchesini and Marvelli 2002, p.305). 홉으로 만든 맥주의 기원이 무엇이든 간에, 그것이 중세 무렵에 널리 대중화되었다는 것은 거의 의심의 여지가 없다. 서기 9세기 초에 프랑스에 있는 많은 수도원은 홉을 가지고 있었다고 기록되어 있다. 어떤 경우에는 일드프랑스 지역의 모든 곳에서 홉은 분명하게 맥주를 만드는 데 사용되었다고 한다(Nelson 2005, p.109의 지도; p.107-1987). 서기 9세기 독일 북부의 하이타부(Hithabu)에서 맥아 잔여물과 결합된 많은 양의 홉 꽃이 발견되었다. 따라서 이것은 양조를 위한 것이 확실하다(Behre 1999, p.39). 또한 서기 10세기에 익명의 고대 영어 허브 의학서

그림 2.2 양조 과정에서 사용된 첨가물별 맥주의 가능 분포(기원전 1000년~서기 1000년)

는 맥주에 홉을 사용하는 것을 넌지시 암시한 것으로 보인다(*Herbarium* 68.1 in De Vriend 1984, p.110). 홉으로 만든 맥주가 북부 프랑스의 수도원들 사이에서 인기가 있었고 그곳에서부터 다양한 장소들로 퍼져나가 궁극적으로 전 세계적으로 맥주에서 지배적인 성분이 되었을 수도 있다(Unger 2004, pp.53-106에서 부분적으로 추적되었던 것처럼 저지대 국가인, 독일, 영국과 스칸디나비아로).

꿀

앞에서 이미 언급했듯이 고대 유럽에서 꿀은 그 자체로 발효되어 벌꿀 술을 생산했지만, 때때로 그것은 꿀 맥주[또는 브라겟(bragget)]를 만들기 위해 맥아로 만든 곡물과 함께 결합되고 발효되었다. 꿀은 맥주를 생산하는 동안 첨가제로서 많은 측면에서 유용했다. 즉 (발효성 당을 통해) 알코올 도수를 높이거나 방부제 역할을 하거나 맥아로 만든 곡물을 발효시키기 위한 효모를 제공하거나 (완전히 약화되지 않은 경우) 달콤한 맛을 첨가하거나 그리고 꿀이 만들어진 꽃꿀의 꽃에서 마취성을 잠재적으로 추가할 수 있다(Nelson 2001, pp.131–135). 기원전 4세기에 그리스 탐험가인 피테아스(Pytheas)는 북유럽을 방문했고 곡물과 꿀을 가지고 있던 사람 중에서 그들의 음료에도 이 재료가 있었다고 적었다(fr. 7 in Strabo, 4.5.5 in Roseman 1994, p.134). 아마도 그들이 맥주와 벌꿀 술을 만들었고 꿀 맥주도 만들었다는 것을 의미하는 것으로 보인다(이 점에 관한 구절이 애매모호하다). 기원전 1세기에 그리스인 여행자 포시도니우스(Posidonius)는 부유한 갈리아인들은 와인을 마셨고, 덜 부유한 사람들은 꿀로 만든 밀 맥주를 마셨고 그리고 일반 대중들은 아무것도 가미하지 않은 맥주(아마도 보리로 만든)를 마셨다고 적었다(fr. 170 in Athenaeus, 4.152c in Theiler 1982, p.142). 아마도 전통적으로 부유한 갈리아 사람들은 와인이 남부 사람들에 의해 소개되기 전에 와인보다 꿀벌 술을 마셨다. 켈트 또는 게르만 꿀 맥주의 존재는 고고학적 발견물들에 의해 확인되었다. 기원전 1000년경 리히터펠데(Lichterfelde)에 있는 우물 안에서 발견된 100개의 작은 항아리들은 한때 꿀 맥주를 담았던 적이 있었다(Koch 2003, pp.136–137; McGovern 2009, p.147). 게다가 기원전 450~400년경으로 추정되는 독일 글라우베르크(Glauberg)에 있는 켈트족의 무덤에서 꿀 맥주와 벌꿀 술이었을지도 모르는 잔여물이 발견되었다(Koch 2003, p.135; McGovern 2009, p.152). 설령 꿀 맥주가 이베리아반도와 아일랜드에서 존재했을지라도 고대에는 꿀 맥주가 있었다는 증거가 없다.

꿀 맥주는 중세 초기 영국에서도 입증된다. 서기 6세기에 고대 웨일스의 시인 아네린(Aneirin)은 지금의 스코틀랜드 에든버러 지역에서 발견된 꿀 맥주(브라겟)에 대해 언급했다(*Gododdin* 144 in Koch 1997, p.68). 서기 7세기 후반의 캔터베리 대주교인 타르수스(Tarsus)의 테오도르(Theodore)에 의한 것으로 잘못 알려진 참회 중에 꿀 맥주가 지나가는 말로 언급된다(1 in Migne 1864, p.93 그리고 Nelson 2005, pp.162, n.43에서 보인 것처럼, 다양한 다른 자료에서 발견되었다). 서기 7세기 후반에 웨섹스(Wessex) 왕 아이네(Ine)의 법전(70 at Liebermann 1903, p.119)에 "웨일스 에일"과 "맑은 에일"이 언급되었고, 이 두 가지 유형은 많은 후기 고대 영어 문헌에서 발견된다. "웨일스 에일"이 아마도 꿀 맥주일 것이다(Breeze 2004; Hagen 2006, pp.211–213, 230). 흥미롭게도 전통적으로 서기 10세기에 선왕 하이웰(Hywel)에 의한 웨일스 법에서, 왕은 일 년에 두 번 그의 자유인들에 의해 그가 목욕을 할 수 있을 정도로 큰 한 통의 꿀벌 술 또는 두 통의 브라겟(bragget)이나 네 통의 맥주를 제공받아야 한다고 했다. 이것은 웨일스인들이 꿀로 만든 술을 얼마나 소중히 여겼는지를 분명히 보여 준다(Dull Dyved 2.19.3–4 in Owen 1841, p.532; 꿀 맥주에 관한 기타 조항에 대해서는 pp.44, 64, 196, 198, 362, 390, 392, 534 참조). 코넬(Cornell 2010, pp.146, 193)은 '웨일스 에일'이 보통 밀 맥아와 꿀로 만들어져서 단순히 보리 맥아로 만들어진 '맑은 에일'과 대조되는데, 밀이 보통 흐릿한 모습을 띠게 한다고 제시했다. 꿀 맥주가 밀 맥주를 마셨던 곳에서만 입증되었기 때문에 그럴 것이다. 서기 1000년 이전에 꿀 맥주에 어떤 종류의 곡물이 사용되었는지를 분명히 나타낸 유일한 자료인 포시도니우스는 밀이 사용되었음을 증명했다. 꿀 맥주는 중세 시대에 사라져서 20세기에 영국과 유럽의 다른 곳에서 부활했다(Cornell 2010, p.194-195).

결론

문헌 및 물질 자료 모두로부터 도출된 고대 유럽에서 맥주에 대한 현존하는 증거는 상당히 단편적이어서 맥주의 지역적 다양성에 관한 상세한 모습을 보여 주지 않는다. 그러나 기원전 1000년~서기 1000년 맥주 소비의 일반적인 패턴을 재구성하기에는 충분한 정보이다.

　학자들은 맥주가 오직 북부에서 인기가 있었다고 가정하면서 전형적으로 북부와 남부 유럽 구분을 강조해 왔다. 사실 맥주는 기원전 1000년~서기 1000년에 현재의 이탈리아 남부와 그리스인 지역을 제외하고는 유럽 전역에서 흔했다. 사실 서쪽과 동쪽 구분이 북쪽과 남쪽 구분보다 더 뚜렷하다. 반면에 보리는 모든 맥주 제조업자가 사용한 공통의 곡물이었다. 또한 밀은 2차 곡물로서 서유럽의 많은 지역에서 사용되었지만, 수수는 동쪽에서 사용되었다. 북부와 남부 유럽 구분을 널리 알렸던 학자들은 어떤 지역에서는 와인을 마시고 다른 지역에서는 맥주를 마시게 했던 기후, 농업, 사회-정치적 요인을 애매하게 언급함으로써 그것을 설명하려고 시도했다. 사실 이러한 요인 중 일부는 보리의 광범위한 사용뿐만 아니라 다른 지역에서 밀 또는 수수 맥주의 유행에 영향을 미쳤다. 보리가 다양한 환경에서 재배될 수 있다는 사실과 그것을 맥아로 제조하고 발효하는 데 용이하다는 점은 맥주 제조에 대한 일반적인 인기를 초래했다는 데 의심의 여지가 없다. 그러나 왜 서부에서 밀 맥주가 우세하고 동부에서는 수수 맥주가 우세했는지 설명하는 것은 더 어렵다. 그 이유가 단순히 기후나 농업의 문제는 아니다. 왜냐하면 밀과 수수가 동쪽뿐만 아니라 서쪽에서도 재배되었기 때문이다. 분명히 특정 곡물을 현지에서 구할 수 있었다는 이유만으로 그것이 맥주를 만드는 데 어쩔 수 없이 사용되었다는 것을 의미하지 않는다. 이것은 특히 이탈리아 남부의 경우에는 분명하다. 그곳에서 다양한 종류의 곡물이 풍부했지만, 분명히 어떤 맥주도 그 지역의 흔하기만 한 곡물로 만들어지지 않았다. 의심할 여지 없이 몇몇 고대 유럽인들이 맥주를 전혀 만들지 않거나 수수가 아닌 밀로 맥주를 만들거나 밀이 아닌 수수로 맥주를 만들도록 선택하게 했던 문화적 요인이 있었다. 그리스인들처럼 어떤 사람들은 적어도 맥주에서 가공된 모든 종류의 곡물을 바람직하지 않은 식품으로 간주한 것 같다.

이것은 아마도 부분적으로는 발효에 대한 사이비 과학적 이해와 맥주의 본질 때문이다. 다른 한편으로 영양적이든, 종교적이든, 정치적이든 간에 지금은 알려지지 않은 어떤 이유로 켈트족과 게르만인들은 밀을 맥주에서 특히 유익한 곡물로 지지했을 수도 있지만 동부 유럽 사람들은 수수를 옹호했다는 것을 추측할 수 있다. 따라서 음료의 선택은 단순히 지리에 의해 결정되지 않았다.

그러나 고대 유럽의 맥주 이야기는 보리 맥주의 일반적 수용과 밀 또는 수수 맥주에 대한 다양한 지역 선호도보다 더 복잡하다. 우선 일부 맥주 제조업자들은 무분별하게 여러 종류의 곡물을 함께 결합했을 수 있다. 게다가 많은 맥주 제조업자는 맛을 개선하고 방부제 역할을 할 수 있도록 그리고 (또는) 긍정적인 생리학적 효과를 위해서 확실히 다양한 재료들을 그들의 맥주에 첨가했다. 많은 종류의 식물 첨가물은 의심할 여지 없이 맥주에 사용되었을지라도, 두 가지 주요 첨가물의 인기가 많아졌다. 즉 스윗 게일이 처음으로 기원전 1세기경 라인강 하구에서 입증되었다. 홉은 기원전 6세기에 처음 발견되었지만 서기 9세기의 일드프랑스 지역에서만 인기가 있었다. 서부와 동부 유럽에서 널리 재배되었지만 이 지역 전체에 걸쳐 맥주에 사용되지 않았던 밀과 수수의 경우와 마찬가지로, 스윗 게일과 홉은 모두 그것들이 맥주에 사용된 곳보다 훨씬 더 넓은 지역에서 야생에서 자라는 것으로 판명되었다. 아마도 몇 세대에 걸쳐 고대 양조업자들은 지역적으로 자라는 식물들을 실험했고, 일부 양조업자는 스윗 게일이, 다른 양조업자들은 홉이 그들을 위해 특히 효과적인 것으로 여기게 되었다. 이것은 홉과 관련하여 이탈리아 북부와 그 후 프랑스 북부와 같은 다른 곳에서 독립적으로 발생한 것처럼 보였다. 그러나 이탈리아 북부의 무덤 속에서 발견된 한 용기에 담긴 홉으로 만든 맥주는 한때 이 식물을 사용하기로 결정한 양조업자가 있었다는 것을 증명했지만 그것이 당시 널리 사용되었다는 것을 의미하지는 않는다. 아마 특정 첨가물을 사용하는 개별 양조자들의 관행이 더 넓은 양조업자 공동체에 의해 받아들여지게 한 특별한 계기가 있었을 것이다. 예를 들어 단순한 추측을 해 보면, 스윗 게일은 많은 독립 자가 양조업자들에 의해 처음으로 사용되었고 지금의 네덜란드 지역에서 상호연결된 양조업자 공동체에 의해 맥주 재료로 널리 채택되었다는 것이다. 왜냐하면 그들이 라인강 상류에서 그들의 맥주를 판매하기 (아마 소규모로) 시작했고, 그 여정을 위해 더 잘 보존할 필요가 있었기 때문이다. 유사하게, 지금의 프랑스 북부 지역의 수도사들이 그들 자신뿐만 아니라 수도원의 손님들에게 많은 양을 공급할 필요가 있어서 맥주의 유통기한을 연장해야 했을 때, 심지어 때때로 외부 판매를 위해서 그들은 홉을 사용하게 되었다. 따라서 처음에는 개별 자가 양조자와 그 가정이나 특정 상업적 양조업자와 그 고객 또는 궁극적으로 더 큰 양조 공동체의 전문화된 요구에 대응하려는 국지적인 혁신은 점진적으로 어디에서나 채택되게 되었다.

마지막으로 꿀은 의심할 여지없이 더 나은, 더 진하고, 더 달콤한 양조를 위한 간단한 수단으로서

서부 유럽 전역에서 맥주에 널리 사용되었다. 꿀은 수집하기 위해 많은 작업을 필요로 하는, 이용 가능한 주요 감미료였다. 꿀은 더 부유한 소비자들만 이용할 수 있는 고급 제품이었다. 아마도 유럽 전역에서 꿀에 접근할 수 있는 사람들은 그들의 일상적인 음식이든 맥주를 포함한 그들의 규칙적인 음료이든 간에 그것을 사용했다. 분명히 서유럽에서 꿀은 두 개의 프리미엄 맥주 재료로서 맥아로 만든 밀과 함께 결합되었다. 이베리아반도와 아일랜드에 꿀 맥주의 존재에 대한 어떠한 증거도 존재하지 않는다. 그러나 아마도 이것은 단순히 우리의 지식 공백을 나타낸다. 왜냐하면 꿀이 이들 지역에서 이용 가능했고 그곳에서 맥주를 마시는 사람들은 꿀을 피했을 것이라고 생각할 이유가 없기 때문이다.

결론적으로 이 장에서 제시된 상황은 매우 단편적인 증거에 기반을 두고 있어서 많은 세부 사항에서 부정확할 수 있다는 것을 다시 한 번 강조한다. 미래의 고고학적 발견이 우리의 지식에 많은 것을 추가하기를 바란다.

참고문헌

André J (ed and trans) (1958) Pline l'ancien: histoire naturelle, livre XIV (des arbres fruitiers, la vigne). Les belles lettres, Paris

André J (1961) L'alimentation et la cuisine à Rome. C. Klincksieck, Paris

André J (ed and trans) (1970) Pline l'ancien: histoire naturelle, livre XXII (importance des plantes). Les belles lettres, Paris

Arnaud-Lindet, MP (ed and trans) (1991) Orose, histoires (Contres les Païens), tome II, livres IV-VI. Les belles lettres, Paris

Bately J (ed) (1980) The old English Orosius. Oxford University Press, Oxford

Beckh H (ed) (1895) Geoponica sive Cassiani Bassi Scholastici de re rustica eclogae. Teubner, Leipzig

Behre KE (1999) The history of beer additives in Europe: A review. Veg Hist Archaeobot 8: 35-48

Binchy DA (ed) (1963) Scéla Cano meic Gartnáin (Mediaeval and Modern Irish Series No. 18). Dublin Institute for Advanced Studies, Dublin

Binchy DA (1982) "Brewing in eighth-century Ireland." In: Scott BG (ed) Studies in early Ireland: Essays in honour of M. V. Duignan. Association of Young Irish Archaeologists, Belfast, pp.3-6

Blockley RC (1983) The fragmentary classicising historians of the Later Roman Empire, Eunapius, Olympiodorus, Priscus and Malchus, II: Text, translation and historiographical notes. Francis Cairns, N.p.

Bouby L, Boissinot P, Marinval P (2011) Never mind the bottle. Archaeobotanical evidence of beer-brewing in Mediterranean France and the consumption of alcoholic beverages during the 5th Century BC. Hum Ecol 39: 351-360

Breeze A (2004) What was 'Welsh Ale' in Anglo-Saxon England? Neophilologus 88: 299-301

Buettner-Wobst T (1963) Polybii historiae, vol IV. Teubner, Stuttgart Cary E (ed and trans) (1917) Dio's Roman history, vol V. William Heinemann, London

Castelletti L, Maspero A, Motella De CarloS, Pini R, Ravazzi C (2001) Il contenuto del bicchiere della t. 11. In: Gambari FM (ed) La birra e il fiume: Pombia e le vie dell'Ovest Ticino tra VI e V secolo a.C. Celid, Torino, pp.107-109

Colen L, Swinnen JFM (2011) Beer-drinking nations: The determinants of global beer consumption. In: Swinnen JFM (ed) The economics of beer. Oxford University Press, Oxford, pp.123-140

Cool HEM (2006) Eating and drinking in Roman Britain. Cambridge University Press, Cambridge

Cornell M (2010) Amber, bold and black: The history of Britain's great beers. The History Press, Stroud

Crewe L, Hill I (2012) Finding beer in the archaeological record: A case study from Kissonerga-Skalia on Bronze Age Cyprus. Levant 44: 205-237

Daremberg C, Ruelle CE (eds) (1879) Oeuvres de Rufus d'Ephèse. L'imprimerie nationale, Paris

De Vriend HJ (1984) The Old English herbarium and medicina de quadrupedibus (The Early English Text Society Vol. 286). Oxford University Press, London

Dineley M (2004) Barley, malt and ale in the Neolithic (British Archaeological Reports International Series 1213). Archaeopress, Oxford

Engs RC (1995) Do traditional Western European drinking practices have origins in antiquity? Addiction Research 2(3): 227-239. http:// www.indiana.edu/~engs/articles/ar1096.htm

Gambari FM (2001) La bevanda come fattore economico e come simbolo: birra e vino nella cultura di Golasecca. In: Gambari FM (ed) La birra e il fiume: Pombia e le vie dell'Ovest Ticino tra VI e V secolo a.C. Celid, Torino, pp.141-151

Gambari FM (ed) (2005) Del vino d'orzo: la storia della birra e del gusto sulla tavola a Pombia (Quaderni di Cultura Pombiese 1). Comune di Pombia, Pombia

Garrido-Pena R, Rojo-Guerra MA, García-Martínez de Lagrán I, Tejedor- Rodríguez C (2011) Drinking and eating together: The social and symbolic context of commensality rituals in the Bell Beakers of the interior of Iberia (2500-2000 CAL BC). In: Jiménez GA, Montón-Subías S, Sánchez Romero M (eds) Guess who's coming to dinner: feasting rituals in the Prehistoric societies of Europe and the Near East. Oxbow Books, Oxford (and Oakville), pp.109-129

Grenfell BP, Hunt AS (1922) The Oxyrhynchus papyri, Part XV. Egypt Exploration Society, London

Griffiths I (2007) Beer and cider in Ireland: The complete guide. Liberties Press, Dublin

Grigg D (2004) Wine, spirits and beer: World patterns of consumption. Geography 89(2): 99-110

Hagen A (2006) Anglo-Saxon food and drink: Production, processing, distribution and consumption. Anglo-Saxon Books, Frithgarth

Herrick C (2011) Governing health and consumption: Sensible citizens, behaviour and the city. Policy Press, Bristol (and Portland)

Hieronymus S (2010) Brewing with wheat: The 'wit' and 'weizen' of world wheat beer styles. Brewers Publications, Boulder

Hieronymus S (2012) For the love of hops: The practical guide to aroma, bitterness and the culture of hops. Brewers Publications, Boulder

Hornsey I (2009) Ancient brewing. The Brewer and Distiller International 4: 36-39

Jacoby C (1967) Dionysii Halicarnasei, antiquitatum romanarum quae supersunt. Teubner, Stuttgart

Jal P (ed and trans) (1967) Florus, oeuvres, tome I. Les belles lettres, Paris

Jónsson F (ed) (1900) Heimskringla: Nóregs konunga sǫgur af Snorri Sturluson, vol 1. S. L. Møllers, Copenhagen

Koch E (2003) Mead, chiefs and feasts in Later Prehistoric Europe. In: Parker Pearson M (ed) Food, culture and identity in the Neolithic and Early Bronze Age (British Archaeological Reports International Series 1117). Archaeopress, Oxford, pp.125-143

Koch JT (ed and trans) (1997) The gododdin of Aneirin. University of Wales Press, Cardiff

Krusch B (ed) (1905) Ionae vitae Sanctorum, Columbani, Vedastis, Iohannis (Scriptores Rerum Germanicarum Vol. 37). Hahn, Hannover (and Leipzig)

Lasserre F (ed and trans) (1966) Strabon, géographie, tome II (livre III et IV). Les belles lettres, Paris

Le Bonniec H, Le Boeuffle A (ed and trans) (1972) Pline l'ancien: histoire naturelle, livre XVIII (de l'agriculture). Les belles lettres, Paris

Liebermann F (ed) (1903) Die Gesetze der Angelsachsen, vol 1. Max Niemeyer, Halle Marchesini M, Marvelli S (2002) Analisi botaniche del contenuto del vaso biconico (Cat. n. 8). In: Von Eleson P (ed) Eles Guerriero e sacerdote: Autorità e communità nell'età de ferro a Verucchio, La Tomba del Trono. All'Insegna de Giglio, Florence, pp.299-307

Marié MA (ed and trans) (1984) Ammien Marcellin, histoire, tome V(livres XXVI-XXVIII). Les belles lettres, Paris

Marques-Vidal P (2009) Trends of beer-drinking in Europe. In: Preedy VR (ed) Beer in health and disease prevention. Academic Press, Burlington, Massachusetts, pp.129-139

McGovern PE (2009) Uncorking the past: The quest for wine, beer, and other alcoholic beverages. University of California Press, Berkeley (and Los Angeles)

McGovern PE, Glusker DL, Exner LJ, Hall GR (2008) The chemical identification of resinated wine and a mixed fermented beverage in Bronze-Age pottery vessels of Greece. In: Tzedakis Y, Martlew H, Jones MK (eds) Archaeology meets science: Biomolecular investigations in Bronze Age Greece, the primary scientific evidence, 1997-2003. Oxbow Books, Oxford, pp.169-218

Medina FX (2011) Europe North and South, beer and wine: Some reflections about beer and Mediterranean food. In: Schiefenhövel W, Macbeth H (eds) Liquid bread: Beer and brewing in cross-cultural perspective. Berghahn Books, New York (and Oxford), pp.71-80

Migne JP (ed) (1864) Patrologiae Cursus Completus, Series Latina, vol. 99. Garnier, Paris

Murray K (ed) (2004) Baile in Scáil (Irish Texts Society Vol. 58). Royal Irish Academy, Dublin

Nelson M (2001) Beer in Greco-Roman antiquity. Unpublished PhD Thesis, University of British Columbia. https://circle.ubc.ca/handle/2429/13776

Nelson M (2005) The Barbarian's beverage: A history of beer in Ancient Europe. Routledge, London (and New

York)

Nelson M (2011) Beer: Necessity or luxury? AVISTA Forum Journal 21(1/2): 73-85

Nelson M (Forthcoming) Did ancient Greeks drink beer? N.p., Phoenix Olson SD (ed and trans) (2009) Athenaeus, the learned banqueters, Books 10.420e-11. Harvard University Press, Cambridge, Massachusetts (and London, England)

Owen A (ed and trans) (1841) Ancient laws and institutes of Wales, vol. 1. Eyre and Spottiswoode, London

Parks K (2012) Cleaning grain and making beer: analysis of a third to fourth-century AD archaeobotanical assemblage from Bottisham, Cambridge. Food and Drink in Archaeology 3: 127-132

Pollington S (2000) Leechcraft: Early English charms, plantlore, and healing. Anglo-Saxon Books, ElyRoseman CH (ed and trans) (1994) Pytheas of Massalia: On the ocean. Text, translation and commentary. Ares, Chicago

Schwarz P, Li Y (2011) Malting and brewing uses of barley. In: Ullrich SE (ed) Barley: production, improvement, and uses. Wiley-Blackwell, Chichester, pp.478-521

Sherratt A (1995) Alcohol and its alternatives: Symbol and substance in pre-industrial cultures. In: Goodman J, Lovejoy PE, Sherratt A (eds) Consuming habits: Drugs in history and anthropology. Routledge, London, (and New York)pp.11-46

Sigaut F (1997) La diversité des bières. Questions sur l'identification, l'histoire et la géographie récentes d'un produit. In: Garcia D, Meeks D (eds) Techniques et économie antiques et médiévales: le temps de l'innovation. Editions errance, Paris, pp.82-87

Stika HP (2011) Beer in Prehistoric Europe. In: Schiefenhövel W, Macbeth H (eds) Liquid bread: beer and brewing in cross-cultural perspective. Berghahn Books, New York and Oxford, pp.55-62

Stokes W, Strachan J (1903) Thesaurus palaeohibernicus: A collection of old-Irish glosses, scholia, prose, and verse, vol. 2. Cambridge University Press, Cambridge

Theiler W (ed) (1982) Poseidonios, die Fragmente, vol. 1. De Gruyter, Berlin (and New York)

Thommen L (2012) An environmental history of ancient Greece and Rome. Philip Hill (trans) Cambridge University Press, Cambridge

Thurneysen R (1923) Aus dem Irischen Recht I. Z Celt Philol 14: 335-394 Unger RW (2004) Beer in the Middle Ages and the renaissance. University of Pennsylvania Press, Philadelphia

Unger RW (2011) Gruit and the preservation of beer in the Middle Ages. AVISTA Forum Journal 21(1/2): 48-54 van der Veen M (1989) Charred grain assemblages from Roman-Period corn driers in Britain. Archaeological Journal 146: 302-319 van Zeist W (1991) Economic aspects. In: van Zeist W, Wasylikowa K, Behre KE (eds) Progress in old world palaeoethnobotany. Balkema, Rotterdam, pp.109-130

Wayens B, Van den Steen I, Ronveaux ME (2002) A short historical geography of beer. In: Montanari A (ed) Food and environment: geographies of taste. Società Geografica Italiana, Rome, pp.93-114

Webb T, Beaumont S (2012) The world atlas of beer: The essential guide to the beers of the world. Octopus Publishing Group, New York

Wellmann M (ed) (1958) Pedanii Dioscoridis Anazarbei de material medica libri quinque, vol. 1. Weidmann, Berlin

Winterbottom M, Ogilvie RM (eds) (1975) Cornelii Taciti, opera minora. Clarendon, Oxford

World Health Organization (2011) Global status report on alcohol and health. WHO Press, Geneva http://www.who.int/substance_abuse/ publications/global_alcohol_report/msbgsruprofiles.pdf

Yegin S, Fernández-Lahore M (2012) Boza: A traditional cereal-based, fermented Turkish beverage. In: Hui YH (ed) Handbook of plantbased fermented food and beverage technology, second edition. CRC Press, Boca Raton, pp.533-542

수메르에서 기원부터 오늘날까지 맥주의 공간 확산

스티븐 슈얼Steven L. Sewell
메인랜드대학교

| 요약 |

이 장은 비옥한 초승달 지역에서 이집트를 거쳐 로마의 정복을 통해 유럽 전역으로 확산된 맥주의 공간을 추적한다. 근대 유럽 초기에 상업적 맥주 양조의 증가와 수도원 맥주 양조의 쇠퇴, 중세 유럽 맥주 문화의 발전에 대한 가톨릭 수도원의 중요성이 검토된다. 또한 이 장은 식민지 시대의 아메리카로 그리고 그 이후 미국에서 맥주 문화의 보급에 대해 논한다. 논의된 주제는 19세기 맥주 산업의 발전에서 독일인 이민자들의 역할을 포함한다. 논의된 20세기의 주제는 금주법, 제2차 세계대전 이후의 대량 생산과 통합 그리고 소형 맥주 양조장의 대두를 포함한다.

고대 세계의 맥주

맥주의 발견이 문명의 발흥을 이끌었다고 말하는 것은 그다지 과장된 것이 아니다. 맥주의 우연한 발견은 인류가 맥주를 생산하는 데 필요한 재료의 꾸준한 공급을 위해 농경 사회를 선호하여 유목 생활 방식을 포기하게 만들었다(Standage 2005). 이 명제는 펜실베이니아대학교의 솔로몬 카츠(Solomon Katz), 캘리포니아대학교 데이비스 캠퍼스의 찰리 뱀포스(Charlie Bamforth), 위스콘신대학교의 조너선 사우어(Jonathan Sauer)에 의해 발전되었다. 이러한 관점은 농업 사회가 빵을 위한 곡물을 생산할 필요성을 충족시키기 위해 처음 생겨났다는 오래된 가정에 도전한다(Katz and Voigt 1986; Martorana 2010; Preet 2005).

고대 세계에서 지리와 맥주 사이에는 분명한 연관성이 있다(그림 3.1). 오늘날 이란 서부의 자그로스산맥에서 메소포타미아 평원을 가로질러 이집트(Allen 1997)에 이르는 비옥한 농경지대로 맥주의 공간적 확산을 추적하는 것은 쉽다. 고대 이집트와 그리스 사이의 무역은 맥주를 유럽반도에 퍼뜨렸다. 그리스-로마 무역은 로마제국으로 맥주를 확장시켰다. 맥주 문화가 로마제국 전역에 보급되었다. 로마인들은 와인을 선호했지만, 와인 포도가 잘 자라지 않고 보리가 잘 자라는 제국의 북부 지역은 여전히 맥주를 마시는 지역으로 남아 있었다(Poelmans and Swinnen 2012; Cutler 1996).

맥주는 기원전 1만 년경 수메르에서 우연히 발견되었는데, 이는 비에 젖은 야생 보리가 병에 담겨 수확된 후 야생 효모와 접촉하여 발효된 것이라는 연구 결과가 있다. 결국 이 유목민들은 주거지 주변에 곡물을 재배하기 위해 정착했다(Katz and Voigt 1986). 다른 문헌들은 맥주가 발견된 시기를 기원전 8000년으로 거슬러 올라가는데, '바피르(bappir)'라고 불리는 부스러진 보리빵을 항아리에 넣고 물과 혼합한 후 열어 두어 야생 효모가 떠다니며 발효되었다는 것이다(Shurkin 2012; Eames 1993; Standage 2005).

어떻게 그리고 언제 발견되었는지와 상관없이 기원전 6000년까지 맥주는 수메르 사회에 확고하게 자리 잡았다. 맥주의 발견에 대한 가장 오래된 증거 중 일부는 사람들이 공동의 그릇에서 빨대를 통해 맥주를 마시는 모습을 묘사한 4000년 된 수메르의 명판이다. 기원전 1800년에 수메르어로 쓰인 "난카시(Nankasi)에게 찬송가"[양조의 고객 여신인 닌카시(Ninkasi) 여신에게 드리는 기도]는 기도이자 양조법의 역할을 했다(Eames 1993; Katz and Voigt 1986). 거의 4000년 후인 1989년에 앵커 맥주 양조회사는 빵, 꿀, 대추 시럽을 재료로 사용한 동일한 양조법으로 맥주를 양조했다(Hieronymus 2012). 수메르인들이 기근이 들 때를 제외하고는 자신들이 생산한 빵을 먹는 것을 피했다는 것은 빵이 아닌 맥주가 문명의 기반이라는 추가적인 증거이다(Katz and Voigt 1986). 수메르인들은 맥주를 양조하는 유일한 고대 문명이 아니었다. 기원전 4000년경 이란에는 작은 마을들이 평원과 산을 따라 발달했다(Curtis 1996). 자그로스산맥에서 농업에 가장 적합한 지역은 이슬라마바드 평원이었다. 이슬라마바드 평원은 기후가 좋고 토양이 비옥하며 비가 많이 내려 농업에 적합하였다(Abdi 2003). 기원전 3500년경 현재 이란의 자그로스산맥에서 보리 맥주가 생산되었다. 사실 맥주의 가장 오래된 화학적 증거는 이 지역에서 나왔다(Nelson 2005).

수메르의 쇠퇴와 함께 바빌로니아 제국이 부상했다. 바빌로니아인들은 맥주 양조 기술을 포함한 수메르 문화로부터 많은 것을 물려받았다. 바빌로니아 사람들은 적어도 아홉 종류의 맥주를 양조했다. 바빌로니아 맥주에는 흑맥주, 황금색 맥주 그리고 붉은색 맥주가 포함되었다. 일반적으로 맥주 속에 있는 곡물의 겉껍질과 다른 고형물이 소비자에게 전달되지 않도록 바빌로니아 맥주를 빨대로

그림 3.1 맥주 문화의 공간적 확산

마셨다(Damero 2012).

바빌로니아 문화에서 맥주의 중요성은 맥주법이 유명한 함무라비 법전의 일부였다는 사실에 반영되었다. 함무라비 법전은 모든 바빌로니아인들이 맥주 배급을 받도록 규정하고 있으며, 그 규모는 사회적 지위에 따라 결정되었다. 노동자들은 2리터의 배급을 받았고, 공무원들은 하루에 3리터의 배급을 받았고, 행정관들과 고위 성직자들은 하루에 5리터의 배급을 받았다. 함무라비 법전의 수많은 다른 법령들은 맥주와 관련이 있다. 그 법은 맥주를 동등한 가치의 옥수수나 보리로 교환하도록 의무화했다. 선술집 주인이 맥줏값으로 돈을 받았다면, 그것은 옥수숫값과 같아야 했다. 함무라비 법전에는 맥주의 순도에 관한 규정도 있었다. 바빌로니아의 맥주 양조업자들이 여성이었다는 수많은 언급이 있다. 함무라비 법전은 남성에게 그랬던 것처럼 여성에게도 엄격했다. 선술집 여주인들은 손님을 속이면 "강에 던져졌으며" 아마 익사하는 것으로 추정된다(Poelmans and Swinen 2012; Horne et al. 1998; Preet 2005).

이집트인들은 바빌로니아인들과의 무역을 통해 맥주에 친숙해졌다. 맥주는 이집트 사회에서 빠르게 주식이 되었을 뿐만 아니라 그들의 종교적 삶에 확고히 통합되었다. 이집트인들은 그들의 가장 중요한 신 중 하나인 오시리스(Osiris)가 맥주를 발명했다고 생각했다. 이집트에서는 맥주 제조법과 맥주 제조 재료를 포함한 수많은 무덤이 발견되었다. 이집트인들은 맥주 없이 저승에서 영원을 보낼 계획이 없다는 것이 분명했다. 맥주는 이집트인들에게 매우 중요해서 그들은 "맥주 양조업자"를 뜻하는 새로운 상형문자를 만들었다(Samuel 1996; Standage 2005).

맥주를 양조하는 과정은 이집트인들이 맥주를 접하게 되었을 때 잘 확립되었다. 이집트인들은 빵 반죽을 가볍게 구운 다음 항아리로 부수는 것으로 그 과정을 시작했다. 그리고 나서 물이 첨가되었다. 이것은 오늘날 가치가 있다고 알려진 것을 만들어 냈다. 이집트인들은 밀가루를 끓이는 과정에서 부가적인 단계를 추가한 최초의 문명이었다. 이 부가적인 과정은 맥주에 설탕을 농축시켰고 아마도 더 독한 맥주를 생산했을 것이다(Newkirk 연도 미상).

이집트인들은 그들의 맥주에 수많은 향료를 첨가했다. 그들은 맥주를 달게 하기 위해 대추를 추가했다. 이집트인들은 때때로 맥주에 쓴맛을 더하기 위해 루타(rue)를 첨가하기도 했다. 이집트인들은 또한 고수, 향나무, 타라곤, 아니스, 감초 뿌리로 맥주의 맛을 냈다. 다른 이국적인 향료로는 발삼, 건초, 민들레, 민트, 약쑥 씨앗, 쓴 박하즙, 게발톱, 굴껍질 등이 있다. 올리브 오일, 보그 머틀(bog myrtle), 치즈 메도우 스위트(cheese meadowsweet), 쑥, 당근도 맥주 맛을 내는 데 사용되었다. 맥주에는 대마와 양귀비 같은 환각제도 첨가되었다(Newkirk 연도 미상; McGover 연도 미상).

맥주는 이집트인들에게 단순히 갈증을 해소하는 것보다 훨씬 더 중요한 것을 상징했다. 맥주는 병을 치료하는 데 사용되었다. 한 이집트 문헌에는 '맥주'라는 단어를 포함한 약 100개의 처방전이 나열되어 있다. 한 이집트 남성이 여성에게 맥주를 한 모금 권했을 때, 그들은 결혼한 것으로 간주되었다(Raley 연도 미상).

이집트인들은 그들의 맥주를 '헤크트(Hekt)'라고 불렀다. 그것은 로마, 팔레스타인으로 심지어 인도까지 수출되었다. 많은 고대 문명과 마찬가지로 왕실의 양조업자들이 남성일 가능성이 더 높았지만 대부분 양조업자는 여성이었다. 이집트 여성들은 많은 종류의 맥주를 생산했다. 여기에는 흰색, 검은색, 갈색, 빨간색 맥주가 포함되었다. 그들은 또한 '술(booze)'이라는 단어가 유래된 누비아어 '부사(boosa)'를 생산했다. 곡물 생산량의 40%가 맥주 생산에 할애되었기 때문에 이집트 문화에서 맥주가 중요했다는 것은 분명하다. 현대 사회에서처럼 때때로 이집트인들은 술을 너무 많이 마셨다. 기원전 2800년경 이집트의 한 무덤에 새겨진 글에는 "그의 지상 거주지(몸)는 맥주에 의해 빼앗겨 부서졌다"라고 적혀 있다(Eames 1993).

맥주는 이집트 사회의 모든 계층에게 중요했다. 이집트 노동자들은 하루에 8파인트의 맥주 배급을 받았다(Burch 2011). 사회적 계층의 다른 끝에 있는 파라오 람세스(Ramses) 3세는 맥주가 매우 고귀한 음료라고 생각하여 그의 손님과 함께 황금잔으로 맥주를 마셨다(Poelmans and Swinnen 2012).

지리적 요인들은 또한 이집트인들이 맥주를 마시는 나라라는 것을 결정했다. 헤로도토스 (Herodotus)는 그가 나일강 삼각주에서 포도 덩굴이 자라는 것을 알고 있었던 것으로 보일지라도, 이집트에 포도 덩굴이 자라지 않았기 때문에 이집트인들이 "보리로 만든 와인"을 만들었다고 언급했다. 헤로도토스는 이집트인들이 기후적 요인 때문에 맥주를 마신다고 결론지었다(Nelson 2005).

오늘날 우리가 중동으로 알고 있는 이 지역은 확실히 맥주의 문화적 요충지였지만, 결코 유일한 지역은 아니었다. 아마도 기원전 7000년 초에 중국인들은 '쿠이(Kui)'라고 알려진 맥주를 양조하고 있었을 것이다(Hartley 2012). 남아메리카에서는 잉카인들이 옥수수에서 '치카(chica)'를 양조했다. 잉카인들은 의식용으로 치카를 마셨다. 마추픽추에서 치카의 흔적이 발견되었다. 따라서 잉카인들이 발효 음료에 대한 취향을 확실히 발달시킨 것으로 보인다. 맥주는 그들 문화의 중심이 되어 물을 마시도록 강요받는 것은 처벌로 간주되었다(The Brussels Journal 연도 미상). 어떤 사람들은 아마존 분지에서 맥주가 양조된 것은 1만 년 전이 처음일 것이라고 추측한다(Eames 1993).

지중해 지역으로 돌아온 이집트인들은 그리스인들에게 맥주를 만드는 법을 가르쳤고, 이를 '지토스(zythos)'라고 불렀다(Nelson 2005). 그리스인들이 이집트 맥주를 대량으로 수입했음에도 불구하고, 그들은 결코 그 음료를 신뢰하지 않았던 것으로 보인다. 맥스 넬슨(Max Nelson)은 야만인의 음료에서 아이스킬로스(Aeschylus)와 같은 많은 그리스인이 맥주를 여성스러운 음료로 여겼고, 아테네인들은 특히 맥주를 여성스러운 음료로 이야기하는 것을 좋아했다고 언급했다. 넬슨은 또한 자주 인용되는, 맥주가 돼지에게도 적합하지 않다는 아이스킬로스의 말을 뒷받침할 증거가 거의 없다고 지적한다. 그리스인들이 맥주를 반대하는 입장은 너무 만연되어 있어 넬슨은 맥주에 대한 그리스인의 편견을 전체 장에 할애하여 그리스인들이 맥주를 거부한 최초의 곡물 재배 민족임을 언급하면서 장을 마무리한다. 반면 소포클레스(Sophocles)는 빵, 고기, 채소와 함께 맥주를 적당히 섭취하는 한 맥주는 건강에 좋다고 생각했다(Poelmans and Swinnen 2012). 그리스인들이 보리를 재배하고 곡물 거래를 광범위하게 했던 것은 분명하지만, 압도적으로 와인을 마시는 것을 선택하고 보리를 맥주로 전환하지 않았다(De Angelis 2002; 2006; Migeotte 2009). 맥주에 대한 그들의 태도에도 불구하고, 로마인들에게 맥주를 만드는 법을 가르친 것은 그리스인들이었다. 맥주라는 단어의 기원은 로마인들에게 다소 혼란스러웠다. 그들은 맥주를 농업의 여신인 세레스(Ceres)에서 유래한 '세레비시아(cerevisia)'라고 불렀지만, 맥주라는 단어는 라틴어 동사 '비베레(bibere, 마시다)'에서 유래한 것으로 보인다(Nelson 2001; 2005).

로마인들이 맥주를 야만인들에게만 적합한 음료로 여겼던 것은 분명하다. 타키투스(Tacitus)는 튜

턴족이 "와인과 유사성을 완전히 제거한 양조주인 보리나 밀로 발효시킨 끔찍한 양조 맥주"를 마셨다고 썼다. 초기 로마인들에게는 맥주가 중요했지만, 공화정 시대에 로마인들은 맥주보다 와인을 더 선호했다(Poelmans and Swinnen 2012). 로마인들에게 와인은 문명이었다. 로마인들에게 맥주는 상아를 부드럽게 하여 보석을 만드는 것이었다(The Brussels Journal 연도 미상). 로마인들은 와인을 선호했지만, 유럽의 다른 지역에 맥주를 소개할 정도로 맥주를 중요시했다. 기원전 55년의 전쟁 기간, 그들은 맥주를 북유럽 지역에 소개했다. 기원전 49년에 카이사르(Caesar)가 루비콘강을 건넜을 때, 그는 그의 장교들에게 맥주로 건배했다. 지리가 로마제국에서 맥주 문화가 어디에 존재하였는지를 결정하는 중요한 요소였음은 분명하다. 남부 유럽은 여전히 와인을 마시는 지역으로 남아 있는 반면, 제국의 북부 지역은 보리가 잘 자라고 포도가 잘 자라지 않아 맥주가 선호된 음료였다. 한 예로 맥주 생산을 위해 맥아와 곡물을 생산하는 영국이 있었다(White et al. 2005).

유럽 수도원의 맥주

로마가 함락되면서 맥주 양조는 수도원으로 옮겨갔다. 성 베네딕토(Benedictus)는 서기 525년에 이탈리아 몬테카시노(Monte Cassino)에 수도원을 설립했다. 성 베네딕토 16세는 맥주 양조를 포함하여 추종자들에게 자급자족의 필요성을 강조했다. 수도원 생활 방식은 빠르게 유럽 전역으로 퍼져나갔다. 중세 시대까지 독일에만 400개 이상의 수도원이 맥주를 양조하고 있었다. 많은 성인들이 맥주 양조와 관련이 있다. 성 콜럼반(Columban), 성 베다스테스(Vedastes), 성 사달베르가(Sadalberga), 성 구틀락(Guttlac)은 모두 양조와 관련이 있었다(Nelson 2005). 수많은 성인들이 맥주 양조와 관련이 있다(Frank and Meltzer 연도 미상).

　수도원에서의 맥주 양조는 수도사들이 그들 자신과 기독교 순례자들을 위해 맥주를 생산하면서 빠르게 무역이 되었다. 맥주 양조는 수도원에게 매우 수익성이 높은 사업이 되었고, 그들의 자선 활동에 자금을 대는 데 도움이 되었다. 남유럽에 설립된 수도원들은 와인을 생산했고 북유럽에 설립된 수도원들은 맥주를 양조했다(Poelmans and Swinnen 2012).

　수도사들과 일반 양조업자들을 구분한 것은 맥주를 양조하는 그들의 체계적인 접근이었다. 그들은 그들의 양조법을 기록했고 맥주의 품질을 향상시키기 위해 노력했다. 수도사들은 최고의 재료를 선택하고, 장비를 깨끗하게 유지했으며, 일반적으로 고품질의 제품을 만들기 위해 노력했다. 본질적으로 수도자들은 양조에 대한 과학적 접근법을 채택했다.

샤를마뉴(Charlemagne) 대제는 또한 맥주 양조 과학을 발전시키는 데 중요한 역할을 했다. 샤를마뉴 대제는 맥주가 삶의 중요한 부분이라는 견해를 가지고 있었다. 샤를마뉴 대제는 그의 정권의 맥주 양조 마스터들을 개인적으로 훈련시켰다고 한다. 그는 맥주 양조 과정을 개선하기 위해 골(Gall, 후에 성 골)이라는 사제를 고용했다. 골은 맥주의 매시(mash: 뜨거운 물과 맥아의 혼합물), 발효, 저장을 개선하는 새로운 방법을 소개했다(Poelmans and Swinnen 2012; Nelson 2005).

가톨릭 수도원은 중세 유럽에서 유일한 맥주 양조자가 아니었다. 멀리 북유럽에서 바이킹들은 '아울(aul)'이라고 불리는 음료를 만들고 있었는데, 이것은 영어 '에일(ale)'로 진화했다. 발할라로 알려진 노스 파라다이스(Norse Paradise)는 540개의 문이 있는 거대한 맥주 홀로 묘사되었으며, 하이드룬이라는 신화 속 염소의 젖꼭지에서 맥주가 자유롭게 흘러나왔다(Eames 1993; Preet 2005).

맥주는 특히 중세 시대에 인기가 있었다. 왜냐하면 그것은 마시기에 물보다 안전했기 때문이다. 다행스럽게도 발효 및 양조 과정은 맥주를 물보다 훨씬 안전하게 마실 수 있게 했다(Poelmans and Swinnen 2012). "물을 마시지 말고 맥주를 마시라"고 경고한 사람은 성 아놀드(Arnold)였다(Frank and Meltzer 연도 미상).

서기 약 800년경 양조자들은 맥주에 쓴맛, 맛 그리고 향을 더하기 위해 홉을 첨가하기 시작했다. 홉이 추가되기 전에 맥주는 고대 독일어로 야생 허브를 뜻하는 향신료 그뤼트(gruit)와 허브의 혼합물로 쓴맛을 냈다. 이 혼합물의 정확한 성질은 그루트 길드에 의해 철저히 보호된 비밀이었다(Poelmans and Swinnen 2012). 맥주에 홉을 추가하는 것에 대한 첫 번째 언급은 프랑스 코르비(Corbie)에 있는 성 베드로(Peter)와 성 스테판(Stephen)의 수도원에 대한 아달하르트(Adalhard) 대제의 법령에서 발견된다. 그는 서기 822년에 맥주를 만들기 위해 충분한 홉을 모을 필요가 있다고 언급했다(Nelson 2005). 홉은 맥주의 쓴맛을 나게 할 뿐만 아니라 방부제 역할도 했다(Martorana 2010; Shurkin 2012). 맥주에 홉을 첨가하는 관행은 유럽 대륙 전역에 퍼져 기원후 10세기에 영국에 도달했다(Nelson 2005).

맥주 양조가 매우 수익성이 높다는 점에 주목하여, 12세기의 봉건 영주들은 그들이 이전에 수도원에게 부여했던 양조권을 되찾기 시작했고, 그래서 그들 자신이 양조 산업과 거기서 흘러나오는 세금 수입을 통제할 수 있었다. 동시에 많은 개인 가정이 맥주 양조를 시작했다. 민간 양조장과 정부 소유 양조장의 증가는 수 세기 동안 유럽에서 맥주 양조를 지배해 온 수도자들이 대부분 폐업하게 되는 결과를 초래했다(Poelmans and Swinen 2012; Capano 연도 미상).

1400년대에 바이에른의 양조업자들은 알프스의 동굴에 맥주를 저장하기 시작했다. 그들은 '라거링(lagering)'이 그들의 맥주에 바삭바삭하고 깨끗한 맛을 준다는 것을 알아차렸다. 수 세기 후 맥주 제조업자들은 에일은 상면 발효 효모로 만들어졌지만, 알프스 한 동굴의 추운 환경에서 효모가 바닥으로 가라앉아서 완전히 새로운 하면 발효 유형의 맥주가 만들어졌으며, 이는 '라거(lager)'로 알려지게 되었다(Poelmans and Swinen 2012).

15세기에 바이에른에서 맥주 산업이 번창하기 시작했다. 양조장은 수질이 좋은 곳이면 어디든 세워졌다. 뮌헨을 흐르는 이자르강은 맥주를 양조하기에 안성맞춤이었다. 15세기 말까지 뮌헨에는 38개의 양조장이 있었다(Capano 연도 미상).

시간이 지나면서 독일의 맥주 품질은 떨어졌다. 양조업자들은 질이 낮은 재료들을 사용하기 시작했다. 봉건 영주들은 독일 맥주의 품질 저하에 새로운 법으로 대응했다. 뮌헨의 1447년 조례는 맥주의 재료로 보리, 홉, 물만 사용할 수 있도록 규정했다. 대부호인 게오르게(George) 공작은 1447년 법령을 바이에른 전역으로 확대했다. 마침내 1516년 4월 23일, 바이에른의 공작 빌헬름(Wilhelm) 4세는 잘 알려진 '독일 맥주 순수령(Reinheitsgebot or German Purity Law)'을 발표했다. 독일 순수령은 맥주 양조에 사용할 수 있는 재료는 보리, 홉, 물뿐이라고 규정한 1447년 조례를 다시 언명했다(Poelmans and Swinen 2012). 효모가 발효 과정에서 어떤 역할을 하는지는 아직 밝혀지지 않았기 때문에 효모가 기재되지 않은 것이 눈에 띈다. 19세기 중반이 되어서야 루이 파스퇴르(Louis Pasteur)가 발효 과정에서 효모의 중요성을 설명했다(Cutler 1996; Poelmans and Swinnen 2012).

식민지 시대의 아메리카의 맥주

콜럼버스가 신세계에 도착했을 때, 그는 옥수수와 검은 자작나무 수액으로 만든 맥주를 양조하는 아메리카 원주민들을 발견했다고 전해진다. 1587년 버지니아에 있는 월터 롤리(Walter Raleigh)경의 식민지에서 옥수수로 맥주를 양조했다는 수많은 언급이 있다. 식민지 개척자들이 영국에 더 좋은 맥주를 요청했기 때문에 그들의 맥주는 품질이 부족했던 것으로 보인다. 식민지 주민들은 1609년에 버지니아 식민지를 위해 맥주를 찾는 광고를 런던에 냈기 때문에 맥주 공급에 대해 걱정했다(Hernandez 연도 미상). 제임스타운에서 런던 회사는 식민지 주민들에게 맥주를 제공하기 위해 훈련된 맥주 양조업자들을 보냈다(Mittelman 2008).

맥주는 메이플라워 순례자들의 착륙지를 결정하는 역할까지 했다! 1620년 순례자들이 매사추세츠주 플리머스에 도착했을 때, 그것은 맥주, 아니 오히려 맥주의 부족 때문이었다. 청교도들은 뉴욕 허드슨강에 착륙할 계획이었지만 변덕스러운 바람과 형편없는 항해 때문에 케이프코드에 착륙했다. 맥주 공급이 부족하자 선원들은 영국으로 돌아가기에 충분한 맥주를 마실 수 있도록 플리머스에 청교도들을 강제로 데려다주었다(Mittelman 2008). 한 사람이 언급했듯이, "우리는 더 이상 탐색이나 고민할 시간이 없다. 특히 우리의 맥주가 많이 소비되고 있다"(Cutler 1996). 유럽인들은 신세계의 물이 오염된다고 생각했기 때문에 맥주는 북미를 여행할 때 그들의 배에서 매우 중요한 화물이었다(Poelmans and Swinen 2012).

이전의 많은 시대와 마찬가지로 식민지 시대의 아메리카에서 여성들은 대부분의 맥주를 양조했다(Mittelman 2008). 한 여성 맥주 양조업자는 "에일 처"로 알려져 있었다. 여성들은 옥수수, 귀리, 밀, 꿀, 당밀로 맥주를 양조했다. 호박 맥주가 풍부했던 이유는 호박을 쉽게 구할 수 있었기 때문이다. 호박 맥주는 19세기에 인기가 떨어질 때까지 18세기에 걸쳐 양조되었다(Eames 1993; Grimm 2011).

맥주는 확실히 식민지 시대 아메리카 문화의 일부였다. 결혼식 전에 결혼식 맥주가 양조되었다. 맥주 판매 수익금은 결혼식에서 신부에게 돌아갔다. '신부-에일(bride-ale)'이라는 단어는 '신부의(bridal)'라는 단어의 기원이다(Eames 1993).

식민지 시대의 아메리카에서 심지어 아이들도 맥주를 마셨다. 아이들은 작은 맥주로 알려진 희석된 버전의 맥주를 마셨다. 작은 맥주는 성인 맥주를 만드는 데 사용된 곡물로 양조되었다. 작은 맥주는 성인 맥주보다 알코올 함량이 낮았다. 작은 맥주가 물보다 안전하다고 여겨졌기 때문에 어린이들은 작은 맥주를 마시는 것이 허용되었다. 유럽에서와 마찬가지로 식민지 시대의 아메리카인들은 맥주가 물보다 안전하다는 것을 알았지만, 맥주를 끓이면 물 속 박테리아가 죽는다는 것을 아직 이해하지 못했다(Mittelman 2008). 수인성 질병으로부터의 보호와 맥주 사이의 이러한 연관성은 1854년 런던 콜레라 전염병에 대한 존 스노(John Snow)의 획기적인 연구에서 설득력 있게 밝혀졌다. 스노는 콜레라 발병에 둘러싸인 맥주 양조장 노동자들이 지역 오염수 우물에서 물을 마시는 대신 직장에서 맥주를 마시는 것이 허용되었기 때문에 병에 걸리지 않았다는 것을 발견했다(Tufte 1997).

지리는 분명히 식민지 시대의 아메리카에서 맥주 문화의 공간적 확산의 한 요인이었다. 사과주와 럼주의 도전에도 불구하고 맥주는 북부 식민지, 특히 뉴욕과 펜실베이니아와 같은 보리와 홉 생산 식민지에서 인기 있는 음료로 남아 있었다. 뉴욕과 필라델피아는 모두 주요 양조 중심지였다. 반면 맥주는 따뜻한 날씨에 상하는 경향이 있어 남부 식민지에서 결코 큰 인기를 끌지 못했다(Mittelman 2008).

19세기 미국의 맥주

미국의 맥주 양조는 19세기 중반 독일 이민자들의 물결의 도래와 함께 영원히 바뀌었다. 1840~1860년에 135만 명 이상의 독일인들이 미국으로 왔다. 독일인들은 맥주를 마시는 문화를 가져왔다. 곧 독일인들은 황금색 라거와 필스너(Pilsner)를 양조했고, 독일인 이민자 무리가 이것들을 아주 즐겼다(Holland 연도 미상; Jackson 2006).

밀워키는 19세기 미국의 주요 맥주 양조 중심지가 되었다. 밀워키는 '세계의 맥주 수도'라는 칭호까지 주장하게 되었다. 프레더릭 팹스트(Frederick Pabst)와 다른 사람들은 그곳에서 맥주를 양조했다. 업계에 가장 큰 기여를 한 분야는 병맥주였다. 팹스트는 맥주를 직접 병입함으로써 통 맥주에 대한 연방 세금을 회피했다(Mittelman 2008).

도시에 있어서 맥주의 중요성에 관한 한 세인트루이스는 밀워키에 크게 뒤지지 않았다. 애덤 렘프(Adam Lemp)는 세인트루이스에서 많은 독일 이민자에게 맥주를 제공하기 위해 양조장을 지었는데 이 양조은 1840년에 팔스타프(Falstaff) 양조회사가 되었다. 나중에 에버하르트 앤하이저(Eberhard Annheuser)와 아돌프 부시(Adolphus Busch)가 도착했다. 곧 맥주 양조업자들은 결혼으로 하나가 되었고 맥주 양조 산업의 거인의 탄생을 알렸다(Holland 연도 미상).

시카고 또한 주요 맥주 양조 중심지가 되었다. 독일인들은 19세기 후반에 시카고로 몰려들었다. 20세기 초까지 시카고에는 60개 이상의 맥주 양조장이 있었다. 피터 핸드(Peter Hand)는 중요한 맥주 양조자 중 한 명이었다. 그의 회사는 1891~1978년까지 마이스터 브라우(Meister Brau)를 생산했다. 맥주 산업의 통합으로 시카고의 많은 맥주 양조장이 문을 닫았다. 마이스터 브라우는 시카고의 마지막 맥주 양조장이었다(Grimm 2012).

금주법과 대량생산

1920년 금주법이 시행되었을 때 맥주 산업은 엄청난 타격을 입었다. 양조업자들은 알코올 함량이 1.5% 미만인 '유사 맥주'를 양조함으로써 살아남았다. 다른 양조업자들은 사업을 유지하기 위해 맥아 시럽을 생산했다. 여전히 다른 양조장들은 문을 열어두기 위해 청량음료 생산으로 전환했다. 흥미롭게도 이러한 경험은 양조업자들에게 통조림 제품을 생산하는 경험을 주었다. 이것은 1930년대에 시장에 처음 등장한 캔맥주의 길을 열었다. 금주법으로 인한 맥주 역사의 암흑기는 1933년 수정헌법 21조가 금주법을 폐지하면서 막을 내렸다(Poelmans and Swinnen 2012).

제2차 세계대전이 발발하고 여성들이 공장에서 남성들을 대체하면서, 맥주 제조업자들은 그들의 맥주 양조법을 조정해야 했다. 여성들은 남성들보다 순한 맥주를 선호했다. 이것은 맥아 보리의 공급이 부족했기 때문에 양조 산업에 좋은 결과를 가져왔다. 맥주 산업은 맥주에 옥수수와 쌀을 첨가하여 맥주를 순하게 만들었다. 전쟁이 끝난 뒤에도 맥주 산업은 더 독하고 향이 풍부한 예전 맥주로 돌아가지 않았다(Poelmans and Swinnen 2012).

이것은 미국 맥주 산업에서 통합의 물결과 맞물린 미국 맥주 품질 저하의 시작이었다. 1950년 미국 맥주 매출의 38%를 상위 10개 생산업체가 차지했다. 1980년까지 상위 10개 생산업체가 미국 맥주 판매의 93%를 차지했다. 이 시대의 대량생산 맥주는 이전의 맥주와는 크게 달랐다(Poelmans and Swinnen 2012).

소형 맥주 양조장의 부상

미국의 맥주 애호가들은 처음에는 '수제 맥주'로 알려진 것을 생산했던 소형 맥주 양조장에서 고품질 맥주를 부활시킴으로써 이러한 상황에 대응했다. 이 운동의 시작은 1965년 프리츠 메이택(Fritz Maytag)이 그의 가족의 세탁기 회사 재산의 일부를 사용하여 실패한 샌프란시스코의 앵커(Anchor) 맥주 양조회사를 인수하면서 시작되었다. 앵커 스팀 맥주(Anchor Steam Beer)는 오늘날에도 여전히 생산되고 있으며, 메이택은 수제 맥주 양조 산업의 정신적 아버지로 여겨진다. 스팀 맥주의 기원은 1840년대 캘리포니아 골드러시로 거슬러 올라간다. 그 당시 캘리포니아에서 라거 맥주는 냉장의 혜택을 받지 않고 생산되었다(Mittelman 2008).

수제 맥주 산업은 1980년대 이래로 꾸준히 성장해 왔다. 가장 성공적인 수제 맥주 양조자 중 한 명은 짐 코흐(Jim Koch)였는데, 그는 새뮤얼 아담스 보스턴 라거(Samuel Adams Boston Lager)의 생산자인 보스턴 맥주 회사(Boston Beer Company)를 설립했다. 1997년까지 보스턴 맥주 판매량은 연간 135만 2000배럴에 달했다. 다른 주목할 만한 수제 맥주 양조장으로는 스머티노스(Smulty nose) 맥주 양조회사, 시에라네바다(Sierra Nevada) 맥주 양조장, 그리고 도그피시헤드(Dogfish Head) 수제 맥주 양조장이 있다. 이것들과 다른 수제 맥주 양조업자들은 라거부터 인도 페일 에일(Indian Pale Ale)에 이르기까지 다양한 종류의 맥주를 생산한다(Mittelman 2008; St. Louis 2012). 현재 미국에는 2,000개 이상의 소형 맥주 양조장이 있다(St. Louis 2012).

결론

결론적으로 맥주 양조는 오랜 진화를 거쳤다. 맥주는 일부 젖은 곡물이 공기 중의 야생 효모에 의해 자발적으로 발효되었을 때 우연히 처음 생산되었다. 맥주 문화는 비옥한 초승달 지역에서 발전했고 이집트와 로마제국, 그리고 유럽 전역으로 퍼져나갔다. 천천히 그리고 체계적으로 양조자들은 조심스럽게 그들의 기술을 배웠다. 수도원에 은둔한 수도사들이 수세기 동안 고된 작업을 하면서 더 나은 맥주를 생산했다. 양조자들은 홉을 사용하여 맥주에 쓴맛을 내고 보존하는 방법을 발견했다. 맥주 양조 마스터들은 차가운 동굴에 저장된 맥주가 라거라고 알려진 다른 종류의 맥주를 생산한다는 것을 알게 되었다. 맥주 문화는 식민지 아메리카로 퍼져 19세기 동안 독일인 인구가 많은 미국 도시에서 꽃을 피웠다. 20세기에 맥주는 금주법과 대량생산에서 살아남았다. 마침내, 오늘날 우리는 소형 맥주 양조장과 수제 맥주의 대두로 맥주 르네상스의 한가운데에 있다. 여러분이 다음에 차갑고 맛있는 맥주를 마실 때, 그것은 모두 우연히 시작되었고 맥주가 문명을 향한 첫걸음이었다는 것을 기억하자.

참고문헌

Abdi K (2003) The early development of pastoralism in the central Zagros mountains. J World Prehistory 17(4): 395-448

Allen RC (1997) Agriculture and the origins of the state in ancient Egypt. Explor Econom Hist 34(2): 135-154

Burch D (2011) Proof positive? Natural History 119(9): 10-14

Capano V (n.d.) Long ago in Barvaria. http://beernexus.com/beerinBarvariahistory.html. Accessed 3 Dec 2012

Curtis R (1996) Iran's 5,000 years of recorded history. The Washington Rep on Middle East Aff 14(8): 83

Cutler A (1996) This barley's for you; how beer is brewed. Washington Post, Washington

Damerow P (2012) Sumerian beer: the origins of brewing technology in ancient mesopotamia. Cuneif Digit Libr J 2: 1-20

De Angelis F (2002) Trade and agriculture at Megara Hyblaia. Oxford J Archaeol 21(3): 299-310

De Angelis F (2006) Going against the grain in sicilian Greek economics. Greece and Rome 53(1): 234

Eames AD (1993) Beer, women, and history. Summer 1993. http://realbeer.com/library/archives/yankeebrew/93sum/women.html. Accessed 5 Dec 2012

Frank S, Meltzer A (n.d.) Saints of suds (when the saints go malting in). http://www.beerhistory.com/library/holdings/patron_saints.html. Accessed 3 Dec 2012

Grimm L (2011) A (very) brief history of women in beer. http://drinks.seriouseats.com/2011/03/a-very-briefhistory-of-women-in-beermiddle-ages-. Accessed 5 Dec 2012

Grimm L (2011) Pumpkin beer history: colonial necessity to seasonal treat. http://drinks.seriouseats.com/2011/09/pumpkin-beerscolonial- necessity-to-season-treat. Accessed 3 Jan 2013

Grimm L (2012) A brief history of beer in Chicago. January 16, 2012. http://drinks.seriouseats.com/2012/01/beer-history-chicagodiversey- siebel-meister-brau. Accessed 5 Dec 2012

Hartley M (2012) The fascinating history of beer. http://askmaryrd.com/2012/07/05/the-fascinating-history-of-beer/. Accessed 3 Jan 2013

Hernandez J (n.d.) A history of suds. http://www.northernvirginiamag.com/history-of-suds. Accessed 2 Jan 2013

Hieronymus S (2012) Early times. http://www.craftbeer.com/pages/beerology/history-of-beer/early-times. Accessed 29 Nov 2012

Holland G (n.d.) The king of beer. http://www.beerhistory.com/library/holdings/kingofbeer1.shtml. Accessed 3 Dec 2012

Horne C, Johns CHW, King LW (1998) Ancient history sourcebook: code of Hammurabi, c. 1780 BCE. http://www.fordham.edu/halsall/ancient/hamcode.asp. Accessed 8 June 2013

Jackson M (2006) Great beer guide. Barnes and Noble, New York

Katz SH, Voigt M (1986) Beer and bread: the early use of cereals in the human diet. Expedition 28: 23-34

Martorana D (2010) The short and bitter history of hops. April 2010. http://www.phillybeerscene.com2010/04/the-short-and-bitterhistory-of-hops. Accessed 2 Jan 2013

McGovern P (n.d.) The beer archaeologist. http://www.printthis. clickability.com/pt/cpt?expire=&title=The+Beer+Archaeologist+Archaeologist+%7C. Accessed 3 Dec 2012

Migeotte L (2009) The economy of the greek cities: from the archaic period to the early roman empire. University of California Press, Berkeley

Mittelman A (2008) Brewing battles: a history of American beer. Algora Publishing, New York

Nelson M (2001) Beer in Greco-Roman antiquity. Beer in Greco-Roman Antiquity. Ph. D. Dissertation, Vancouver, Canada

Nelson M (2005) The Barbarian's beverage: a history of beer in ancient Europe. Routledge, London

Newkirk MS (n.d.) The history of the world through the bottom of a pint glass. http://www.rpi.edu/dept/chemistry-eng/Biotech-Environ/beer/history1.htm. Accessed 5 Dec 2012

Poelmans E, Swinnen JFM (2012) A brief economic history of beer. In: Poelmans E, Swinnen JFM (eds) The economics of beer. Oxford University Press, London, pp.3-28

Preet E (2005) Slainte, beer-what came first: bread or brew? Irish Voice, Inc., New York

Raley L (n.d.) Concise timetable of beer history. http://www.beerhistory. com/library/holdings/raley_timetable.shtml. Accessed 4 Sept 2012

Samuel D (1996) Archaeology of ancient egyptian beer. J American Soc Brew Chem 54: 1-11

Shurkin J (2012) History, chemistry, and cold beer. www.insidescience.org. Accessed 3 Jan 2013

St. Louis R (2012) America's craft beer explosion. September 7, 2012. http://bbc.com/travel/feature/20120823-americas-craft-beerexplosion/1. Accessed 11 Sept 2012

Standage T (2005) A history of the word in 6 glasses. Walker and Company, New York

The Brussels Journal (n.d.) A history of beer-Part I. http://www.brusselsjournal.com/node/4061. Accessed 6 Dec 2012

Tufte ER (1997) Visual and statistical thinking: displays of evidence for making decisions. In: Tufte ER (eds) Visual and statistical thinking: displays of evidence for making decisions. Graphics Press, Cheshire

Whited T, Engles JI, Hoffman RC, Ibsen H, Verstegen W (2005) Northern Europe: an environmental history. ABC-CLIO, Inc., Santa Barbara

1612~2011년
미국 맥주 양조장의 지도화

새뮤얼 바츨리Samuel A. Batzli

위스콘신대학교 매디슨 캠퍼스

| 요약 |

미국의 맥주 양조장 입지는 역사적인 주제와 밀접하게 관련되어 있다. 경제 확장, 전쟁, 이민, 금주·금주법, 정치, 종교, 교통, 경제 불황은 식민지 시대부터 현재까지 맥주 양조의 경관을 형성했다. 이 장은 오랜 시간에 걸쳐 미국 전역에 맥주 양조장의 지리적 위치를 확인하기 위해 미국맥주양조협회의 양조장 데이터베이스를 기반으로 한다. 앞서 언급한 주제들의 상호 작용과 흔적을 예를 들어 설명하기 위해 시계열 지도 세트를 제공한다. 이런 종류의 포괄적인 시계열 지도는 함께 제시된 적이 거의 없다. 이러한 방식으로 지도를 편찬함으로써 지리적 패턴을 관찰하고 지역적 및 국가적 관점에서 역사적 연관성과 공간적 관계를 탐구하는 것이 가능하다. 어떤 경우에 우리는 알려진 역사적 사건에서 우리가 기대하는 것을 발견한다. 그러나 우리는 역사 문헌에서 설명되지 않은 독특한 패턴이 불일치하는 것도 발견한다. 이런 식으로 우리는 오늘날 우리가 보는 지역적 패턴을 더 잘 이해하게 될 것이다. 오늘날 맥주 양조장의 입지는 과거의 유산일 뿐만 아니라 현대 사회와 문화의 반영이기도 하다.

서론

약 20년 전에 『맥주 양조의 100년(One Hundred Years of Brewing)』이라는 놀라운 책을 만났다. 1903년에 출판된, 20세기 초까지 맥주 양조 산업의 역사를 풍부하게 실증한 718페이지의 이 책은 미국에서 맥주 양조의 발전에 영향을 준 사람들과 사업체들에게 특별한 관심을 준다. 그들의 이야기를 추적하면서, 이 책은 지리적 패턴과 확장의 숨은 의미를 넌지시 알려주지만 지도를 포함하지는 않는다. 2012년에 나는 미국의 역사와 현대 맥주 양조장에 대한 거의 종합적인 데이터베이스를 알게 되었다. 미국맥주양조협회(American Breweriana Association, ABA)는 미국에 존재했던 것으로 알려진 모든 맥주 양조장의 주별 및 도시별 그리고 운영 연도별로 조직화된 상세한 목록인 "미국의 맥주 양조장 II"(Van Wierren 1995)에 포함된 정보를 기반으로 구축된 역사적 데이터베이스를 유지하고 지속적으로 업데이트한다. "미국의 맥주 양조장 II" 외에도, ABA 데이터베이스는 역사 출판물, 지방 및 지역의 역사, 업계지, 현대 신문뿐만 아니라 맥주 양조의 100년에 관한 정보를 통합한다. 그것은 많은 헌신적인 취미 활동가들과 역사가들의 노력을 대표하며, 논란의 여지없이 현존하는 가장 종합적인 데이터베이스이다. 이 장은 ABA 데이터베이스에서 도출한 미국 맥주 양조장의 역사적 위치에 대한 일련의 지도를 보여 준다.

이 지도들은 우리에게 맥주 양조장의 경관과 그것의 변화에 대한 간략한 정보를 제공한다. 독특한 패턴이 나타나고 시간이 지남에 따라 변화하여 맥주 양조장 위치의 역사적 및 지리적 영향과 결과를 고려하고 평가할 기회를 준다. 맥주 양조장의 경관은 항상 역동적이었고 계속해서 역동적이다. 오늘날, 21세기의 두 번째 10년 동안, 우리는 미국이 맥주 양조장의 새로운 붐을 이루고 있다는 것을 발견한다. ABA 데이터베이스에 따르면, 1981~2011년에 운영 중인 맥주 양조장의 총수는 85개에서 2,010개로 증가했다. 이들 중 압도적으로 많은 수가 자가 양조 맥줏집(brewpub)과 소형 맥주 양조장이었다. 오늘날 미국에는 1870년대 금주법 이전의 절정기만큼 많은 맥주 양조장이 있다. 그리고 금주법 이전과 오늘날의 지도 사이에 입지의 패턴이 다소 다르지만, 1870년대와 마찬가지로 오늘날 사람들은 맥주가 만들어지는 곳에서 다시 맥주를 마시고 있는 것으로 보인다.

지도화 방법

ABA 데이터베이스는 미국맥주양조 산업의 역사를 기록하는 데 많은 개인이 수많은 시간을 헌신한 결과이다. 데이터베이스의 기초는 식민지 시대부터 책이 출판된 1995년까지 미국에 존재했던 것으로 알려진 모든 맥주 양조장의 주별 및 도시별 상세한 목록으로 구성된 출판물인 "미국의 맥주 양조장 II"이다. 여기에는 18,000개 이상의 목록이 있다. 데이터베이스에 대한 후속 연구와 업데이트는 현재 데이터베이스의 레코드를 23,500개 이상으로 늘렸다.

2012년 8월에 나는 ABA와 함께 일했고 csv(쉼표로 구분된 값) 텍스트 파일로 그들의 데이터베이스를 획득했다. 23,521개의 레코드와 맥주 양조장 ID 번호, 도시, 주, 개점 연도, 폐점 연도 등이 포함되어 있다.

  나의 목표는 시간에 따라 맥주 양조장을 도시별로 지도화하는 것이었다. 국가 규모의 지도화를 위해 데이터베이스에는 내가 필요로 하는 모든 기본 정보가 포함되어 있었다. 그러나 데이터베이스에 대부분의 맥주 양조장에 여러 개의 레코드가 있다는 것을 금방 알게 되었다. 맥주 양조장이 소유권이나 이름을 바꿀 때마다 데이터베이스에 새로운 레코드가 나타났다. 이것은 지역 규모의 산업 변화를 이해하기 위한 데이터베이스의 중요한 특징이다. 하지만 지도화하려는 목적에 의하면 그런 세부 사항들은 도전에 직면하게 했다. 시계열 지도의 각 지점이 소유권과 이름 변경에 관계없이 맥주 양조 활동의 특정 위치를 나타내기를 원했다. 나는 데이터베이스에 있는 23,521개의 레코드가 실제로 시간이 지남에 따라 12,459개의 실제 맥주 양조 위치 또는 물리적 맥주 양조장에 해당한다는 것을 알게 되었다. 그리고 데이터의 무결성을 잃지 않고 레코드를 통합할 방법이 필요했다. 데이터의 크기와 복잡성 때문에 나는 나의 분석과 지도화 목표를 추구하기 위해 공간 데이터베이스를 구축하기로 결정했다.

데이터 준비

나는 두 개의 기본 테이블(맥주 양조장과 도시)로 공간 데이터베이스를 구축했다. 나는 ABA 데이터를 '맥주' 테이블에, 그리고 "내셔널 아틀라스(NationalAtlas.gov)"의 도시 및 마을 위치에 대한 공간 데이터를 '도시' 테이블에 로드(load)했다. 각 테이블의 도시 이름 필드를 사용하여 지도화를 위해 연결했다. 하지만 테이블에 연결하기 전에 ABA 레코드를 통합해서 각 레코드가 단일 맥주 양조장과 그 운영 날짜를 나타내도록 해야 했다. 다행히 ABA 데이터의 'abii' 필드는 "미국의 맥주 양조장 II" 영숫자 참조 시스템에 해당한다. 이 시스템에서 각 주 내의 각 맥주 양조장은 소유권을 변경하거나 이름을 변경하거나 나중에 다시 시작하기 위해 운영을 중단한 경우 알파벳 문자가 추가되는 고유 식별 번호를 얻는다.

MD 73a	John Mueller (394 Pennsylvania Ave & Pitcher St)	1869~1880
73b	Mrs. John Mueller (Catherine)	1880~1884
73c	(Catherine) Mueller & (Robert) Handloeser	1884~1890
73d	Western Maryland Brewery, Robert Handloeser	1890~1897

예를 들어, 레코드는 다음과 같다.

MD 77f	George Brehm & Son	1911~1920
77g	Brehm Beverage Co.	1920~1923
77h	Baltimore Brewing Co., Inc.	1927~1931
77i	Baltimore Brewing Co., Inc.	1933~1935

이 네 개의 레코드는 하나의 레코드로 합쳐질 필요가 있었다. 또 다른 예는 활동 중단을 포함했다.

시간에 따라 운영 중인 맥주 양조장을 지도화하는 것에 대한 나의 관심 때문에, 나는 생산의 차이를 보존하고 싶었다. 77번 항목의 이 부분적인 예는 맥주 양조장이 「금주법」 기간 동안 두 번 문을 닫았기 때문에 세 개의 레코드로 통합될 필요가 있었다(77f와 77g만 결합됨). 데이터베이스에 있는 23,509개의 레코드 중 6,550개의 레코드가 단일 부분 레코드로 구성되어 있고 16,959개의 레코드가 다중 부분 레코드로 구성된 것을 알게 되었다. 나는 위치와 날짜 정보를 보존하면서 레코드를 결합하는 프로그램 방식을 고안했다.

지오코딩

맥주 양조장의 위치를 지도화하기 위해 직접 찾을 수 있는 도시, 마을 그리고 다른 인구가 밀집된 곳들에 대해 공개적으로 이용할 수 있는 최고의 지리적 정보를 얻었다. 나는 "내셔널 아틀라스"의 '도시와 마을'이라는 ESRI shape 파일(지도화가 가능한 공간 테이블 세트)을 다운로드했다. ArcGIS를 사용하여 데이터 테이블을 단순화하고 파일의 모든 레코드에 대한 위도와 경도를 계산했다. 그리고 나서 그 파일을 공간 데이터베이스에 업로드했다.

데이터베이스에서 맥주 양조장 위치 중 일부는 이름이 바뀌거나 사라지거나 유령 도시가 된 역사적인 마을을 참조하는 곳이 많다는 것을 깨닫고, 어떤 맥주 양조장 레코드가 알려진 도시 위치와 일치하지 않는지를 알아보기 위해 제외 쿼리를 실행했다.

제외 쿼리 실행 결과 초기에는 약 3,000개의 레코드(총 12,459개 중 약 25%)를 생성했다. 이것으로 양조장 테이블의 '도시' 필드에서 이상치를 검사했고, 몇 가지 문제를 발견했다. 도시 이름에 별표, 괄호, 아포스트로피(')와 같은 특수 문자가 포함되어 있지만, '도시' 테이블의 이름 필드에 있는 도시 이름에는 특수 문자가 포함되어 있지 않았다. 두 테이블을 연결시켰을 때 이들 이상치가 불일치되는 오류를 야기했다. 또한 맥주 양조장 테이블의 '도시' 필드 값에서 단어와 뒤에 있는 공간 사이에 여분의 공백이 있는 것처럼 Mount(Mt.), Saint(St.)와 같은 일반적인 단어의 줄임말이 불일치 오류를 일으킨다는 것을 알게 되었다. 이를 수정하기 위해 단어 사이의 추가 공백을 수동으로 제거하고 쿼리를 사용하여 후행 공백을 잘라 내었다.

맥주 양조장 테이블의 항목을 수정한 후 일치하지 않는 레코드의 수는 731개의 고유 도시 이름 불일치로 줄어들었다. 여전히 10% 이상의 불일치가 실행되고 있는 상황에서 온라인 지오코딩 서비스와 미국 지질청 역사 지명 데이터베이스를 사용하여 추가적인 위치 정보를 찾기로 결정했다. 결국 ABA 데이터베이스에서 전체 양조장의 96.2%를 지도화할 수 있었다.

지도들

미국의 상업적 맥주 양조의 연대는 1612년부터 현재까지로 추정되며, 이 기간을 역사적 추세와 데이터베이스 특성에 따라 6개의 기간으로 나누었다. 중요한 역사적 사건이나 양조 역사의 추세는 기본적인 개요를 제공하지만, 이러한 추세가 항상 지도화에 적합한 것은 아니다. 지도화 기간을 더욱 세분화하기 위해 데이터베이스의 추세에 중점을 두었다. 전체 ABA 데이터베이스(그림 4.1)에서 타임라인과 그래프를 생성하여 문헌에 설명된 역사적 추세와 비교하고 데이터에서 '자연적 구분' 또는 그룹화를 찾아보았다. 데이터를 연도별로 분류하고 맥주 양조장 개업과 폐업의 수를 비교하여 기존의 역사적 추세 내에서 그리고 그 사이에서 최대치와 최소치를 찾아보았다. 개폐 횟수는 대부분 역사적 사건에 잘 부합하며, 약간의 변화도 있다. 예를 들어, 1920년에 금주령이 발효되었지만, 1920년 초까지 많은 맥주 양조장이 운영을 계속한 이후 1921년에 변화를 반영한다. 어떤 경우에는 주요한 역

지도 1	1612~1840	이 시기는 미국에서 라거 효모가 소개될 때까지의 상업적 맥주 양조의 시작을 다룬다.
지도 2	1841~1865	라거 맥주의 도입을 시작으로 이 시기는 이민 및 캘리포니아 금광으로의 쇄도 기간을 포함하고 남북전쟁의 종전으로 끝을 맺는다.
지도 3	1866~1920	맥주 양조의 절정이 이 시기의 특징이다. 산업화, 지속적인 이민, 남북 전쟁 이후의 재건, 제1차 세계대전, 서부의 개척은 산업의 전성기를 이끌었지만 또한 상당한 쇠퇴를 이끌었다.
지도 4	1921~1932	이 기간은 「금주법」의 핵심 연도를 다룬다.
지도 5	1933~1985	맥주 양조 부활과 산업 통합의 이 기간은 소형 맥주 양조장이 자리 잡기 직전에 끝난다.
지도 6	1986~2011	이 시기는 미국 맥주 양조업의 부흥을 나타낸다. 새로운 자가 양조 맥줏집과 소형 맥주 양조장은 1870년대 이후 맥주 양조장의 수를 최고 수준으로 끌어올렸다.

사적 사건에도 불구하고 지리가 크게 변하지 않는 기간을 합쳤다. 예를 들어, 19세기 말과 20세기 초에는 남북 전쟁 이후의 재건 정책, 경제 공황, 맥주 양조장 수 변동 등이 포함되었지만, 테스트 지도는 더 오랜 기간 맥주 양조장의 입지가 크게 변하지 않았음을 보여 주었다. 나는 역사적 추세를 놓치지 않고 일반적인 지리적 패턴을 강조하기 위한 노력으로 맥주 양조장 통계를 통합하고 분할하는 선택과 타협을 했다. 나는 다음 6개의 지도화 기간을 확인했다.

지도 1: 1612~1840년

식민지 시대의 아메리카와 미국 초기의 맥주 양조 이야기는 선술집과 지방 유통 중의 하나이다. 역사학자들은 오늘날 남부 맨해튼의 1612년 네덜란드 업체를 최초의 맥주 양조장으로 인정한다(Smith 1998; Yenne 2003). 이 시기부터 1840년까지 맥주는 132개의 타운과 도시에서 229년 동안 494개의 맥주 양조장이 활동하면서 지방화된 음료가 되었다.

일반적으로 맥주 양조업은 식민지와 젊은 국가의 인구 확산을 따랐지만 뚜렷한 북부 편향을 가지고 있었다. 맥주 양조장과 선술집은 북동부의 도시들에 가장 많이 집중되어 있었으며, 특히 펜실베이니아와 뉴욕과 같은 주의 도시에 아주 많이 있었다. 표 4.1은 맥주를 상업적으로 양조한 맥주 양조

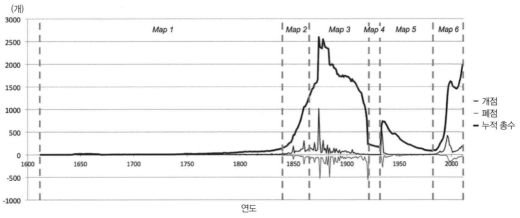

그림 4.1 1612~2011년 미국 양조장 수. 이 그래프는 ABA 데이터베이스에 따라 특정 연도에 운영된 맥주 양조장의 누적 총수를 나타낸 것이다. 진하고 가는 실선은 특정 연도에 개점한 맥주 양조장의 수를 나타낸다. 연하고 가는 실선은 그해 동안 폐점한 양조장의 수이다. 진하고 굵은 실선은 개점과 폐점 간의 차이이며 누적 총수이다. 지도화 기간에 해당하는 수직 점선은 구분점을 나타낸다.

출처: 미국맥주양조협회(ABA)

표 4.1 1612~1840년 상위 10개 도시 목록. 132개의 도시가 494개의 맥주 양조장을 운영했다.

순위	도시	맥주 양조장의 수(1612~1840)
1	펜실베이니아주 필라델피아	101
2	뉴욕주 뉴욕	59
3	뉴욕주 올버니	36
4	메릴랜드주 볼티모어	18
5	펜실베이니아주 피츠버그	17
6	미주리주 세인트루이스	13
7	오하이오주 신시내티	13
8	펜실베이니아주 랭카스터	13
9	뉴욕주 브루클린	10
10	뉴욕주 트로이	7

출처: 미국맥주양조협회(ABA)

장, 선술집, 가로변 술집, 주막의 수를 기준으로 상위 10개 도시를 보여 준다.

이 시기에 실제적인 경험과 대중적인 합의에 의해 맥주는 식수로 더 안전하고 건강한 음료로 자리매김했다(Smith 1998). 양조 과정이 발효 전에 물과 곡물을 으깬 것을 끓여서 식수의 오염 가능성을 제거하는 것을 고려할 때, 이러한 건강 주장은 이제 우리에게 타당하다.

남부 지역에서 맥주 양조장의 부족은 북부 지역과 극명한 대조를 이룬다(그림 4.2). 이 패턴에는 몇 가지 요인이 있다. 영국과 네덜란드의 전통을 따랐던 초기 맥주 양조업체의 대부분은 북부 식민지에 설립되었다(Meinig 1986). 이 기간 남부 인구의 많은 아프리카계 미국인들이 노예가 되어 맥주를 살 자유가 없었다. 맥주를 구매해야 하는 사람 중에서 많은 사람은 종교적인 이유로 술을 피했다. 북부의 이탈리아계, 아일랜드계, 독일계 가톨릭 이민자 주민들과는 달리 남부 주들은 알코올 소비를 장려하지 않는 침례교 신앙의 형태를 취하는 경향이 있었다(Meinig 1998; 2004). 그럼에도 불구하고 음주를 하는 사람들 사이에서는 대체 알코올 음료가 남부에서 더 인기가 있었다. 여기에는 사과에서 추출한 진한 사과주, 옥수수를 으깬 것에서 추출한 증류주(버번과 위스키 등), 유럽에서 수입한 와인, 카리브해 지역의 영향을 받은 사탕수수에서 추출한 럼주 등이 포함되었다. 플로리다에 맥주 양조장이 없는 것은 그리 놀라운 일이 아니다. 플로리다는 1822년까지 스페인의 지배하에 있었고 1845년까지 주가 되지 않았다(Meinig 1993).

이 기간 맥주 양조장의 수는 크게 증가하지 않았다. 이것은 부분적으로 사용 가능한 재료의 제한 때문이다. 맥주 양조의 주요 재료는 밀이나 보리였다. 식민지 시대에는 이러한 작물의 재배가 제한

Data from the American Breweriana Association. Mapping by Sam Batzli, 2013

그림 4.2 1612~1840년 운영 중이었던 맥주 양조장

출처: 미국맥주양조협회(ABA)

적이었다. 1850년이 되어서야 미국은 상당한 양의 보리를 생산했고(The Western Brewer 1903), 초기 맥주 양조업자들은 수입 재료에 의존했다.

지도에서 분명히 보이는 것은 이리(Erie)운하를 따라 생겨난 맥주 양조장들이다. 1825년에 개통된 이 운하는 대서양을 허드슨강과 올버니를 거쳐 버펄로와 오대호로 연결했다. 이 시기와 그 이후에는 사람들과 상업 모두에게 주요한 교통로 역할을 했다.

1820년대와 1830년대 독일인 이민의 시작은 피츠버그, 밀워키, 신시내티, 세인트루이스에 설립된 맥주 양조장을 통해 볼 수 있다. 독일인 이민자의 수는 1820년대 6,761명에서 1830년대 152,454명으로 급증했다(Dinnerstein and Reimers 1988). 그들은 맥주를 마시는 전통뿐만 아니라 맥주 양조 전문 지식도 가져왔다. 이로써 맥주 양조장 수가 크게 증가하는 첫 계기가 마련됐다.

지도 2: 1841~1865년

맥주 양조 역사의 다음 단계는 라거(lager) 맥주의 도입과 함께 시작되었고, 캘리포니아 금광으로의 쇄도, 추가적인 유럽인의 이민을 포함했고 남북전쟁이 끝나자 함께 마무리되었다. 맥주는 노동자 계층과 연관된 음료가 되었다. 이 기간 맥주 양조장이 있는 도시와 타운의 수는 649개로 증가했다. 이러한 도시와 타운은 종종 하나 이상의 맥주 양조장을 유치했으며, 우리는 이 기간에 이들 도시와 타운 내에서 총 2,189개의 맥주 양조장이 운영되고 있음을 알게 된다.

맥주의 인기는 라거 맥주가 소개된 후 눈에 띄게 증가했다. 인기의 증가는 맥주 양조장의 수를 증가시키는 결과를 낳았다. 맥주 양조 효모의 두 가지 기본 범주(상면 발효 에일 효모와 하면 발효 라거 효모)는 모든 일반적인 맥주 스타일의 기반이다. 1840년 독일 뮌헨의 슈파텐(Spaten) 맥주 양조장과 오스트리아 빈의 슈베하트(Schwechat) 맥주 양조장이 라거 맥주를 상업적으로 처음으로 양조하였다. 같은 해, 라거 효모는 독일인 이민자들과 함께 미국에 도착했다. 더 연한 맛, 더 높은 수준의 탄산 그리고 황금색 외관은 더 진하고, 더 따뜻하고, 더 어두운 영국 에일(ale)에 비해 즉시 인기를 얻었다. 새로운 맥주 양조장은 라거를 제공했고, 오래된 맥주 양조장들도 라거를 제공하기 시작했고 심지어 에일에서 라거로 완전히 바꾸었다. 그들의 인기가 증가하고 있다는 조짐으로, 1865년 무렵에 라거는 가용성과 생산 측면에서 대부분 에일을 대체했다(Yenne 2003).

라거의 도입으로 맥주 시장이 확대되었고, 1인당 소비가 증가했다. 또한 라거 맥주는 일반적으로 화씨 35도에서 40도 사이의 온도에서 몇 주 동안 발효되기 때문에 얼음이나 냉장의 필요성이 생겼다. 겨울에 호수에서 거둬들이고 여름 내내 얼음 창고에 저장된 얼음의 가용성은 맥주 양조의 경관을 형성했다. 맥주 양조업은 주로 북부 산업으로 남아 있었다(그림 4.3). 라거 맥주는 독일 맥주 양조업자들과 연관되었고, 그들과 함께 전국으로 퍼져나가 더 멀리에 맥주 양조의 경관을 형성했다. 콜로라도, 뉴올리언스 그리고 텍사스의 여러 도시로 독일인들의 연쇄 이주를 지도에서 분명하게 볼 수 있다. 예를 들어, 뉴브라운펠스, 휴스턴, 샌안토니오, 오스틴, 프레더릭스버그 등의 텍사스 도시들은 이 기간에 총 18개의 맥주 양조장을 지원했다. 1850년대 말 무렵에 20,000명 이상의 독일 태생 미국인들이 '텍사스의 독일 벨트'라고 불리는 곳에 거주했다(Jordan 2013).

맥주 양조장들도 광업을 따라온 것으로 보인다. 유타, 캘리포니아 및 기타 서부 주의 광산 타운 또는 공급업체는 그들이 지원한 맥주 양조장에 의해 지도에서 확인할 수 있다. 예를 들어 솔트레이크시티는 1841~1865년 20개의 맥주 양조장이 동시에 운영되었다. 캘리포니아는 1840년대 후반에 금광으로의 쇄도 기간에 49개의 맥주 양조장을 지원했으며, 이들 중 많은 수가 광산 타운이나 광부들

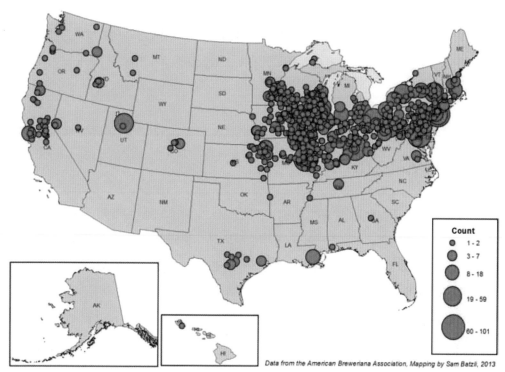

Data from the American Breweriana Association, Mapping by Sam Batzli, 2013

그림 4.3 1841~1865년에 운영 중이었던 맥주 양조장

출처: 미국맥주양조협회(ABA)

표 4.2 1841~1865년 상위 10개 도시 목록. 649개의 다른 도시들이 2,189개의 맥주 양조장을 운영했다.

순위	도시	맥주 양조장의 수(1841~1865)
1	펜실베이니아주 필라델피아	190
2	뉴욕주 뉴욕	95
3	미주리주 세인트루이스	84
4	오하이오주 신시내티	69
5	메릴랜드주 볼티모어	62
6	일리노이주 시카고	57
7	미시간주 디트로이트	50
8	위스콘신주 밀워키	48
9	뉴욕주 올버니	37
10	뉴욕주 로체스터	37

출처: 미국맥주양조협회(ABA)

에게 공급하는 타운에 있었다.

이 지도가 보여 주는 것은 1841~1865년 생산과 소비의 증가에도 불구하고 맥주 양조는 제한된 지역 분포를 가진 지역적인 일로 남아 있었다는 것이다. 사람들은 맥주가 만들어지는 곳 근처에서 맥주를 마셨다(표 4.2).

지도 3: 1866~1920년

남북전쟁이 끝나고 금주법이 시행되기 직전까지의 기간은 맥주 양조장의 수와 지리적 범위 면에서 미국에서 맥주 양조의 최고 시점을 보여 준다. 맥주 양조 공정의 산업화와 대규모 지역 브랜드의 부상은 이 기간에 시작되었고 그 성장의 상당한 부분을 설명한다. 그러나 금주와 반독일 정서의 형태로 이어진 사회적 및 문화적 영향은 이 기간 말까지 이러한 성장을 막았다.

그림 4.4의 지도는 중서부 북부와 북동부에서 맥주 양조 활동의 밀도가 높고 서부에서 맥주 양조 활동이 증가했음을 보여 준다. 알래스카와 애리조나의 광산 타운에서 맥주 양조장이 처음으로 등장하고, 남부에서도 남북전쟁 이후 수십 년 동안 도시 지역에 맥주 양조장을 선보이기 시작한다. 이 기간 맥주 양조장이 있는 도시와 타운의 수는 1,893개로 증가하였고, 55년 동안 6,002개의 맥주 양조장이 한 번쯤은 누적되면서 운영되었다(표 4.3). 운영 중인 맥주 양조장의 수는 1874년에 2,597개의 맥주 양조장이 동시에 운영되면서 정점을 찍었다. 그러나 경제와 마찬가지로 사업은 불안정했다. 1875년에만 526개의 맥주 양조장이 문을 닫았다. 맥주 양조 공정의 산업화와 대규모 지역 브랜드의 부상이 이 시기에 시작되었다.

지도에 따르면 맥주 양조업자들은 이미 맥주 양조가 진행되고 있는 곳에서 새로운 사업체를 설립했지만, 맥주 양조장 또한 전국의 많은 새로운 지역에서 생겨났다. 서부에서는 맥주 양조업자들이 플래서빌, 골드필드, 유레카와 같은 이름을 가진 타운에 맥주 양조장을 설립하였기 때문에, 채굴과 벌목 형태의 자원 채취가 맥주 양조장 위치를 주도한 것으로 보인다. 유명한 광산 타운인 네바다주 버지니아시는 이 기간에 11개의 다른 맥주 양조장을 지원했다. 또한, 철도 교통의 발달은 재료에 대한 접근과 맥주의 유통을 촉진하고 지역 시장의 시작을 도왔다. 서부가 개척되고 몇몇 이전의 영역에 대한 주의 지위가 부여되면서, 남북 전쟁 동안 맥주 양조 활동이 거의 없거나 전혀 없었던 곳들은 이 기간에 맥주 양조장을 설립했다.

이 시기에는 가족 맥주 양조와 대규모 지역 사업이 일어났다. 뉴욕시의 조지 에레트(George Ehret),

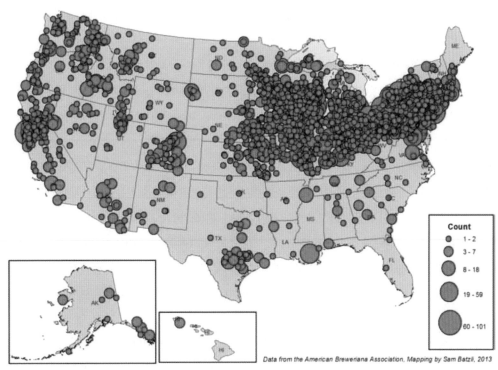

그림 4.4 1866~1920년 운영 중이었던 맥주 양조장

출처: 미국맥주양조협회(ABA)

표 4.3 1866~1920년 상위 10개 도시 목록. 1,893개의 다른 도시들이 이 기간에 6,002개의 맥주 양조장을 운영했다.

순위	도시	맥주 양조장의 수(1866~1920)
1	펜실베이니아주 필라델피아	299
2	뉴욕주 뉴욕	145
3	일리노이주 시카고	140
4	뉴욕주 브루클린	94
5	메릴랜드주 볼티모어	89
6	미주리주 세인트루이스	85
7	캘리포니아주 샌프란시스코	79
8	미시간주 디트로이트	78
9	펜실베이니아주 피츠버그	60
10	오하이오주 클리블랜드	54

출처: 미국맥주양조협회(ABA)

세인트루이스의 아돌프 부시(Adolphus Busch), 최고의 형제인 프레더릭 밀러(Frederick Miller)와 프레더릭 팹스트(Frederick Pabst), 발란틴 블라츠(Valentine Blatz), 조지프 쉴리츠(Joseph Schlitz), 밀워키 모든 사람들의 사업 관행은 오늘날 친숙한 이름들이 붙은 대규모의 성공적인 맥주 양조장 설립을 이끌었다. 그리고 더 있었다. 위스콘신 출신 고틀립 힐만(Gottlieb Heileman)과 제이콥 라이넨쿠겔(Jacob Leinenkugel), 디트로이트의 버나드 스트로(Bernard Stroh), 미네소타의 제이콥 슈미트(Jacob Schmidt)와 시오도어 햄(Theodore Hamm), 포틀랜드의 헨리 와인하드(Henry Weinhard), 콜로라도의 아돌프 쿠어스(Adolph Coors) 등이 모두 기계적 냉장과 공정 기계화 등의 기술을 구현해 사업을 키웠다. 그들의 이름에서 알 수 있듯이, 이 가문들 대부분은 독일의 유산을 공유했다. 딕시(Dixie)와 잭스(Jax) 같은 브랜드들이 뉴올리언스에 발판을 마련했다. 론 스타(Lone Star)와 샤이너(Shiner)는 텍사스에서 나타났다. 워싱턴의 올림피아(Olympia), 미네소타의 그레인 벨트(Grain Belt), 뉴욕의 발란틴(Ballantine)과 셰퍼(Schaefer)는 모두 이 시기까지 그들의 뿌리를 추적할 수 있다. 궁극적으로, 세기의 전환기에, 이렇게 새롭게 나타난 지역 브랜드들은 1870년대에 번성했던 많은 소규모 맥주 양조장과 선술집을 잠식하기 시작했다(Yenne 2003).

이 시기의 산업화는 맥주 양조의 모든 측면을 포함했다. 혁신에는 재료와 제품을 더 효율적으로 이동하기 위한 맥주 양조장의 구조, 통과 병의 세척 및 저온 살균을 위한 기계화, 라거 스타일의 맥주에 필요한 저온 발효를 위한 냉장, 맥주의 강제 탄산화가 포함되었다. 이 시기 말 무렵에 생산된 맥주의 양은 이러한 혁신을 반영했다. 1840년에 미국은 영국과 다른 유럽 국가들과 비교했을 때 맥주 생산량에서 멀리 떨어져서 6위를 차지했다. 1880년까지 6개의 주요 국가는 모두 생산량을 늘렸지만, 미국은 영국과 독일에 이어 3위로 올라섰다(The Western Brewer 1903).

이 시기 맥주 양조에 대한 이야기도 쇠퇴에 관한 것이다. 서부 확장이 경제적 번영의 물결을 탔지만, 1873년의 불황과 같은 혼란은 많은 맥주 양조장을 문 닫게 만들었다. 사회·문화적 영향도 압력을 행사했다. 제1차 세계대전은 강한 반독 감정의 물결을 가져와서 1912년 420만 배럴에서 1918년 220만 배럴로 생산량이 50% 가까이 감소했다고 보는 사람도 있다. 도덕적 및 종교적 신념에 의한 금주(temperance)는 절제 운동에서 금욕 운동으로 그리고 궁극적으로는 법에 의한 금주(prohibition)로 서서히 진화하기 시작했다. 처음에는, 심지어 오늘날에도 법에 의한 금주는 지방 정부와 군 정부가 결정해야 할 문제였다. 지방 정부가 술이 없는 타운과 군을 설정했다. 금주주의자인 '금주법 시행 찬성론자(drys)'가 정치적 권력을 얻으면서, 점점 더 많은 공동체가 주류 판매를 포기했고, 전국적인 금주법의 토대를 마련했다(Barron 1962).

지도 4: 1921~1932년

1920년 1월, 미국은 미국 수정헌법 제18조를 시행했다. 알코올 음료의 생산, 판매, 운송, 수입 또는 수출에 대한 국가적인 금지는 13년간 그 나라를 지배하기 시작했다. 맥주 양조업이 쇠퇴했다. 상업적 맥주 양조가 불법으로 여겨지면서 맥주 양조장의 수가 급격히 감소했다. ABA 데이터베이스에 따르면, 1921년까지 144개 도시에만 255개 맥주 양조장이 있었다. 그림 4.5의 지도는 이러한 변화를 반영한다. 살아남은 맥주 양조장들은 다양한 이유로 그렇게 되었고, 그들의 입지는 여러 면에서 중요하다.

금주법 기간에 문을 열 수 있었던 대형 맥주 양조장들은 일반적으로 유사 맥주, 청량 음료, 맥아 시럽과 같은 대체 제품을 생산함으로써 문을 열었다(Feldman 1927). 이 시기 지도의 일반적인 패턴은 1612~1840년의 지도와 유사하며, 어떤 의미에서 살아남은 맥주 양조장의 입지는 원래의 근거지로 줄어들었다. 그러나 다른 패턴이 지도에 있다.

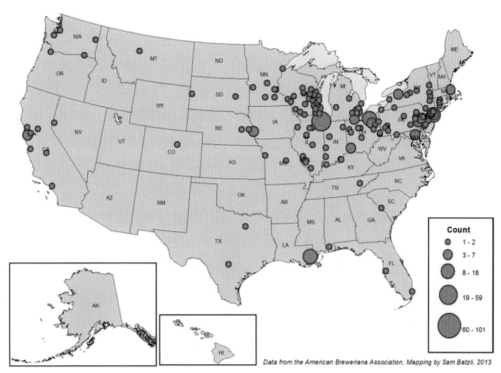

Data from the American Breweriana Association, Mapping by Sam Batzli, 2013

그림 4.5 1921~1932년에 운영 중이었던 맥주 양조장

출처: 미국맥주양조협회(ABA)

표 4.4 1921~1932년 상위 10개 도시 목록. 144개 도시가 이 기간에 한 번쯤은 255개의 맥주 양조장을 운영했다.

순위	도시	맥주 양조장의 수(1921~1932)
1	일리노이주 시카고	32
2	뉴욕주 브루클린	12
3	루이지애나주 뉴올리언스	9
4	오하이오주 클리블랜드	8
5	미시간주 디트로이트	7
6	뉴욕주 뉴욕	7
7	메릴랜드주 볼티모어	5
8	오하이오주 신시내티	4
9	펜실베이니아주 레딩	4
10	위스콘신주 밀워키	4

출처: 미국맥주양조협회(ABA)

어떤 도시들은 밀매, 밀수, 그리고 (또는) 불법 알코올 생산으로 악명이 높았다. 오크렌트(Okrent 2010)는 시카고, 뉴욕, 브루클린, 디트로이트, 볼티모어, 샌프란시스코, 뉴올리언스를 금주법 기간에 "가장 술이 있는" 도시 중 하나로 언급했다. 이것은 주로 조직적인 범죄, 정치적 부패, 느슨한 법 집행의 혼합에서 비롯되었다. 생존한 맥주 양조장들이 있는 이 도시들은 지도에서 눈에 띈다. 맥주 양조장이 가장 많은 도시 목록(표 4.4)에는 이들 7개 도시 중 6개 도시가 나열되어 있다.

금주법은 맥주 양조에 많은 부수적인 영향을 미쳤다. '과일주스' 조항은 맥주가 공유하지 않는 일정 수준의 정당성을 와인과 사과주에 부여했다. 의사의 처방전을 통해 얻을 수 있는 증류주의 '약용'은 맥주에 비해 독한 술의 시장 점유율을 증가시켰다(Octrent 2010). 이것은 맥주 양조장의 급격한 감소와 결합되어 경쟁 음료에 비해 맥주의 이용 가능성과 인기를 제한했다.

금주법 기간에 맥주 양조장의 지리는 폭풍을 견딜 수 있는 충분한 자본과 보조 능력을 보유한 앤하이저-부시(Anheuser-Busch)와 같은 대형 맥주 양조장(Feldman 1927)과 '술이 있는' 도시의 맥주 양조장의 조합을 반영한다(Octrent 2010). 살아남은 맥주 양조장들은 금주법을 따르면서 성공할 수 있는 좋은 위치에 있었다. 규모의 경제는 금주법 이후 몇 년 동안 이어진 산업 통합의 발판을 마련했다.

지도 5: 1933~1985년

금주법 이후에 미국은 새로운 맥주 양조장의 즉각적인 증가를 경험했고, 그 후 오랫동안 지속적인 수의 감소를 경험했다. 그림 4.1은 이 추세를 보여 준다. 맥주 소비가 늘어난 반면 맥주를 생산하는 양조장은 줄었다. 더 중요한 것은 이러한 맥주 양조장을 운영하고 맥주를 생산하는 회사의 수가 감소했다는 것이다. 그림 4.6의 지도는 감소가 시작됨에 따라 금주법 이후 맥주 양조장의 위치를 보여 준다. 1947년에는 421개의 독립된 맥주 회사가 있었고 1985년에는 약 40개의 맥주 회사가 있었다 (Tremblay and Tremblay 2005). 역사적으로 우리는 이 시기가 산업의 대규모 통합과 전국적 브랜드의 출현을 초래했다는 것을 알고 있다. 이와 관련된 대량 마케팅과 전국 유통망에 의해 맥주의 다양성을 상실하게 되었다. 1985년까지 맥주 시장은 소수의 회사와 더 적은 스타일의 맥주에 지배되었다. 1933~1985년 맥주 양조장의 지도는 다른 지도와 마찬가지로 생산량에 관계 없이 당시 운영되었던 모든 맥주 양조장을 나타낸다. 그것이 숫자의 통합이나 감소를 나타내지는 않지만, 우리는 맥주 양

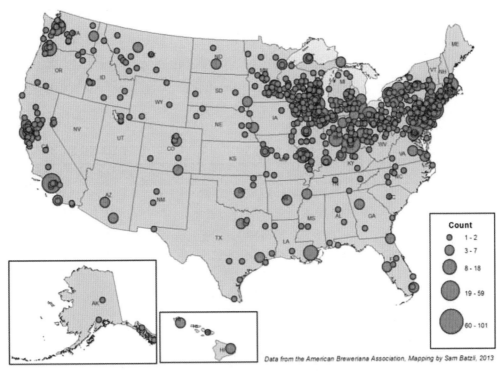

그림 4.6 1933~1985년에 운영 중이었던 맥주 양조장

출처: 미국맥주양조협회(ABA)

조장의 지리에서 역사적 추세와 관련된 미묘한 패턴을 볼 수 있다.

통합에 기여한 몇 가지 역사적 상황과 동인이 있었다. 첫 번째, 금주법은 다른 제품에 적용하거나 폭풍을 견딜 자본이 없는 소규모 맥주 양조회사들을 몰아냈다. 둘째, 주간 및 연방 고속도로 시스템 형태의 강력한 국가 교통 인프라의 출현은 제품 유통을 촉진했다. 셋째, 광고는 전국 브랜드를 확립하고 통합을 촉진하는 데 핵심적인 역할을 했다. 마지막으로, 기업들이 성장함에 따라 경제 규모와 공격적인 가격은 대기업에 유리했다(Tremblay and Tremblay 2005). 이러한 요인들이 그 지역을 형성했다.

위스콘신과 그 게르만 유산을 제외하면, 맥주 양조장의 위치는 전통과 맥주 양조업자의 문화적 기원에 영향을 덜 받고 거시경제학에 영향을 더 많이 받았다. 그림 4.6은 이를 반영하고, 처음으로 남부와 대평원에서 맥주 양조장의 분포가 상당히 균일하다. 맥주 양조장의 위치는 로스앤젤레스가 상위 10위권에 진입하면서 이전 시기들보다 인구를 더 면밀하게 반영함에 따라 로스앤젤레스, 시애틀 및 포틀랜드가 두드러졌다(표 4.5).

이 기간에 선도적인 맥주 양조회사들의 시장 점유율에서 변화는 두드러졌고 오늘날 맥주 양조의 입지에 직접적인 영향을 미쳤다. 기업들이 통합되면서 지역 브랜드가 등장했고 더 나아가 전국적 브랜드로 통합되었다. 1950년에 상위 5개의 미국맥주양조회사가 시장의 24%를 점유했다. 1960년에는 시장 점유율이 32%로 상승했다. 1970년에는 49%에 달했고 1980년에는 75%에 이르렀다(Yenne 2003; Shih and Ying Shih 1958). 1985년까지 세 회사(앤하이저-부시, 밀러, 쉴리츠-스트로)가 시장을 지

표 4.5 1933~1985년 상위 10개 도시 목록. 649개 도시가 이 기간에 1,337개 맥주 양조장을 운영했다.

순위	도시	맥주 양조장의 수(1933~1985)
1	일리노이주 시카고	43
2	미시간주 디트로이트	27
3	펜실베이니아주 필라델피아	24
4	캘리포니아주 로스앤젤레스	22
5	오하이오주 신시내티	21
6	뉴욕주 뉴욕	19
7	캘리포니아주 샌프란시스코	16
8	미주리주 세인트루이스	16
9	오하이오주 클리블랜드	15
10	뉴저지주 뉴워크	14

출처: 미국맥주양조협회(ABA)

배했다. 당시 '2군' 취급을 받았지만 합병을 통해서 시장 점유율 경쟁자로 간주된 다른 4개의 회사는 팹스트(Pabst), 쿠어스(Coors), 기니스(Genesee) 그리고 힐만(Heileman)이었다(Tremblay and Tremblay 2005). 처음에는 브랜드가 지역과 연관되어 있었지만, 1970년대에 이르러서는 맥주가 실제로 어디에서 양조되었는지 더 이상 중요하지 않게 되었다.

통합은 맥주의 다양성과 품질에 영향을 미쳤다. 금주법 이전에 에일과 라거는 거의 독점적으로 맥아 보리나 밀로 만들어졌고 많은 스타일이 계속 유지되었다. 1880년대 초반에 맥주 양조업자들은 라거에 연한 특성을 주기 위해 쌀이나 옥수수를 첨가했지만(Barron 1962), 이러한 경향은 통합 기간에 극단적 수단으로 받아들여졌다(Yenne 2003). 비용을 절감하고 시장을 확대하기 위한 노력으로, 대형 맥주 양조장들은 쌀과 옥수수를 더욱 공격적으로 사용하기 시작했다. 이것은 또한 맥주 제조업자들이 칼로리를 줄이고, 맥주의 외관을 밝게 하며, 전국적으로 균일한 제품을 생산할 수 있도록 했다. 1980년대에 이르러 연한 '맛 중립적인' 필스너 스타일의 라거가 시장을 지배했고 사실상 서로 구별할 수 없게 되었다(Tremblay and Tremblay 2005). 이것은 미국맥주양조의 현재 르네상스와 지리상의 주요한 변화를 위한 발판을 마련했다.

지도 6: 1986~2011년

ABA 데이터베이스에 따르면, 맥주 양조장 수가 35년 연속 감소한 후 1982년은 신규 맥주 양조장의 수가 폐업 수를 앞지른 첫해였다. 1986년까지 이 새로운 맥주 양조장들은 소형 맥주 양조장, 자가 양조 맥줏집, 지역 수제 맥주 양조장의 형태로 자리 잡기 시작했다. 불과 20년도 채 지나지 않은 2000년에도 미국의 상위 4개 맥주 양조장은 여전히 시장의 94%를 차지했다. 앤하이저-부시(53.4%), 밀러(22.6%), 쿠어스(12.5%) 그리고 팹스트(5.7%) 등이 계속 시장을 장악했다(Yenne 2003). 그러나 맥주 양조장의 경관은 바뀌었다. 같은 해에 맥주 양조장의 수는 84개에서 1,602개로 급격히 증가했다. 이 새로운 맥주 양조장들의 대부분은 소형 맥주 양조장, 자가 양조 맥줏집, 지역 수제 맥주 양조장이었다. 2011년 무렵에 그 수는 1,990개였고, 그것들의 위치는 두드러진다. 친숙한 지리적 패턴이 눈에 띄는 새로운 패턴과 함께 나타났다.

이 기간의 지도는 미국에서 맥주 양조 활동 분포의 주요 변화를 반영한다(그림 4.7). 소형 맥주 양조장과 자가 양조 맥줏집의 급증은 기존의 장소에 추가시킬 뿐만 아니라 새로운 지역으로 확산시켰다. 서해안은 포틀랜드, 시애틀 그리고 샌디에이고가 처음으로 상위 10위권에 진입하면서 많은 새로운

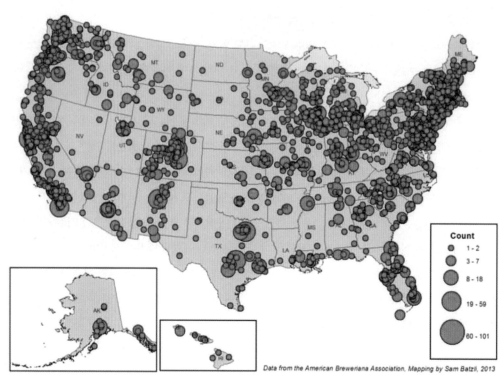

Data from the American Breweriana Association, Mapping by Sam Batzli, 2013

그림 4.7 1986~2011년에 운영 중이었던 맥주 양조장

출처: 미국맥주양조협회(ABA)

표 4.6 1986~2011년 상위 10개 도시 목록.
1,741개의 도시가 이 기간에 한 번쯤은 3,445개의 맥주 양조장을 운영했다.

순위	도시	맥주 양조장의 수(1986~2011)
1	오레곤주 포틀랜드	57
2	워싱턴주 시애틀	48
3	캘리포니아주 샌디에이고	35
4	텍사스주 오스틴	25
5	콜로라도주 덴버	23
6	콜로라도주 콜로라도스프링스	21
7	뉴욕주 뉴욕	21
8	텍사스주 댈러스	21
9	일리노이주 시카고	20
10	캘리포니아주 샌프란시스코	19

출처: 미국맥주양조협회(ABA)

맥주 양조장을 확보했다(표 4.6). 새로운 지역에는 콜로라도의 리조트 타운과 관광지, 플로리다, 사우스캐롤라이나, 메인의 해안이 포함된다. 덴버와 콜로라도스프링스도 처음으로 상위 10위 안에 들었다. 버몬트주는 이 시기 이전에 맥주 양조장이 없었고 2011년 무렵에 24개의 다른 어떤 주보다 1인당 맥주를 더 많이 생산하는 양조장이 있었다. 마찬가지로 메인주에는 1985년에 맥주 양조장이 없었지만 2011년에 33개가 있었다(Brewers Association 2011).

심지어 과거에는 국가와 지방의 법적 한계 때문에 맥주 양조장이 거의 없었던 지역들도 성장세를 보이기 시작했다. 예를 들어 미시시피주는 1907년 금주 운동에 대한 법적 근거를 채택한 최초의 주 중 하나였으며 1966년에 금주 운동을 마지막으로 폐지한 주였다. 1986~2011년 미시시피주는 기존의 3개 맥주 양조장에 3개의 새로운 맥주 양조장만 추가했다. 1987년까지 캔자스주는 훨씬 적은 소형 맥주 양조장인 공공 술집을 금지했다(Kansas Legislative Research Department 2003). 현재 둘 다 합법적이며, 2011년에 캔자스주에서 16개의 소형 맥주 양조장이 운영 중이었다(Brewers Association 2011). 뉴저지는 최근 맥주 양조장이 구내에서 제품을 제공할 수 있도록 소형 맥주 양조장 법을 수정했다(La Gorce 2013). 미국에는 여전히 금주를 시행하는 많은 공동체와 군이 있다. 대부분은 남부 주에 집중되어 있다. 캔자스, 미시시피, 테네시는 기본적으로 완전히 금주를 시행하고 있고, 군들이 합법적으로 알코올 판매를 허가할 것을 요구한다.

이전 시기에 미국산 맥주의 다양성 고갈은 새로운 옵션에 대한 강력한 요구와 지방에서 양조된 수제 맥주에 대한 관심을 자극한 것으로 보인다. 수제 맥주 양조 산업은 계속해서 놀라운 속도로 성장하고 있다. 오늘날, 전국의 가게, 레스토랑, 자가 양조 맥줏집 그리고 소형 맥주 양조장의 바에서 이용할 수 있는 다양한 브랜드와 스타일의 맥주에 몹시 놀란다. 최근 『CNN 머니』 기사에 따르면, 수제 맥주의 시장 점유율은 2007~2012년에 거의 두 배로 증가하였다. 그들은 현재 미국 맥주 시장의 6%를 차지하고 있다. 처음으로 미국에는 금주법 직전보다 맥주 양조장(2,286개)이 더 많은 시기였다(Rawlins 2013). 현대의 지도 6(그림 4.7)이 금주법 이전의 지도 3(그림 4.4)과 닮았다는 것은 그리 놀라운 일이 아닐 수도 있다. 맥주 양조장은 사람들이 살고 있는 곳으로 돌아간 것으로 보이며, 금주법 이전 시기 이후 처음으로 맥주 양조장의 입지가 중요해진 것이다.

결론

오랜 시간에 걸쳐 맥주 양조장을 지도화하는 것은 미국 맥주 양조 역사의 뚜렷한 지리적 패턴을 보여 준다. 이러한 패턴들은 미국 역사에서 역사적 주제들과 강하게 연관되어 있으며, 그들 사이의 관계를 탐구할 기회를 제공한다. 이 장의 지도를 통해, 우리는 초기 영국, 네덜란드, 아일랜드 정착민들의 영향을 보았다. 우리는 독일인들의 도착과 라거 맥주로의 전환을 보았다. 1920년까지 맥주 양조는 경제 확장과 광산업을 따랐고, 북부 공업지대에서 지속되었지만 남부에서는 거의 존재하지 않았다. 금주법은 1980년대 이후에 다양성과 지역 브랜드의 희생으로 맥주 양조 산업의 통합을 위한 길을 열었다. 맥주 양조장의 위치를 지도화하는 것은 맥주 양조 역사와 과거 역사적 사실과의 연관성을 이해할 수 있게 한다.

ABA 데이터베이스는 미국 맥주 양조장의 역사와 입지를 연구하는 데 풍부한 자원이자 좋은 출발점이지만, 오늘날 맥주 양조장의 지리에서 실제로 어떤 일이 일어나고 있는지, 지리가 역사를 이해하는 데 어떻게 도움이 되는지 이해하기 위해서는 데이터베이스 이외에 다른 것도 보아야 한다. 구글 검색 인덱싱 및 트위터와 같은 소셜 미디어 도구를 통해 새롭고 혁신적인 관점에서 소비자 경험을 탐색할 수 있다. 예를 들어, 구글 디렉터리 검색에서 추출된 현재 술집 지도(Zook et al. 2010)는 중서부, 북동부, 서해안 및 텍사스에서 이 연구의 지도 3(그림 4.4)과 매우 유사하다. 구글 술집 지도를 1986~2011년의 ABA 데이터베이스에서 추출된 지도와 비교하면 플로리다와 멕시코만 해안에서 유사하며 일반적으로 남부에서 더 들어맞는다. 갑자기 이 모든 것이 이 두 개의 다른 기간 동안 맥주 양조장의 특성을 고려할 때 이해가 된다. 지방의 단골에게 서비스를 제공한 1866~1920년 맥주 양조장은 종종 술집과 비슷하게 작은 타운의 일이었다. 현재의 수제 맥주 운동은 이전 시기의 이전 것 그리고 오늘날의 술집과 유사한 방식으로 운영되는 자가 양조 맥줏집을 포함한다. 사실 술집 지도에서 많은 술집들이 맥주 양조장 지도에서 자가 양조 맥줏집과 동일할 수도 있다.

오늘날 두 회사(앤하이저-부시 인베브 및 밀러-쿠어스)가 미국 맥주 시장을 장악하고 공격적으로 마케팅하는 '중립적인 맛'의 전국적 브랜드를 만들어 내지만, 수제 맥주 운동은 계속 커지고 있다. 오늘날 맥주 양조장의 지리는 1866~1920년 금주법 이전의 지도에서 나온 수치와 위치와 훨씬 더 유사하다. 그러나 오늘날 이 오래된 패턴은 해안과 산악 리조트 관광지를 포함하는 새로운 패턴과 겹친다. 이 지도들은 산업이 변화하고 있음을 알려주고 있으며, 많은 새로운 맥주 양조장은 수요의 변화를 반영한다. 기업가적인 맥주 양조업자들은 새로운 스타일의 맥주를 탐구하고 역사적인 스타일을 되살리고 있다. 수제 맥주 양조장은 영국과 아일랜드의 페일 에일, 스타우트, 인도 페일 에일, 독일의 밀 맥주, 라거 등 다양한 스타일의 맥주를 제공할 뿐만 아니라, 벨기에 스타일을 소개하고 그들 자신의 지방 및 지역적으로 브랜드화된 전문 맥주를 만들어 낸다. 그들의 스타일이나 이름 뒤에 이야기가 있는 새로운 맥주를 찾는 것은 흔한 일이다. 자가 양조 맥줏집들이 음식을 제공하는 반면, 식당들은 더 많은 지방 맥주를 제공하고 있다. 본질적으로 자가 양조 맥줏집과 소형 맥주 양조장은 사람들이 살고 맥주를 마시는 곳으로 맥주 양조를 되돌리고 있다. 또는 반대로 사람들은 맥주를 양조하는 곳에서 맥주를 마시는 것에 점점 더 끌리고 지방에서 생산되는 맥주를 찾고 있다. 이것은 오늘날의 우리의 맥주 양조장 지도를 100년 전의 맥주 양조장 지도와 닮게 하며, 초기 시대의 마을 맥주 양조장과 가로변 술집을 반영한다. 그리고 오늘날 사람들이 이러한 장소에서 찾아낸 맥주는 현대 맥주 양조업자들의 추가적인 창의력과 함께 미국의 풍부한 맥주 양조 역사의 모든 영역을 반영한다.

참고문헌

Barron S (1962) Brewed in America: a history of beer and ale in the United States. Little, Brown and Co., Boston

Brewers Association (2011) Capita per brewery 2011. http://www.brewersassociation.org/attachments/0000/6291/Capita_perbrewery.pdf. Accessed 16 Feb 2013

Dinnerstein L, Reimers DM (1988) Ethnic Americans: a history of immigration. Harper & Row, New York

Feldman H (1927) Prohibition: its economic and industrial aspects. D. Appleton and Company, New York

Jordan TG (2013) GERMANS, handbook of Texas online. http://www.tshaonline.org/handbook/online/articles/png02. Accessed 16 Jan 2013

Kansas Legislative Research Department (2003) Kansas liquor laws. http://skyways.lib.ks.us/ksleg/KLRD/Publications/Kansas_liquor_laws_2003.pdf.Accessed 12 Feb 2013

La Gorce T (2013) New rules loosen the tap at microbreweries and brew pubs in New Jersey. New York Times, January 4, 2013. http://www.nytimes.com/2013/01/06/nyregion/new-rules-loosenthe-tap-at-microbreweries-and-brew-pubs-in-new-jersey. html?_r=1&. Accessed 8 Feb 2013

Meinig DW (1986) Atlantic America, 1492-1800. Volume 1 of The Shaping of America: A Geographical Perspective on 500 Years of History. Yale University Press, New Haven

Meinig DW (1993) Continental America, 1800-1867. Volume 2 of The Shaping of America: A Geographical Perspective on 500 Years of History. Yale University Press, New Haven

Meinig DW (1998) Transcontinental America, 1850-1915. Volume 3 of The Shaping of America: A Geographical Perspective on 500 Years of History. Yale University Press, New Haven

Meinig DW (2004) Atlantic America, 1915-2000. Volume 4 of The Shaping of America: A Geographical Perspective on 500 Years of History. Yale University Press, New Haven

Okrent D (2010) Last Call: the rise and fall of prohibition. Scribner, New York

Rawlins A (2013) Small Craft Breweries Hit It Big. CNN Money, February 7, 2013. http://money.cnn.com/2013/02/07/smallbusiness/craft-beer/index.html. Accessed 8 Feb 2013

Shih KC, Ying Shih C (1958) American brewing Industry and the Beer Market. Studies of American Industries

Series Number 1. Krueger, Brookfield

Smith G (1998) Beer in America: The early years 1587-1840. Siris Books, Boulder

Tremblay VJ, Tremblay CH (2005) The U.S. Brewing Industry: data and economic Analysis. The MIT Press, Cambridge

The Western Brewer (1903) One hundred years of brewing. A 1974 facsimile copy of the original edition. Arno Press, New York

Van Wieren DP (1995) American Breweries II. Eastern Coast Brewiana Association, West Point

Yenne B (2003) The American brewery: from colonial evolution to microbrew revolution. MBI Publishing Company, Minneapolis

Zook M, Graham M, Shelton T, Stephens M, Poorhauis A (2010) The beer belly of America. http://www.float-ingsheep.org/2010/02/beerbelly-of-america.html. Accessed 01 Feb 2010

5.

지방에서 전국으로 그리고 다시 지방으로
: 맥주, 위스콘신, 스케일

앤드루 시어즈Andrew Shears

맨스필드대학교

| 요약 |

1800년대 초에 최초의 정착민들이 도착한 이래로 위스콘신의 문화와 경제의 후반부에 산업화된 맥주 양조는 중요한 부분이었다. 미국의 많은 지역과 마찬가지로 위스콘신 맥주 양조업자들도 산업의 기술에 따라 공간적인 변화를 경험했다. 많은 맥주 양조업자가 각 지방 시장에 서비스하기 시작하면서 맥주의 보존, 포장 및 운송의 발전은 특정 위스콘신 맥주 양조업자들이 확장된 시장 영역에서 기회를 잡을 수 있게 했다. 이러한 대형 맥주 양조업체가 이룬 확장된 규모의 경제는 소규모 사업체를 서서히 파산시키는 비교 우위를 제공했다. 20세기 중반까지 맥주 양조업은 주로 지방이나 지역 업체를 적게 가진 전국 기업이 되었다. 비록 시장 점유율은 제한적이었지만, 수제 맥주 양조 운동은 전국적으로 그리고 위스콘신에서 이러한 추세의 반전을 보여 주었다. 주에 정착한 초기의 맥주 양조업자들처럼, 이 새로운 위스콘신 맥주 양조장들은 지방 소비자들의 시장을 개발함으로써 규모의 경제를 달성하는 데 초점을 맞추었다.

서론

맥주는 처음부터 미국 문화의 중요한 부분이었고, 아마도 위스콘신주만큼 사실인 곳은 없을 것이다. 19세기 중반에 주로 독일인 이민자들에 의해 정착된 위스콘신주는 초창기부터 맥주에 목말라 있었다. 맥주 양조장은 위스콘신주가 1848년에 주가 되기 전에 이 지역에 설립되었고, 주에 더 많은 이민자들이 정착하면서 그 수가 빠르게 증가했다. 포장 및 정제 기술의 한계 때문에, 당시 맥주 양조장은 소비 장소 근처에서 발견되었는데, 이는 맥주 양조장이 필요에 따라 맥주 양조업자가 매우 작은 지리적 지역 내에서 규모의 경제를 창출할 수 있게 하는 지방 기업(지방의 재료로 양조한 후 지방에서 주입하는) 환경이었다는 것을 의미한다. 1880년대 중반 무렵에 위스콘신주에는 300개 이상의 맥주 양조장이 있었고, 거의 모든 지역사회에 적어도 하나의 맥주 양조장이 있었다(Kroll 1976; Apps 2005).

1871년 화재가 시카고를 휩쓸었을 때, 근처 밀워키에 설립된 맥주 양조장들은 영업을 확장하고 시장의 수요를 충족시킬 수 있는 좋은 위치에 있었다. 포장 및 보존 기술의 발전과 함께 이 확장된 지리적 공간 때문에 4개의 주요 밀워키 맥주 양조장들(팹스트, 쉴리츠, 밀러, 블라츠)은 영업이 가능해서 생산을 효율화하고, 제품 품질의 신뢰성을 향상시키며, 전국적으로 명성을 얻기 위해 유통을 확장할 수 있었다. 19세기 후반에 맥주 양조가 산업화되면서 위스콘신과 미국 전역의 맥주 양조장들은 통합의 시기에 직면했다. 가장 큰 맥주 양조장들이 새롭게 확장된 시장을 이용하면서, 작은 지방 맥주 양조장들은 경쟁할 수 없었다. 1920년대와 1930년대의 금주법은 맥주 양조 산업을 더욱 변화시켜 남아 있는 지방의 소규모 맥주 양조회사 대부분을 없애 버리고 살아남은 맥주 양조업자들은 전국적으로 유통하게 했다. 통맥주에서 포장 맥주로의 전환은 이러한 유통 채널을 강화하는 동시에 대규모 생산자와 소규모 생산자 사이의 격차를 더욱 확대했다. 미국의 소규모 지방 및 지역 맥주 양조장 대부분은 전후 몇 년 동안 사라졌고 1983년에는 전국에 80개만 남았다. 미국 맥주는 대중 소비지상주의로 변경되었고 1983년에는 상위 6개 맥주 양조회사가 미국 전체 맥주 생산량의 92%를 지배했으며, 대부분은 전국 소비자를 대상으로 유통되었다(Beer Advocate 2012).

1980년대와 1990년대에 바람은 다시 거의 반대 방향으로 바뀌었다. 주요 맥주 양조장들이 여전히 전국 맥주 시장에서 활동 무대를 유지하는 동안, 1976년 뉴앨비언(New Albion) 맥주 양조장의 설립은 지방 고객층에 서비스하는 소규모 수제 맥주 양조업체의 시작을 알렸다. 수제 맥주의 다양한 맛과 레시피가 미국 전역에서 점점 더 인기를 끌면서, 연간 생산량이 25,000배럴 미만인 '소형 맥주 양조장'이 수요를 충족시키기 위해 문을 열었다. 마찬가지로 위스콘신 맥주 양조업은 소형 맥주 양조장과 함께 특별한 르네상스를 경험했다. 글렌데일의 스프레처(Sprecher) 맥주 양조회사는 그 폭풍에서 살아남은 3개의 소규모 맥주 양조장에 합류하면서 1985년에 개업하였고 현재 주에서 운영 중인 100개 이상의 맥주 양조장을 포함하는 새로운 물결 중에서 첫 번째 회사였다. 1800년대 중반 미국 최초의 소규모 맥주 양조업자들처럼 이 새로운 맥주 양조장들은 계절적 생산, 지방 재료, 지방 소비에 집중하면서 규모의 경제를 확립했다. 역사적으로 위스콘신 맥주 양조업자들의 지방 경제와의 상호작용은 맥주의 부패 때문에 필수적이었지만, 오늘날 위스콘신의 소형 맥주 양조업자들은 고품질 재료와 낮은 유통 비용 그리고 위스콘신의 독특한 역사 및 장소와의 시장성 있는 연계가 있다면 명소를 위해 지역적으로 초점을 맞추고 있다.

맥주를 아메리카와 위스콘신으로 가져오기

콜럼버스 이전에 원주민 집단이 발효 음료를 가지고 있었지만, 네덜란드 식민지 개척자 아드리안 블록(Adrian Block)과 한스 크리스티안센(Hans Christiansen)이 뉴암스테르담에 맥주 양조장을 설립한 1612년 이후로 맥주 양조가 북아메리카 대륙에서 구체적으로 행해졌다(Apps 2005, Beer Advocate 2008, Janik 2010). 신대륙에서 최초의 영국 맥주 양조장은 1613년 런던 회사가 제임스타운에 맥주 양조장을 설립하여 수입 맥주의 품질 저하에 분노한 식민지 주민들의 수요를 충족시켰다(Baron 1962; Apps 200). 시작부터 맥주 양조는 유럽—북미 문화로 강하게 얽혀 있었다. 유럽 식민주의자들과 후에 미국과 캐나다 이민자들의 물결에 의해 대륙이 정복되면서 맥주 생산은 정착과 함께 손에 손을 맞잡고 확산되었다.

작은 미국 개척지 정착지에서 지방 맥주 양조장의 출현은 당시 맥주 저장 및 유통 기술의 현실이었다. 19세기 후반에 저온 살균과 병입이 완벽하게 되기 전까지 맥주 양조자들은 맥주를 원시적인 밀봉 장비만을 사용하여 용기에 담아 보존하는 것으로 제한되었고, 유통기한도 짧았다. 병이 아닌 통이나 작은 통이 선호되는 보관 방법이었으며, 완제품의 운송을 크고 무겁게 만들었다(Kroll 1976). 대서양을 가로질러 맥주를 수송하는 것은 불가능했다. 제임스타운 식민지 주민들은 수입 맥주가 변질되거나 독이 있거나 마실 수 없기 때문에 맥주 양조장을 요구했다. 미국 독립 전쟁이 일어날 무렵, 지방 식민지의 맥주 양조자 또는 자가 맥주 양조자로부터의 맥주를 선호하여 수입된 영국 맥아주와 에일을 거부하는 것은 애국적인 행위가 되었다(Baron 1962).

남아도는 곡물의 효율적인 사용과 효능으로 선택된 위스키가 애팔래치아산맥을 넘어가는 미국인들이 선호하는 알코올 음료가 되었을 때, 맥주의 명성은 떨어졌다. 1840년대에 영어를 할 줄 알면서 맥주를 마시는 미국인을 찾는 것은 매우 어려운 일이었다. 독일인 이민자들의 거대한 물결이 가족 농장의 소유를 통해 개인적인 자유와 경제적인 기회를 추구하며 미국에 왔을 때, 맥주 양조는 미국 문화의 최전선으로 되돌아갔다. 미국 개척지의 값싸고 풍부한 땅을 찾기 위해, 이 독일인들은 주로 1787년 연방 정부에 의해 통합된 북서부 준주로 왔고, 오대호 남쪽과 오하이오강 북쪽, 펜실베이니아에서 미시시피강 서쪽에 이르는 땅에 정착을 준비했다. 독일인 이민자들이 농장을 설립하고 이 지역에 거주하면서 북서부 준주는 새로운 주(오하이오, 인디애나, 일리노이, 미시간, 위스콘신과 북동부 미네소타가 될 지역의 일부)로 분할되었다. 맥주가 독일인 정착민들이 선호하는 음료였기 때문에, 미국 개척지로 이주한 사람들을 따라 맥주에 대한 수요가 있었다. 초기 아메리카 이민자와 그 후손들이 에일을 선호했던 영국계 혈통의 사람들과 달리 독일인들은 당시 아메리카인들에게 생소한 맥주(라거)

에 대한 갈증을 가져왔다(Baron 1962; Ogle 2006; Knoelseder 2012).

라거에 대한 새로운 선호는 1800년대 중반 맥주 양조의 지리를 더욱 복잡하게 만들었다. 라거의 초기 독일계 미국인 맥주 양조업자들은 이동성과 계절성 모두에서 제한적이었고, 이는 이 맥주가 소비 지점 근처에서 양조되어야 한다는 것을 의미했다. 맥주는 그 당시 맥주 양조장에서 너무 멀리 떨어진 정착민 농부들에 의해 요구되었다. 마치 그들이 그들 자신의 비누와 총알을 만든 것처럼 집에서 직접 양조하는 것에 의존했다(Apps 2005). 간단한 장비로 며칠 만에 준비할 수 있었던 에일과 달리 라거는 훨씬 더 많은 인내심과 투자가 필요했다. 당시 라거를 양조하는 과정은 효모와 다른 고체 성분들이 통 바닥으로 가라앉을 수 있도록 2~3개월의 '휴면'이 필요했다. 이 휴면은 거의 얼 정도의 온도에서 이루어져야 하는데, 이는 냉장 저장 이전의 시대에는 지하 동굴에 보관하는 것을 의미했으며(Apps 2005; Ogle 2006), 얼음을 쉽게 구할 수 있는 계절에만 가능했다(Hachten and Allen 2009).

라거에 대한 증가하는 관심과 수요를 충족시키기 위해 정착민들은 지역 전체에 산재하는 공동체에서 맥주 양조장을 시작했고 지방 소비를 위해 라거를 양조했다. 오글(Ogle 2006, p.16)은 다음과 같이 언급했다.

> 1840년대는 도로나 철도가 거의 없던 시기였고 믿을 만한 냉장 창고는 지하 동굴로 제한되었다. 한 라거 양조업자는 자신의 양조장에서 1, 2마일 이내에서 자신의 맥주를 거의 모두 팔았고, 주변 선술집 주인들과 친분을 쌓았는데, 대부분은 다른 이민자들에게 맥주를 공급하기 위해 가게를 차린 독일인들이었다.

맥주 양조장들은 필요에 의해 중서부 전역에 분산되었다. 초기의 아메리카 맥주 양조업자들은 수송과 제품의 부패 문제를 피하기 위해 판매 지점에 가까운 곳에 생산시설을 설치하면서 시장 지향적인 제조업의 고전적인 예와 관련되었다. 맥주 양조는 19세기 내내 주로 시장 지향적인 제조 활동으로 남아 있었는데, 생산 과정에 비용이 수반되었기 때문이다. 곡물에 물을 더함으로써 맥주를 양조하는 것은 재료의 대부분을 증가시키고 운송비를 증가시켰을 뿐만 아니라, 보존 방법이 완벽하지 않았기 때문에 부패하기도 했다. 본질적으로 미국 맥주 양조업자들은 식민지 시대에 영국 수입 판매를 망쳤던 것과 같은 엄청난 잠재적 기회 비용에 직면했다(Barron 1962). 맥주는 운송이 어렵고 비용이 많이 들기 때문에, 초기 맥주 양조장은 소량 생산으로 제한되었고 매우 지방적인 시장에만 공급되었다(Smith 1998). 맥주 소비자들이 정착하면서 19세기 중반까지 수천 개의 작은 맥주 양조장이 독일인 이민자들에 의해 설립되었다(Kroll 1975). 연방 정부는 1810년에 미국 전역에서 총 132개의 맥주 양조장만을 기록했다. 1850년 무렵 독일인의 국내 이주의 영향을 반영하여 431개가 있었고, 1860년 무렵 1,269개가 있었으며, 1873년 무렵 미국 맥주 양조장의 수는 운영 중인 맥주 양조업체가 4,131개로 정점을 찍었다(Van Munching 1997). 이들 맥주 양조장은 각각 지방 시장에 의존하고 있었으며, 독일인 지역의 거의 모든 농산물 시장 타운에는 적어도 한 개의 맥주 양조장이 있었다(그림 5.1).

독일인들은 미국에서 유명해진 초기 맥주 양조장들을 각각 설립했다. 아돌프 부시(Adolphus

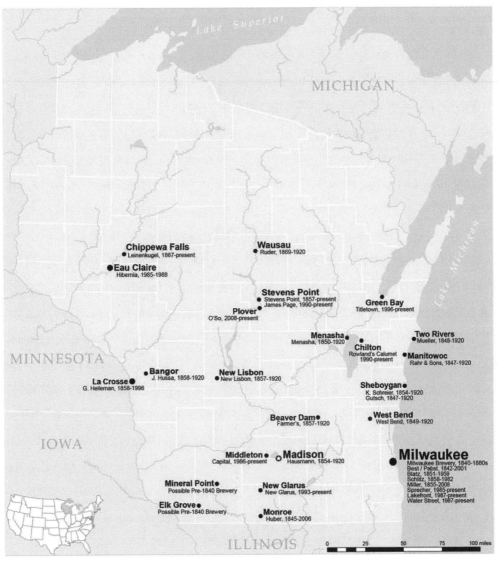

그림 5.1 2013년 위스콘신 맥주 양조장의 위치

Busch)는 1857년 세인트루이스에 정착했다. 그는 4년 후에 맥주의 품질 문제로 오랫동안 고통받아 온 맥주 양조업자 에버하르트 앤하이저(Eberhard Anhueser)의 딸과 결혼했다. 1865년에 앤하이저(Anheuser)로부터 맥주 양조장을 매입한 후에, 부시는 맥주 양조과정을 실험했다. 1876년 앤하이저-부시(Anheuser-Busch)는 그가 버드와이저(Budweiser)라고 부르는 보헤미안 양조법으로 양조하기 시작했다(Knoede-lseder 2012; Ganey and Hernon 2012). 프로이센 출신의 이민자인 또 다른 맥주 양조업자 아돌프 쿠어스(Adolph Coors)는 1873년 덴버에 정착하여 쿠어스(Coors) 맥주 양조회사를 세웠으며, 이 회사는 나중에 미국 서부에서 지배력을 얻고 전국적인 브랜드가 되었다(Van Munching 1997).

1848년 주가 되기 전부터 시작된 위스콘신의 맥주 양조 역사는 마찬가지로 독일인 이민자들의 유입으로 추진되었다. 일부 자료와 지방 민속에 따르면, 엘크 그로브(Elk Grove)에 한 개와 미네랄 포인트(Mineral Point)에 한 개를 포함한 두 개의 맥주 양조장이 1840년 이전에 운영되었을 것으로 추정되지만, 역사가들은 이를 확인하지 못하고 있다(Janik 2010). 주의 기후에 잘 맞는 홉은 아메리카 정착민들에 의해 그 주에서 재배된 최초의 작물로 여겨진다(Hintz 2011). 이상하게도 웨일스인 이민자 리처드 오웬스(Richard Owens), 윌리엄 폴렛(William Pawlett), 존 데이비스(John Davis)는 1840년에 처음으로 기록된 맥주 양조장을 시작했다. 이 세 사람은 구리 선으로 된 나무 상자로 5배럴짜리 맥주 양조 주전자를 만들고 1880년대까지 사업을 계속했던 밀워키 맥주 양조장을 만들었다(Kroll 1976).

밀워키 역사 초기에 가장 중요한 맥주 양조자는 1841년에 그곳에 정착한 독일인 제이콥 베스트(Jacob Best)였을 것이다. 베스트와 그의 네 아들은 밀워키뿐만 아니라 미국 전체 맥주 양조의 미래에 심대한 영향을 미쳤다. 1842년에 제이콥은 베스트 앤드 컴퍼니(Best and Company) 맥주 양조장을 설립하여 1853년에 은퇴할 때까지 운영했다. 그의 아들 필립(Philip)이 인수하고 필립 베스트(Philip Best) 맥주 양조회사로 이름을 바꾸었다. 1862년 필립 베스트의 딸 마리아는 독일인 평저선 선장이자 맥주 양조업자인 프레더릭 팹스트(Frederick Pabst)와 결혼했다. 팹스트는 2년 후에 그의 장인으로부터 양조회사의 지분 절반을 구입했다. 1867년 필립 베스트가 사망한 후, 맥주 양조장은 팹스트의 통솔하에 성공적으로 유지되었고 1889년에 팹스트 맥주 양조회사로 이름을 바꾸었다(Cochran and Collins 1948; 2011; Apps 2005; Pabst Mansion 2012). 이 맥주 양조장은 밀워키 맥주 양조업에 영향을 준 유일한 가족이 아니었다. 제이콥 베스트의 다른 두 아들 제이콥 주니어(Jacob Jr.)와 로렌츠(Lorenz)는 1850년 베스트 앤드 컴퍼니를 떠나 밀워키에 플랭크 로드(Plank-Road) 맥주 양조장을 시작했다. 1855년, 형제는 나중에 맥주 양조 산업에서 성공을 거둔 또 다른 독일인 이민자 프레더릭 밀러(Frederick Miller)에게 플랭크 로드를 팔았다(Van Munching 1997; Shepherd 2001; Apps 2005).

위스콘신에서 베스트, 팹스트, 밀러와 같은 가문들을 위해 양조업을 수익성 있게 만든 것은 엄청난 지방 수요였다. 맥주는 독일계 미국인 이민자들 사이에서 엄청난 인기를 끌었는데, 그들은 대부분 위스콘신 시골의 농부들이었다. 수송이 매우 어려웠기 때문에 어느 정도의 성공을 거두기 위해서 맥주 양조업자들은 지방 시장에서 규모의 경제를 구축해야 했다. 맥주의 급속한 부패와 제한된 수송 속도로 인해 19세기 중반의 양조업자들은 단지 넓은 지역에 효과적으로 서비스를 제공할 수 없었다. 이러한 운송 제한으로 인해, 공간적으로 확장된 이 소비자 집단의 요구를 충족시키는 유일한 방법은 많은 맥주 양조장을 주에 산재시키는 것이었다. 1860년 무렵 위스콘신에는 200개에 가까운 맥주 양조장이 있었으며 밀워키에만 40개가 넘는 맥주 양조장이 있었다(Janik 2010).

주에 거주하는 이민자들은 맥주 양조장과 맥주가 공동체 생활의 필수적인 부분인 독일 문화를 가져왔다. 자닉(Janik 2010, p.89)은 "맥주 양조장은 교회나 학교만큼이나 주 공동체의 많은 부분이었다"고 주장한다. 위스콘신의 모든 타운은 독일인 이민자들이 개척지에 정착하면서 교회와 학교 주변에 있었던 것처럼 설립된 맥주 양조장을 중심으로 지어졌다. 맥주와 관련된 사회적 혜택을 분명히 제공하는 것을 넘어, 맥주 양조업자들은 지역 사회 행사와 자선 단체를 후원하고, 고용 기회를 제공하며, 지방 농부들의 농산물의 신뢰할 수 있는 고객이었다(Janik 2010; Hintz 2011). 크롤(Kroll 1976)은 지방 재료에 대한 의존성이 초기 맥주 양조자들 사이에서 양조법에 큰 영향을 미쳤으며, 재료의 가용성을 고려하여 계절에 따라 생산되는 맥주가 많다고 언급했다.

밀워키에는 맥주 양조장이 너무 많아서 1870년 무렵 도시의 맥주 공급은 수요를 완전히 앞질렀다. 맥주 양조장의 높은 매출액은 일반적이었고, 이 기간에 개업한 많은 맥주 양조장은 수년 동안 문을 열었다. 믿을 만한 용기가 아직 개발되지 않았기 때문에 맥주를 먼 시장으로 운송하는 것은 불가능했고, 지방 수요만을 위해 맥주 제조업자들은 다투게 되었다(Kroll 1976). 도시의 맥주 양조업자들은 새로운 소비자들에게 그들의 영역을 확장할 필요가 있었지만 산업이 극적으로 변화하기 전까지 그들은 공간적 장벽에 직면했다.

역동적인 규모의 경제를 위한 새로운 발전

밀워키의 맥주 양조장 소유주들은 소가 초롱불을 찼다는 믿기 어려운 기사 덕분에 과포화와 제한된 유통 지역에 대해 오랫동안 걱정하지 않게 되었다. 비록 1871년 시카고 대화재를 캐서린 오리어리(Catherine O'Leary)의 소 탓으로 돌렸다는 신문 기사는 조작되었지만, 그로 인한 화재는 밀워키에서 남쪽으로 80마일 떨어진 번화한 도시 대부분을 파괴할 정도로 충분히 강력했다(Janik 2010). 이 화재는 시카고의 많은 지방 맥주 양조장과 급수시설을 파괴했고, 도시의 목마른 독일인 주민과 결합하여 다른 곳에서 양조되는 맥주에 대한 새로운 수요를 창출했다. 시카고의 검게 그을린 폐허와 두 도시 사이에 미시간호가 제공한 수로와의 근접성은 밀워키의 맥주 양조업자들이 새로 개장한 수익성 높은 시장에 진입할 수 있게 해 주었다. 효과적인 포장이 없더라도, 짧은 상대적 거리는 시카고 사람들이 밀워키에서 양조된 맥주를 신선한 상태에서 마실 수 있다는 것을 의미했고, 밀워키의 맥주 양조업자들은 다른 곳에 있는 맥주 양조업자들보다 일찍 훨씬 더 넓은 시장 지역을 요구할 수 있다는 것을 의미했다(Kroll 1976).

시카고의 맥주에 대한 수요는 밀워키 맥주 양조장들이 새로운 규모의 경제를 형성할 수 있게 해 주었고, 이는 나중에 전국적으로 유명해지는 데 필요한 수입을 제공할 수 있게 해 주었다. 밀워키의 신생 맥주 양조업자인 쉴리츠(Schlitz) 맥주 양조회사의 요제프 쉴리츠(Joseph Schlitz)는 그의 맥주를 도시에 넘쳐나게 함으로써 시카고 사람들의 갈증을 해소할 기회를 잡았다. 쉴리츠의 오랜 슬로건인 "밀워키를 유명하게 만든 맥주"는 이 시기에 브랜드와 도시의 새롭고 더 넓은 시장에 대해 언급한 것으로 채택되었다(Van Munching 1997; Hintz 2011). 또한 팹스트도 시카고의 불행을 이용하면서 확장된 시장에 편승하여 1874년에 미국에서 가장 큰 맥주 양조장이 되었다(Cochran and Collins 1948; 2011). 그러나 밀워키의 맥주 산업이 더 확장하기 위해서는 몇 가지 중요한 기술적 발전이 필요했다.

밀워키의 맥주 양조업자들이 바람의 도시로 사업을 확장하면서 맥주 양조 기술의 산업 변화가 일리노이의 반대편에서 일어나고 있었다. 세인트루이스에서 아돌프 부시(Adolphus Busch)는 프랑스 과학자 루이 파스퇴르(Louis Pasteur)의 지속적인 연구와 맥주의 급속한 변질을 막기 위한 그의 노력을 뒤좇고 있었다. 프로이센-프랑스 전쟁이 1870년에 독일 맥주 양조업자들로부터 프랑스로 오는 맥주 공급을 차단했기 때문에 파스퇴르는 프랑스 맥주의 품질을 향상시킬 방법을 모색했다. 1875년 그는 맥주를 찌고, 용기에 증기욕을 가하여 화씨 170도까지 천천히 가열함으로써, 효모가 첨가되었을 때 맥주에 생기는 부패를 일으키는 박테리아를 제거할 수 있었다(Kroll 1976). 부시는 재빠르게 파스퇴르의 공정을 채택했다. 다음 해에 버드와이저가 도입되었을 때, 모든 앤하이저-부시 맥주는 출하 전에 저온 살균 처리되었다(Van Munching 1997). 앤하이저-부시는 저온 살균법을 채택한 최초의 주요 맥주 양조업자가 되었다. 앤하이저-부시는 더 오래 보존되어 최초로 생산 지점에서 멀리 떨어져서 효과적인 유통을 가능하게 하는 맥주를 양조함으로써 결정적인 이점을 얻었다(Van Munching 1997; Knoelseder 2012; Ganey and Hernon 2012). 밀워키에서 필립 베스트 맥주 양조장은 1878년에 저온 살균법을 처음으로 도입했고, 곧이어 맥주통을 전 세계에 출하하기 시작했다. 팹스트의 광범위한 유통 때문에 1889년 팹스트 양조회사(Pabst Brewing Company)로 이름이 바뀌었을 때 그것은 세계에서 가장 큰 맥주 양조장이 되었다.

완벽한 저온 살균 공정은 맥주 판매와 유통의 혁명적인 변화인 부시의 또 다른 개선에 발관을 마련했다. 그가 시작한 한 가지 변화는 맥주 양조장이 소유한 선술집 네트워크를 구축하여 그의 제품을 독점적으로 판매하는 것이었다. 부시는 앤하이저-부시 회사를 위한 수직 통합 전략을 구현함으로써 '중간 상인'을 없애고 비용을 절감할 수 있었다. 이는 부시 회사의 맥주가 경쟁사보다 가격이 저렴하다는 것을 의미했다(Knoedelseder 2012; Ganey and Hernon 2012). 이러한 우위를 확고히 하기 위해 부시는 새로운 종류의 맥주 마케팅을 시작했고, 회사 선술집을 위한 포스터와 전시물을 인쇄하고, 다양한 앤하이저-부시 브랜드의 로고가 새겨진 다양한 장신구를 구매하여 고객들에게 증정했다(Ganey and Hernon 2012). 그의 선술집에 공급하고 시장을 확장하기 위해 부시는 맥주의 신선함 증대와 철도 운송 속도와 효율성을 결합하여 시장 지역을 넓게 확장시켰다. 미국 철도망의 중심지인 세인트루이스의 위치 때문에, 앤하이저-부시 회사는 버드와이저와 다른 맥주들을 먼 소비자에게 수송할 수 있었다(Knoedelseder 2012; Ganey and Hernon 2012). 저온 살균과 마찬가지로 이 모델은 부시가 다른 곳에서 개조한 모델이었다. 그는 캐나다 맥주 양조업자 몰슨(Molson)이 1860년대 초에 온타리오에서 넓은 시장을 확보하기 위해 철도를 사용하는 것을 보았다(Ganey and Hernon 2012; Van Munching 1997). 부시는 초기 냉장 철도 차량의 등장으로 그의 맥주가 더 오랫동안 신선하게 유지될 수 있었기 때문에 몰슨의 모델에 새롭고 좋은 생각을 추가했다. 초기 채택자로서 앤하이저-부시는 경쟁사보다 더 일찍, 더 광범위한 명성을 얻기 위해 이러한 기술과 비즈니스 모델을 결합하여 사용했다(Van Munching 1997). 이 결정적인 이점을 이용하고 국내 시장을 확장함으로써, 앤하이저-부시는 1877년 미국에서 32번째로 큰 맥주 양조장에서 1890년 10번째로 큰 맥주 양조장으로 성장했다. 이는 아우구스투스 부시(Augustus Busch)를 눈부시게 성공한 사람으로 이끌었고, 그를 세인트루이스의 가장 부유한 거주자로 만들었다(Ganey and Hernon 2012). 앤하이저-부시가 이 사업에서 성공하는 것을 보고, 팹스트, 쉴리츠 그리고 블라츠와 같은 밀워키 맥주 양조장들도 모두 이 모델을 따랐고, 그들의 국내 시장 전역에 걸쳐 선술집과 유통 대리점의 네트워크를 구축했다. 앤하이저-부시처럼 밀워키 맥주 양조장은 철도망과 잘 연결되어 있었고, 그들의 명성을 유지하면서 직접 경쟁을 통해 세인트루이스 운영의 이점을 경시할 수 있었다(Kroll 1976; Van Munching 1997).

저온 살균, 회사의 선술집 그리고 철도 운송만이 이 중요한 시기에 일어난 맥주 양조의 주요한 발전은 아니었다. 파스퇴르는 맥주에 박테리아가 생기게 된 것은 당연히 효모 때문이라고 했다. 덴마크에서 생화학자 에밀 크리스티안 한센(Emil Christian Hansen)은 특정 유형의 곰팡이 균이 일괄 처리에 존재한다면 효모 자체가 실제로 발효 과정에 해로울 수 있다는 것을 밝혔다. 1883년에 한센은 순수한 효모 배양균을 개발하여 칼스버그(Carlsberg) 맥주 양조장에 도입했고, 놀라운 결과를 얻었다. 순수 효모는 맥주 양조 공정의 신뢰성과 완제품의 일관성을 크게 향상시키면서 가능한 최고의 발효를 가져왔다(Kroll 1976). 미국맥주양조업자들은 저온 살균을 했던 것보다 훨씬 빠르게 순수 효모를 채택했다. 같은 해 쉴리츠 맥주 양조장의 후계자인 아우구스트 우이흘린(August Uihlein)은 한센의 효모 배양균을 구입하기 위해 코펜하겐으로 갔다. 1887년까지 앤하이저−부시, 쉴리츠, 필립 베스트/팹스트, 블라츠 그리고 밀러 등의 대형 양조장들은 모두 순수 효모 배양균을 사용했다(Kroll 1976; Van Munching 1997; Knoedelseder 2012). 더 큰 규모의 경제를 확립하지 못한 소규모 맥주 양조장들은 이러한 효모 배양균을 유지하는 데 필요한 과학적 장비를 구입할 여유가 없었고, 신뢰도가 낮은 결과를 가진 오래된 가족 레시피를 고수하면서 궁극적으로 그들의 미래의 종말을 악화시킬 수 있는 낮은 품질로 나쁜 평판을 얻었다(Kroll 1976).

이러한 발전은 맥주 양조의 또 다른 발전(포장을 위한 병의 사용)을 위한 중요한 전제 조건이었다. 비록 앤하이저−부시가 저온 살균 과정 동안 비용을 절약하기 위해 1870년대에 병입을 실험하고 있었지만, 맥주 양조업자들은 20년이 지나도록 병을 적게 사용했다. 부패 문제, 맥주 과세와 관련된 연방 정부의 규제, 비효율적인 병마개 방법은 병의 광범위한 채택을 방해했다. 병입이 저온 살균 후에 온 것처럼 보일 수도 있지만, 맥주 포장에서 이러한 발전이 일어나기 전에 박테리아를 없애버리는 것이 절대적으로 필요했다. 저온 살균을 통해 맥주의 유통기한을 연장하기 전에, 유해한 박테리아는 밀봉된 맥주병을 며칠 만에 썩게 만들었다(Kroll 1976). 맥주에 세금을 부과하기 위한 당시의 맥주 양조 규정은 병입의 경제성을 더욱 저해했다. 1890년까지 연방법은 맥주 양조장에서 맥주를 병에 담는 것을 금지했다. 맥주 양조장은 부피의 기본 단위인 통만 채우도록 허용이 되었기 때문에 세금 징수원들은 단지 채워진 통의 수를 세는 것만으로 생산량을 계산할 수 있었다. 그 후, 맥주 통이 회계 처리되고 세금이 부과된 것으로 표시된 후, 맥주를 병에 담기를 원하는 맥주 양조업자들은 이 부피가 큰 용기를 병을 채울 수 있는 별도의 시설로 운송해야 했는데, 이는 상품을 옮기는 데 추가 비용이 들었지만 맥주가 신선한 기간은 연장되었다(Baron 1962; Kroll 1976; Van Munching 1997; Knoelseder 2012). 그 법은 1890년에 팹스트 양조회사의 강력한 로비와 노력으로 겨우 바뀌었다.

주법은 맥주 양조와 병입 작업을 별도의 건물에서 하도록 요구했지만, 팹스트는 맥주 양조장과 병입 공장을 연결하는 측정된 관로를 건설할 수 있었고, 이는 과세를 위한 생산 측정을 허용하면서 병입 비용을 상당히 낮출 수 있었다. 이 모델은 전국의 다른 양조장에서 즉시 채택되었다(Cochran and Collins 1948; 2011). 병입은 1892년 볼티모어의 크라운 코크 앤드 실(Crown Cork and Seal) 컴퍼니에 의해 마개의 도입으로 마침내 실현되었다. 마개 이전에 공장들은 병을 밀봉하기 위해 코르크 마개와 밀랍을 포함한 많은 신뢰할 수 없는 방법들을 사용했다. 오래된 밀봉 방법은 종종 실패하여 밀봉이 되지 않고 맥주를 납자하게 만들거나 탄산화 압력으로 폭발시킴으로써 맥주를 망쳤다. 마개는 이러한 두 가지 단점을 모두 피할 수 있는 최초의 신뢰할 수 있는 맥주병 마개로, 오늘날에도 여전히 사용되고 있다. 비록 금주법이 끝날 때까지 병맥주가 소비자들에게 인기를 끌지는 못했지만(1900년에 미국 맥주 판매량의 약 20%만이 포장되었지만), 마개는 병입을 하는 최종 재료였고 따라서 국가적인 유통망의 발전이 경제적으로 가능했다(Kroll 1976; Knoedelseder 2012).

큰 맥주 양조장은 점점 커지고 작은 맥주 양조장은 사라진다

위스콘신은 맥주 생산에서 계속해서 미국을 이끌었지만, 그 생산의 지리는 극적으로 바뀌었다. 팹스트, 쉴리츠, 블라츠, 밀러(밀워키의 빅 4)와 같은 밀워키의 대형 맥주 양조장에 큰 이익을 가져다준 맥주 양조, 병입, 판매에 있어서 수많은 발전은 많은 소규모 맥주 양조장들을 뒤처지게 한 변화이기도 했다. 대형 맥주회사들은 경쟁사들보다 가격을 낮추어 더 적은 비용으로 더 많은 맥주를 생산함으로써 맥주 양조 과정의 효율성을 개선하는 것을 기회로 삼았다. 소규모 맥주 양조장은 순수 효모 군집을 유지하거나 맥주를 저온 살균하는 데 필요한 장비를 구입할 여유가 없었으며, 대규모 양조장에 비해 상대적으로 품질이 저하되었다(Van Munching 1997). 이 지방 맥주 양조업자들이 달성한 규모의 경제는 당연히 면적과 수익성 모두에서 작았다. 비록 작은 맥주 양조업자들이 이 지방 시장들과 함께 생계를 유지할 수 있었지만, 그들은 일함으로써 부유해지지 않았고, 생산 개선에 투자할 여분의 자본이 없었다. 이 작은 규모의 경제들은 확실히 더 작은 시장들을 침범한 자금력이 더 좋은 맥주 양조장들과의 새로운 경쟁을 견딜 수 없었다. 자금력이 더 좋은 맥주 양조장들은 그들의 값싼 맥주의 더 신뢰할 수 있는 품질을 홍보하기 위한 광고 캠페인에 아낌없이 지출했다. 더 큰 맥주 양조장이 새로운 지역으로 확장되면서 모든 공동체에 서비스를 제공하는 지방 맥주 양조장의 종말이 왔다. 갑자기 맥주 양조장은 더 이상 주에 산재하는 작은 정착지에 퍼져 있지 않고 대신 더 큰 도시에 집중되었다.

이러한 변화가 위스콘신의 맥주 양조 경관에 미치는 영향은 엄청났다. 주 전역에 흩어져 있던 지방 맥주 양조업자들이 밀워키에 있는 더 큰 사업체들과의 전례 없는 경쟁에 직면하자, 19세기가 끝나기 전에 많은 맥주 양조업자가 운영을 중단하거나 더 큰 회사들에 의해 인수 합병되었다. 크롤

(Kroll 1976)은 위스콘신의 맥주 양조장 수가 1880년경에 정점을 찍었으며, 때때로 300개 이상이 운영되었으며, 밀워키시에서 50개 이상이 운영되었다고 주장한다. 이것은 기술 발전으로 더 큰 경쟁자들이 시장을 잠식하기 전에 지방 맥주 양조업자들의 전성기였다. 1900년 무렵에 맥주의 새로운 경제 환경에서 회사들이 문을 닫고 통합되면서 135개의 양조장만이 주에 남아 있었다(Apps 2005). 갑자기 위스콘신에서 생산된 맥주의 압도적인 부분은 밀워키에 있는 소수의 매우 큰 맥주 양조장과 양조회사에서 비롯되었고, 나머지 생산은 주 전역에 흩어져 있는 수가 줄고 있는 작은 맥주 양조장에서 왔다.

이제 위스콘신의 대형 맥주 양조장들은 소규모 지역 업체들이 아닌 대형 전국적 업체들과 경쟁하고 있었다. 이상하게도 위스콘신은 전국 시장에서 성공을 거두기 위해 맥주 양조업자들에게 입지별 경쟁 우위를 상대적으로 거의 제공하지 않았다. 초기에는 지방에서 재배된 곡물과 홉에 근접하여 맥주 양조업자들에게 저렴한 재료를 제공했지만, 지방 작물의 장기적인 영향은 제한적이었다. 1848년에 위스콘신은 밀, 보리, 다른 곡물의 생산에서 미국을 이끌며 미국의 곡창지대가 되었다. 그러나 남북 전쟁이 시작될 때까지 토양의 영양 고갈과 미네소타와 아이오의 새로운 농장 간 경쟁의 증가로 위스콘신의 대부분 농부들은 곡물 생산에서 낙농업으로 전환했다(Kroll 1976; Apps 2005). 비록 기후가 홉을 재배하기에 이상적이지만, 위스콘신의 작물 재배는 밀과 같은 궤적을 따랐다. 미국 정착민들이 위스콘신에 심은 최초의 작물 중 하나가 된 후, 위스콘신의 홉 생산량은 홉이 시장에 넘쳐나서 1867년 가격을 붕괴시킬 때까지 기하급수적으로 증가했다. 홉 시장 비율이 파운드당 60센트에서 파운드당 5센트로 떨어진 이 붕괴는 홉을 재배하는 많은 농장의 재정적 생존력을 망치고 훨씬 더 많은 농부를 상대적으로 안정한 낙농업으로 이끌었다(Apps 2005; Ogle 2006). 대규모 지방 곡물과 홉 생산의 손실은 잠시의 이점을 없애면서 위스콘신 맥주 양조업자들이 다른 주들의 공급자들로부터 재료를 구매하도록 요구했다.

아무리 값싼 재료라도 위스콘신 맥주 양조장의 가장 큰 장점인 맥주를 마시는 상당한 사람을 가진 지방 시장에 필적할 수 없다. 밀워키의 빅 4와 적당한 성공을 거둔 소규모 맥주 양조업자들은 독일계 위스콘신인들의 놀라운 현지 수요로부터 규모의 경제를 처음으로 달성했다. 지방 시장을 수용함으로써, 맥주 양조업자들은 더 작은 규모의 수익성 있는 기업들을 건설할 수 있었다. 맥주 양조업자들은 그들의 이익을 더 큰 용량의 더 효율적인 양조 장비에 투자할 수 있고, 맥주의 운송과 보존 그리고 전통적인 브랜드의 범위를 넘어 소비자들에게 마케팅을 할 수 있다. 독일인 이민자들의 지속적인 요구는 맥주 양조장들이 처음에 위스콘신 경관에 산재하는 경제적 공간을 제공했을 뿐만 아니라 성공적인 맥주 양조장들이 그들의 시장 영역을 더 큰 규모로 확장하는 데 필요한 경제적 안정을 제공했다. 19세기 말에 개발된 수많은 신기술들 때문에. 앤하이저-부시와 쿠어스와 같은 회사들과 함께 빅 4가 그들의 브랜드를 더 많은 고객에게 가져갈 수 있게 됨에 따라, 상업적 맥주 양조는 산업 전반에서 더 큰 규모의 생산, 더 넓은 공간의 소비자 그리고 더 적은 수의 업체로 전환되었다.

확장은 통합을 가져오고 금주법은 파괴를 남긴다

전국의 작은 맥주 양조장들이 문을 닫기 시작하면서, 일부 맥주 양조장들은 새로운 거대 기업들과 경쟁에서 자원을 공유하기 위해 다른 회사들과 합병하기로 결정했다. 1910년까지 1,568개의 맥주 양조장만이 남아 있었는데, 이는 37년 전 절정기에 가동되었던 것의 3분의 1에 불과했지만, 생산량은 1873년의 900만 배럴에서 5,300만 배럴로 증가했다(Baron 1962; Van Munching 1997). 작은 맥주 양조장들은 가격과 마케팅 면에서 경쟁할 수 없었고, 많은 맥주 양조장은 더 큰 업체들과의 경쟁에서 자원을 공유하기 위해 서로 통합했다. 예를 들어, 1900년 피츠버그의 36개 양조장은 1910년까지 단 2개로 통합되었다(Van Munching 1997).

통합을 넘어, 미국의 종교적 및 정치적 풍토(커지는 금주 운동) 덕분에, 20세기 초에 미국에서 맥주 양조업은 또 다른 도전에 직면했다. 금주는 1800년대 초부터 미국의 정치 세력이었지만, 그 운동은 제1차 세계대전의 도래와 함께 정말로 탄력을 받았다. 미국이 유럽에 개입하기 전에도 전쟁은 미국 대중들 사이에서 많은 반독 감정을 불러일으켰고, 분노를 느낀 것은 맥주 양조업자들이었다. 그것은 더 이상 판매에 도움이 되지 않았다. 현재 세인트루이스의 앤하이저-부시의 소유주이자 상속인인 아우구스트 A. 부시는 전쟁 초기에 카이저(Kaiser)의 강력한 지지자였고, 그의 아내 릴리(Lilly)는 충성심의 표시로 독일에서 전시를 보냈다. 두 사실은 소비자들에게 오랫동안 기억되었다. 앤하이저-부시 맥주는 독일이 전쟁 중 독가스를 개발한 데 이어 미국의 루시타니아호 침몰에 반대하는 여론이 돌면서 판매량이 급감했다. 1917년 미국이 전쟁에 참전했을 때, 반독 감정은 독일 맥주 양조업자들뿐만 아니라 독일인 이민자이거나 독일 혈통을 주장하는 수백만 명의 미국인들에게 주요한 위협이 되었다. 이러한 사회적 풍토 속에서 금주 운동은 미국 주류 정치에서 심각한 영향력을 갖게 되었다.

위스콘신에서는 맥주 양조업이 주의 경제에 중요할 뿐만 아니라 금주 지지자들의 중심지가 되었기 때문에 긴장이 고조되었다. 자닉(Janik 2010)은 전쟁으로 인해 주의 두 집단(주로 영국계 시골 기독교 개신교인들이 주도하는 금주 운동과 주로 도시에 거주하는 로마 가톨릭교회 독일계 미국인 맥주 양조업자와 맥주를 마시는 사람들) 사이에 현존하는 분열이 고조되었다고 지적했다. 독일 사람들과 문화에 대한 적

대감과 탄압이 증가함에 따라 위스콘신의 많은 공동체들은 전쟁 중에 그들의 시민적 자유를 지키기 위해 조직된 지방 독일 유산협회를 설립했다. 양조업자들의 자금 지원을 많이 받은 이 협회는 궁극적으로 위스콘신 독일계 미국인들과 그들이 소유한 맥주 양조장들을 더 많은 대중으로부터 소외시켰다.

아이오와, 노스다코타, 로드아일랜드를 포함한 몇몇 주들과 많은 군들이 금주법을 시행했지만(술 판매가 법적으로 금지되었음을 의미하는), 20세기 초반 20년 동안 전국적인 규모로 술을 근절하려는 시도들은 대부분 중단되었다. 그러나 밴 먼칭(Van Munching 1997, pp.19-20)이 언급한 바와 같이, 미국의 전쟁 개입은 금주에 대한 요구를 증폭시켰다.

이러한 반독 감정은 개신교 도덕주의와 만연한 이민에 수반되는 두려움과 결합되어 금주 운동이 궁극적인 목표인 국가적 금주를 달성하는 데 도움이 될 것이다.

미국이 제1차 세계대전에 개입하면서 궁극적으로 금주법이 내려졌다. 미국 의회는 1917년 4월 6일 독일과 그 동맹국에게 선전포고하기로 가결했다. 8월 1일, 미국 헌법의 금주법 개정안은 상원을 통과했고, 12월 17일 하원에서 승인되었고, 12월 18일 비준을 위해 각 주로 넘어갔다. 제안된 개정안은 알코올의 소비나 소지를 금지하지는 않았지만, 이러한 음료의 생산, 판매, 운송 또는 수입을 금지함으로써 시민들이 알코올을 얻는 것을 매우 어렵게 만들었다.

본 조항의 비준으로부터 1년 후, 음료 목적을 위해 미국 및 그 관할권에 속하는 모든 지역에서 주류의 제조, 판매 또는 운송을 금지한다.

—미국 수정헌법 제18조, 제1항

미국에서 주들에 의해 헌법 개정을 비준하는 것은 보통 수년간의 과정이며, 이러한 기준에 의해 금주법이 빠르게 시행되었지만, 그 과정은 여전히 전쟁보다 오래 지속되었다. 1919년 1월 16일 네브래스카가 36번째로 비준한 주가 되었을 때(연방 비준 및 이행에 필요한 주 4분의 3의 문턱을 넘는 법안), 유럽의 휴전은 이미 3개월째에 접어들었다. 「볼스테드(Volstead) 법」은 1920년 1월 17일을 미국 금주법의 시작으로 규정하였다.

미국 맥주 양조업의 경제에 대한 영향은 신속하고 잔인했다. 전국의 맥주 양조장들이 일제히 문을 닫았다. 맥주 양조회사들이 새로운 수익 흐름을 모색하면서 일부 시설은 다른 용도로 전환되었다.

앤하이저-부시, 팹스트, 스트로스는 0.05% ABV(Alcohol by Volume: 알코올 함량) 미만의 청량음료와 '유사 맥주' 음료를 생산하여 「볼스테드 법」의 비독성 음료 정의에 관한 자격을 얻었다. 블라츠는 맥주 양조장을 산업용으로 개조했고, 쉴리츠는 금주법 기간에 맥주 양조 시설을 사탕 생산에 사용했다. 이전 맥주 양조업자들은 그들의 신제품에 대한 수요가 상대적으로 적었음에도 불구하고, 다른 산업으로 중점을 옮김으로써 이러한 회사들은 궁극적으로 금주법 동안 지속되는 데 필요한 현금 유동성을 확보했다(Brunn 1962).

살아남은 업체들은 예외였다. 그들의 주요 제품이 현재 불법이기 때문에 많은 맥주 양조업자는 단순히 그들의 사업을 접고, 현재 대부분 가치가 없는 장비를 청산하고, 새로운 기회를 모색했다. 위스콘신에서는 1920년 1월에 문을 연 최소 54개의 양조장이 1년 후에 영구적으로 문을 닫았다. 조지프 후사(방고르)[Joseph Hussa(Bangor)], 파머스(비버댐)[Farmer's(Beaver Dam)], 하우스만(매디슨)[Hausmann(Madison)], 윌리엄 라흐 & 선즈(매니토웍)[William Rahr & Sons(Manitowoc)], 메나샤(Menasha), 뉴리스본(New Lisbon), 구시(셰보이건)[Gutsch(Sheboygan)], K. 슈라이어(셰보이건)[K. Schreier (Sheboygan)], 뮐러(투리버)[Mueller(Two Rivers)], 루더(워소)[Ruder(Wausau)] 그리고 웨스트벤드(West Bend) 등 적어도 11개의 양조장이 1860년 전부터 맥주를 생산하고 있었다. 문을 닫은 많은 양조장들이 20세기의 첫 20년 동안 더 큰 생산자들에게 상당한 시장 점유율을 빼앗기면서 쇠퇴하였지만, 그것들을 끝낸 것은 금주법이었다(Kroll 1976).

맥주 거품, 제2차 세계대전 및 전후 통합

미국의 금주법 실험은 1933년 12월 15일 제21차 수정헌법이 시행되어 금주법을 완전히 폐지하면서 끝났다. 이 소식은 맥주 양조업계에 일종의 '금광으로의 쇄도(gold rush)'를 야기했는데, 이는 대형 맥주 양조장들이 앞다퉈 그들의 쓰지 않은 장비를 작업 라인에 다시 배치했기 때문이다. 더 큰 맥주 양조장들이 생산을 재개한 것에 더하여, 1933년 마지막 15일 동안 위스콘신에서 30개의 새로운 맥주 양조장들이 영업을 시작했다. 이 새로운 양조장들은 과거의 맥주 양조 전통의 지속이 아니라 감지된 기회를 나타낸다. 많은 맥주 양조장은 맥주 생산 경험이 없는 사업가들에 의해 시작되었지만, 금주법 기간에 청산했던 맥주 양조업자로부터 장비를 구입하여 맥주 양조 산업에 뛰어들었다. 대공황이 한창일 때 그리고 현재 전국적 규모의 맥주 양조 산업 내에서 규모의 경제를 이루어 낼 가능성이 제한된 입지에서 이들 새로운 맥주 양조업자들은 대형 맥주 양조장의 기계를 상대로 맥주 양조 경험이 없이 새로 시작했기 때문에 성공할 가능성이 거의 없었다. 위스콘신에서는 1933년에 개업했던 30개 맥주 양조장 중 절반도 살아남지 못했고, 1933~1945년에 설립된 44개 양조장 중 현재까지 존재하는 양조장은 없다. 초기에 설립된 맥주 양조장들은 이러한 문제에 영향을 받지 않았는데, 열악한 경제 상황과 더 큰 맥주 양조장과의 경쟁으로 인한 위기에 직면하여 금주법에서 살아남은 71개의 위스콘신 맥주 양조장 중 약 33개가 1950년에 사라졌다(Kroll 1976; Apps 2005).

이 시기 동안 맥주 양조업의 경제 재구조화는 미국 맥주 문화의 유일한 변화가 아니었다. 금주법 이후 제2차 세계대전 종전까지 미국의 포장 맥주 판매량이 처음으로 통맥주를 앞질렀다. 앤하이저-부시, 팹스트, 쉴리츠 그리고 다른 업체가 설립한 회사 선술집의 대형 네트워크는 금주법 기간에 대부분 청산되었고, 제3의 술집과 선술집은 통맥주를 위한 주요 시장(수익이 적은)으로 남겨져 병입이 맥주 양조업자들에게 훨씬 더 매력적이었다. 금주법 이전에 병맥주는 미국에서 판매되는 맥주의 18%에 불과했다. 1934년까지 미국 맥주의 25%가 포장되었으며, 그 수치는 1942년에는 거의 60%까지 증가했다(Kroll 1976).

포장 맥주 판매에 대한 새로운 시각으로 인해 용기 비용이 특히 중요해졌다. 캔 맥주는 1935년 캔 회사 콘티넨탈(Continental)이 병이 부서지는 것과 맥주가 약간 부패하는 것에 대한 해결책으로 캔 제조 공정을 완벽하게 하면서 훨씬 저렴하고 효율적인 포장재로 처음 선을 보였다(Van Munching 1997). 캔 맥주는 1941년 포장된 맥주의 약 10%를 차지했으며, 전쟁 이전에는 캔에 사용할 수 있는 금속 공급을 제한했다.

가끔씩 이러한 제한과 다른 포장 부족에도 불구하고, 제2차 세계대전은 제1차 세계대전만큼 맥주 양조업자들에게 많은 도전을 주지 않았다. 독일은 여전히 적이었지만, 그 유산을 공유하는 맥주 양조업자들은 지목되지 않았다. 이 시점에서 많은 맥주 양조업자는 미국에서 태어난 아이들이거나 독일 건국자의 손자들이거나 독일 문화에 관심이 없는 사업가들이었다. 한 세대 전에도 광범위하게 이어지던 경멸로 고통스러웠던 맥주 양조업자들은 전쟁에 기울이는 총력에 매우 공개적으로 기여했고, 많은 사람이 맥주 생산량의 15%를 군대에 기부했다(Van Munching 1997).

전쟁이 끝난 후, 맥주 양조업자들은 전례 없는 번영을 경험하면서 그들의 시장을 전국으로 넓히기 위해 앞다퉈 노력했다. 미국에서 가장 큰 양조장인 쉴리츠와 두 번째로 큰 앤하이저-부시는 기존의 맥주 양조장을 사들여 새로운 시설을 갖춤으로써 전국적 범위로 더 넓게 밀고 나아갔다(Van Munching 1997). 두 회사는 경쟁 우위를 위해 끊임없이 경쟁을 벌였고, 각각 더 많은 매출을 얻기 위해 점점 더 공격적인 마케팅을 사용했다. 앤하이저-부시가 버드와이저, 미켈롭(Michelob) 그리고 부시의 전국적인 유통을 시작하면서 그것의 구축된 철도 운송 네트워크 때문에 뚜렷한 이점을 가진 맥주 양조업자로 자리를 잡게 되었다. 1957년 앤하이저-부시는 마침내 쉴리츠를 제치고 미국에서 가장 큰 맥주 생산자가 되었다(Oglle 2006, Knoedelseder 2012, Ganey and Hernon 2012). 현재 세 번째로 큰 양조장인 팹스트는 1958년에 밀워키에 본사를 둔 동료 양조장이자 전국에서 11번째로 큰 블라츠를 인수함으로써 앤하이저-부시 및 쉴리츠와 경쟁을 시도했다(Kroll 1976; Apps 2005; Pabst Mansion 2012).

대규모 양조장들이 전국적인 유통과 통합 운영으로 그들의 브랜드를 확장함에 따라, 소규모 맥주 양조장들은 점점 더 어려운 재정 상황에 놓이게 되었다. 더 큰 맥주 양조업자들은 매우 낮은 비용으로 많은 양의 맥주를 생산할 수 있는 새로운 규모의 경제를 확립하고 있었다. 맥주의 저렴한 가격은 소규모 맥주 양조장과 비교할 수 없을 정도였고, 소규모 맥주 양조장은 그들의 제품에 대한 수요가 줄어드는 것으로 여겼다. 이러한 대량 생산 맥주에서 달성된 높은 마진은 큰 이익을 가져왔고, 이는 소규모 생산자들은 할 수 없는 이점을 제공하는 전국 홍보 캠페인에 투자되었다.

앤하이저-부시가 미국에서 가장 큰 맥주 양조장으로서 차지하는 위치는 맥주 양조장의 판매 성장이 경쟁자들을 앞질렀다는 것을 의심 없이 받아들이게 할지라도, 위스콘신은 미국에서 두 번째(쉴리츠), 세 번째(팹스트), 일곱 번째(밀러), 아홉 번째(G. 힐만)로 큰 맥주 양조장을 보유함으로써 가장 큰 맥주 생산 주로 남았다(Van Munching 1997). 이들 4개보다 규모가 훨씬 작은 세 개의 위스콘신 맥주 양조장[먼로의 조지프 후버(Joseph Huber) 맥주 양조장, 치페와폴스(Chippewa Falls)의 제이콥 라이넨쿠겔(Jacob Leinenkugel) 맥주 양조장, 스티븐스포인트의 스티븐스 포인트(Stevens Point) 맥주 양조장]은 위기에서 살아남았다(Kroll 1976).

비록 위스콘신의 지방 양조장 대량 파괴는 1975년에 대부분 끝났지만, 위스콘신의 맥주 양조산업 경관은 큰 맥주 양조장들 사이에서 유동적이었다. 1970년대는 밀워키의 빅 4 중 2개의 급격한 쇠퇴를 목격했다. 쉴리츠와 팹스트가 잊혀지기 시작한 반면에 밀러는 갑자기 전국적인 명성으로 급부상하였다. 또 다른 위스콘신 양조회사인 G. 힐만은 업계의 지속적인 통합을 이용하여 지역 맥주 양조장 네트워크를 결합함으로써 조용히 세 번째로 큰 미국 맥주 양조장으로 성장하였다.

전국적인 유통 및 생산 네트워크에도 불구하고 1970~1980년대 쉴리츠의 시장 점유율은 붕괴했다. 앤하이저-부시와의 경쟁에서 생산 비용을 낮추려는 불운한 시도의 일부로 쉴리츠 경영진은 맥주의 품질을 극적으로 떨어뜨리는 더 저렴한 재료를 사용했고, 이는 10년 동안 여러 가지 당혹스러운 홍보 실패를 초래했다. 1982년 쉴리츠는 미시간주의 스트로(Stroh) 양조회사에 인수되어 거의 존재하지 않게 되었다(Van Munching 1997; Apps 2005).

팹스트의 쇠퇴는 더 점진적이었다. 전후 몇 년 동안 그 회사의 적당한 확장 전략(회사의 가장 공격적인 조치는 1958년 블라츠를 인수한 것이었다)은 맥주 양조장이 앤하이저−부시와 밀러의 경쟁사에 비해 유동 자본과 효율성을 제한했다. 전국적인 마케팅 전쟁에서 경쟁할 현금이 부족했던 팹스트는 1970년대에 시장 점유율이 천천히 하락하는 것을 목격했고(Van Munching 1997), 비싼 텔레비전 광고가 전국적으로 경쟁하는 가격이 되면서 계속해서 뒤처졌다.

그러나 밀러는 밀워키 형제들의 반대 방향으로 향했고 1970년 담배 제조업자 필립 모리스(Philip Morris)가 맥주 양조장을 매입한 후 급속히 확장되었다. 필립 모리스는 다른 많은 수익성 있는 제품들을 가지고 있었기 때문에, 맥주 양조업에 발을 붙이기 위해 인내심을 가지고 투자할 수 있었다. 2년 만에 회사는 전국적인 홍보에 많은 비용을 지출하면서 밀러가 전국적으로 유통되게 했다(Apps 2005). 그러나 밀러의 행운은 1972년 시카고의 작은 맥주 양조장인 마이스터 브라우(Meister Brau)를 인수하면서 굳어졌다. 인수되기 전년에 마이스터 브라우는 최초로 마이스터 브라우 라이트(Meister Brau Lite)라는 '건강을 생각하는' 맥주를 개발했다. 이 건강한 맥주의 판매는 마이스터 브라우하에서 어려웠지만, 필립 모리스는 새로운 인수를 대중에게 알리기 위해 완벽한 마케팅 전략을 사용했다(Van Munching 1997). 밀러는 이 맥주를 '라이트(Lite)'라고 간단히 재포장하였고, 필립 모리스는 기발하게 "가득 차지 않게"라고(이는 맥주를 마시는 사람들이 소화 기관을 압도당하기 전에 먹고 마실 수 있다는 것을 의미한다) 표시하면서 이 맥주를 '남자다운(macho)' 맥주라고 적극적으로 홍보했다. 필립 모리스는 그 브랜드를 보증하기 위해 많은 스타 운동선수를 고용했다(Van Munching 1997; Apps 2005).

- 위스콘신의 또 다른 회사인 라크로스(La Crosse)에 본사를 둔 G. 힐만 맥주 양조회사는 1980년까지 밀러와는 전혀 다른 전략을 사용하여 미국에서 세 번째로 큰 맥주 양조장이 되었다. G. 힐만은 자사의 제품을 전국구로 나르는 대신 기존 맥주 양조장을 인수하거나 캐나다 맥주의 라이센스 계약을 통해 수집한 많은 지역 브랜드 컬렉션으로 남겨 명성을 얻었다.
- 1902년 이래로 중서부 북부에서 인기를 얻은 G. 힐만의 독창적인 레시피인 올드 스타일 맥주
- 오리건주 포틀랜드 소재 블릿츠 와인하드(Blitz−Weinhard)
- 켄터키주 루이빌에 본사를 둔 폴스 시티(Falls City) 맥주 양조회사와 와이디먼(Weidieman) 맥주 양조회사
- 미니애폴리스에 본사를 둔 그레인 벨트(Grain Belt) 맥주 양조장과 세인트 폴에 본사를 둔 햄스(Hamm's) 양조장
- 메릴랜드주 볼티모어에 본사를 둔 내셔널 보헤미안(National Bohemian) 양조회사
- 워싱턴주에 본사를 둔 올림피아(Olympia) 맥주 양조회사와 레이니어(Rainier) 맥주

- 샌안토니오에 본사를 둔 론스타(Lone Star) 양조회사
- 1958년 팹스트에서 인수한 밀워키의 블라츠 맥주
- 인디애나주 사우스벤드에서 미국인 음주자들을 위해 양조된 캐나다 맥주인 드레이즈(Drewry's)
- 오하이오주 클리블랜드에서 미국인 음주자들을 위해 양조된 캐나다 맥주인 칼링스 블랙 라벨 (Carling's Black Label)

미국의 맥주 생산량이 다시 변하고 있었기 때문에 힐만의 부상은 단명으로 판명되었다. 이제 대규모 브랜드들이 전국적으로 확장되고 많은 지역 및 지방 양조업자들이 경쟁에서 탈락했기 때문에 일종의 개척지가 폐쇄되었다. 반 먼칭(Van Munching 1997, p.28)은 1980년 무렵에 앤하이저-부시의 버드와이저, 밀러의 라이트 및 팹스트의 블루리본과 같은 브랜드의 전국적인 범위를 보면 "가장 큰 맥주 양조업자들의 성장은 더 이상 지리적으로 유통 확대에서 나올 수 없지만," 대신에 "시장 점유율에 집중해야 할 것"이라고 언급했다 실제로 1983년에는 미국 맥주 생산량의 92%가 6개 맥주 양조장(앤하이저-부시, 밀러, 힐만, 스트로, 쿠어스 및 팹스트)에서 생산되었으며, 새로운 시장을 찾을 여지가 거의 없다(Beer Advocate 2012). 그 결과는 미국 맥주 소비자들을 위한 주요 맥주 양조장 간의 전면전이었으며 주로 텔레비전 광고로 싸웠다. 반면에 각 맥주 양조장의 맥주는 재료 품질의 지속적인 하락과 맛을 없애는 저온 살균 과정의 증가로 어려움을 겪었다. 이 모든 것이 비용을 줄이기 위한 것이다.

현대의 위기와 소형 맥주 양조장의 부상(복귀?)

주요 맥주 양조장들이 다른 업체의 고객들로부터 시장 점유율을 유도하기 위해 수천만 달러를 들여 광고하는 동안, 미국 맥주 양조의 규모는 뉴앨비언 맥주 양조회사의 설립으로 예고된 수제 맥주의 시작과 함께 다시 바뀌려 하고 있었다. 1960년대에 미국 해군과 함께 스코틀랜드에 주둔하는 동안, 맥컬리프(McAuliffe)는 다양한 맥주와 미국의 균질화된 맥주 문화에서 거의 볼 수 없는 에일에 노출되어 있었고, 이것은 그가 맥주 양조를 배우도록 이끌었다. 1968년 미국으로 돌아온 맥컬리프는 대학에 다녔고 샌프란시스코만 지역에서 일했다. 미국 맥주에 불만을 품은 맥컬리프는 취미로 맥주 양조를 계속했고, 결국 충분한 돈을 저축하고 맥주 양조장을 시작할 투자자를 찾았다. 1976년 10월 맥컬리프는 캘리포니아 소노마에 뉴앨비언 양조회사를 설립하여 그 당시 다른 미국 맥주 양조업자가 이용할 수 없는 진한 맛을 가진 페일 에일(pale ale), 포터(porter), 스타우트(Stout)와 같은 작은 무리의

하위 스타일을 양조하기 위해 고품질의 재료를 사용하였다.

뉴앨비언의 또 다른 특징은 보관 방법으로서 병맥주에 탄산을 유지하기 위해 저온 살균 처리를 포기했다는 것이다. 저온 살균은 병원균을 죽이기 위해 맥주를 찌지만 궁극적으로 약간의 풍미를 제거하는 반면, 탄산을 더한 맥주는 1차 발효 과정에서 남은 효모를 사용하여 음료를 탄산화하기 위한 병 내 2차 발효를 제공했다. 탄산화는 살아 있는 효모가 발효를 계속하면서 병에 든 후에도 계속되며, 이 과정에서 남은 산소를 사용하고 저온 살균에 맛을 희생하지 않고 맥주가 부패하지 않도록 보존한다. 탄산화된 맥주의 저장 수명은 저온 살균 맥주보다 약간 짧지만 탄산화된 맥주는 탄산화 후에 완전히 숙성되어야 하기 때문에 생산에 더 많은 시간이 필요하다(Van Munching 1998; Beer Advocate 2012). 1977년 양이 아닌 품질에 대한 약속은 미국 양조에서 새로운 아이디어였다. 맥컬리프는 신선하고 품질 좋은 재료, 풍미 있는 조리법, 맛을 더해 주는 양조 과정에 집중하여 뉴앨비언이 전국적인 미디어의 관심을 받게 했고, 맥주에 대한 엄청난 수요를 얻었다. 맥컬리프가 자체 설계한 맥주 양조장은 주당 7.5배럴을 생산할 수 있었지만, 운영 비용을 감안할 때 규모의 경제를 구축하기에는 충분하지 않았고 1982년 11월에 뉴앨비언이 문을 닫았다(Beer Advocate 2012; Acitelli 2013). 뉴앨비언의 중요성은 맥주 자체가 아니라 맥주 양조장이 미국 양조문화에 미친 영향이었다. 뉴앨비언이 문을 연 지 몇 년 만에, 몇몇 소규모 맥주 양조장들이 캘리포니아에 산재했다. 1980년대까지 보스턴의 새뮤얼 애덤스(Samuel Adams) 양조회사와 캘리포니아 치코의 시에라네바다(Sierra Nevada) 양조회사의 인기는 소형 맥주 양조장에 대한 전국적인 관심을 불러 일으켰다(Acitelli 2013).

전성기 동안 주에서 운영된 수백 개의 맥주 양조장 중 세 개의 작은 위스콘신 맥주 양조장[후버(먼로), 레이넨쿠겔(치페와 폴스), 스티븐스 포인트]은 20세기의 많은 경제적 불확실성을 극복하고 살아남았다. 1985년, 스프레처(Sprechet) 맥주 양조회사는 밀워키에 문을 열었는데, 이는 거의 20년 만에 처음으로 설립된 새로운 양조장으로, 다른 양조장들이 빠르게 뒤따랐다. 1990년까지 스프레처, 하이버니아(오클레어), 캐피탈(미들턴), 제임스 페이지(스티븐스 포인트), 레이크프론트(밀워키), 워터 스트리트(밀워키), 롤랜드 칼루멧(칠턴) 등 7개의 소규모 맥주 양조장이 운영을 시작했다. 뉴앨비언처럼 각각의 신규 맥주 양조장들은 다양한 스타일을 양조할 수 있는 독특한 레시피를 구현하고, 계절별 농산물로 계절별 레시피로 양조하고, 양질의 지방 재료를 사용하며, 지방의 규모의 경제를 구축하는 데 주력했다. 위스콘신에서 가장 초기 7개의 새로운 소형 맥주 양조장 중에서 지금까지 하이버니아만이 문을 닫았다(Apps 2005).

다음 10년 동안 수백 명의 새로운 맥주 양조업자들이 맥주를 생산하기 시작하면서 수제 맥주 양조는 미국 전역으로 확대되었다. 더 큰 전국적 추세를 모방하여 위스콘신의 수제 맥주 양조 상황은

1990년대에 폭발적으로 증가하여 30개의 새로운 맥주 양조장이 영업을 위해 개업하게 되었다. 45개의 맥주 양조장이 더 문을 열어서 2010년에 주의 총계가 79개로 증가하면서 그 추세는 다음 10년 동안 가속화되었다. 많은 맥주 양조장은 특히 지방의 재료를 사용하고 지방의 용어로 마케팅을 함으로써 위스콘신 맥주 소비자들의 풍부한 소비층을 개발하는 데 초점을 맞추었다. 뉴글라루스의 수상 경력이 있는 위스콘신 벨기에 레드(Belgian Red)는 도어카운티 체리를 재료 목록에 포함하고 있으며, 플로버의 오소(O'so) 맥주 양조회사, 그린베이의 타이틀타운(Titletown) 맥주 양조회사 그리고 캐피탈의 서퍼 클럽(Surpper Club) 라거는 평범한 지방 구어체 표현에서 이름을 따왔다(Revolinski 2010). 이러한 맥주 양조장들 중 다수는 제한된 유통에도 불구하고 큰 성공을 거두었다. 아마도 가장 좋은 예는 위스콘신주 이외의 지역에 유통되지 않았음에도 불구하고 2012년 미국에서 17번째로 큰 양조장이었던 뉴글라루스이다(Brewers Association 2012).

대규모 맥주 양조장들은 크게 다른 추세를 보이고 있었다. 1980년대와 1990년대의 큰 '맥주 전쟁'은 맥주의 판도를 크게 바꾸었다. 몇몇 맥주 양조장들은 단순히 쇠퇴했고 결국 경쟁자들에 의해 인수되었다. 힐만의 모든 브랜드는 1996년에 팹스트에 매각되었는데, 이는 힐만의 소유주인 앨런 본드(Alan Bond)가 위험성이 큰 싼 증권으로 회사를 매입한 것으로 유명한 여파였다. 팹스트는 1997년 밀워키에서 맥주 생산을 중단하고 스트로의 라크로스(La Crosse) 공장과 맥주 생산 계약을 맺었다. 오랜 쇠퇴 끝에 스트로 맥주 양조장은 1999년에 법정관리에 들어갔고, 브랜드는 팹스트와 밀러에 의해 분할되었다. 팹스트는 2001년 맥주 양조를 밀러에게 도급을 맡기고 주를 떠났다. 이때 팹스트는 대규모 맥주 자산의 포트폴리오를 보유하고 있는 영광스러운 지주 회사가 되었다. 2002년 남아프리카 맥주가 사브밀러(South African Breweries Miller)라는 새로운 회사를 설립하기 위해 밀러를 인수했다. 여러 개의 미국맥주양조장들은 경쟁력과 시장 점유율을 높이기 위해 다른 맥주 양조장들과 함께 합병되었다. 쿠어스는 2005년 캐나다의 몰슨 맥주 양조회사와 합병하여 운영을 통합했다. 벨기에 맥주 양조회사인 인베브는 2008년에 미국에서 가장 큰 맥주 양조장인 앤하이저-부시를 인수했다. 앤하이저-부시 인베브(InBev)라는 새롭게 확장된 경쟁사에 직면한 몰슨 쿠어스는 2008년에 사브밀러와 합병하여 밀러 쿠어스를 형성하였다(Knoedelseder 2012; Ganey and Hernon 2012; Hintz 2011). 2012년, 미국에서 독립적으로 운영되는 가장 큰 맥주 양조장은 앤하이저-부시 인베브, 밀러 쿠어스, 팹스트에 이어 미국에서 네 번째로 큰 맥주 생산자인 펜실베이니아의 D.G. 잉링과 컴퍼니였다(Brewers Association 2012).

수제 맥주 양조는 1980년대 중반 이후 사업체와 생산량 모두에서 성장해 왔지만, 2010년 무렵까지 전국 맥주 생산량의 약 5%를 차지했다. 그럼에도 불구하고, 새로운 경쟁에서 살아남기 위해 새로운 스타일과 브랜드를 도입하면서, 더 큰 맥주 양조업자들이 주목할 만큼 충분히 컸다. 예를 들어, 쿠어스는 1985년에 벨기에 스타일의 맥주인 블루문(Blue Moon)을 선보였고(Van Munching 1998), 앤하이저-부시는 2006년에 직접적인 경쟁자로 쇼크탑(Shock Top)을 출시했다. 밀러는 1988년 치페와폴스에 있는 제이콥 라이넨쿠겔 양조회사를 인수하여 그것의 레시피를 받아들이고 중서부 북부에 고객 기반을 구축함으로써 수제 맥주 양조의 부상에 대응했다(Apps 2005). 그 이후로 라이넨쿠겔은 지역의 큰 양조장이 되었고, 2010년대 초에는 제한적이지만 전국적 유통망을 가지게 되었다. 앤하이저-부시 인베브도 2006년에 펜실베이니아 러트로브의 전국적으로 유통되는 롤링락(Rolling Rock)을 매입하면서 이 모델을 따랐고(Knoedseder 2012), 2011년에 유통을 확대할 의도로 시카고에 본사를 둔 지역 맥주 양조장인 구스 아일랜드(Goose Island)를 인수했다(Yue 2013). 대규모 맥주 양조회사들의 관여가 시사하듯이 수제 맥주는 2012년 매출액이 102억 달러로 수익성이 높은 사업이 되었다. 맥주양조협회(2012)는 2012년에 전국적으로 2,403개의 수제 맥주 양조장이 운영되고 있는 것을 알게 되었는데, 이는 1880년대 이후 가장 많은 숫자이다. 이러한 추세는 거의 100개의 맥주 양조장이 운영되고 있는 위스콘신에서도 마찬가지이다. 이는 금주법 이후 그 어느 때보다도 많이 나타나고 있다. 맥주 양조업은 위스콘신주의 중요한 산업으로 남아 있지만, 이제는 지방 농업의 고객으로서 주의 많은 수제 맥주 양조장에서 시음하고 질 좋은 맥주에 대한 지속적인 수요를 충족시키러 오는 '맥주 관광객'들에게 더 매력적인 것으로 남아 있다.

결론

미국과 위스콘신의 역사 모두에 긴밀하게 얽혀 있는 맥주 양조는 나라의 초창기까지 이어지는 전통이다. 오랫동안 가장 큰 맥주 생산 주 중 하나인 위스콘신에서 맥주 양조의 역사는 미국 맥주 양조의 더 큰 추세에 대한 축소판 역할을 한다. 1830년대 초 독일인 정착민들이 위스콘신으로 이주하면서, 그들은 그 시대의 기술로 소비지 근처에서 생산이 필요했던 상하기 쉬운 제품인 맥주에 대한 엄청난 수요를 가져왔다. 정착민들이 위스콘신 개척지에 거주하면서 맥주 양조업자들이 뒤따랐고, 1880년대 그 수는 300명이 넘었다. 상당한 수요와 상대적으로 먼 곳에 위치할 수 없는 시장 때문에 맥주 양조업자들은 예외적으로 지방적인 수준에서 그들의 제품에 대한 규모의 경제를 확립할 수 있었다.

이러한 규모의 경제는 1870년대 맥주 양조와 보존 과정의 새로운 기술 혁신으로 인해 파괴되었다. 저온 살균, 순수 효모 배양 및 개선된 병입 기술의 구현으로 맥주 양조업자들은 소비 전에 제품이 상하지 않았기 때문에 더 큰 시장에 유통을 시작할 수 있었다. 밀워키의 맥주 양조장들은 1871년 시카고 대화재로 인해 추가적으로 이익을 얻었다. 쉴리츠, 팹스트, 밀러가 밀워키에서 경쟁할 수 있도록 문을 열어줌으로써, 대화재는 이 맥주 양조업자들의 규모의 경제를 시카고시를 포함하는 더 큰 시장으로 변화시켰고, 이들 맥주 양조업자들이 앤하이저−부시와 다른 맥주 양조업자들로부터 증가된 전국적 경쟁에서 유리한 상황에 놓이게 했다. 1800년대 후반에 맥주 양조장들이 유통을 전국화하기 시작하면서, 많은 위스콘신 맥주들이 상당한 성공을 거두었고, 쉴리츠와 팹스트는 둘 다 미국에서 가장 큰 맥주 양조장으로 시간을 보냈다. 부분적으로 개선된 순도 기준 덕분에 성공을 거둔 이 지속적으로 성장하는 맥주 양조업자들은 덜 신뢰할 수 있는 품질과 더 작은 마진을 가진 작은 맥주 양조업자들을 시장에서 밀어냈다. 1920년 금주법이 시행될 무렵, 위스콘신은 맥주 생산이 불법이 되면서 110개 정도의 맥주 양조장으로 줄었다.

금주법 이후 잠시 맥주 거품이 터지면서 소규모 맥주 양조업체들이 합병되거나 문을 닫는 추세를 보였고, 대규모 맥주 양조업체들은 전국적인 매출을 올리기 위해 계속 노력했다. 1983년 무렵에 미국에서 운영된 맥주 양조장은 매우 적었고, 6개의 가장 큰 맥주 양조장은 국내 생산량의 92%를 차지했다. 1980년대부터 2000년대까지 수제 맥주 양조 운동이 시작되었을 때, 위스콘신은 20세기 후반 대부분 동안 놓쳤던 새로운 지방 맥주 양조장 네트워크의 구축을 보았다. 이 맥주 양조장들은 다양한 스타일을 만들기 위해 수제 맥주 레시피를 사용했고, 양질의 지방 재료를 사용했으며, 100년 전에 초기 위스콘신의 지방 맥주 양조장을 모방한 지방의 규모의 경제를 확립했다.

참고문헌

Acitelli T (2013) The audacity of hops: the history of America's craft brew revolution. Chicago Review Press, Chicago, p.400

Apps J (2005) Breweries of Wisconsin. University of Wisconsin Press, Madison, p.306

Baron S (1962) Brewed in America: the history of beer and ale in the United States. Little, Brown and Company, Boston, p.424

Brewers Association (2012) Brewers Association Releases Top 50 Brewers of 2012. Brewers Association: A Passionate Voice for Craft Brewers (online). http://www.brewersassociation.org/pages/media/press-releases/show?title=brewers-association-releases-top-50-breweries-of-2012. Last accessed July 30, 2013.

Cochran TC, Collins GR (1948) The Pabst Brewing Company: History of an American Business, 2011 reprint. Whitefish, Literary Licensing, LLC, p.476

Ganey T, Hernon P (2012) Under the Influence: The New Edition of the Unauthorized Story of the Anheuser-

Busch Dynasty. Columbia, MO: Terry Ganey (Self-Published). Amazon Kindle version, Accessed April 24, 2013.

Hintz M (2011) A Spirited History of Milwaukee Brews and Booze. Charleston: History Press. Amazon Kindle digital version, Accessed April 13, 2013

Janik E (2010) A short history of Wisconsin. Wisconsin Historical Society Press, Madison, p.251

Knoedelseder W (2012) Bitter brew: the rise and fall of Anheuser-Busch and America's kings of beer. New York: HarperBusiness. Amazon Kindle digital version, Accessed April 13, 2013.

Kroll WL (1976) Wisconsin breweries past & present. Jefferson: Wayne L. Kroll, p.142

Ogle M (2006) Ambitious brew: the story of American beer. New York: Harcourt, Inc. Amazon Kindle digital version, Accessed April 13, 2013

Pabst M. (2012) "Pabst Family History." Pabst Mansion (online). http://www.pabstmansion.com/history/pabst-family.aspx. Accessed April 24, 2013

Revolinski K (2010) Wisconsin's best beer guide: a travel companion. Thunder Bay Press, Holt, p.254

Shepherd R (2001) Wisconsin's best breweries and brewpubs: searching for the perfect pint. The University of Wisconsin Press, Madison, p.300

Smith G (1998) Beer in America, The Early Years 1587-1840: beer's role in the settling of America and the birth of a nation. Brewers Publications, Boulder, p.300

Van Munching P (1997) Beer blast: the inside story of the brewing industry's bizarre battles for your money. Random House, New York, p.310

Yue L (2013) "How Goose Island held on to its craft cred." Crain's Chicago Business (online). http://www.chicagobusiness.com/article/20130504/ISSUE01/305049963/how-goose-island-held-on-toits-craft-beer-cred. Accessed July 30, 2013

6.

세계의 맥주
: 멕시코에서 맥주 양조의 역사지리

수전 가우스Susan M. Gauss, 에드워드 비티Edward Beatty

뉴욕 주립대학교 올버니 캠퍼스, 노트르담대학교

| 요약 |

1850년에 멕시코에서는 맥주가 부족했고, 대신에 대부분 멕시코인은 옥수수와 용설란과 같은 다양한 식물로 만든 전통 발효 음료를 마셨다. 그러나 1930년 무렵 맥주는 멕시코의 가장 큰 현대 산업 중 하나가 되었고, 세기 중반 무렵 대부분 멕시코인이 선택한 알코올 음료가 되었다. 오늘날 멕시코는 세계에서 가장 큰 맥주 수출국이다. 따라서 멕시코의 맥주지리는 비교적 최근의 역사가 있다. 그것의 기원은 빠르게 성장하는 지방 도시를 기반으로 하는 지역 시장을 지배하기 위해 다수의 지배적인 맥주 양조장들이 등장했던 1890년대에 있다. 20세기에 도시화가 가속화되고 멕시코인들이 점점 맥주로 전향하면서, 이들 중 세 개는 전국 브랜드를 목표로 노력했다. 1980년대 무렵, 인수와 합병은 이중 독점을 초래하여 공격적으로 수출할 준비를 갖추게 했다. 따라서 멕시코 맥주의 역사지리는 한 세기 이상의 지역 및 국가 생산의 변화뿐만 아니라 전 세계를 대상으로 지도화할 수 있을 것이다.

서론

우리 중 많은 사람이 '멕시코'와 즉각적인 연관 단어로 '맥주'[또는 스페인어 '세르베사(cerveza)']를 떠올릴 것이다. 이건 우연이 아니다. 멕시코는 2011년 세계 어느 나라보다 많은 맥주를 수출했으며, 맥주 수출에서 여전히 세계적인 선두이다(Morales 2011; 2012). 20세기 후반에 이르러서는 두 개의 거대 기업, 즉 코로나(Corona), 모델로(Modelo), 퍼시피코(Pacifico)의 생산자인 모델로 그룹, S.A.B. de C.V.와 테카테(Tecate), 도스 에퀴스(Dos Equis), 솔(Sol), 보헤미아(Bohemia)의 생산자인 포멘토 에코미코 멕시카노(Formento Económico Mexicano), S.A.(또는 FEMSA)가 멕시코 맥주 양조를 지배하게 되었다. 1990년대 중반 무렵, 두 회사는 다국적 맥주 양조 대기업들과 파트너 관계를 맺었다. 10년 안에, 멕시코는 세계 최고의 수출국으로 벨기에와 경쟁했다(López and Barrientos 2005). 그러나 1890년까지만 해도 멕시코는 보리 맥주를 거의 생산하지 못했고, 소비한 양은 대부분 수입되었다. 당시 유럽과 미국의 경쟁국들과 비교하면, 멕시코가 세계적인 맥주 양조업으로 유명해지는 과정은 빠르게 진행되어 왔다. 이러한 성장 속도는 여러 면에서 멕시코의 독특한 지역 인구 통계의 결과였지만, 역설적으로 반주변부 산업화 경제로서의 세계적 위치에서 비롯되었다.

멕시코 맥주 양조 산업의 출현은 독특한 지역, 사회 그리고 경제지리에 걸쳐 진행되었다. 첫째, 멕시코의 맥주 소비와 생산의 성장은 지역적으로 영향을 받은 인구통계학적 패턴의 변화를 강하게 반영했다. 19세기 후반에, 그것의 출현은 부유한 지역에서(주로 미국 국경과 가까운 북부 주와 몇몇 대도시에 거주하는 중부 유럽 이민자들의 불균형적인 존재와 함께) 가장 강력했다. 교통망이 나라를 하나로 묶으면서 멕시코는 20세기 중반까지 주로 농촌과 농경 국가에서 점점 더 도시와 산업 국가로 바뀌었고, 맥주 소비는 지역적 거주지(enclaves)를 넘어 확산되었다. 그 과정에서 멕시코의 많은 크고 작은 지역 맥주 양조업자들이 통합되어 20세기 후반에 3개의 주요한 맥주 양조업자들이 산업을 지배하게 되었다.

둘째, 맥주 소비의 증가는 멕시코에서 19세기 후반과 20세기를 특징 짓는 빠른 사회 변화를 반영했다. 1800년대 후반 1인당 소비가 매우 낮았던 맥주는 점차 극소수의 도시 엘리트를 넘어 중산층, 산업 노동자 그리고 많은 농촌 주민들에게로 확산되어 1940년대에는 인구 대부분에 도달했다. 그 무렵 대부분 멕시코인은 저알코올 음료로 풀케[pulque: 우윳빛, 약간 거품이 있는 그리고 용설란(agave) 식물의 발효 수액에서 생산되는 가벼운 알코올 음료]를 맥주로 대체하였다. 멕시코의 발전하는 사회지리와 함께 변화하는 취향과 습관은 20세기 초에 새로운 기업, 마케팅 전략 그리고 결국 기업 합병을 촉진하면서 투자자들에게 새로운 기회를 만들어 냈다.

셋째, 멕시코의 맥주지리는 세계적 경관에 있다. 국내 생산은 기술 의존성, 외국 경쟁의 압박, 취약한 시장, 전통적인 습관과 관습의 지속을 포함한 개발도상국의 도전을 완화하기 위한 많은 노력을 통해서만 성장했다. 멕시코의 현대 맥주 산업은 어떤 의미에서 알렉산더 게르셴크론(Alexander Gerschenkron)의 후발주자 현상을 반영했는데, 국가의 지원을 받아 처음부터 세계의 다른 지역에서 수입된 모델, 기술, 투입물 및 전문 지식을 사용하여 거대한 공장을 짓기 위해 수공업 생산 형태를 뛰어넘었다. 산업이 성장함에 따라, 그것의 관리자들은 국내와 지역의 전문 지식, 재료, 기술 그리고 마케팅을 개발했고, 20세기 중반까지 산업을 '멕시코화'했다. 그 무렵, 세 개의 크고 독립적인 회사들이 전국의 맥주 양조 산업과 멕시코 전역의 포화된 시장을 장악하여 산업에서 지역 정체성의 흔적을 파괴하고, 강력한 국내 시장을 구축하고, 대부분의 국내외 경쟁을 마무리지었다. 결과적으로, 멕시코의 많은 다른 산업들보다 맥주는 국가적인 규모와 세계적인 규모 모두에서 매우 경쟁력이 있는 중요한 기술 혁신과 마케팅 지식을 보여 주었다. 이 과정에서 멕시코 맥주는 세계의 맥주가 됐다.

지역 맥주 양조의 초기 역사

맥주는 16세기 스페인의 정복 이후 멕시코에 처음으로 들어왔다. 질병, 식물, 동물 그리고 사람들이 대서양을 가로질러 순환하며 이동하는 가운데, 새로운 상품과 문화적 관습이 아메리카 대륙에도 전파되었다. 1540년 아즈텍의 수도 테노치티틀란이 함락된 지 20년도 채 안 되어 알론소 데 에레라(Alonso de Herrera)는 맥주를 생산하고 판매할 수 있는 왕실 허가를 요청했다. 1년 안에 그는 경험이 풍부한 유럽 양조업자들을 데려왔고, 1544년에 그는 현지의 보리와 밀로 만든 맥주를 멕시코시티의 스페인 주민들에게 팔았다(Castro 1983). 우리는 이후 3세기 동안 멕시코에서 맥주의 생산과 소비에 대해 거의 알지 못한다. 비록 엘리트들이 약간의 증류주와 와인 그리고 아마도 소량의 지방 양조 맥주를 소비했지만, 대부분 멕시코인은 풀케와 다른 전통 발효 양조주를 마셨다(Busto 1880). 중동과 유럽의 보리 맥주 양조의 요람에서 멀리 떨어져 있고, 스페인(맥주 생산이 아닌 와인으로 유명한 지역)에 의해 식민지가 되었기 때문에, 멕시코의 오랜 역사는 보리 맥주의 생산과 소비를 거의 포함하지 않았다.

19세기 중반에 멕시코가 대서양 세계 경제에 새롭게 편입되면서 맥주는 멕시코에 더 깊은 뿌리를 내릴 수 있었다. 1821년 독립과 함께 스페인 왕정의 독점적 관행이 사라지자, 멕시코는 경제적 기회를 찾는 유럽 이민자들에게 더 개방적이었다. 맥주의 지방 소비와 생산이 서서히 자리를 잡았지만, 19세기 대부분 기간에 맥주는 소수의 멕시코인들과 외국인 노동자들에 의해 소비되어 상대적으로 고가의 사치품으로 남아 있었다. 한 관찰자의 말에 따르면, 그것은 미국, 독일, 영국으로부터의 수입품으로 뿐만 아니라 최근 수도와 지방 도시에서 이민자들이 가장 자주 설립한 소수의 작은 수공업 맥주 양조장에서 공급되는 '귀족적 음료'였다. 20세기 중반 이후에 수입된 브랜드는 미국의 쉴리츠(Schlitz)와 앤하이저-부시, 영국의 알솝(Alsop)과 바스(Bass), 독일의 호프브로이(Hofbräu)였다(Fernández Navarro 2003; Martin 1907; Sutton 1890). 소수의 소규모 수공업 맥주 양조장들은 대부분 독일계 이민자들에 의해 운영되었다. 예를 들어, 1840년대 중반에 스위스의 베른하르트 볼가르트

(Bernhard Bolgard)는 멕시코시티에서 라필라세카(La Pila Seca)를 운영했고, 바이에른 출신의 페데리코 에르조그(Federico Herzog)는 라칸델라리아(La Candelaria)를 소유하고 운영했다. 둘 다 최상급 발효 효모와 햇볕에 말린 멕시코 보리로 페일 에일(pale ale)을 제조했다(Castro 1983; La Cerveza 1964). 이 이민자들은 멕시코에서 소규모 맥주 양조주를 개발하는 데 필요한 새로운 기술, 새로운 맛, 새로운 자본을 가져왔다. 이러한 사업체가 멕시코의 주요 도시들에 수십 개씩 퍼져 있었을지라도, 그들의 생산은 산발적이었고 맥주는 세기가 바뀔 때까지 전국적으로 예외적이고 비싼 음료로 남아 있었다.

그러므로 1890년대에 멕시코의 현대 맥주 산업이 시작되었을 때, 보리 맥주의 생산이나 소비의 오랜 전통에서 자연스럽게 시작되지 않았고, 심지어는 이러한 작은 작업장에서 직접적으로 시작되지도 않았다.[1] 오히려 멕시코의 정치적 평화와 경제 성장의 새로운 시대와 맞물린 세계 경제의 중대한 전환으로 인해 나타났다. 1870년 이후 멕시코는 급속히 발전하는 북대서양 경제의 세계화 세력에 휩쓸렸다. 이들 세계화 세력은 막대한 양의 광물과 농업 자원을 요구했고 멕시코에 외국인 투자, 기술, 상품이 대량으로 밀려들게 했다. 포르피리오 디아스(Porfirio Díaz) 장군의 정치 체제(1876~1910)는 멕시코 독립 이후 처음으로 정치적 안정과 사회적 평화를 담보하면서 30년 이상 경제 성장을 촉진함으로써 멕시코가 세계에 알려지는 것을 강화시켰다. 1880년대 후반 무렵에 주로 확립된 새로운 국가 철도망은 멕시코의 외국 무역에 대한 자연적인 장벽을 무너뜨리고 소비재에 대한 지역 및 국가 시장을 극적으로 넓혔으며, 연방 정책은 산업 투자에 대한 새로운 인센티브를 제공했다. 초창기의 수입을 대체하는 산업화에 관한 고전적인 이야기에서, 멕시코 정부는 수입 관세를 인상함으로써 증가하는 소비자 수요에 대응했다. 1890년대에는 맥주를 보호하기 위해 유리병에 넣었다. 결과적으로 수입 가격의 상승은 투자자들에게 대규모 국내 맥주 양조장에 투자할 수 있는 새로운 동기를 제공했다(Beatty 2001; Barrera Pages 1999). 일반적으로 멕시코인들이 설립하고 자금을 조달하는 이 기업들은 수입된 전문 지식과 기술을 기반으로 하였다. 모든 곳의 새로운 산업과 마찬가지로 멕시코 최초의 산업 양조업자들은 미국과 유럽의 잘 확립된 생산자들보다 더 높은 생산 비용에 직면했다. 그들은 거의 모든 투입물에 대해 새로운 시장과 협상해야 했고, 미국으로부터 노하우와 기계를 수입하기 위해 많은 돈을 지불해야 했으며, 새로운 환경에서 효율적으로 생산하는 방법을 천천히 배워야 했다.

적절한 가격과 충분한 품질로 생산 투입물에 대한 접근을 협상하는 것은 멕시코 최초의 산업 맥주 양조업자들에게 특히 어려운 것으로 드러났는데, 부분적으로는 외국 기술과 맥아, 홉과 같은 원료와

---

1 멕시코 초기 맥주 산업의 최고 역사 연구는 Recio 2007이며, 최고의 사례 연구는 Barrera Pages 1999이다.

의 거리가 아주 멀기도 하지만 멕시코 자체 시장이 잘 개발되지 않았거나 지역적으로 통합되지 않았기 때문이기도 하다. 멕시코의 농부들은 식민지 시대 초기부터 보리를 재배해 왔지만, 옥수수와 밀에 비해 항상 적은 양이었다. 새로운 산업 맥주 양조장들이 1890년대까지 생산을 확대하면서 일부는 국내 맥아 공급원을 찾았지만 결과는 엇갈렸다. 1900년 치와와 양조회사(Compañia Cervecera de Chihuahua)의 소유주들은 수입 보리와 적어도 50%를 섞지 않으면 품질 좋은 맥아를 생산할 수 없다고 주장하며 보리에 대한 수입 관세 면제를 요구했다. 그들의 요청은 거절당했다. 그러나 4년 후 도밍고 바리오스 고메스(Domingo Barios Gomez)는 케레타로 캐나다 타운에 맥아 공장을 세우는 데 필요한 기계와 부품을 관세 없이 수입하는 데 성공했다.[2] 그러나 지방 맥아 생산을 확립하려는 노력은 성공하지 못했고, 멕시코 맥주 양조장들은 1920년대까지 맥아를 미국에서 계속 수입했다. 홉에 접근하는 것은 또 다른 도전이었고, 멕시코의 기후와 지형 때문에 멕시코에서의 생산 실험은 실패했다. 멕시코는 오늘날까지도 홉을 수입에 의존하고 있다. 1900년대 초까지 맥주 양조장 소유주들은 상호 보완적인 활동에 대한 통제권을 수직적으로 통합하기 위해 조치를 취했다. 유리병 공장을 건설하여 외국 공급자들로부터 자유를 얻었고, 1905년에 가장 큰 두 양조장인 치와와와 쿠아우테목(Cuauhtémoc) 소유주들 사이의 협력으로 그들이 몬테레이에 설치한 오웬스(Owens) 자동 유리병 송풍기에 대한 멕시코 특허권을 획득했다(Beatty 2009). 그들은 또한 곧 병뚜껑, 상자, 유통 회사들을 설립했다.

멕시코의 급속한 경제 성장기의 초기 수십 년 동안 수입은 멕시코의 증가하는 맥주 수요를 충족시켰고 1880년대에만 500% 이상 증가했다(Sutton 1890). 이것은 1890년 이후 새로운 현대 맥주 양조장의 등장과 함께 빠르게 바뀌었다. 수요가 국내 생산을 계속 앞질렀을지라도, 이 새로운 회사들은 국내 시장에서 점점 더 많은 점유율을 얻었고, 멕시코의 맥주 수입은 소비 증가에도 불구하고 1890~1910년에 거의 70% 감소했다(Comercio e Industria 1893). 1896년에 이미 미국 영사는 국무부에 미국의 수출품에 대한 새로운 위협을 경고했다(United States 1901). 1890~1910년에 멕시코의 맥주 소비량은 연간 500만 리터 미만에서 5000만 리터 이상으로 증가했다. 1890년 이 수요의 대부분을 공급하던 수입 맥주는 국내 생산량이 급격히 증가하는 상황에서 전체 국민 소비의 5% 이하로 떨어졌다.[3]

---

2 이 프로젝트에 대한 문서들은 Mexico's Archivo General de la Nación, Ramo Industrias Nuevas, box 54, folder 3; México, Secretaría de Fomento 1904, Memoria 1901–1904; México, Secretaría de Fomento 1909, Memoria 1908–1909; Diario Oficial de la Nación, March 12, 1904; and El Economista Mexicano, December 10, 1904, January 21, 1905, and May 26, 1906에서 찾을 수 있다.

3 19세기와 20세기 멕시코의 맥주 생산, 수입, 소비의 연간 수준을 정량화하려는 저자들의 노력이 계속되고 있다. 이 장에서 사용되는 모든 통계는 대략적인 추정치를 나타내며, 규모의 순서를 나타내며, 달리 명시되지 않는 한 Haber 1989, 표 4.3, 8.2, 9.4; Serrano 1955, p.9, 63; El Collegio de Mexico 1960, p.207, 208 그리고 United States 1880–1911 다양한 호들을

그림 6.1 1900년경 멕시코의 맥주 생산

1890년대에 태어난 멕시코의 현대 맥주 산업은 규모와 위치 면에서 처음부터 비교적 집중되어 있었다. 6개의 새로운 맥주 양조회사들은 기계와 외국 양조 전문 기술을 수입하기 위해 각각 많은 자본을 조달했고, 지역 도시에 현대적인 공장을 설립했으며, 주요 원자재를 획득하기 위한 네트워크를 탐색했으며, 물론 그들의 제품에 대한 지방 및 지역 시장을 개발했다. 미국과 유럽의 맥주 양조 산업 경험과는 달리, 지방 생산자들은 새로운 산업 문제에 거의 경쟁하지 않았다. 급속한 산업화는 높은 진입 장벽을 만들었고, 수공업 맥주 양조는 경쟁할 수 없었다. 1900년 멕시코 맥주 생산을 주도한 6개 회사 중 1890년 이전에 설립된 회사는 단 한 곳뿐이었다. 이 여섯 개[톨루카의 톨루카이 멕시코 양조회사(Compañía Cervecera de Toluca y México), 에르모실로의 소노라 양조장(Cervecería de Sonora), 오리사바의 목테수마 양조장(Cervecería Moctezuma), 몬테레이의 쿠아우테목 양조장(Cervecería Cuauhtémoc), 치

참조하면 된다. 멕시코, 세크레타리아 데 포멘토, 디레치온 데 에스타디스티카 1900, 아누아리오 에스타디스티코에서 발표된 인구 센서스도 참조하라. 여기서 2007년 논의에 따라 치와 양조회사의 연간 생산량을 670만 리터에서 125만 리터로 조정했다.

와와의 치와와 양조회사(Compañía Cervecera de Chihuahua), 과달라하라의 라페를라(La Perla)] 회사는 모두 세기 초까지 100만~200만 리터의 생산 능력을 자랑했다(Mexico 1900; Recio 2007). 이들 6개 기업은 1900년까지 국내 생산의 대부분을 차지했으며, 평균 생산 능력은 수적으로 더 많은 소규모 생산자들의 거의 100배에 달했다(Mexico 1900, 1933; Recio 2007).

멕시코의 맥주지리는 지역 논리가 뚜렷했다. 세기의 전환기에 멕시코 맥주 양조장의 생산량을 지도화하면 이러한 지역지리가 생생하게 드러난다(그림 6.1). 소비와 생산 모두는 멕시코의 북부 주들과 인구 밀도가 높은 멕시코의 중심부에 집중되었다. 6개의 가장 큰 현대 맥주 양조장 중 3개는 북부 누에보레온주, 치와와주, 소노라주에 설립되었고, 나머지 3개는 멕시코시티, 톨루카, 오리사바에 위치했다. 두 지역 모두 20세기 후반의 인구와 시장 성장 그리고 이민자들의 영향력과 새로운 산업 투자 추세에 직접적으로 반응했다. 투자자들이 지방 및 지역 시장을 담보하고 물 및 기타 주요 재료 근처에 있고 다른 주요 맥주 양조장과 경쟁이 거의 없는 도시에 새로운 맥주 양조장을 설립했기 때문에, 높은 육로 운송 비용은 이러한 지역 집중을 강화했다(Serrano 1955). 이 지역들을 제외하면, 소비와 생산은 낮았고 때로는 거의 없었다.

아마도 멕시코의 현대 양조업자들이 직면한 가장 중요한 도전은 멕시코 전역에 걸쳐 대부분 알려지지 않은 제품에 대한 수요를 확대하는 것이었을 것이다. 처음에는 맥주 소비가 예외적이었고 도시, 북부, 중산층에 집중되었다. 그러나 멕시코는 1910년에 도시화된 국가가 아니었다. 사실 많은 멕시코인은 농촌에 거주했고 가난했으며, 소규모 맥주 양조의 광범위한 전통이 없는 나라로서, 많은 지역에서 맥주가 없었다. 풀케와 다른 전통 발효 음료들은 수천 년 동안 알코올 음료로 선택되어 왔다. 그러나 19세기 말과 20세기 초에 일어난 엄청난 경제적, 농업적, 정치적 변화로 인해 이 나라는 과도기에 있는 국가이기도 했다. 대부분 멕시코인들은 1910년 무렵에 다양한 형태의 농업 노동에 종사했지만, 농업 현대화와 토지 집중으로 인해 새로운 유형의 사회 경제적 시스템이 많은 시골 마을 사람들을 새로운 유형의 소비자로 끌어들이고 있었다. 점점 더 많은 멕시코인들이 최근에 건설된 철도, 번창하는 광산 지역, 새로운 공장 그리고 도시 직장에서 일자리를 찾았다. 그들은 부모보다 기성복을 더 많이 사고, 집 대신 길거리에서 토르티야(tortillas)를 먹고, 풀케 대신 맥주를 더 마셨다. 멕시코의 초기 맥주 양조업자들은 새로운 마케팅 및 유통 전략을 수용함으로써 이 기회에 대응했다(Bunker 1997). 1910년 무렵에 멕시코인들은 이전 세대보다 10배 이상 많은 맥주를 소비했다. 취향의 변화는 천천히 변화하는 사고방식을 반영했다. 한 몬테레이 신문의 편집자들이 표현했듯이, 남성들에게 "편안함과 행복 그리고 더 높은 문명의 길을 열어준 것"은 풀케가 아닌 맥주였다(Bunker 1997).

전국적 음료

1911년에 멕시코의 오랜 독재자 포르피리오 디아스는 타도되어 강제로 추방되었다. 10년간의 혁명이 그의 뒤를 이었고, 폭력과 사회적 혼란이 나라의 많은 지역에서 만연했다. 이 분쟁이 멕시코의 대규모 맥주 양조장에 미치는 영향은 다양했는데, 반란 세력들이 쿠아우테목 양조장과 같은 일부 양조장을 인수하여 보급품이 소진될 때까지 운영했다. 멕시코 혁명의 쇠락기에 시작했던 톨루카이 멕시코와 같은 다른 맥주 양조장들은 완전히 회복되지 못했고 곧 경쟁자들에게 매수되었다. 멕시코의 수십 개의 소규모 맥주 양조장들은 혁명 기간 동안 시장과 투입에서 장애로 인해 중요한 기반을 잃었고, 많은 맥주 양조장들이 문을 닫거나 점점 더 치열해지는 지역 및 국가 경쟁에 직면하여 곧 매각되었다. 1920년대 중반 무렵, 이 나라의 5대 맥주 양조장들은 전국 생산량의 77%를 차지했고, 나머지 생산자들의 수는 1900년에 약 60개에서 약 24개로 감소했다(Mexico 1900, 1933; Recio 2007).[4] 1930년 무렵 3개의 회사(쿠아우테목, 목테수마, 모델로이고 마지막 회사는 1922년 스페인 투자자들에 의해 설립되었으며 현재 멕시코 최대의 맥주 양조장)가 이 산업을 지배했다.

멕시코의 맥주 산업을 위해 잘 견딘 1920년대는 새로운 기회를 제공했다. 정치적 평화로 돌아오면서, 정부는 국내 산업에 대한 투자를 촉진하고 보호하는 새로운 법을 제정했고, 민간 부문은 새로운 기업, 산업, 개발 은행의 설립으로 대응했다. 결과적으로 멕시코의 도시 노동자 계층은 빠르게 팽창하여 소비재, 특히 맥주와 같은 비내구성 제품에 대한 새로운 시장을 창출했다. 1919년 이후 미국에서 금주법이 시행되면서 멕시코 맥주 산업은 외국의 경쟁을 제한하고 국경의 멕시코 쪽으로 관광을 촉진함으로써 더욱 지원을 받게 되었다. 1923년 미국 국경에 세워진 멕시코에서 가장 오래가는 지역 맥주 양조업자 중 하나인 멕시칼리 양조장(Cerverceria de Mexicali)이 탄생하기도 했다(Gastélum Gámez 1991). 1920년대 초, 멕시코의 가장 큰 맥주 양조업자들은 산업에 대한 그들의 지배력을 공고히 하기 위해 조치를 취했다. 다음 수십 년 동안 멕시코 맥주의 지리는 결정적으로 바뀌었다. 초기 생산의 지역지리는 명확하게 전국적이었다. 그것의 소비에 대한 사회지리는 이전 세기의 도시 엘리트들을 훨씬 뛰어넘어 확산되었다. 그리고 나라의 가장 큰 맥주 양조장들은 산업용 맥주 제조와 마케팅의 기술적 전문성을 내부화시켰다.

1930년 무렵 시장은 이미 3개의 회사에 의해 지배되었지만, 각 회사는 여전히 지역 시장을 위해 주로 생산하고 있었다. 20세기 중반을 거치면서, 이 회사들은 전국적인 입지를 구축하기 위해 조치를

---

4 현재는 모델로 양조장이 목록에 포함되어 있지만, 1920년대 무렵 치와와와 라페를라 양조장은 더 이상 가장 큰 회사가 아니었다.

취했다. 그들은 부분적으로 산업에 대한 국가 지원뿐만 아니라 3대 맥주회사가 그들의 생산과 유통을 전국화할 수 있도록 하는 전략적 인수와 하청을 포함한 새로운 유형의 사업 조정을 이루었다. 비판적으로, 정부 정책은 일반적으로 20세기 내내 풀케와 증류주를 포함한 다른 종류의 알코올 음료보다 맥주에 유리했다. 맥주는 알코올 함량이 비슷한 다른 알코올 음료(풀케처럼)보다 낮은 세율로 과세되었을 뿐만 아니라 별도로 규제되었다. 세기 중반까지 맥주는 전통적이고 후진적인 것으로 여겨졌던 풀케를 겨냥한 지방적 금주와 위생 규정에서 종종 면제되었다(La Cerveza 1964). 금주 운동이 한창인 가운데 1930년 9월에 24개 맥주 양조장 대표들과 만난 자리에서 금주를 지지하는 파스쿠알 오르티스 루비오(Pascual Ortiz Rubio) 대통령은 업계에 큰 공감을 표시했다(Groupo Modelo 2000). 일부 멕시코인들의 식사에서 풀케의 중요성을 뒷받침하는 과학적 증거에도 불구하고, 업계 소유주들은 맥주를 건강하고 영양가 있는 '청량 음료'로 홍보함으로써 풀케와 맥주를 구별하였다(Anderson et al. 1946).

　그러나 생산과 유통을 전국화하는 데 국가의 지원보다 더 중요한 것은 20세기 중반에 등장한 새로운 유형의 사업 관행이었다. 맥주 양조업자의 성장 전략은 점점 더 정교해졌다. 1900년 이후 곧 시작되었지만 혁명으로 인해 중단된 노력을 바탕으로 각 회사는 경쟁자들이 지배하는 먼 시장에 판매 대리점과 창고를 설립하기 시작했다(Barrera Pages 1999; Haber 1989). 게다가 인수는 업계에서 흔한 일이 되었다. 쿠아우테목은 1920년대 후반에 경쟁자인 모델로 양조회사, 1930년대 중반에 목테수마 양조회사를 사들이는 데 실패했다(Recio 2004). 쿠아우테목은 1928년 멕시코시티의 센트럴 양조회사를 인수하는 데 성공하여, 가장 유명한 브랜드를 지어내고 추가적인 운송 비용 부담 없이 멕시코시티의 모델로 양조회사와 직접 경쟁할 수 있게 되었다. 그 결과, 지역 시장에서 결탁과 가격 담합은 업계에서 더 흔하게 되었을지라도, 모델로는 한동안 몬테레이로 제품을 출하했고 그곳의 시장을 잡기 위해 의도적으로 쿠아우테목의 가격보다 저가로 팔았다(Recio 2004; Grupo Modelo 2000). 모델로는 또한 1935년에 톨루카이 양조장을 인수하기도 했는데, 혁명은 침체기를 극복하지 못했다(Barrera Pages 1999). 이로써 모델로는 멕시코에서 가장 오래된, 전국적으로 유통되는 맥주인 빅토리아 맥주의 생산을 맡게 되었다.

　하청 또한 경쟁업체의 시장으로 확장하기 위한 노력의 일환으로 업계에서 아주 흔하게 되었다. 예를 들어, 몬테레이의 쿠아우테목은 그들의 제품을 제조하기 위해 전국의 작은 지역 맥주 양조장들과 계약하기 시작했다. 여기에는 베라크루스의 노갈레스 양조장(Cervecería de Nogales)이 포함되었고, 이는 쿠아우테목이 그 지역에서 목테수마와 경쟁할 수 있게 했다. 곧이어 1935년에 쿠아우테목은 과달라하라의 옥시덴탈(Occidental) 양조장과 계약을 맺고 저렴한 상표(몬테레이, 인디오, 키호테)를 생산했다. 1930년대 말, 쿠아우테목은 몬테레이, 멕시코시티, 베라크루스, 과달라하라에서 브랜드를 생산하여 당시 멕시코의 가장 큰 도시 지역에 각각 입지를 굳혔다. 1954년에 모델로 양조장은 과달라하라에 있는 에스트렐라 양조장과 마사틀란에 있는 퍼시피코 양조장을 모두 사들였다. 같은 해에 쿠아우테목은 전시 수요 증가를 해결하기 위해 어려움에 처한 테카테 양조회사(1944년에 원래 설립된)를 인수하였으나 1947년에 파산했다(Price 1973). 요컨대 인수와 하청을 통해 3대 맥주회사는 20세기 중반까지 각각 진정한 전국적 입지를 구축할 수 있었고, 이들 회사의 맥주 생산과 소비는 더 이상 지역 논리를 따르지 않았다. 이러한 공간적 변화는 1960년대에 각각 완전히 새로운 생산 시설을 건설하기 시작하면서 굳어졌다. 모델로 양조장은 1961년 소노라에, 1967년 토레온에 두 개의 새로운 공장을 건설하였고, 1964년 과달라하라에 하나를 건설하였다. 1965년에 쿠아우테목 양조장은 멕시코시티 외곽 톨루카에 1890년대 이후 처음으로 새로운 공장을 건설하였다(Ortega Ridaura 2006).

산업의 집중은 1970년대까지 계속되었고, 그 무렵 쿠아우테목 양조장이 지역적으로 우세한 북서부 맥주 양조장인 멕시칼리 양조장을 인수했다. 1980년에 모델로 그룹이 남동부 유카테카 양조장을 인수한 것은 산업의 국가적 통합에 있어 끝에서 두 번째 단계를 보여 주었다. 1950년 이후, 3개의 대형 맥주 양조업자인 쿠아우테목, 목테수마, 모델로 양조장은 국내 시장의 85%를 점유해 왔다(Alonso 2011). 1985년에 쿠아우테목은 목테수마와 합병하여 21세기 초까지 산업을 특징짓는 맥주 양조의 이중독점을 만들었다.

멕시코 최대 맥주 양조장들이 전국 시장에 진출한 때와 같은 시기에 맥주 소비는 멕시코 사회 전반으로 빠르게 확산되었다. 20세기 중반 무렵 멕시코인들은 풀케를 포함한 다른 어떤 알코올 음료보다 맥주를 더 많이 마셨다. 전국 맥주 생산량은 1924년 약 5200만 리터에서 1930년 약 7200만 리터로 증가했다. 산업은 대공황에서 회복되어 1932~1940년에 생산량이 4배로 증가했고 1953년에는 약 5억 7500만 리터에 달했다. 반면 수입 맥주는 국가 계정에 거의 등록되지 않았다. 주목할 만한 것은 1920년대와 1930년대에 소비재에 대한 국내 시장의 약세와 다수의 대통령들이 지지한 강력한 금주 운동을 포함한 거대한 장애물에도 불구하고 이러한 성장이 이루어졌다는 것이다.

1930~1950년대 멕시코는 맥주를 마시는 국가가 되었지만 소비는 지역적 인구 통계에 계속 차이가 있었다. 1인당 매출은 도시 지역, 북부 국경 지역 그리고 대규모 이주가 있고 외국인이 거주하는 지역에서 가장 높았다. 소비가 가장 많은 8개 주 중에서 모두 미국 국경을 따라(바하칼리포르니아주, 소노라주, 누에보레온주, 타마울리파스주), 카리브해 연안(킨타나로오주, 유카탄주, 베라크루스주)을 따라 매우 도시화된(멕시코시티) 곳에 있었다. 이 주들에서 소비는 1인당 연평균 30리터 이상이었고, 전국 평균은 26리터에 가까웠다(La Cervza 1964).

맥주 소비의 지리적 패턴은 19세기 후반에 시작되었지만 20세기 중반 무렵에 심화된 다양한 변화 뿐만 아니라 고착된 인구 통계적 경향을 모두 반영했다. 19세기 말처럼 북쪽 국경을 따라 맥주 소비가 다른 지역보다 높게 유지되었는데, 그 이유는 다음과 같다. 첫째, 이주 패턴이 오랫동안 이민자들을 그 지역으로 데려왔기 때문이다. 둘째, 미국으로부터 수입된 맥주는 운송 비용이 더 낮기 때문이다. 셋째, 그 지역이 멕시코 산업 현대화의 중요한 초기 중심지였기 때문이다. 넷째, 미국 소비자들은 멕시코와의 근접성을 이용해 국경 남쪽에서 술을 마셨기 때문이다. 게다가 풀케와 같은 저알코올 전통 발효 음료는 멕시코 중부와 남부 지역에서 오랜 역사를 가지고 있었지만, 북쪽의 기후는 쉽게 용설란의 경작을 허용하지 않았기 때문에 북부 지역에서는 맥주와 경쟁할 저알코올 발효 음료가 존재하지 않았다.

도시 지역의 맥주 소비량도 전국 평균보다 높았으며, 20세기 중반 멕시코 주요 도시의 급속한 인구 증가가 맥주 시장의 성장을 견인한 주요 요인이었다. 멕시코시티만 해도 1930년 100만 명이 조금 넘던 인구가 오늘날 2000만 명이 넘는 도시가 되어 세기 중반 무렵에 거대한 시장을 제공했고, 그곳의 매출은 다른 지역 시장의 매출을 훨씬 능가했다(Mexico 1994: La Cervza 1964). 몬테레이와 과달라하라와 같은 다른 도시들은 산업 맥주 양조장에 여러 도시 시장을 제공하면서 비슷한 성장률을 경험했다. 도시 지역의 비교적 높은 수준의 맥주 소비는 지역 및 사회지리 모두를 지도화했다. 공간적으로 집중된 시장과 발달된 도시 인프라는 유통과 마케팅을 용이하게 했다. 동시에 가처분소득이 있는 중산층과 서민층의 급속한 성장과 소비 취향의 변화는 맥주 양조업자들에게 중요한 새 시장을 구성했다. 1965년 무렵 멕시코시티는 전국 맥주의 약 20%를 소비했고, 베라크루스는 약 11%, 멕시코주는 약 5%를 소비했다. 멕시코 맥주의 3분의 1은 국가의 중앙에 있는 지리적으로 좁은 지역에서 소비되었다(La Cervza 1964).

아마도 세기 중반 이후 소비의 가장 큰 변화는 1960년대까지 도시 지역의 소비율과 거의 일치했던 농촌 지역의 소비율의 극적인 성장이었다(La Cervza 1964). 가처분소득에 대한 접근, 풀케 생산을 해치는 농촌 토지 소유 패턴의 변화 그리고 농촌에서 도시로의 이주는 모두 맥주 시장의 농촌화를 설명하는 데 도움이 된다. 국가 교통망의 발전도 관건이었다. 1890년대에 지역 맥주 양조 독점은 상대적으로 빈약한 철도 네트워크를 가진 지역에서 이 매우 부패하기 쉬운 제품을 운송하는 데 드는 높은 비용을 반영했다(Haber 1989). 1900년대에 기업들은 이미 철도 노선에 투자하여 그들의 시설과 국가 시스템을 연결하고 있었지만, 1920~1940년대 전국적인 유통을 확립하기 위한 노력이 시작되었다. 기업들은 지역 독점의 기반을 훼손하는 기술인 냉장 철도 차량에 많은 투자를 했고, 국가 철도 노선과 더 나은 운임을 협상하기 위해 노력했다. 그럼에도 불구하고 1920년대에는 여전히 몬테레이에서 카리브해의 탐피코항(거리는 약 320km)까지 맥주를 운송하는 것이 리버풀에서 운송하는 것보다 거의 50% 더 비쌌다(Recio 2004). 그러나 1930년대 초에 고속도로와 지방 도로 수수료에 대한 연방 정부의 투자는 이전에 고립되었던 멕시코 지역에 더 저렴한 운송 수단을 제공해 주었고, 가장 큰 맥주 양조업자들은 곧 그들 자신의 트럭 수송대를 취득하였다. 1930년대에 쿠아우테목 양조장이 메르세데스 벤츠와 했던 것처럼 그들은 운송을 처리하기 위해 다른 회사들과 계약을 맺었다(Ortega Ridaura 2006). 1970년 무렵에 멕시코는 71,000km에 가까운 연방 고속도로를 건설하여 맥주 양조업자들에게 농촌 인구에 도달할 수 있는 기반 시설을 제공했다(Fulwider 2009; Grupo Modelo 2000).

멕시코 맥주 양조업자들은 새로운 맥주 소비자들을 개발하는 것이 판매를 전국화하는 데 중요하다는 것을 항상 이해해 왔다. 그렇게 하기 위해, 그들은 떠오르고 있는 대량 소비의 풍조를 이용했다. 맥주 양조장들은 1890년대 초 상업적인 광고에 많은 투자를 했고, 전형적으로 그들의 브랜드 그리고 일반적으로 맥주를 현대적이고 진보적인 미래와 관련시켰다. 때로는 멕시코 고유의 과거(마지막 아즈텍 황제 중 두 명인 목테수마 2세와 쿠아우테목처럼)에서 이름을 따오기도 하지만, 빠르게 현대의 대중 마케팅 전략을 채택했다. 멕시코 일간지에 대대적으로 광고를 했고, 때로는 제품을 해외 모델(쿠아우테목 양조장이 "밀워키를 질투하게 만든 맥주!"라고 홍보했다)에 비유했고, 때로는 국내의 위대함(소노라가 "멕시코 공화국 최고의 맥주!"라고 주장했다)에 비유하기도 했다. 그들은 또한 그들의 선도적인 브랜드들을 국제 박람회에 보냈고, 공공 광장에 마케팅 천막을 설치했고, 전국에 영업소를 설립했다.

예를 들어, 모델로는 인쇄 광고를 통해 홍보했을 뿐만 아니라 축제를 후원하고 자동차 광고와 벽화에 비용을 지불하여 제품을 홍보했다(Groupo Modelo 2000; Snodgrass 2003). 1940년대는 라디오, TV, 인쇄물, 영화에 광고할 수 있는 새로운 기회를 가져왔다. 주요 대도시 지역 밖에서 브랜드 인지도의 한계를 인식한 모델로는 1956~1982년 50명 이상의 예술가와 공연자들의 이동식 예술 전시회로서 전국을 순회한 카라바나 데 에스텔라 코로나(Caravana de Estellas Corona)를 만들었다. 그것은 모델로 브랜드를 홍보하면서 싼 가격으로 멕시코의 내륙에 즐거움을 제공하는 것을 목표로 했다. 수년간 그것은 셀리아 크루즈(Celia Cruz), 페드로 인판테(Pedro Infante), 훌리오 이글레시아스(Julio Iglesias)와 같은 세계적으로 유명한 가수들을 포함하여 수백 명의 예술가와 공연자들을 고용했다(La Caravana Corona 1995). 오늘날 맥주 광고와 후원업체는 거의 어디에서나 볼 수 있게 되었고, 코로나 배너나 테카테(Tecate) 광고는 축구와 투우, 멕시코에서의 콘서트 그리고 이제는 심지어 해외의 골프와 NASCAR 행사까지 모든 것을 뒤덮고 있다.

마지막으로, 20세기 멕시코에서 변화하는 맥주의 지리는 또한 그들이 외국의 전문 지식을 지방의 기술적 및 기업가적 능력으로 대체하면서 기업 내에서 일어났다. 초기에는 외국 맥주 양조 마스터,

기술자, 공급품에 의존한 모든 대규모 맥주 양조장은 20세기 초에 내부 역량을 개발하기 시작했다 (Womack 2012; Beatty 2009). 쿠아우테목 양조장은 초기에 공격적인 수직 통합으로 두각을 나타냈다. 1890~1950년대 이 회사는 코르크 공장, 자동화된 유리병 공장, 판지 상자 공장, 병뚜껑 공장, 맥아 공장, 상표 인쇄 회사를 건설하거나 인수했다(Ortega Ridaura 2006; Hibino 1992). 모델로와 목테수마를 포함한 다른 주요 맥주 양조업자들도 곧 이를 따랐고, 수입품에 대한 의존도를 줄이면서 제품을 생산하고 유통하는 데 필요한 시설을 설립하거나 인수했다.

1920년대부터 20세기 중반까지, 이 기업들은 내부 기술 전문 지식을 개발하고, 그들의 투자를 다양화하고 보조 과정에 통합함으로써 생산을 '멕시코화'했다. 쿠아우테목의 소유주들로 잘 알려진 몬테레이의 가르사 사다(Garza Sada) 그룹은 보통 자녀들과 기업의 기술자들을 해외로 유학 보냈다. 1943년에 그들은 가정에서 새로운 세대들을 교육하기 위해 명문 몬테레이 공과대학교를 설립했다. 결과적으로 세기 중반에 이르러 쿠아우테목과 모델로는 그들만의 새로운 기술과 기계를 도입하였고, 맥주 양조 공정에서 경쟁 우위를 발전시켜 나중에 해외에서 성공적으로 경쟁할 수 있게 되었다. 예를 들어 쿠아우테목 그룹은 최초의 완전 자동화된 송풍 압축 병 제조기(blow press bottle maker)를 개발해서 1960년대에 미국, 독일, 오스트레일리아의 유리병 공장에 그 기계를 판매하였다. 다른 새로운 기계들이 곧 뒤따랐다(Hibino 1992).

20세기 초부터 멕시코의 주요 맥주 양조업자들은 고품질의 맥주를 생산하는 것을 돕기 위해 미국과 독일에서 멕시코로 외국 맥주 양조 마스터들을 데려왔다. 예를 들어 앤하이저-부시와의 접촉을 통해 모델로는 1920년대에 맥주 양조 마스터인 아돌프 시메트제(Adolf Schmedtje)를 멕시코로 오게 했다. 그는 5년 동안 머물렀고, 모델로와 코로나의 첫 레시피를 책임졌다. 그는 1928년 새로운 기회를 위해 떠났지만, 즉시 다른 독일인 볼프강 프롭스트(Wolfgang Probst)로 대체되었다. 맥주 양조장들은 또한 맥아 생산 시설과 다른 활동들을 설정하는 것을 돕기 위해 외국인 기술자들을 데려왔다 (Herero 2002; Groupo Modelo 2000). 이들과 다른 많은 외국 태생의 맥주 양조 마스터들과 기술자들은 세기 중반까지 멕시코 맥주 양조에 중요한 역할을 했다. 그러나 1960년대까지 소유주들은 생산 공정을 표준화, 제도화 및 내부화하기 위해 노력했다. 예를 들어 모델로 그룹은 모든 부서에 일관성과 품질 관리 규범을 도입하기 위해 멕시코에서 훈련된 일련의 엔지니어와 기술자를 고용했다. 모델로의 소유주인 안토니오 페르난데스(Antonio Fernández)의 관점에서 맥주, 기술자 그리고 합리성의 과학적 생산 시대가 시작되었다. 곧 이 젊은 멕시코 기술자들은 전통적인 맥주 양조 마스터를 대체했다(Groupo Modelo 2000). 특히 국내 시장이 확장되고 통합됨에 따라 1970년대에 내부 연구 개발이 지속적으로 성장했다.

1985년에 쿠아우테목과 목테수마와 합병하였을 때, 대규모 맥주 양조업은 멕시코 맥주 양조의 이중독점을 만들면서 100년 전의 기원에서 근본적으로 변화했다. 이러한 변화는 공간적 지리뿐만 아니라 시간적 지리에서도 일어났다. 지방 및 지역 시장은 새로운 생산 및 유통 네트워크가 경제를 전국화함에 따라 대개 사라졌고, 1985년 멕시코의 대부분 농촌 및 농업 인구는 대부분 도시 및 임금 소득자였다. 멕시코의 이질적이고 멀리 떨어진 지방 도시들은 이제 잘 통합된 국가의 일부가 되었다. 최소한 맥주 산업은 자금 조달, 사업 전략 및 전문 지식의 내재화로 인해 외국 자본과 기술에 대한 의존도가 감소했다. 그리고 한때 별개의 지방 도시에 위치한 소수 엘리트들의 음료였던 것이 이제는 멕시코의 일부를 집으로 가져가기를 열망하는 관광객들을 포함한 대부분의 사람들이 선호하는 전국적인 음료가 되었다.

결론

멕시코 맥주의 이야기는 여러 면에서 다른 국가 맥주 역사와 유사하게 나타난다. 시장의 확대와 산업의 통합은 전 세계 맥주 양조의 국가 지리를 변화시켰다. 멕시코의 맥주 양조 역사는 또한 개발도상국 산업화의 상징적인 이야기를 반영한다. 개발도상국에서 높은 수준의 자본 집중, 정치적 관계, 값싼 노동력이 19세기 후반과 20세기 전반에 걸쳐 극적이지만 불균등한 성장을 촉진했다. 그러나 멕시코 양조 산업은 기대한 결과를 저버린다. 1980년대 신자유주의의 기치 아래 세계 경제가 개방되고, NAFTA의 통과로 멕시코의 보호무역주의 벽이 무너졌을 때, 멕시코 맥주 양조업은 다른 멕시코 산업과 마찬가지로 제1세계의 수입품 유입의 희생양이 되지 않았다. 게다가 후속적인 급속한 성장의 이유는 일부 기업과 개인에게 극적인 경쟁 우위를 제공하는 정치적 음모와 관련이 없었다. 카를로스 슬림 헬루(Carlos Slim Helú)가 세계 최고 갑부가 된 통신업계가 대표적이다. 오히려 멕시코 맥주 양조 산업은 지난 수십 년 동안 이미 상당한 현대화를 겪었고, 무역의 장애물이 줄어들자 빠르게 세계 시장으로 이동했다.

1980년대 이전까지 멕시코의 맥주 수출은 의미가 없었다. 그러나 1979년에 코로나는 미국에 대량으로 수출된 최초의 브랜드가 되었다. 심지어 모델로 경영진들도 외국인 수요의 급격한 증가에 놀랐지만, 돌아오는 휴가객들은 국경 북쪽에서 약간의 멕시코를 경험하려고 했다. 1984~1986년에 코로나 수출은 연간 160만 건에서 1200만 건으로 증가했다. 얼마 지나지 않아 라바트 캐나다가 쿠아우테목—목테수마의 지분 22%를 매입한 것을 시작으로 세계적인 투자가 산업에 쏟아지기 시작했다

(Pilcher 2010). 이후 수출과 함께 글로벌 대기업과의 유대가 확대됐다. 21세기 초까지 모델로 그룹은 앤하이저–부시 인베브와 제휴를 맺었고, 쿠아우테목–목테수마(FEMSA)는 하이네켄(Heineken)과 연계되었다. 독점에 대한 세계적인 우려 속에서 이러한 세계적인 통합의 논리는 이제 비난받고 있다. 그러나 이러한 다국적 통합 때문에 2011년 무렵 멕시코가 세계 최고의 맥주 수출국이 되었다는 것을 의미했다.

그리하여 멕시코의 맥주는 20세기 말에 세계의 맥주가 되었다. 이 극적인 변화는 한 세기의 멕시코 안에서 성장한 역사 위에 세워졌다. 1850년에 멕시코에서 맥주는 거의 보이지 않았다. 1890년대 무렵에 증가하는 도시 노동자 계층의 멕시코인 수가 맥주를 마시는 쪽으로 향함에 따라 국내외 투자자들은 현대적인 맥주 양조 산업을 구축하기 시작했다. 지역 시장에 공급하기 위해 처음 설립된 맥주 양조장 중 가장 성공적인 맥주 양조장은 1930년대에 이르러 멕시코 경제에서 가장 역동적인 부문 중 하나가 되었다. 세기 중반까지 맥주는 전국적 음료가 되었고, 멕시코의 대형 맥주 양조장들은 세기가 끝날 무렵 전 세계 국가들의 해안을 휩쓸만 한 긴 거품 같은 파도를 탈 준비가 되었다.

참고문헌

Alonso R (2011) Incrementa la competencia dentro del mercado cervecero. El Universal. www.eluniversal.com.mx/finanzas/90854.html. November 7. Accessed 9 July 2013

Anderson RK, Calvo J, Serrano G, Payne G (1946) A study of the nutritional status and food habits of Otomi indians in the mezquital valley of Mexico. Am J Public Health Nations Health 36: 883-903

Barrera Pages, Gustavo Adolfo (1999) Industrialización y revolución: El desempeño de la Cervecería Toluca y México, S.A. (1875-1926). Tesis de Licenciatura. Instituto Tecnológico Autónomo de México, México

Beatty E (2001) Institutions and investment: the political basis of industrialization in Mexico before 1911. Stanford University Press, Stanford

Beatty E (2009) Bottles for beer: the business of technological innovation in Mexico, 1890-1920. Bus Hist Rev 83: 317-348

Bunker S (1997) Consumers of good taste: marketing modernity in northern Mexico, 1890-1910. Mex Stud Estudios Mexicanos 13: 227-269

Busto E (1880) Estadística de la República Mexicana: Estado que guardan la agricultura, industria, mineria y comercio. Imprenta de Ignacio Cumplido, México

Castro AH (1983) Las primeras cervecerías. In: Novelo V (ed) Arqueología de la industria en México. Museo Nacional de Culturas Populares, SEP Cultura, Coyoacán, 78-93

Comercio e industria (1893) El Comerciante Mexicano, January 12. El Colegio de México (1960) Estadísticas económicas del Porfiriato: Comercio exterior de México, 1877-1911. El Colegio de México, México

Fernández Navarro JM (2003) El vidrio. Consejo Superior de Investigaciones Científicas, México

Fulwider B (2009) Driving the nation: road transportation and the postrevolutionary Mexican state, 1925-1960. Ph.D. dissertation. Georgetown University, Washington, D.C.

Gastélum Gámez A (1991) Cervecería de Mexicali, S.A.: Una historia, una tradición, un recuerdo. A. Gastélum Gámez, Mexicali

Grupo Modelo (2000) Cimientos de una gran familia. vol I. Grupo Modelo, S.A. de C.V., México

Haber SH (1989) Industry and underdevelopment, the industrialization of Mexico, 1890-1940. Stanford University Press, Stanford

Herrero C (2002) Braulio Iriarte, De la Tahona al Holding Internacional Cervecero. Cuadernos de Historia Empresarial, Centro de Estudios Históricos Internacionales, UAM-Iztapalapa, México

Hibino B (1992) Cervecería Cuauhtémoc: a case study of technological and industrial development in Mexico. Mex Stud/Estudios Mexicanos 8: 23-43

La Caravana Corona (1995) Cuna del espectáculo en México. Imprenta Madero, México

La cerveza y la industria cervecera mexicana (1964) Galas de México, México

López JM, Barrientos A (April 5, 2005) Vende México más cerveza. Reforma. http://reforma.vlex.com.mx/vid/vende-mexico-cerveza-193748059. Accessed 9 July 2013

Martin PF (1907) Mexico of the twentieth century. Dodd, Mead & Co., New York

México, Dirección General de Estadística (1933) Primer censo industrial de 1930. Dirección General de Estadística, México

México, Instituto Nacional de Estadística e Informática (1994) Estadísticas Históricas de México. tomo I. Instituto Nacional de Estadística e Informática, Mexico

México, Secretaría de Fomento, Dirección de Estadística (1900) Anuario estadístico de la República Mexicana, Año VII, No. 7. Secretaría de Fomento, Dirección de Estadística, México

México, Secretaría de Fomento (1904) Memoria, 1901-1904. Imprenta de la Secretaría de Fomento, México

México, Secretaría de Fomento (1909) Memoria, 1908-1909. Imprenta de la Secretaría de Fomento, México

Morales R (July 5, 2011) México tiene liderato en exportación cervecera. El Economista.mx. http://eleconomista.com.mx/industrias/ 2011/07/05/mexico-tiene-liderato-exportacion-cervecera. Accessed 1 Feb 2013

Morales R (May 31, 2012) Rompen récord ventas foráneas de cerveza mexicana. El Economista.mx.http://eleconomista.com.mx/industrias/ 2012/05/31/rompen-record-ventas-foraneas-cerveza-mexicana. Accessed 9 July 2013

Ortega Ridaura I (2006) Expansión y financiamiento de un grupo industrial del noreste mexicano, Cervecería Cuauhtémoc (1890-1982). n: Cerutti M (ed) Empresas y grupos empresariales en América Latina, España y Portugal. Universidad Autónoma de Nuevo León, Monterrey, 273-305

Pilcher JM (May 2, 2010) Cinco de Mayo, From the battlefield to the beer bottle. History News Network. http://www.hnn.us/articles/126189.html. Accessed 9 July 2013

Price JA (1973) Tecate: an industrial city on the Mexican border. Urban Anthropol 2: 35-47

Recio G (2004) Lawyers' contribution to business development in early Twentieth-Century Mexico. Enterp Soc 5: 281-306

Recio G (2007) El nacimiento de la industria cervecera en México, 1880-1910. In: Ernest Sánchez Santiró (ed) Cruda Realidad, Producción, consumo y fiscalidad de las bebidas alcohólicas en México y América Latina, siglos XVII-XX. Instituto de Investigaciones Dr. José María Luis Mora, México, 155-185

Serrano A (1955) La industria de la cerveza en México. Banco de México, Departamento de Investigaciones Industriales, Mexico

Snodgrass M (2003) Deference and defiance in Monterrey, Workers, paternalism, and revolution in Mexico, 1890-1950. Cambridge University Press, Cambridge

Sutton WP (1890) Malt and Beer in Spanish America. Special Consular Reports No. 1. United States Department of State, Bureau of Statistics, Washington, D.C.

United States, Department of Commerce. (1880-1911). Foreign Commerce and Navigation of the United States. Washington, D.C.

United States, Department of State (1901) Commercial relations of the United States with foreign countries, 1895-1896. Department of State, United States

Womack J Jr (2012) El trabajo en la Cervecería Moctezuma, 1908. El Colegio de México and the H. Congreso del Estado de Veracruz de Ignacio de la Llave, México

맥주의 지리적 명칭

로저 미타그Roger Mittag
험버대학교

| 요약 |

맥주의 명칭은 재배 지역이 아니라 맥주 양조장의 위치에 기반을 두고 있다. 세계 맥주 문화와 현대 맥주 스타일의 발전은 전 세계의 구체적이고 역사적인 맥주 양조 중심지에 뿌리를 두고 있다. 맥주 스타일 주기표 II를 보면, 65개의 기존 맥주 스타일이 있다. 맥주 양조자들이 새로운 하이브리드 스타일을 지속적으로 만들고 있으며, 2013년 BJCP(Beer Judge Cerification Program: 맥주 심사원 인증 프로그램)가 80개의 개별 스타일을 인정함에 따라 이는 계속 변화하고 있다. 맥주의 세계에서 람빅(Lambic, 브뤼셀 바로 남서쪽 지역에서 유래한 자발적 발효 맥주)과 퀼쉬(Kölsch, 쾰른의 맥주 양조자들만 양조하는 황금색의 가벼운 홉 에일)의 스타일과 같이, 스타일의 이름을 특정한 지리적 지역에 제한하는 명칭은 거의 없다. 맥주가 수도원 전통을 따랐던 트래피스트와 같은 다른 스타일은 중세 프랑스의 노르망디에서 유래되었지만, 현재 서유럽 국가들에 주로 위치하고 있다. 이 장에서는 필스너, 포터, 스타우트, 페일 에일, 인도 페일 에일, 크림 에일, 스팀 비어와 같은 스타일의 역사적 및 지리적 중요성을 소개한다.

서론

맥주의 명칭은 재배 지역이 아니라 맥주 양조장의 위치에 기반을 두고 있다. 세계 맥주 문화와 현대 맥주 스타일의 발전은 전 세계의 특정하고 역사적인 맥주 양조 중심지에 뿌리를 두고 있다. 맥주 스타일 주기표 II를 보면, 65개의 기존 맥주 스타일이 있다. 맥주 양조자들이 새로운 하이브리드 스타일을 지속적으로 만들고 있고 2013년 BJCP가 80개의 개별 스타일을 인정함에 따라 이는 계속 변화하고 있다. 맥주의 세계에서 람빅(브뤼셀 바로 남서쪽 지역에서 유래한 자발적 발효 맥주)과 쾰쉬(쾰른의 양조자들만 양조하는 황금색의 가벼운 홉 에일)의 스타일과 같이, 스타일의 이름을 지리적 지역에 제한하는 명칭은 거의 없다. 맥주가 수도원 전통을 따랐던 트래피스트와 같은 다른 스타일은 중세 프랑스의 노르망디에서 유래되었지만, 현재 서유럽 국가들에 주로 위치하고 있다. 이 장에서는 필스너, 포터, 스타우트, 페일 에일, 인디아 페일 에일, 크림 에일, 스팀 비어와 같은 스타일의 역사적 및 지리적 중요성을 소개한다.

이 모든 맥주 스타일은 두 개의 더 큰 맥주 제품군인 에일과 라거에 속한다. '에일(ale)'은 앵글로색슨어 'Ealu'에서 유래된 것으로 여겨진다(Rabin and Forget 1998). 이보다 전통적인 양조 형태는 과일 향과 더 풍부한 입 안의 촉감을 만들어 내는 따뜻한 양조 온도하에서 상면 발효 효모에 의존한다. 라거(lager: '저장하다'라는 뜻의 독일어)는 1420년에 처음 언급되었다. 더 차가운 온도에 반응하는 효모는 디아세틸 및 황과 같은 휘발성 물질이 소멸될 수 있도록 더 오랫동안(Rabin and Forget 1998) 숙성했다. 이것은 하면 발효이며 에일보다 더 긴 발효와 숙성 시간이 필요한 것으로 보인다.

여기서 논의되는 스타일은 맥주 양조 산업에서 많은 변화의 기초가 된다는 점에 주목하는 것이 중요하다. 현대의 맥주 양조업자들은 점점 더 창의적이고 맥주의 경관을 끊임없이 변화시키는 새로운 하이브리드 맥주 스타일을 개발하고 있다.

유럽 맥주들

맥주의 전통적인 스타일의 대부분은 유럽 맥주 양조 전통에 기반을 두고 있다(그림 7.1 및 7.2). 더 혹독하고 건조한 기후는 보리, 밀, 귀리, 호밀과 같은 곡물의 재배에 유리했다. 게다가 북위 49도선 주변 지역은 온화한 겨울, 따뜻한 여름, 모래 토양이 필요한 홉의 주요 성장 지역이다(Mittag 2013). 수질과 성분 또한 다양한 맥주 스타일의 개발에 중요한 역할을 했다. 곡물과 홉과 같은 재료들은 맥주 양조장으로 쉽게 운반될 수 있었지만 많은 양의 물이 필요했기 때문에 맥주 양조자는 양질의 물 공급원 근처에 맥주 양조장을 설립해야 했다. 지하수에서 발견되는 미네랄의 종류는 이제 맥주 스타일의 개발과 관련된 중요한 요소이다. 예를 들어, 버턴 온 트렌트(Burton-on-Trent)의 칼슘과 마그네슘이 풍부한 물에서 유래된 페일 에일은 경수를 사용하는 반면, 보헤미아에서 온 필스너는 부드럽고 미네랄이 없는 물을 사용한다(Oliver 2012). 이 절은 유럽의 남부 지역에서 시작하여 북부에서 정점을 이루는 맥주 스타일을 조사할 것이다.

그림 7.1 잉글랜드 버턴 온 트렌트 및 영국 지도

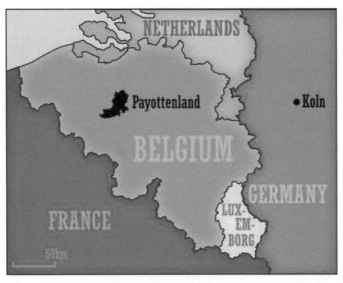

그림 7.2 유럽 중부에 위치한 벨기에 파요텐란트(세느 계곡)와 독일 쾰른의 지역 지도

보헤미안 필스너

필스너는 최초의 라거는 아니었지만 세계 최초의 황금색 투명 맥주였으며 유리 용기의 사용을 증가시킨 것으로 명성이 높다. 1842년 이전에는 맥주가 어둡고 탁했다. 슈파텐(Spaten) 맥주 양조장의 가브리엘 세들마이어(Gabriel Sedlmayr)와 빈 맥주 양조장의 안톤 드레허(Anton Dreher)와 같은 바이에른 맥주 양조장들은 옅은 맥아(영국과 벨기에 여행에서 가져온 것)와 냉장(칼 폰 린데가 개발)을 사용하는 라거링 맥주 양조법을 개발한 선구자들이었다(Oliver 2012). 라거 맥주 양조는 1840년대에 도입되었고 필스너 양식의 발전에 중요한 연결고리가 되었다.

오스트리아–헝가리 제국의 일부인 플젠의 맥주 양조 공동체는 맥주 산업에 역대 가장 큰 영향을 미쳤을 것이다. 1842년에 맥주의 품질과 바이에른의 검은 라거와의 공격적인 경쟁에 불만을 품은 플젠의 자가 양조 맥줏집 소유주들은 (세들마이어와 드레허의 제자였던) 요제프 그롤(Jackson 1997)에게 도움을 요청했다. 최초의 필스너는 필스너 우르켈(Pilsner Urquell) 또는 체코어로 플젠스키 프라즈드로이(Plzeňský Prazdroj)로도 알려진 뷔르거(Bürger) 양조장에서 양조되었다. 사람들은 밝고 맨 윗부분에 거품이 많은 새롭고 찬란한 황금색 맥주에 매료되었고 유럽 전역에서 수요가 증가했다. 재료는 필스너 표준 개발에 중요한 역할을 했으며, 모라비아 맥아의 달콤하고 섬세한 성질, 사즈(Saaz) 홉의 매운 향과 적은 쓴맛, 플젠의 미네랄이 없는 물을 아우르며 마무리했다. 마지막으로, 위대한 필스너의 비결 중 하나는 도시 아래 동굴과 석실에서의 오랜(21일) 숙성이다.

세계에서 가장 잘 팔리는 많은 맥주는 맥주 양조의 뿌리를 순례자들에게까지 거슬러 올라갈 수 있다. 1800년대의 신세계 맥주 양조업자들은 그들의 고향에서 맥주 양조 유산을 가져왔고 그들의 목마른 소비자들의 요구를 충족시키기 위해 양조법을 변경하여 북미 라거의 발명으로 이어졌다.

세계적인 필스너들은 화려하고 진한 황금색과 같은 독특한 특징을 많이 가지고 있다. 그들의 향은 또한 할레타우(Hallertau)와 사즈와 같은 유럽의 노블(noble) 홉으로부터 풀과 향신료와 같은 상당한 홉 향과 2열 필스너 맥아의 빵 껍질과 비스킷의 알맞은 양의 향을 가지고 있어서 매우 강력하다. 맥주의 입안 촉감은 IBU[1](국제 쓴맛 지수: International Bittering Units) 수치가 25~38로 풍부해야 한다.

로저 프로즈(Roger Protz)는 유럽 연합이 2005년 버드와이저 버드바르(Budweiser Budvar)에게 명칭에 해당하는 지리적 보호 표시(Protected Geographical Indication: PGI)를 부여했다고 한다.

---

1 IBU(International Bittering Units)는 맥아즙에 남아 있는 홉 수지의 양을 측정하기 위해 설계된 척도이다.

필스너 스타일

스타일	IBU	색	맥아 특성	홉 특성	입안 촉감/기타
보헤미안 필스너	25~38	황금색에서 연한 호박색	확실한 캐러멜 오버톤이 있는 많은 양의 맥아	넉넉한 홉 향과 맛이 있는 중간 내지 높은 쓴맛	약간의 단맛/쓴맛이 남아 있는 중간 내지 풍부한 입안 촉감
독일 필스너	19~28	담황색에서 황금색	중간 맥아 맛 (옅은 갈색에 가까움)	주목할 만한 풀 향과 맛이 있는 넉넉한 홉 쓴맛	매우 건조하게 마무리한 약하거나 중간 정도의 입안 촉감
북미 필스너/ 라거	12~21	담황색에서 연한 호박색	곡물과 흰 빵에 가까운 낮은 맥아에서 중간 정도의 맥아	일반적으로 쓴맛을 나게 하기 위해 사용된 적거나 중간 정도의 홉 향	바삭바삭하게 마무리되고 약간 달콤함이 있는 아주 약한 입안 촉감

쾰쉬

독일 하면 발효 맥주의 나라로 유명하다. 라인란트에 역사적으로 뿌리를 둔 최고 발효 맥주의 두 가지 변형은 알티버스(Altibers)와 쾰쉬이다. 뒤셀도르프에서 유래한 알트비어(Altbier)는 구릿빛을 띠며, 매우 건조한 마무리로 시원하게 발효된다.[2] 쾰쉬는 황금빛을 띠며, 필스너가 이 지역에 유입된 직접적인 결과이다. 쾰른은 독일 라인란트주에 위치한 맥주 양조 산업의 진정한 본고장이다. 1396년에 쾰른에서 가장 오래된 무역 단체가 설립되었고, 쾰른 맥주조합은 오늘날에도 유효한 맥주 양조 표준을 시행함으로써 이 지역의 맥주 양조에 독특한 영향을 끼쳤다.

1800년대에는 황금색 라거(필스너)를 하면에서 발효시키는 추세가 보헤미아와 바이에른을 넘어 쾰른으로 확산되었다. 많은 경우 외부의 영향을 차단하는 가장 좋은 방법은 맞불을 놓는 것이어서, 쾰른의 맥주 양조업자들은 자신들만의 황금색 맥주를 만들기로 결정했다(Oliver 2012). 이 새로운 맥주는 옅은 맥아, 지역 홉, 에일 효모(상단 발효)로 계속 만들어졌다. 이것은 라거링(냉발효와 더 긴 숙성) 기술을 결합한 최초의 하이브리드 맥주 스타일 중 하나였다. 목표는 모든 필스너가 도시의 성문에서 입장하는 것을 거부하는 것이었다.

1986년에 이 맥주를 "밝은색의, 고도로 발효된, 강하게 홉 맛이 나는, 밝은, 상면 발효된 볼비에(Vollbier)"로 정의하기 위한 협약이 있었다(Oliver 2012). 1996년에 독일 외에 유럽 연합은 쾰쉬를 지리

---

2 www.germanbeerinstitute.com/altbier.html.

적 보호 표시로 인정했다. 길드에 속하지 않거나 협약의 지리적 경계 밖에 있는 맥주 양조자들은 맥주를 쾰쉬 스타일 또는 라거로 된 에일(lagered ale)이라고 불러야 한다는 점에 유의해야 한다. 게다가 이 맥주를 마실 때 사용하는 유리는 제한이 있었다. 유리의 모양은 곧게 뻗고 불필요한 장식이 없어야 하며 부피는 0.2리터이며 '슈탕겐(Stangen)'이라고 한다(Oliver 2012). 이 작은 크기의 유리는 마시는 사람들이 신선한 맥주를 지속적으로 받을 수 있도록 하기 위한 것이다. 여러분이 계속해서 마시기를 원하지 않는다면, 쾰른의 맥주 홀에서는 맥주 매트나 컵받침을 잔 위에 놓는 것이 일반적이다.

이 스타일은 약간의 과일과 함께 상당한 홉 향(주로 독일 홉의 풀향)을 가지고 있지만 극도의 갈증을 해소하며 크림 에일이나 캘리포니아 커먼(California common) 맥주와 비교할 수 있다.

람빅

벨기에 파요텐란트로 알려진 지역은 람빅 맥주의 본고장이다. 브뤼셀을 중심으로 반경 15km²의 센 강 계곡을 둘러싸고 있는 이 지리적 지역은 독특하고 왕실의 법령에 의해 보호된다. 1965년 5월 20일, 람빅, 괴즈 람빅(Gueze Lambic), 괴즈로 알려진 맥주를 정의하고 보호하는 법이 통과되었다(Bastiensen 2000). 자연 발효는 순수 효모 균주를 사용하지 않는다. 대신에 맥아즙[3]은 냉각되어 '냉각 선박'으로 알려진 크고 개방적인 발효 선박으로 운반된다. 천연 효모가 발효를 시작할 수 있도록 창문은 열려 있다. 이 야생 효모들은 브레타노미세스(Brettanomyces)로 알려져 있고 센 계곡에서만 발견되며 람빅 맥주에서 발견되는 다양하고 복잡한 맛을 내는, 진정으로 독특한 재료이다. 이러한 효모 균주 중 두 가지는 브레타노미세스 브뤼셀렌시스(Brettanomyces bruxelensis)와 브레타노미세스 람비쿠스(Brettanomyces lambicus)로 알려져 있다. 또한 숙성에 사용되는 참나무통 안에 사는 박테리아도 맛과 향의 원천이다.

람빅에 대한 최초의 언급은 1559년으로 거슬러 올라가며, 브뤼셀에서 남서쪽으로 약 20km 떨어진 람빅 마을이나 프랑스어로 '고요한(alambic)'을 의미하는 것으로 여겨진다. 세금이 주변 지역보다 훨씬 낮았기 때문에 맥주 양조업자와 증류주 생산자가 이 지역에 입지하도록 권장되었다.

벨기에 법은 람빅 맥주가 최소 30%의 맥아 밀을 사용해야 한다고 정한다. 모든 람빅은 최소 6개월에서 최대 6년 동안 나무통에서 숙성된다[대부분은 11,220리터의 맥주를 담을 수 있는 중고 포트(port) 통

---

3 맥아즙은 뜨거운 물과 같은 맥아를 혼합하여 생산되는 여과된 설탕이 풍부한 액체이다.

이다.

람빅 맥주는 일반적으로 산성이며 람빅, 괴즈, 비에르 드 마르스(Biére de Mars), 파로(Faro), 과일과 같은 다양한 스타일로 나온다. 각 스타일은 재료를 혼합하는 사람의 전문 지식에 의존한다. 도제 기간은 독특하고 일관된 맥주를 만들기 위해 코를 발달시키는 데 3년이 필요하다.

람빅은 건조하고, 복잡하고, 상당히 산성이며 탄산이 없다. 숙성이 덜 된 람빅은 종종 꿀색이고 뚜렷하게 산성을 띠는 반면, 숙성된 람빅은 과일 같은 특성과 함께 더 진한 노란색이다.

괴즈는 덜 숙성된 것과 숙성된 람빅의 혼합물로 샴페인같이 생기 넘치는 탄산화가 특징이다. 통은 각각 다르고 혼합하는 사람은 각각 최고의 것을 내놓으려고 시도할 것이다. 혼합물은 70% 덜 숙성된 람빅 또는 15% 정도의 적은 람빅일 수 있다.

비에르 드 마르스는 1900년대 초에 매우 인기가 있었고 전형적으로 두 번째 또는 세 번째 맥아를 사용하여 만든 저알코올 람빅 맥주였다. 이 맥주들은 일반적으로 3월에 양조되었으며 여름 동안 갈증을 해소하는 맥주로 계획되었다(Oliver 2012).

파로는 비에르 드 마르스(봄의 맥주)와 혼합된 다음 사탕 설탕이나 캐러멜로 단맛을 낸 람빅이다. 그 단어의 어원은 여전히 매우 모호하다. '파로'는 포르투갈의 '파로' 와인에서 유래한 것으로 여겨진다. 자랑 또는 자랑하는 것을 의미하는 프랑스어 'faraud'에서 유래했다는 견해도 있다(Bastiensen 2000).

과일 람빅에는 크리크(Kriek: 체리를 뜻하는 플라망어)와 프랑부아즈(Framboise: 라즈베리를 뜻하는 프랑스어)가 있다. 약간 달지만 상쾌하고 시큼한 맥주들은 훨씬 더 접근하기 쉽다. 맥주 양조 마스터인 빌 화이트(Bill White)에 따르면, 이웃의 맥주에 장난스럽게 과일을 첨가하는 것과 관련된 과일 람빅의 기원에 대한 이야기들이 있다. 맥주의 이름은 벨기에 문화에서 프랑스와 네덜란드의 영향을 모두 반영한다.

많은 맥주 양조자들이 야생 효모를 사용함으로써 생기는 특성에 매료되어 '람빅'이라는 명칭을 사용할 권한이 없는 자발적 발효 기술을 채택하고 있다.

트래피스트

트래피스트라는 명칭은 가장 오래되고 지리적으로 관련이 있는 맥주 양조 방법 중 하나임에도 불구하고 맥주 양조 세계에서 최근의 것 중 하나이다. 트래피스트 맥주 양조는 한 가지 스타일을 중심으로 하지 않는다는 것을 주목하는 것이 중요하다. 대신 범주로 볼 수 있다. 수도원 맥주 양조는 중세 이래로 다양한 종교 단체에서 행해져 왔다. 성 베네딕트(Benedict, 480~547 AD)는 선구적 수도원 생활을 시작한 것으로 알려져 있다. 예수님이 광야에서 보낸 시간에 영감을 받은 성 베네딕트 16세는 수도사들이 스스로를 부양해야 한다고 주장했다. 이 추세가 로마에서 북쪽으로 알프스로 이동하면서 맥주와 보리가 포도를 대체했다(Jackson 1997). 로마가톨릭 교회는 항상 술을 영성의 수용 가능한 관문으로 보아 왔다. 사순절에 수도사들이 단식하는 동안 맥주와 와인을 마시는 것은 허용되었다.

트래피스트 수도회는 프랑스 라트라페(La Trappe)의 시토회 수도원까지 거슬러 올라간다. 트래피스트들은 다른 많은 종교 단체들과 마찬가지로 원래 다양한 이유로 맥주를 양조했다. 그들은 자급자족의 정신으로 자신들의 공동체를 지원하기 위해 맥주를 양조했으며 순례자와 여행자들에게 맥주를 제공하기도 했다. 게다가 비세속 사회로서 수도원이나 수도원의 벽 안에서는 구할 수 없는 물건들이 많았기 때문에 대중과의 교역을 위해 맥주를 사용했다. 현대에 트래피스트 양조장들은 수도원의 맥주 양조를 운영하는 것 외에도 지역 사회를 지원하기 위해 맥주를 양조한다(Jackson 1997).

오늘날 트래피스트라는 이름으로 활동하고 있는 트래피스트 맥주 양조장은 8개에 불과하지만, 몇몇 더 많은 맥주 양조장들이 가입 허가를 신청하고 있다. 벨기에에 있는 6개의 정통 트래피스트 맥주 양조장은 아헬(Achel), 시메이(Chimay: 가장 큰), 오르발(Orval: 가장 오래된), 로슈포르(Rochefort), 베스트말레(Westmalle), 베스트블레테렌(Westvleteren) 등이다. 네덜란드(라트라페)와 오스트리아(엥겔스젤)에 각각 하나밖에 없다. 1997년에는 트래피스트가 아닌 맥주 양조장들이 트래피스트라는 이름을 사용하는 것을 막기 위해 국제 트래피스트협회(International Trappist Association: ITA)를 설립했다. 이 민간 협회는 정확한 생산 기준을 존중하는 치즈, 맥주, 와인 등과 같은 모든 품목에 부여되는 로고를 만들었다. 맥주의 표준은 다음과 같다.

맥주는 트래피스트 수도원의 벽 안에서 수도자들이 직접 또는 감독하에 양조해야 한다.
맥주 양조장은 수도원 내에서 부차적으로 중요해야 하며 수도원 생활 방식에 적합한 사업 관행이 있어야 한다.
맥주 양조장은 영리 목적의 사업이 아니다. 수입은 수도자들의 생활비 그리고 건물과 부지의 유지비를 포함한다. 남은 것은 사회사업과 도움이 필요한 사람들을 돕기 위해 자선단체에 기부한다.
트래피스트 맥주 양조장은 흠잡을 데 없는 맥주의 품질을 보장하기 위해 지속적으로 감시를 받는다.[4]

---

[4] http://www.trappist.be/en/pages/trappist-beers.

스타일	IBU	색	맥아 특성	홉 특성	입안 촉감/기타
싱글/황금색	15~21	황금색에서 연한 호박색	확실한 껍질이 있는 빵 향이 있는 많은 양의 맥아	쓴맛이 약간 내지 전혀 없음	향신료 향, 풍선껌, 바나나, 사과와 같은 과일 향
두벨	15~21	적갈색에서 갈색이 도는 적색, 흐린	견과류 맛이 있고, 구운, 초콜릿 맛이 가미된 감칠 맛이 나는 맥아	쓴맛이 약간 내지 전혀 없음	매실, 자두, 무화과, 대추와 같은 진한 과일 향이 나는 가볍거나 중간 정도의 입안 촉감
트리펠	15~21	황금색에서 연한 호박색, 흐린	구운 맛이나 견과류 맛이 거의 없고 주로 과일 향이 나고 약간 달콤함	쓴맛이 약간 내지 전혀 없음	향신료 향, 풍선껌, 바나나, 사과와 같은 과일 향
쿼드루펠	15~21	적갈색에서 갈색이 도는 적색, 흐린	달콤함, 꿀, 흑설탕, 진한 과일 맛과 약간의 초콜릿	쓴맛이 약간 내지 전혀 없음	입안 촉감이 풍부하고 끈적끈적하며 알코올 도수가 높은 향이 숨겨져 있음

많은 사람들이 모든 트래피스트 맥주를 '애비(Abbey)' 맥주로 간주하지만, 애비의 명칭은 현재 상업적 맥주 양조장이나 트래피스트 이외의 수도원에서 양조되고 있거나 단순히 수도원 전통을 가지고 있는 맥주를 위한 것이다(Oliver 2012).

트래피스트 맥주를 분류하는 것은 어렵지만 수도원 전통에서 생산되는 대부분 맥주는 4개의 특정 영역으로 구분할 수 있다. 싱글(single: 황금색), 두벨(dubble), 트리펠(tripel), 쿼드루펠(quadrupel)이라는 이름은 일반적으로 알코올을 더 많이 생산하기 위해 사용되는 맥아와 설탕의 양을 나타내기 위해 사용된다(Oliver 2012). 흥미롭게도 싱글과 트리펠은 일반적으로 황금색인 반면 두벨과 쿼드루펠은 갈색–빨강색이다. 벨기에 효모 균주는 매우 복잡하며 향신료(정향)와 과일(사과 또는 배) 그리고 이상하게도 풍선껌의 향을 내는 경우가 많다. 이러한 향은 황금색 에일에서 가장 자주 발견된다. 두벨과 쿼드루펠 같은 갈색 에일은 검은 빵, 진한 과일, 설탕과 관련된 단맛과 같은 맥아의 특징으로 알려져 있다.

포터와 스타우트

영국은 바이에른, 보헤미아와 함께 항상 세계의 큰 맥주 양조 중심지 중 하나였다. 1700년대 영국의 산업 혁명은 맥주 생산에 혁명을 일으켰다. 증기 동력과 대량 생산의 출현으로 거의 하룻밤 사이에 영국 맥주 양조업자들은 세계적인 강자가 되었다.

포터와 스타우트의 기원에 대해서는 많은 논쟁이 있다. 가장 일반적인 믿음은 많은 맥주 양조자가 맥주를 '세 가닥'으로 알려진 혼합물에 섞었다는 것이다. 이 혼합물은 에일, 맥주 그리고 2페니(1쿼트 당 1펜스의 진한 맥주)로 구성되어 있었다. 맥주를 섞는 이러한 과정은 고객의 요구를 신속하게 충족시킬 수 있었다.

런던 쇼디치의 랄프 하우드(Ralph Harwood)라는 이름의 양조자는 세 가닥의 맛을 재현하려고 시도했고 구운 맥아를 사용하여 '인타이어(Entire)'라고 알려진 맥주를 개발했다. 이 검고 진한 맥주는 지역 조선소와 시장에서 일하는 사람들이 가장 좋아하는 맥주가 되었고 그들의 이름을 따서 적절하게 지어져 '포터(porter)'가 탄생했다. 포터는 산업 혁명 최초의 대량 생산 맥주가 되었다(Oliver 2012).

결국 대영제국이 확장되면서 포터에 대한 수요는 국제적으로 증가했다. 잉글랜드와 발트 3국 간의 무역은 알코올 도수를 높이고 홉을 더 많이 추가(긴 항해를 지속하기 위해) 특성을 통합한 발틱 포터의 개발로 이어졌다.[5] 영국의 가정에서도 더 진한 포터에 대한 욕구가 증가했고 더 풍미 있고 약간 더 높은 알코올 도수의 맥주는 스타우트 또는 진한 포터로 알려지게 되었다. 결국, '포터'라는 단어는 사라졌고 새로운 스타일(스타우트)이 탄생했다.

1800년대 영국에서 포터의 인기가 떨어지기 시작했을 때, 아서 기네스(Arthur Guinness)는 전통적

스타일	IBU	색	맥아 특성	홉 특성	입안 촉감/기타
포터	40+	연한 갈색에서 검정색	초콜릿, 토피, 진한 열매의 눈에 띄는 진한 맥아 맛	중간에서 높은 쓴맛이 나지만 일반적으로 홉 향 또는 맛이 적음	중간 내지 높은 입안 촉감
드라이 스타우트	40+	검정색 및 불투명	캐러멜과 달콤한 비스킷 맛이 살짝 가미된 말린 구운 커피 같은 맥아	중간에서 높은 쓴맛이 지만 홉 향과 맛이 거의 또는 전혀 없음	중간 정도의 입안 촉감에 에일 과일 향이 거의 없거나 전혀 없음
스윗 스타우트	40+	검정색 및 불투명	향이 강한 맥아 단맛 (종종 캐러멜 톤)	홉 향이나 맛이 없는 낮은 수준의 쓴맛	부드러운 구운 곡물, 커피와 같은 맛–중간에서 풍부한 입안 촉감
오트밀 스타우트	40+	검정색 및 불투명	초콜릿과 커피에 당밀을 약간 가미한 맥아 향	중간에서 높은 쓴맛이 지만 홉 향과 맛이 거의 또는 전혀 없음	부드럽고 감미로운 특성의 중간에서 풍부한 입안 촉감
임페리얼 스타우트	40+	진한 적갈색에서 검정색 및 불투명	캐러멜, 커피, 당밀, 진한 과일의 진한 색조로 풍부하고 강렬한 맥아	중간에서 높은 쓴맛이 지만 홉 향과 맛이 거의 또는 전혀 없음	알코올 도수가 높은 풍부한 입안 촉감

5 "What to Expect: Stouts and Porters", All About Beer Magazine, Vol. 34, May 2013.

인 포터의 더 진한 버전만을 양조하기로 의식적으로 결정했다(Oliver 2012). 그는 또한 포터라는 이름을 버리고 그의 맥주를 스타우트라고 부르기 시작했다. 스타우트에 대한 세계적인 열망은 임페리얼 스타우트(Imperial Stout: 러시아와 발트 3국에 선적)와 외국의 엑스트라 스타우트(Extra Stout: 서인도 제도에 선적)와 같은 몇 가지 하위 스타일을 만들었다.[6] 현대 포터와 스타우트의 주요 차이점 중 하나는 특품 흑보리를 사용하여 스타우트의 건조하고 강렬한 맛과 향을 낸다는 것이다. 초콜릿 맥아와 검은색 맥아와 같은 구운 맥아를 사용하는 포터는 커피 스펙트럼의 중앙에 있는 스타우트가 있는 동안 더 많은 초콜릿 특성을 보이는 것을 볼 수 있다(Mittag 2013).

새로운 포터와 스타우트 스타일의 개발은 바닐라, 커피, 메이플 시럽 등과 같은 많은 다른 향료의 첨가를 포함한다. 한때 잊혔던 이 맥주들은 이제 맥주 양조업자들과 소비자들 모두에게 다시 관심을 받고 있다.

페일 에일과 인도 페일 에일

1700년대 후반에 기술의 또 다른 발전은 또 다른 독특한 스타일의 맥주를 위한 기회를 만들었다. 석탄을 열원으로 개발하면서 맥아 사업이 바뀌었다. 제어된 열원의 출현으로, 이제 곡물을 부드럽게 맥아시키는 것이 가능해졌고, 따라서 더 밝은색의 맥아를 만들었다. 버턴 온 트렌트는 영국에서 중요한 맥주 양조 중심지였으며 버턴의 맥아 제조자들은 특별한 더 밝은 색상의 맥아를 개발한 최초의 사람들이었다(Oliver 2012). 이 새로운 맥아들은 곧 다른 유럽 맥주 양조자들(필스너, 쾰쉬)의 양조법에 그들의 길을 열었다.

이 연한 색의 맥아들은 다른 맛의 부가적인 이점도 가지고 있었다. 포터와 스타우트와 관련된 진한 커피, 구운 향과 맛 대신에, 맥주 양조자들은 이제 캐러멜, 토피(topffee) 그리고 빵 맛을 맥주에 넣을 수 있었다.

이 새로운 스타일은 페일 에일로 알려지게 되었는데, 주로 새로운 오렌지색과 호박색이 이전 세대 에일의 검고 불그스름한 색조와 비교했을 때 '더 연한' 색이었기 때문이다. 모든 기록에 따르면, 페일 에일은 맨체스터 근처 미들랜드에 있는 버턴 온 트렌트로 거슬러 올라갈 수 있다.

버턴의 물은 수세기 동안 신비롭고 꽤 높은 품질로 여겨져 왔다. 2억 년의 퇴적층은 높은 수준의

---

6 "What to Expect: Stouts and Porters", All About Beer Magazine, Vol. 34, May 2013

석고(황산칼슘)와 엡솜염(황산마그네슘)을 공급하는 원천이다. 이 두 가지 경수 미네랄은 홉의 쓴맛을 부드럽게 하는 데 도움을 주었고 갈색 에일과 관련된 전통적인 단맛이 더 날카롭고 깨끗한 마무리를 만들었다.

식민지화를 통해 대영제국이 확장되면서 식민지에 거주하는 사람들에게 맥주가 동반되는 것은 당연한 일이었다. 인도에서는 토종 음료를 아라크(Arak)라고 불렀지만 맥주에 대한 수요는 계속되었다. 아라크는 완전한 힘을 가진 영혼이었고 인도에서 꽤 많은 조기 사망을 일으켰는데, 아마도 알코올 중독이나 영양실조에 기인했을 것이다(Oliver 2012)(맥주는 증류주가 가지고 있지 않은 영양분을 가지고 있다). 영양을 위해 필요하고 음료가 덜 치명적이었기 때문에, 영국의 식민지 개척자들은 주로 포터로 눈을 돌렸다. 새로운 페일 에일이 국내에서 수요가 다시 많아지면서 페일 에일의 수입에 관심이 높아졌다. 포터를 개발할 때와 유사한 기술을 사용하여 높은 수준의 홉을 추가하거나 더 높은 알코올 도수와 같은 것을 사용하여, 페일 에일은 곧 6,000해리의 여정을 망치지 않고 인도로 운송될 수 있었다. 흥미롭게도, 인도 페일 에일이라는 새로운 이름은 지리적 목적지 때문이 아니라 운송 회사(영국 동인도 회사) 때문에 만들어졌다.

현대의 페일 에일과 인도 페일 에일(IPA)은 두 가지 다른 길을 택했다. 이러한 스타일에 대한 더 전통적인 관점은 영국 버전과 더 밀접하게 연관되어 있으며 캐러멜, 토피, 검은색 빵에 중점을 두고 맥아를 더 많이 추가한다. 홉을 추가하는 것은 더 가라앉히고 허브, 흙 그리고 꽃 향을 가진 영국의 노블(noble) 하위 스타일 쪽으로 더 기울게 한다. 미국 버전은 더 선명하고 캐스케이드(Cascade)와 시트라(Citra)와 같은 서부 해안 홉의 향과 맛에 더 중점을 둔다.

북아메리카 맥주

1984년 이래로 북아메리카는 혁신을 주도해 왔다. 수제 맥주 혁명은 창의성과 혁신의 문을 열었다. 맥주 양조업자들은 이제 그들의 역사적이고 장인적인 뿌리로 돌아가 새로운 하이브리드 맥주 스타일을 개발하고 있다. 북미 라거의 발전은 유럽의 필스너 덕분이라고 할 수 있지만, 역사상 거의 같은 시기에 미국의 두 해안에서 양조된 매우 독특한 두 가지 스타일의 맥주를 조사하는 것이 중요하다. 두 경우 모두, 맥주 스타일의 발전은 그 지역에 정착한 이민자들에 의해 크게 결정되었다.

스팀 맥주(캘리포니아 커먼)

캘리포니아에서는 게르만계와 보헤미안계 맥주 양조업자들이 고국 맥주에 대한 사랑을 미국으로 가져오면서 라거 열풍이 거셌다. 맥주 양조업자들은 라거 효모를 가지고 있었지만, 얼음이 거의 없었고 기술이 유럽 대륙을 가로지르지 않았기 때문에 냉장고를 사용하는 방법은 없었다. '스팀 맥주'라는 이름은 부분적으로 증기 동력의 사용과 발효 탱크와 통에서 이산화탄소가 방출하는 소리 때문에[흔히 크라우세닝(Krausenning)이라고 불리는 2차 발효가 사용되었다] 새로운 하이브리드 맥주와 관련되었다(Jackson 1997). 또 어떤 사람들은 발효하는 통이 식으면서 피어오르는 수증기 때문에 생긴 별명이라고 생각한다. 최종 결과는 라거의 갈증을 해소하는 입안 촉감과 함께 약간의 과일 맛이 나는 맥주(라거)이다. '스팀 맥주'라는 이름은 현재 앵커(Anchor) 양조회사의 등록 상표이며 스타일은 캘리포니아 커먼(California Common)으로 이름이 변경되었다.

크림 에일

크림 에일은 미국 동부에 기반을 둔 이민자 맥주 양조업자들의 발명품이다. 이 지역의 많은 맥주 양조자는 원래 영국 출신이었기 때문에 페일 에일, 브리티시 마일드(British Milds), 브라운 에일(Brown Ale)과 같은 친숙한 맥주 스타일을 가져왔다. 에일은 19세기 말과 20세기 초에 양조된 주류였지만, 새로운 라거 스타일에 대한 관심은 계속 증가했다. 에일은 항상 더 따뜻한 온도에서 발효되었기 때문에 냉장이 거의 필요하지 않았다. 카를 폰 린데(Carl von Linde)에 의해 제어된 냉동이 도입되면서 맥주 양조자들은 일 년 내내 양조할 수 있게 되었고, 양조자가 원하는 결과에 맞게 발효 시간과 온도를 조절할 수 있게 되었다. 유럽에서 황금 라거의 성장은 북아메리카에서 새로운 맥주 양조 기술을 창조하는 데 확실히 원동력이 되었다.

국외에 거주하는 혁신적인 영국 맥주 양조업자들은 이제 에일 효모를 사용하여 맥주를 더 낮은 온도(저온)에서 발효시키고 맥주를 더 오랜 기간 숙성시켰다. 숙성은 3~4일에서 10~14일로 바뀌었고 최종 결과는 에일의 과일 향과 라거의 부드럽고 갈증을 해소하는 특성을 가진 맥주였다. 최초의 하이브리드 중 하나가 태어나 크림 에일(전통적인 영국 에일의 더 가볍고 크리미한 버전)로 명명되었다.

결론

맥주 문화와 스타일은 문명이 시작된 이래로 엄청나게 발전해 왔다. 원래 맥주 양조업자들은 지리적으로 관련이 있는 재료를 사용해야 했다. 글로벌 공동체에서 우리는 이제 독특한 지역에서 재배되는 다양한 재료에 접근할 수 있다. 우리가 뉴질랜드의 유기농 홉을 사용하는 이유는 식물이 오래된 재배 지역에 존재하는 같은 종류의 질병에 걸리지 않기 때문이다. 맥주 양조업자들은 맥아 회사들과 협력하여 지리적으로 중심이 되는 맥주 양조를 가능하게 하는 지역별 곡물 품종(즉 모든 재료가 근처에서 재배되는 맥주 양조장 단지)을 만들고 있다.

우리가 현대 맥주 양조 스타일의 엄청난 혁명을 계속 목격하고 있지만 세계에 현존하는 맥주 스타일의 대다수는 지리 중심적이다. 맥주 스타일은 각 주요 맥주 지역의 기후, 토양, 지리에 기초하거나 그 지역을 대표하는 혁신적인 맥주 양조 기술을 필요로 하는 무역 경로 때문에 발명되거나 창조되었다. 지리적 관련성의 중요성을 더욱 확고히 하기 위해 맥주 양조업자들은 맥주 양조의 지역적 측면을 보존하는 명칭을 만들고 있다.

1980년대 초부터 우리는 맥주에 대한 관심이 폭발적으로 증가하는 것을 목격했다. 새로운 스타일들이 매일 만들어지고 있고 이러한 스타일 중 많은 것들이 지리적으로 중요할 것이다. 글로벌 또는 지역 정부 기관에 의해 승인된 지리적 보호 표시제가 출현한 것은 맥주 공동체에 양질의 명칭을 정착시키는 데 기여할 것이다. 서부 해안 IPA, 캐리비안 포린 스타우트(Caribbean Foreign Stouts), 심지어 스카치(Scotch)와 같은 1년 된 켄터키 버번 배럴이라는 호칭이 맥주에 붙여지리라고 기대하는 것은 그리 먼 일이 아닐 수도 있다. 명칭은 우리가 어디서 왔는지 이해하고 우리가 어디로 가고 있는지를 보여 주는 데 도움이 된다.

참고문헌

Bastiensen L (2000) Interbrew beer book. Leuven

BJCP (2008) Style guidelines for beer. Mead & Cider

Jackson M (1997) Michael Jackson's beer companion. Duncan Baird, London

Mittag R (2013) Prud'homme Beer Certification교. Toronto

Oliver G (2012) The Oxford companion to beer. Oxford University Press, New York

Rabin D, Forget C (1998) Dictionary of beer. Brewers Publications, Boulder

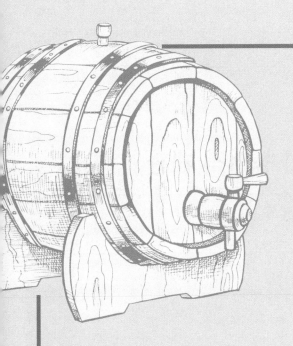

2부: 환경
Environment

세계의 홉
: 맥주 양조자의 황금에 대한 농업적 개관

피터 코프 Peter A. Kopp
뉴멕시코 주립대학교

| 요약 |

맥주에 쓴맛과 향을 더하고 방부제 역할을 하는 재료인 홉(hop)에 대한 자세한 개요가 없다면 맥주의 지리에 대한 책은 불완전할 것이다. 이 장에서는 9세기에 유럽 문명이 맥주 제조에 홉을 어떻게 사용했는지, 농부와 양조자들이 홉 재배에 대한 지식을 전 세계 온대 지역에 어떻게 전파했는지 설명한다. 자연, 문화, 경제지리가 이 이야기에서 중요한 역할을 했다. 역사는 농업과 맥주 양조업의 성공을 달성하기 위한 수단으로서 식물, 사람 그리고 생각이 수 세기에 걸쳐 어떻게 세계적인 교환에 관여했는지를 나타낸다. 21세기에 홉의 상업적 재배는 세계의 많은 온대 지역에서 이루어지고 있다. 하지만 항상 그런 것은 아니었고, 이 특수작물이 어떻게 발달했는지 이해하는 것은 우리가 맥주잔의 내용물을 더 잘 이해하는 데 도움이 된다.

20세기 말에 홉은 미국 전역을 휩쓴 '수제 맥주 혁명'의 아이콘이 되었다. 태평양 연안에서 뉴잉글랜드에 이르기까지 맥주 양조업자들이 품질 좋은 재료로 더 복잡한 양조법을 선호하여 전통적으로 특별한 맛이 안 나는 미국의 라거를 피하면서 거의 보편적으로 맥아 혼합물에 더 많은 홉을 사용하게 되었다. '홉이 추가된' 통은 더 맛이 좋고 향이 좋은 맥주를 만들어 냈고, 금주법 이전부터 미국 시장에서 볼 수 있었던 어떤 것보다 유럽산 품종과 더 유사하게 만들었다. 홉은 또한 효과적인 마케팅 도구가 되었다. 맥주 회사들은 맥주 상표에 홉 나무와 꽃봉오리를 특징으로 하고 홉 차르(Hop Czar), 홉 헨지(Hop Henge), 홉 인 더 다크(Hop in the Dark), 그리고 심지어 홉퍼튜니티 노크(Hopportunity Knocks)와 같은 이름으로 브랜드를 붙였다. 21세기 초에 맥주를 마시는 사람이든 아니든, 미국 소비자들은 텔레비전 광고, 광고판 또는 식료품점 진열대를 통해 일상적으로 홉을 접했다는 주장도 가능했다. 홉은 진정으로 스타의 지위를 얻었다.

그러나 맥주를 양조하는 사람들과 맥주를 마시는 사람들에게 홉의 중요성은 최근의 일을 훨씬 뛰어넘는 역사와 지리를 가지고 있다. 오늘날의 포터(poter)나 인도 페일 에일(IPA: India Pale Ale)로 끝나기 전에, 홉은 천 년이 훨씬 넘는 시간 동안 이동하는 세계 여행에 참여했다. 이 이야기는 홉에 의존하는 유럽 맥주 제조 전통의 성장으로 시작되었고 이후 전 세계에 유럽 맥주 양조 문화를 퍼뜨린 디아스포라 기간에 확장되었다. 시간이 지남에 따라 홉 농업은 지구 전역의 온대 지역의 자연, 문화, 경제 지리를 변화시켰다. 덩굴 식물과 마찬가지로, 그러한 변화들은 맥주를 양조하는 사람들과 맥주를 마시는 사람들뿐만 아니라 농부들과 그들의 땅, 사업체들, 과학자들 그리고 정부 기관들에 관한 이야기와 얽혀 있었다. 특히, 유럽과 미국에 초점을 맞춘 세계의 홉에 관한 이 장은 맥주의 지리를 한 특수한 농작물과 연결한다.

홉의 식물학과 홉의 초기 역사와 지리

홉이라는 용어는 아마과에 속하는 나무(가장 가까운 사촌은 대마초)와 그 꽃봉오리 모두를 가리킨다.[1] 이 나무에는 3종이 있지만 맥주 양조자들은 유라시아와 북아메리카에 자생하는 보통 홉(*Humulus lupulus* L.) 중 하나만 탐낸다(Hieronomius 2013). 홉은 일 년에 20피트 이상까지 올라갈 수 있는 한 해의 덩굴을 생산하는 다년생 식물이다. 이러한 성장을 지원하기 위해 홉 나무는 성숙할 때 땅속으로 15피트까지 뻗을 수 있는 깊은 뿌리 체계를 유지한다. 이후 이 책의 이전 장에서 논의된 바와 같이, 홉은 깊고 푸석푸석하며 비옥한 토양을 필요로 한다. 특정 장소의 지리는 이 식물학에 필수적이다. 홉은 남북위 30~55도에서 다음과 같은 기후일 때 잘 자라고 생산된다. 겨울에는 휴면을 위해 겨울 서리가 필요하고, 봄에는 빠른 성장을 시작할 수 있도록 습윤해야 하고, 여름에는 해충과 질병을 피할 수 있는 기후여야 한다(Neve 1990). 즉 홉 나무는 전 세계 온대 지역의 특정한 자연지리에서 가장 잘 자란다(그림 8.1).

---

1 홉과 홉들이라는 표현은 혼란스러울 수 있지만, 단순히 단어의 단수와 복수의 사용에 관한 문제이다. 다른 나무와 비교하는 것은 도움이 된다. 예를 들어, 어떤 사람은 사과 한 개 또는 사과나무에 대해 말할 때 단수형을 사용하는 반면, 어떤 사람은 많은 사과들을 언급할 때 복수형을 사용한다. 마찬가지로, 사람들은 한 개의 홉 나무 또는 홉 품종에 대해 말할 수 있지만, 통 안에 있는 많은 홉에 대해 말할 수 있다. 위에서 언급한 바와 같이 홉(또는 복수형의 홉들)이라는 용어가 나무와 꽃봉오리 모두를 가리키기 때문에 약간의 혼란이 발생한다.

가장 잘 알려진 기록에 따르면, 로마의 동식물 연구가 플리니우스(Pliny, 23/24~79)는 약 2000년 전에 이 일반 홉을 처음으로 기록했다(Hornsey 2003; Cornell 2010).『내추럴리스 히스토리아』(*Naturalis Historia*)에서 그는 고대 유럽인들이 그 나무를 루푸스 살릭타리우스(*lupus salictarius*)라고 불렀다고 언급했다. 종종 "버들의 늑대"로 번역했는데, 아마도 그것의 덩굴이 봄과 여름 내내 빠르게 성장하여 버드나무를 질식시켰기 때문일 것이다. 고대 그리스 로마 시대에 유럽 전역의 다양한 문화에서 맥주를 양조했지만 양조 과정에 사용된 홉에 대한 문서는 제한적이다. 대신에 야생 홉 채집자들은 덩굴을 노끈으로, 부드러운 새싹을 음식으로 그리고 꽃봉오리를 약으로 사용한 것을 알아냈다. 홉은 유럽뿐만 아니라 북미에서도 수천 년 동안 이러한 이유 때문에 다양한 문명에 의해 개조되었을 것이다(Hieronomus 2013; Neve 1990).

만약 맥주 제조가 고대 유럽 전역에서 확산되었다면, 맥주 제조자들은 홉 대신에 맥주에 맛을 내고 보존하기 위해 무엇을 사용했을까? 그 대답은 광범위하다. 한 학자에 따르면, 맥주 제조자들은 홉에 집착하기 전에 거의 200개의 다른 식물과 향신료를 사용했다. 이 음료들(그뤼트 또는 그루트 맥주)의 가장 흔한 재료 중 일부는 민들레와 헤더(heather)를 포함했지만, 커민(cumin), 버드나무, 향나무, 이끼, 서양고추나물도 포함되었다. 어디에서나 훌륭한 요리사들처럼, 초기의 맥주 양조자들은 이용 가능한 재료들로 실험했고 시간이 지남에 따라 그들의 양조법을 조정했다. 최고의 맥주를 찾는 이 탐구의 기본은 역시 지리였다. 최초의 맥주 개척자들은 집 주변의 시골을 찾아다니며 재료를 모았다(Hornsey 2003). 플리니우스가『내추럴리스 히스토리아』를 쓴 지 수백 년이 지났음에도 불구하고, 맥주 양조자들은 결국 같은 방식으로 홉의 가치를 발견했다.

정확한 기원에 대한 논쟁이 있지만, 서유럽인들이 8~9세기에 맥주에 홉을 처음 첨가한 것으로 일반적으로 인정된다(Hornsey 2003; Hieronymus 2013). 홉은 중세 맥주 양조자의 일에 주목할 만한 부가물을 제공했다. 이 미식 연금술사들은 맥아 곡물 단맛의 균형을 맞추기 위해 홉의 쓴 산에 의존하게 되었고, 기분 좋은 향기를 불어넣기 위해 방향유에 의존하게 되었다. 꽃봉오리의 안쪽 노란색 루풀린(lupulin)샘에서 발견되는 후물루스 루풀루스(*Humulus lupulus* L.)라는 부드러운 진액은 또한 강한 항균 활성을 보여 맥주의 방부제 역할을 한다.

홉을 사용한 맥주 제조자 1세대는 식물을 재배하지 않았다. 대신에 그들의 조상들이 그랬던 것처럼 야생에서 모았다. 홉을 최초로 사용한 것으로 보이는 바이에른(Baviera: 오늘날의 독일)의 맥주 양조자들은 재료를 꽤 쉽게 발견했다. 야생 홉은 독일의 강바닥과 숲 가장자리에서 풍부하게 자랐으며, 오늘날에도 여전히 발견될 수 있다. 양조자들은 늦은 여름과 초가을에 수집할 때 꽃봉오리를 통에 넣었을 것이다. 시간이 흐르면서 그들은 또한 꽃봉오리를 말리고 그해 후반에 사용하기 위해 그것들을 저장하기 시작했다. 이러한 적응은 미래의 농업 관행을 형성했다(Hornsey 2003).

유럽에서 경작된 홉

전문적인 홉 과학자 R. A. 네브(Neve)는 서기 736년 "독일 할러타우 지역의 벤드족(Wendish) 죄수"에 대한 기록이 "홉 재배에 대한 가장 오래된 문헌 증거"라고 주장했다(Neve 1990). 개체에 대해서는 거의 알려져 있지 않으며, 왜 그가 식물을 키웠는지는 불확실하다. 그럼에도 불구하고 기록에 따르면 그 날짜 직후에 바이에른 수도사들이 홉을 심기 시작했다고 한다. 아마도 그 식물은 여름에 덩굴이 높이 올라가고 홉 꽃봉오리가 내내 매달려 있는 정원에 어떤 매력을 더했을 것이다. 이 초기 재배자들은 약용으로 홉 꽃봉오리를 수확했고 맥주 제조에 홉을 사용하기 시작했을 것이다. 홉 재배의 추세는 식물이 다음 세기 동안 양조에 더 일반적으로 사용되면서 확산되었다. 수도자들과 귀족 가문들이 이 과정을 촉진했다(Denny 2009; Hierionymous 2013).

9세기 말, 맥주 제조를 목적으로 하는 홉 재배는 바이에른에서 보헤미아(오늘날 체코 공화국), 슬로베니아, 프랑스 및 기타 유럽 대륙의 온대 지역으로 확장되어 문화 확산의 지리적 중요성을 분명히 보여 주었다. 이른 봄에 재배자들은 일정한 간격의 언덕(혹은 흙더미)에 뿌리줄기를 심었다. 새싹이 돋아난 후에 재배자는 나무 기둥을 향해 덩굴을 시계 반대 방향으로 가꾸었는데, 이는 덩굴들이 반시계 방향으로 가꾸어지면 올라가지 않기 때문이다. 여름이 되면 홉 나무들은 성숙해졌고 늦여름이나 초가을에는 꽃봉오리가 홉 나무를 위에서 아래로 장식했다. 그다음에 가족들과 이웃들은 기둥을 땅에 내려놓은 후에 꽃봉오리를 손으로 집었다(Hornsey 2003). 그 과정에서의 성공은 다른 농업 활동과 마찬가지로 시행착오에 달려 있었다. 홉 재배자들은 가꾸어진 덩굴이든 수정 방법이든 성장과 생산성을 장려하기 위한 더 나은 방법을 찾고 알아냈다(그림 8.2). 대륙 간 여행자들은 경작을 개선하기 위한 노력으로 지식과 식물 재료를 전파함으로써 농업인들을 도왔다. 이러한 과정은 몇 세대에 걸쳐 계속되었으며 홉 농업을 상당히 개선했을 것이다(Barth et al. 1994).

초기 홉 농업에서 발생하는 가장 중요한 활동은 심을 홉 뿌리줄기의 선택이었다. 다시 말해서 지리는 필수적임이 증명되었다. 비록 일반 홉은 유럽 전역에서 발견될 수 있었지만, 개별 지역에는 지방의 기후와 토양 체계에 적응한 특정 품종이 있었다. 맥주 제조자들과 농업 전문가들은 가장 강하고 생산적인 홉 나무들과 맥주의 맛을 내고 보존하는 데 최고의 품질을 제공하는 홉 나무들을 선택했다. 선택된 것들은 대륙 전역에서 독특한 맥주를 생산하는 지역별 홉 품종들을 만들었다. 21세기의 양조자들과 맥주 애호가들은 다른 지역들의 홉들이 특정한 맥주를 독특하게 만드는 특징이 있다는 것을 안다고 해도 놀라지 않을 것이다. 경작되었던 첫 번째 독일 홉은 할러타우, 테트낭 그리고 슈팔트를 포함했고 보헤미아의 첫 번째 홉은 사즈였다. 이 홉들은 쓴맛과 향이 균형 잡힌 특성 때문에 오랫동안 세계 최고로 여겨져 왔고, 그러한 이유로 '노블 홉'으로 여겨져 왔다. 모든 노블 품종들은 십자군 시대 만큼 21세기 초에도 존경받고 있다(Barth et al. 1994).

바이에른, 보헤미아 그리고 서유럽과 중부 유럽의 주변 지역에서 홉 농업이 성공적으로 성장한 후, 그 관행은 유럽 대륙의 다른 온대 지역으로 확산되었다. 13세기에 한자 동맹은 독일의 무역 기관들이 홉을 맥주의 표준 방부제로 채택하면서 홉 문화를 이동시키는 데 중요한 역할을 했다. 이 결정은 독일 맥주 제조업체들뿐만 아니라 독일 주들과 무역을 한 사람들에게도 영향을 미쳤다(Hornsey 2003). 일부 지역의 맥주 양조업자들은 이상적인 독일 제품의 수입에 의존했지만, 많은 양조업자는 자신들의 공급을 위해 지방 홉을 재배하기 시작했다. 홉 농업은 스칸디나비아와 러시아로 퍼져나갔고, 16세기에 이르러서는 영국 양조업자들도 홉을 양조에 필수적인 재료로 받아들였다. 유럽 대륙의 경우와 마찬가지로, 홉 나무와 홉 농업에 관한 지식의 주입이 이러한 변화를 가능하게 했다. 1700년 무렵 영국의 재배자들은 주로 켄트, 서식스, 서리 그리고 햄프셔에서 홉 재배에 약 20,000에이커의 땅을 할애하였다(Cordle 2011). 당시 홉 품종으로 선호되었던 것은 파념 페일(Farnham Pale)이었는데, 나중에 켄트에서 사용되었고 캔터베리 화이트바인(Canterbury Whitebine)으로 이름이 바뀌었다. 세기 말에 캔터베리 화이트바인의 밭에서 선별된 골딩(Golding) 품종은 영국 맥주에 사용되는 표준 홉이 되었다(Darby 2005). 비슷한 이야기들이 전 세계에서 재배되는 홉 품종의 명명법을 설명한다.

영국과 유럽 대륙 전역에서 홉 재배의 확장은 맥주 문화의 확장과 동시에 이루어졌다. 14세기 흑사병의 힘든 시기에서 인구가 회복됨에 따라 홉에 의존하는 맥주 양조자의 수가 증가했다. 맥주 양조에 대한 일반적인 접근법도 바뀌었다. 근대 초기에는 주로 에일 여성(ale-wives)이 운영하는 가내 공업이 남성이 운영하는 대규모 도시 운영으로 전환되었다(Hornsey 2003). 이 맥주 제조업자들은 양조 길드에 가입하고 품질 좋은 재료를 사용하는 것을 포함하는 특정한 규정을 고수하면서 더 전문적으로 되었다. 이 시기에 맥주는 북유럽 문화의 중요한 부분으로 자리 잡았는데, 이는 발효 음료가 오염되거나 감염된 물 공급에 대한 안전한 대안을 제공했기 때문이다. 인구가 증가함에 따라 생산이 증가했고 홉 재배도 확장되었다. 농부들은 이전의 관행처럼 가정이나 작은 공동체에서 사용할 수 있는 것보다 훨씬 더 많은 땅을 농작물에 할애하기 시작했다. 거래량 증가의 결과로, 유럽 전역의 양조업자들에게 홉을 공급하는 대형 홉 거래 네트워크가 등장했다. 뉘른베르크, 슈팔트 그리고 런던은 홉 무역의 가장 큰 중심지로 부상했다. 이곳에서 정식 검사관들이 홉의 품질을 판단하고 지방 승인

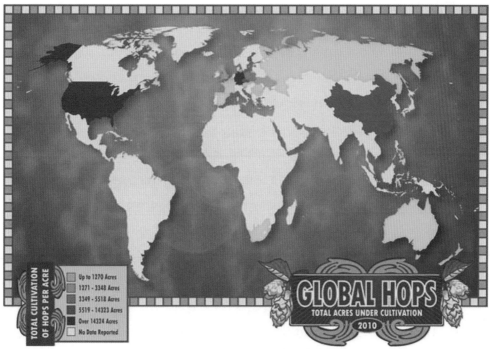

그림 8.1 세계의 홉 생산(2010)

그림 8.2 오리건주 윌래밋 계곡의 로그 홉 밭에서 홉 덩굴

출처: Rogue Ales and Spirits

도장을 제공하기 시작했다. 이는 결국 양질의 맥주 생산에 도움이 되었다(Barth et al. 1994).

홉 무역의 상업화는 양질의 제품을 재배하기 위한 재배자들 간의 경쟁을 더욱 심화시켰고 농업 지식의 교류를 더욱 강화시켰다. 중부 홉 재배 지역에서 대학과 농업협회는 더 생산적인 재배 방법을 개발하는 데 도움이 되는 연구를 지원했다. 홉 재배자들이 보급을 목적으로 안내서를 출판하기 시작하면서 16세기 이후로 인쇄 문화의 확산만큼 농부들을 돕는 것은 없었다. 이 안내서 중 가장 유명한 것 중의 하나는 레이놀드 스코트(Reynolde Scot)의 『홉 재배원의 완벽한 플랫폼』(A Perfite platform of a Hoppe Garden, 1576)으로, 이것은 홉의 준비, 재배, 수확에 대한 상세한 조언을 제공한 영국 책이다. 이 책은 나무를 심을 언덕(혹은 흙더미)을 준비하고, 기둥을 고르고, 위쪽으로 향해서 성장하도록 덩굴을 시계 방향으로 가꾸고, 다양한 해충과 질병을 퇴치하는 미묘한 차이를 설명했다. 스코트는 또한 홉 건조장(oast house)을 기술했는데, 이는 재배자들이 홉을 말리는 건물의 영어 용어이다. 그는 재배자들이 꼭대기 층을 가로질러 홉을 깔고 그 아래 가마의 열로 말리는 2층 구조의 건축물을 개략적으로 설명했다. 마지막으로 스코트는 선적을 위해 균일하게 건조하는 최선의 방법을 강조했다. 그의 안내서와 비슷한 출판물들은 미래 세대를 위한 홉 재배를 개선하는 데 필수적인 역할을 했다. 이러한 작업의 결과는 물리적 환경에서 볼 수 있는데, 유럽인들이 홉 재배원에 더 많이 홉을 심고 수천 개의 홉 건조기를 만들었기 때문이다.

새로운 농업 지식과 홉 재배에서의 생산성 향상의 혜택은 또한 문제의 몫과 함께 왔다. 그중 가장 중요한 것은 수확을 위한 노동 자원에 대한 부담이었다. 한때 가족과 이웃에게 의지할 수 있게 되자, 홉 재배자들은 여름의 끝과 초가을에 계절적인 도움을 고용하는 데 의존하게 되었다. 홉 재배가 더 상업화되면서, 대부분의 유럽 재배자는 일시적인 하층 노동자층을 고용함으로써 문제를 해결했다. 일꾼들은 수확기 동안 야영을 했고, 덩굴에서 꽃봉오리를 뽑는 일상적인 일에 종사했다. 작업이 미숙했기 때문에 온 가족이 참여하였으며, 모든 연령의 남녀와 어린이들은 그들의 수확량의 무게에 따라 임금을 받았다(Barth et al. 1994).

19세기까지 수확 노동력의 모집은 유럽 전역의 홉 재배자들의 성공에 필수적인 요소가 되었다. 유럽 대륙의 대규모 재배자들이 그들의 가까운 지역 밖의 노동력 공급원을 찾는 동안, 가장 잘 알려진 전통은 영국에서 나타났는데, 그곳에서 시골 홉 재배자들은 런던의 증가하는 인구로부터 노동력을 모집하기 위해 많은 노력을 기울였다. 그 도시의 빈곤층 때로는 중산층 가족들은 홉이 재배되는 지역으로 모험하듯이 갔다. 어떤 경우에는 신문들이 그 모험을 유급 휴가로 미화하기도 했다. 일부 참가자들은 이 기회를 전원생활, 심지어 축제 분위기를 즐길 수 있는 도시를 벗어난 일시적 체류로 보았다. 그러나 일시적인 생활과 근로 조건이 열악한 많은 사람의 현실은 완전히 반대였다(Lawrence

1990; Cordle 2011). 찰스 디킨스(Charles Dickens)는 "나는 거의 기어다닐 수도 없이 비참하고, 마른, 홉 채집을 하는 사람들의 수에 놀랐다"라고 언급했다(Maezials et al. 1908). 계절 노동 문제는 곧 세계 온대 지역의 다른 지역으로 확산되면서 홉 농업의 중요한 부분이 되었고, 기록에는 노동자와 노동 조건에 관해 유사하게 대립되는 관점이 기술되어 있다(Tomlan 1992; Vaught 1999).

홉 디아스포라와 미국 홉 재배의 성장

16~19세기에, 유럽인들은 유럽의 맥주 양조 문화를 전 세계에 소개했다. 독일, 영국, 네덜란드, 프랑스, 스칸디나비아 이민자들은 양조 주전자와 맥주 양조법을 아프리카, 아시아, 오스트레일리아, 아메리카의 정착지로 가져갔다. 홉 맥주는 식민지 개척자들에게 칼로리의 원천과 고향에 대한 기억을 주었다. 가장 중요한 것은 이 음료가 여전히 오염되고 감염된 원천에서 나오는 물보다 마시기에 더 안전하다는 것이 증명되었다는 것이다. 이러한 정보를 고려하면 세계의 많은 지역의 식민지 개척자들이 요새나 타운 부지 내에 최초의 건물 중 일부로 맥주 양조장을 건설한 것은 놀라운 일이 아니다. 곡물, 과일 과수원 그리고 다른 유럽 작물들의 재배와 더불어(소, 양 그리고 다른 토종이 아닌 동물들의 수입은 말할 것도 없고), 그 과정은 세계의 유럽화의 일부가 되었다(Crosby 1986). 그러나 식민지 맥주 양조업자들은 어떻게 상업적 생산에서 멀리 떨어진 지역에서 맥주 양조의 향신료를 얻었을까? 1650년대 초, 네덜란드 동인도 회사의 구성원들은 1790년대 오스트레일리아의 영국 정착민들이 그랬던 것처럼 남아프리카에서 이 질문에 직면했다. 이러한 경우 맥주 양조업자들은 홉을 재배하기 위해 지방 농부들을 찾았지만 대부분 유럽에서 고가의 수입품에 의존해야 했다(Barth et al. 1994)(그림 8.3).

북아메리카 식민지에서 매사추세츠 베이(Massachusetts Bay) 회사의 기록에 따르면 홉 나무는 홉 맥주와 함께 1620년대에 청교도 이민자들과 함께 도착했다고 한다(Mittleman 2008). 뉴네덜란드(오늘날 뉴욕주와 대서양 중부 주)의 네덜란드 정착민들과 뉴잉글랜드에서 남쪽으로 멀리 버지니아주에 이르는 영국 식민지 개척자들이 자신들의 고국과 비슷한 조건을 발견하고 유럽의 홉을 작은 땅에 심었다. 몇몇 야심 찬 맥주 제조업자들은 야생 홉의 아메리카 아종을 찾았다(Tomlan 1992). 하지만 그 홉의 아종들은 결코 발견되지 않았다.

초기 미국 맥주 제조업자들이 지방 야생 홉 품종을 수용하지 않는 데는 충분한 이유가 있었다. 그들이 기술을 익힌 양조법은 그들의 고향에서 특정한 취향의 프로필(profile)을 가진 홉을 요구했다. 맥주 양조업자들은 유럽에서 홉을 수입하거나 유럽 홉 품종을 직접 재배하는 것 중에서 하나를 선택

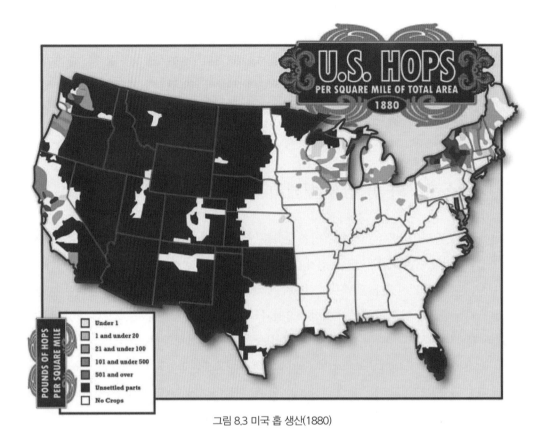

그림 8.3 미국 홉 생산(1880)

해야 하는 상황에 직면했다. 시간이 지남에 따라, 주어진 수입 비용을 고려하고 식민지 개척자들이 기후와 토양에서 유리한 재배 조건을 발견함에 따라 후자를 선택하는 것이 선호되었다. 북아메리카 동부의 온대 지역은 유럽과 비슷한 기후를 가지고 있을 뿐만 아니라, 집중적으로 경작되지 않았던 원시 토양의 혜택도 받았다. 운 좋게도 식민지 개척자들은 북미의 재배 환경이 유럽의 많은 홉 재배 지역보다 에이커당 더 많은 홉을 생산할 수 있다는 것을 발견했다. 식민지 시기에 홉 재배는 가구 단위에서 일어났고, 가족들은 그들 자신의 맥주 양조장과 아마도 그들의 이웃을 위해 작은 땅에서 홉을 재배했다. 전 세계의 인구 중심지에서 확장되고 있는 맥주 산업으로부터 국가적 및 국제적 수요에 대응하여 결국 변화는 일어났다(Tomlan 1992).

1800년대 초까지 뉴잉글랜드와 뉴욕 농부들은 미국에서 최초의 상업적인 홉 사업체를 설립했다. 이들 농업 개척자는 두 지역의 공통된 기후 특성을 고려할 때 대부분 영국 홉을 재배했다. 미국 재배자들은 또한 영국 시장에서 더 많은 구매자를 발견했다. 하지만 경쟁은 치열했다. 영국과 다른 곳의 양조업자들은 종종 미국 제품이 열등하다고 분명히 말했다. 게다가 미국의 홉 농부들은 아직 활기찬 국내 맥주 시장의 이점을 가지고 있지 않았다(Tomlan 1992). 초기 독립국의 술 소비자들은 위스키와 사과주를 선호했다. 1850년대가 되어서야 맥주를 마시는 사람이 증가했다. 독일인과 아일랜드인 이민자들은 그들에게 맥주 맛을 가져다주었다. 게다가 미국인들의 독한 알코올 소비를 줄이려는 금주 운동의 결과로 맥주는 받아들일 수 있는 대안으로 여겨졌다. 특히 독일 라거는 영국 스타일의 무거운 에일에 비해 가볍고 마시기 쉬워서 미국인들의 호감을 샀다(Rorabaugh 1979). 이러한 상황에서 중서부는 미국 맥주 양조의 중심지가 되었고, 남북 전쟁 직전에 부시(Bush), 밀러(Miller), 팹스트(Pabst) 등 독일계 미국인 맥주 양조업자들이 성공적으로 점포를 차렸다. 중서부 북부의 주들도 이때부터 상업적인 홉 생산을 시작했다. 대부분의 대규모 미국 맥주업자들은 계속해서 유럽에서 수입하는 것을 선호하기 때문에 다른 미국 홉들을 계속 피했다. 그러나 점차 그들은 현지 홉의 구매가 비용 효율이 높고 세계 시장에서 질적으로 경쟁력이 있다고 결론 내렸다(Ogle 2006).

19세기 후반 미국의 홉 농업은 기후와 토양이 허락하는 곳에서 계속 확장되었다. 유럽의 홉 부족도 미국 재배자들에게 새로운 기회를 열어주었다. 태평양 연안의 농부들은 이러한 기회와 서해안과 유럽 사이에 존재했던 활기찬 곡물 무역에 이미 운영되고 있는 농업 마케팅 및 운송 인프라를 활용했다(Kopp 2011). 캘리포니아의 새크라멘토(Sacramento) 계곡과 오리건과 워싱턴의 서부 지역은 영국, 북부 프랑스, 바이에른의 일부와 비슷한 기후와 경관으로 홉 생산에 훌륭한 조건이었다. 북부 캘리포니아의 지중해성 기후와 오리건과 워싱턴의 캐스케이드산맥 서쪽에서 바람이 불어오는 해양성 기후는 농부들이 일반적으로 더 혹독한 겨울을 피하고 더 건조한 여름을 즐겼기 때문에 뉴욕과 뉴잉글랜드보다 홉을 키우는 데 더 도움이 된다는 것이 증명되었다. 세기가 바뀔 무렵, 태평양 연안의 주들은 생산 면에서 미국의 나머지 주들을 앞질렀다. 태평양 지역의 홉 농업의 급속한 성장은 20세기 초까지 독일과 함께 미국을 세계에서 가장 큰 홉 생산국으로 만들었다(Myrick 1904).

극서 지역의 농부들은 전임자들이 동부 지역에서 했던 것과 같은 방식으로 홉 재배를 발전시켰다. 즉 그들은 영국과 유럽으로부터 확립된 농업 시스템을 가져왔다. 농부들은 농업 안내서와 시장 보고서를 공부했고, 그들은 서로 정보를 공유했다. 워싱턴에서는 에즈라 미커(Ezra Meeker)라는 거침없는 기업가가 대표적인 최신 홉 재배자였다. 그는 미국과 유럽의 홉 생산 중심지를 여행하며 전문가들로부터 농업 기술과 시장을 배웠다. 그 과정에서 그는 지방과 전국 경연대회에서 홉 판정권을 획득할 정도로 홉과 맥주의 세계에서 좋은 평가를 받았다. 부분적으로 태평양 연안 홉의 명성을 향상시키기 위하여 그리고 부분적으로 자신의 농업 공급 회사를 위한 사업을 창출하기 위하여, 미커는 그가 얻을 수 있는 곳에서 전문 지식을 이용하였고 서부 해안의 농부들을 위해 배운 것을 자기 지역으로 가져왔다(Meeker and Diggs 1922; "Hop Growing in the Pacific Northwest" 1882).

1883년에 미커는 영국인 레이놀드 스코트의 글을 되짚어 본 책인 『미국의 홉 문화』(Culture in the United States)를 출판했다. 이 책에는 해충 예방에 사용되는 목재 기둥과 분무기에 대한 지역별 권장 사항뿐만 아니라 유럽의 재배 기술과의 차이가 포함되었다. 미커는 미국과 유럽의 홉 재배 사이의 주요 차이점 중 하나는 각 사업체의 규모였으며, 미국의 홉 재배원은 유럽의 홉 재배원보다 훨씬 더 넓다고 설명했다. 그의 독자들은 그들이 홉을 더 멀리 떨어져서 심을 수 있고, 따라서 더 생산적인 수확으로 이끌 수 있다는 것을 이해했다. 아마도 가장 중요한 것은 미커의 책이 인구가 적은 미국 서부의 홉 농부들에게 주요 도전 중 하나인 충분한 수확 노동력을 얻는 것에 대한 조언도 포함했다는 것이다. 그는 퓨젯 사운드(Puget Sound)의 다양한 인디언 부족들로부터 모집할 것을 추천했다. 이러한 홍보는 재배자들뿐만 아니라 임금 노동 일자리로 전환하는 미국 인디언들에게도 이로운 것으로 입증되었다. 태평양 연안 홉 재배자들은 계절적 노동 수요를 충족시키기 위해 중국, 일본, 멕시코 노동자들을 고용하기도 했다. 노동 상황은 시간과 장소에 걸친 홉 작업들 간의 또 다른 중요한 연관성을 제공했다(Kopp 2011).

20세기 홉 농업의 기업화와 국가의 역할

1880~1910년에 전 세계 맥주 소비량은 연간 1억 2,500만 배럴에서 2억 5,000만 배럴로 두 배로 증가했다(Ogle 2006). 그 수치는 유럽과 미국뿐만 아니라 라틴아메리카, 아프리카, 아시아에서도 수십 년 동안 계속 증가했다. 맥주 양조업자들은 더 많은 맥주를 생산하고 더 효율적으로 운송하기 위해 산업 시대의 과학적 발전과 기술적 향상을 이용했다. 그들은 또한 전 세계적으로 그들의 제품을 브랜드화하고 마케팅하는 데 더 큰 성공을 거두었다. 세계적인 맥주 생산량 증가는 세계 농부들에게 더 많은 홉을 생산하도록 압력을 가했고, 이는 재배자들이 기업과 정부로부터 도움을 받아서 충족시켰던 수요이다(Barth et al. 1994; Mittleman 2008).

20세기까지 다국적 홉 무역 회사들은 네트워크를 제공하고 세계의 증가하는 홉 수요를 충족시키기 위한 방법을 확립했다. 특히 두 개의 독일 회사는 그 특수 작물의 기업화를 시작할 수 있게 했다. 뉘른베르크의 요한 바르트와 손(Joh. Barth & Sohn)과 라우프하임의 사이먼 H. 스타이너(Simon H. Steiner)는 국제 홉 시장을 간소화하고 전 세계의 맥주 양조업자들을 유럽의 중앙 홉 재배 지역과 더 잘 연결시켰다. 1794년과 1845년 각각 소규모 무역 회사로 시작한 바르트와 스타이너는 19세기 내내 새로운 작물, 저장 시스템, 운송 시설, 맥주 양조업자에 대한 접근을 포함하기 위해 수직적으로 통합했다. 그들은 유럽 홉 시장의 많은 부분을 독점하기 위해 산업 시대 대기업의 전략을 활용했다. 맥주 양조 산업이 전 세계적으로 급속하게 성장하는 것을 보고, 두 회사는 전 세계에 사무실을 설립했다. 20세기 초, 바르트와 스타이너는 산업 시대 맥주 생산에 발맞추기 위해 필요한 다양한 홉의 종류, 양, 품질을 양조장에 제공하면서 세계 최대의 홉 중개인으로 두각을 나타냈다(Barth 1994; Steiner 2004).

그러나 미국과 영국 기업들이 지역 및 세계 시장에 진출함에 따라 독일의 지배력은 절대적이지 않았다. 미국에서 독일 이민자인 에밀 클레멘스 호르스트(Emil Clemens Horst)는 대부분의 유럽 홉 유통 회사들이 유럽 홉만을 사고팔았을 뿐 미국 제품을 거래하지 않았다는 사실에서 기회를 보았다. 1890~1940년대 호르스트는 캘리포니아, 오리건, 브리티시컬럼비아에 있는 수천 에이커의 땅을 취득하였고, 그 지역의 수백 명의 재배자들과 계약을 맺고 제품을 판매했다. 이후 새크라멘토, 샌프란시스코, 포틀랜드(오레곤), 세일럼(오레곤), 시카고, 뉴욕, 런던에 마케팅 및 영업 사무소를 설립했다(Wheatland Historical Society 2009; "E. Clemens Horst Called by Death" 1940). 호르스트는 1916년에 자신이 "세계에서 가장 큰 홉 중개인"이라고 태연하게 언급했다(Commission on Industrial Relations 1916). 바르트, 스타이너 그리고 소수의 영국 중개인들은 그의 의견에 동의하지 않았을 수도 있지만, 호르스트가 미국과 심지어 세계 시장에서 큰 성공을 거두었다는 사실은 남아 있었다.

1904년 호르스트는 아일랜드의 기네스(Guinness) 맥주와 오리건 홉 재배자들의 대규모 그룹 간 독점 계약을 협상하면서 세계 홉 시장에 지속적인 영향력을 굳혔다. "영국 상인들이 청구하는 가격보다 상당히 저렴하지만 품질은 동등한" 가격으로 홉을 제공하는 이 거래는 서부 해안의 홉 재배자들에게 장기적인 약속을 하기 시작했다(Dennison and MacDonagh 1998). 유명한 영국 공급자들을 능가하는 그의 방법들은 파격적일 수도 있지만, 호르스트는 태평양 연안 홉 산업의 챔피언으로서 초기에 명성을 얻었다. 그 거래는 영국의 홉 성장이 감소하고 있다는 인식을 강조했다. 그것은 또한 항상 유럽 제품을 선호했던 세계 시장에서 미국 홉의 성장과 수용을 의미했다. 물론 이것은 미국 재배자들에게는 좋은 소식이었지만, 영국에게는 아니었다. 호르스트–기네스 협상 이후 몇 년 동안, 『런던 타임』(London Times)과 포틀랜드 『오리거니언』(Oregonian)의 일련의 기사들은 영국 농부들이 새로운 경쟁을 심각하게 보고 있으며, 의회가 국내 홉 농부들을 위한 보호 관세를 통과시키도록 자극했다고 밝혔다(Great Britain and The Tariff Commission 1906).

새로운 영국 관세는 전 세계의 홉 재배자를 지원하는데 기업들을 동참시키려는 정부의 대대적인 의지를 분명히 보여 주었다. 정부의 도움은 전문 농부들과 국가 맥주 문화를 지원했다. 미국에서도 의회는 관세 문제를 논의했지만, 농무부를 통해 과학적 및 경제적 지원을 제공하는 데 더 큰 가능성을 발견했다. 미국 농무부(USDA)는 세계 홉 시장에 대한 연구를 지원하고 "농업: 홉스"(1891), "보헤미아의 홉 문화"(1891), "캘리포니아의 홉 문화"(1900)를 포함한 여러 개의 안내문을 발간했다. 비록 재배 지역의 생산에 대한 통계는 소수의 페이지에서만 제공했지만, 이 저작물들은 유럽에서 더 오래되고 더 확립된 재배 지역과 경쟁하기 위한 미국 생산자들과 정부의 협력적 야심을 보여 주었다.

의회가 주 농업 실험장을 만들 수 있게 한 1886년 해치(Hatch) 법안을 통과시킨 후, 연구자들은 홉 농부들이 새로운 농업 기술을 통합할 수 있도록 국지적인 회보를 발행하기 시작했다. 20세기에 이르러 가장 중요한 발전은 목재 기둥과는 대조적으로 홉이 올라갈 수 있는 격자 구조물 체계의 도입이었다. 연구들은 재배자들이 매년 기둥을 제거하고 교체할 필요가 없었기 때문에 영구적인 구조물이 비용과 노동력을 절약했다는 것을 알아냈다. 재배자들은 또한 격자 구조물 체계가 농작물의 생산성에 도움이 된다는 것도 알게 되었다. 그 추세는 미국 전역으로 가장 빠르게 퍼졌지만 유럽의 재배 지역과 세계의 다른 재배 지역들은 세기 중반 무렵에 이러한 농업 방식을 채택했다. 그 과정에서 홉 재배의 경관이 급격하게 변화하였다(Tomlan 1992; Barth et al. 1994).

정부가 지원한 홉 배양 프로그램은 나아가 20세기 초에 증가하는 세계 맥주 수요를 충족시키기 위해 농부들이 충분한 홉을 생산할 수 있게 했다. 1906년에 영국의 와이대학교(Wye College)는 식물병리학자 E. S. 샐먼(Salmon)의 지도하에 이들 프로그램 중에서 가장 중요한 프로그램을 마련하였다(Darby 2005). 이 일은 전 세계에서 들여온 품종들로부터 수천 개의 새로운 종자를 배양하는 것을 포함했다. 샐먼과 그의 팀은 더 높은 진액 함량과 생산성에서 질병 예방과 선적을 위한 꽃봉오리의 부스러기를 감소시킬 다양한 품질을 가진 유망한 잡종(hybrid)을 찾았다. 이 어려운 과정은 먼저 유망한 잡종을 배양한 다음 현장에서의 홉 그리고 양조 공정에서의 효과에 대한 평가까지였다(Hough et al. 1982).

샐먼과 와이대학교 프로그램은 수천, 수만 개의 잡종을 재배한 후에야 성공을 거두었다. 1910년대 후반에 유럽과 북미의 모체에서 생겨난 홉들은 일부 재배 지역에서 질병 저항성이라는 보너스를 추가하면서 더 높은 진액 함량 가능성을 보여 주었다. 샐먼은 1930~1940년대 초에 '브루어스 골드(Brewer's Gold)', '불리언(Bullion)' 그리고 '노던 브루어(Northern Brewer)'라는 이름으로 새로운 홉 품종을 출시했다. 새로운 품종들은 어려움을 겪고 있는 영국 산업과 다양한 홉 질병에 직면한 전 세계의 다른 재배자들에게 많은 것을 약속했다. 이 개발은 와이대학교와 홉에 관한 다른 신생 연구 프로그램들의 성공을 나타냈다(Hough et al. 1982; Darby 2005).

20세기의 세계대전, 금주법, 질병 그리고 홉 농업의 산업화

세계의 홉 산업이 산업화되고 있는 세계의 맥주 수요를 충족시키기 위해 현대화되는 동안, 정치적 및 사회적 힘은 맥주 소비의 패턴을 지속적으로 변화시켰다. 예를 들어, 영국에서는 제1차 세계대전이 시작되면서 주류 판매 허가법이 홉 생산을 감소시켰다. 윌슨(Wilson) 행정부가 "식량이 전쟁에서 이기게 할 것이다"라고 선언한 미국에서도 홉 재배자들이 밭을 갈아엎고 곡물, 채소 그리고 과일을 옮겨 심었다(Horst 1919). 1920~1933년 지속된 미국의 수정헌법 18조의 결과로 주 전역뿐만 아니라 전국적으로 술을 금지한 것도 많은 농부가 홉 재배를 포기하게 했다. 논란의 여지가 있는 이 실험은 수백만 갤런의 맥주를 없애버렸고, 이는 차례로 미국의 홉 재배를 망칠 뿐만 아니라 유럽으로부터의 수출도 중단시킬 것이라고 위협했다. 앤하이저-부시와 같은 대규모 맥주 양조회사들은 '유사 맥주'와 소위 '영양 강장제' 또는 의사들이 처방할 수 있는 일반 맥주를 계속해서 제조했다. 그러나 그것은 정상적인 맥주 판매 감소를 거의 보충하지 못했다. 크고 작은 맥주 양조업자들은 사업에서 손을 떼거나 금주법 기간에는 탄산음료, 효모, 초콜릿 또는 다른 상품으로 전환하여 살아남았다. 미국 홉 농부들도 금주법의 결과로 생산량을 변경해야 했다(Tomlan 1992; Ogle 2006).

몇 년 동안 희망의 끈을 놓지 않은 농부들은 그렇게 하는 것이 현명했다. 1920년대 세계가 제1차 세계대전에서 회복되면서 맥주 소비는 다시 한번 증가했고 홉의 수요 증가를 자극했다. 유럽에서는 농업 부문이 공업 부문보다 빠르게 회복되었지만 농부들은 10년 동안 홉의 세계적인 수요를 따라가지 못했다. 1924년에 노균병이라고 불리는 식물성 질병이 유럽의 전통적인 홉 재배 지역을 휩쓸었던 10년 동안 대자연은 유럽 홉 재배자들에게 더 많은 합병증을 제공했다. 이 질병은 중부 유럽에서 영국에 이르는 재배자들을 황폐화시켰다(Barth et al. 1994). 세계의 다른 홉 재배 지역, 특히 미국의 경우, 질병 위기에서 기회가 생겼다. 유럽, 라틴아메리카, 아프리카, 아시아의 홉 수입 필요성이 너무 커서, 미국의 금주법 실험에도 불구하고 태평양 북서부 홉 생산이 확대되었다(Feldman 1927).

1933년 금주법의 폐지와 함께 미국의 홉 재배는 시장에 과잉 공급할 정도로 계속 확장되었다. 1936년 오리건에서만 26,000에이커의 홉이 경작되고 있었다(United States Department of Agriculture 1971). 공급 과잉은 세계 가격을 떨어뜨렸는데, 이것에 너무 문제가 있다고 여겨져 세계 주요 홉 재배 지역의 정부들이 생산을 규제하기 위한 조치를 취했다. 영국은 생산 수준을 제한하기 위해 최초의 홉 마케팅 명령을 도입했고 미국도 그 뒤를 따랐다. 가격을 올리기 위한 노력으로, 정부들은 벌금 없이 생산될 수 있는 중량에 제한을 두었다. 업계의 많은 사람은 농부들을 사업에서 몰아내기 위한 다양한 마케팅 명령을 신뢰하지만, 그 규제는 1980년대까지 계속되었다(Barth et al. 1994).

경제적 및 정치적 이슈들 가운데 홉 농업은 노균병이라는 지속적인 질병 문제에 계속 직면하고 있었다. 1930년대까지 이 질병은 유럽의 농작물을 파괴했을 뿐만 아니라 뉴욕에서 상업적 홉 산업을 종식시켰고 태평양 연안의 생산을 방해했다. 노균병은 주변 토양을 감염시키면서 홉 나무의 생산량을 급격히 감소시키기 때문에 습윤한 재배 지역에 침범한다. 태평양 연안에서는 오리건의 윌래밋(Willamette) 계곡의 특정한 습기 패턴이 그곳의 농부들에게 가장 큰 피해를 입혔다(Barth et al. 1994). 그 지역의 재배자들에게는 불행한 일이지만, 그 상황은 이웃한 워싱턴주에 기회를 주었다. 지난 20년간 미국 토지 개간국의 도움으로, 건조한 야키마(Yakima) 계곡은 이제 건조한 기후에서 관개지를 보유하고 있었고, 노균병이 없는 홉을 재배할 기회를 잡았다(Paff 2002). 1950년대까지 야키마 계곡은 전국에서 가장 큰 홉 생산 지역이 되었으며, 이는 전 세계에서 가장 생산적인 지역 중 하나로서 지위를 갖게 된 서막이었다(Miller et al. 1950).

워싱턴 외곽에 있는 오리건에서 독일에 이르기까지 많은 재배자가 노균병과 다른 질병들과의 지속적인 싸움에 직면했다. 몇몇 화학 물질의 조합이 질병 예방에 도움이 되는 반면에, 재배자들은 더 많은 질병 저항성이 있는 홉 품종을 심는 데 의존하게 되었다("New English Hop Doing Here" 1937). 와이대학교의 E.S. 샐먼에 의해 개발된 유망한 잡종은 해결책을 제공했다. 전 세계의 재배자들은 영국을 선두로 해서 그 뒤를 따라 일반 홉에 속하는 브루어스 골드, 불리언, 노던 브루어 품종을 심었다. 이 결정은 아마도 바이에른과 보헤미아와 같은 세계의 홉 재배 지역을 근본적으로 변화시켰다. 처음으로 홉 재배의 발상지 역할을 했던 이 지역들은 수 세기 전에 채택된 것들과는 다른 품종들을 재배했다. 이 품종들은 전 세계의 광범위한 지리적 지역에서 혈통을 이어받았으며, 즉 재배자들은 부분적으로 대서양 양쪽에서 발견되는 홉에 의존하게 되었다(Wye College Department of Hop Research 1953; Steiner 1973).

질병의 지속적인 위협과 와이대학교 홉 잡종의 성공은 다른 홉 배양 프로그램에 영감을 주었다. 샐먼의 경우처럼, 배양과 실험은 성공을 거두기까지 오랜 시간이 걸렸고 농업 지식과 종자 재료의 세계적인 교환이 필요했다. 미국 오리건주 코발리스(Corvallis)의 농업 실험장은 1930년에 홉 배양 프로그램을 시작했다. 이 프로그램은 1972년 식물 유전학자 알프레드 하우놀드(Alfred Haunold)가 캐스케이드 홉을 발표하면서 몇몇 과학자들의 노력을 통해서 성공을 거두었다. 윌래밋 계곡의 동쪽으로 희미하게 보이는 산맥의 이름을 따서 명명된 이 최초의 미국 잡종은 쇠퇴하는 오리건의 홉 산업을 구하는 데 도움을 주었다. 그것은 워싱턴과 아이다호의 자매 프로그램에서 배양된 다른 많은 품종들과 함께 하우놀드가 그의 경력을 통해 출시한 24개의 새로운 품종들 중 하나가 되었을 것이다. 농부들은 병을 예방하기 위한 수단으로 그리고 맥주 양조업자들은 새로운 품종을 찾기 때문에 그들의 밭에 홉들을 통합시켰다. 홉들은 크고 작은 맥주 양조업자들의 요구를 똑같이 충족시켰다. 1980년대까지 윌래밋과 같은 특정 품종들은 대기업 맥주 양조업자들의 관심을 끌었고, 덜 알려진 품종들은 수제 맥주 혁명에 몰두하는 사람들의 관심을 끌었다(Haunold et al. 1985).

전 세계적으로 새로운 홉 품종의 통합 외에도, 20세기 중후반 홉 농업의 가장 큰 변화는 수확의 기계화였다. 계절적이고 집중적인 홉 수확을 위해 노동력을 확보하는 것이 홉 재배 지역에서 고질적인 문제였기 때문에, 19세기 후반 무렵 영국과 미국의 농부들은 산업용 수확기로 어설프게 수확했다. 1910년대 초에 컨베이어 벨트와 타작기(shaker)를 사용하여 홉 덩굴에서 꽃봉오리를 벗겨내는 기계가 효과적이라는 것이 입증되었다. 그러나 비용 때문에 대부분의 홉 농부들은 광범위하게 그것들을 채택할 수 없었다. 노동력 부족과 함께 제2차 세계대전이 일어나기 전까지는 진정한 기계화가 일어나지 않았다. 수백만 명의 사람들이 전쟁을 위해 떠났고, 남아 있던 사람들은 산업 노동력으로 유입되었다. 미국 재배자들은 이 기간에 덩굴에서 홉을 따지 않은 채로 두고 싶지 않았기 때문에 기계식 채집기에 투자했다. 기계는 비싸지만 노동력을 찾는 데 수반되는 문제 없이 효율적이라는 것이 입증되었다(Hop Industry Productivity Team 1951). 기계 수확기의 사용은 전쟁 이후에도 계속되었다. 1950년대 말 무렵, 그 기구들은 미국과 영국 전역에서 흔한 것이 되었다. 항상 더 작은 재배 면적을 유지했던 독일의 홉 재배자들은 그 기술을 받아들이는 데 더 오래 걸렸지만, 1960년대에 이르러서 홉 재배 세계의 대부분은 그 기술을 수용했다(Neve 1990).

20세기 후반에 홉 농업의 다른 중요한 변화는 세계 농업의 광범위한 변화를 반영했다. 수확의 기계화 외에도, 홉 재배자들은 1920년대에 밀, 옥수수, 담배 재배자들이 채택하기 시작한 산업용 트랙터, 쟁기, 분무기에 의존하게 되었다. 많은 홉 재배자들은 또한 한동안 DDT를 포함한 인공 합성물을 선호하여 토양 비옥화와 질병 및 해충 방제를 위해 진정한 유기 화합물을 포기했다("Experience With New Insecticide" 1947). 그동안 맥주 소비는 기업화와 마케팅 확대로 전 세계적으로 꾸준히 증가했다. 대규모 맥주 양조장에 대한 기업의 지배력 강화는 홉 재배자들에게 영향을 미쳤다. 두 그룹은 장기 계약을 체결했고, 둘 다 연구 프로그램에 기여했다. 20세기 후반에 연구 프로그램은 오늘날 전 세계 대부분의 맥주 양조장에서 사용되는 홉 알갱이와 홉 추출물을 개발했다. 반면 알갱이와 추출물은 완전한 홉 꽃봉오리와 대조적으로 균일한 수준의 홉 가루를 제공하여 맥주 양조자가 양조법 요구 사항을 더 정확하게 충족할 수 있도록 했다.

홉 농업의 역사와 지리에서 최근의 발전

20세기 말 세계 홉 재배 지역의 자연지리는 한 세기 전과 매우 다르게 보였다. 재배자들은 격자 구조물 체계, 새로운 홉 품종, 기계 수확기 및 기타 산업용 농기구를 채택했다. 이러한 변화는 맥주와 홉의 지속적인 기업화뿐만 아니라 정부의 마케팅 명령과 함께 많은 소규모 농부를 사업에서 몰아냈다. 개별 홉 재배원이 상대적으로 작은 독일을 제외하고, 홉 농장은 현재 수백 에이커에 달했다.

새로운 홉 농업은 또한 세계의 다양한 온대 지역에서 계속 발전했다. 독일이나 미국만큼 생산적인 곳은 없었지만, 홉 농업은 동아시아와 라틴아메리카에서 뿌리를 내리고 남아프리카와 오세아니아에서 확장되었다. 이 지역들은 각각 개별화된 장점과 문제점을 가지고 있었다. 예를 들면 한편으로, 뉴질랜드와 오스트레일리아의 농부들은 노균병과 다른 질병들이 아직 그곳으로 이전하지 않았기 때문에 쉽게 유기농 홉을 기를 수 있었다. 반면에, 남아프리카 홉들은 꽃봉오리의 조기 개화를 막기 위해 인공적인 빛을 필요로 했다. 홉 농업의 후발주자들은 더 가깝고 더 저렴한 제품을 원하는 자체 맥주 양조 산업에 주로 서비스를 제공했지만, 이러한 홉 중 일부는 국제 시장에 제공되었다(Neve 1990).

20세기 말 세계 홉 산업에서 가장 극적인 확장이 중국에서 일어났다. 첫 번째 이유는 세계 인구의 상당한 부분을 차지하는 중국에서 맥주 문화의 확장과 함께 맥주 양조회사들이 피주 화(pijiu hua: 홉을 뜻하는 중국어)의 현지 공급을 추구했기 때문이다. 두 번째, 다국적 맥주 양조회사들은 유럽과 미국의 기존 지역보다 더 저렴한 홉을 생산하기 위해 중국을 찾았다. 활기찬 농업 연구 프로그램은 농부들이 낮은 격자 구조물에서 미국 클러스터 홉 품종을 재배한, 특히 건조한 신장성에서 중국 재배자들이 성공을 거두도록 도왔다. 재배 기술은 다른 나라들과 다르지만, 낮은 높이에서 직접 수확할 수 있는 풍부한 노동력 공급 때문에 존재한다. 이러한 재배 조건은 수백 년 동안 산업을 지배했던 방법 및 지역과는 거리가 멀지만, 중국은 21세기에 세계에서 세 번째로 큰 홉 생산국으로 부상했다(Barth et al. 1994).

맥주 소비의 광범위한 변화는 홉 농업에도 많은 변화를 가져왔다. 샌프란시스코의 앵커스팀(Anchor Steam) 브루잉과 1970년대 활기찬 가내 맥주 양조 문화에 의해 불붙은 '수제 맥주 혁명'은 미국 맥주의 맛을 재정립하는 데 일조했다. 새로운 유형의 맥주 양조 개척자들은 최소한의 홉을 사용하고 맛과 향이 거의 없는 표준적인 미국 라거와 달리 홉을 자유롭게 사용하는 복잡한 맥주를 원했다. 새로운 맥주는 맥주 양조업자들이 단순히 양조법에 홉을 더 많이 추가할 뿐만 아니라 (농업 실험장에서 재배되는 잡종 품종을 포함하면서) 전 세계의 다양한 품종을 찾아내기 때문에 꽃향기가 나고 과일 맛이 강한 프로필을 가지고 있었다. 특히 캐스케이드 홉은 캘리포니아 치코에 있는 시에라네바다(Sierra Nevada) 맥주 양조회사와 같은 수제 사업체에서 인기를 얻었다. 1980~1990년대에 수제 맥주 양조가 전국적으로 확산되면서 맥주 양조업자들은 새로 출시된 모든 홉 품종을 찾아내고 아직 테스트 단계에 있는 것들을 실험했다. 오리건의 로그(Rogue) 맥주 양조장과 같은 일부 수제 맥주 양조장들은 자신들의 공급을 관리하기 위한 노력으로 자신들의 홉 농장을 매입했다. 미국 대중들은 이러한 홉이 추가된 맥주에 대해 낙관적인 반응을 보였고 매년 더 많은 맥주 양조장이 생겨나고 있다. 미국에서 이러한 추세는 태평양 북서부 밖에서 작은 홉 업체가 출현하도록 영감을 주었다. 그러나 상당한 성장에도 불구하고 수제 맥주의 시장 점유율은 10% 미만이다. 따라서 대형 맥주 회사들이 상업적으로 생산되는 홉의 양과 품종을 지배한다(Aciteli 2013).

반천 년 동안 지속된 홉 이야기의 반전으로, 미국의 수제 맥주 혁명은 전 세계의 많은 맥주 양조업자들이 유럽식 홉 맥주의 뿌리를 버리고 새로운 전통의 홉 맥주로 전향하도록 영감을 주었다. 이탈리아에서 오스트레일리아에 이르기까지 맥주 양조업자들은 새로운 미국 홉 품종을 수입했고, 이 추세는 아직 재배하지 않은 지역의 홉 재배자들에게 새로운 품종을 심도록 영감을 주었다(Aciteli 2013). 어떤 경우에는 홉이 유행했지만, 다른 경우에는 그렇지 않았다. 여전히 홉 잡종 품종들은 다른 토양과 기후에 전래되었을 때 다른 프로필을 취했다. 영국 켄트의 재배자들에게 캐스케이드 홉을 전래한 예를 살펴볼 수 있다. 테루아(terrior: 특정 토양과 기후가 포도 생산에 미치는 영향을 설명하기 위해 포도 재배에서 사용되는 용어) 때문에 이 홉은 북서태평양에서 재배되는 것보다 맛과 향이 덜하다. 그러나 그것은 수제 맥주 혁명의 홉 맛이 나는 맥주가 인기를 얻는 데 더딘 지역인 영국에서 환영받았다.

영국의 상황은 수제 맥주의 새로운 세계적 추세의 영향력을 보여 준다. 현재 홉 농업 전문가인 피터 다비(Peter Darby, 와이대학교의 E. S. 샐먼의 직업적 후계자)는 최근 경쟁력을 유지하기 위해 업계의 경향을 포착한 영국 재배자들은 향이 나는 홉으로 특별히 눈을 돌릴 필요가 있다고 밝혔다(Darby 2004). 의심할 여지 없이, 최근 몇 년 동안 수제 맥주의 급속한 성장과 소비자들의 "버들의 늑대"에 대한 애정을 고려할 때, 전 세계 홉 재배자들은 비슷한 결정을 내렸다.

결론

20세기 후반과 21세기 초반의 '수제 맥주 혁명' 기간에 일반적인 홉은 부인할 수 없이 스타의 지위를 얻었지만, 홉은 오랫동안 유럽 맥주 제조 전통에서 맥주 양조의 필수 향신료였다. 1000년이 훨씬 넘는 세월 동안, 맥주 제조업자들은 맥주에 맛과 향을 불어넣고 제품의 유통기한을 연장하기 위해 홉 꽃봉오리를 탐내 왔다. 다른 어떤 재료도 이만큼 유용하다고 증명되지 않았다. 이 때문에 맥주 제조업자들과 농부들은 세대에 걸쳐 홉의 농업적 성공을 보장하기 위해 함께 일했고, 유럽인들이 세계의 다른 지역에 정착하고 세계적으로 맥주를 마시는 인구가 증가함에 따라 그렇게 했다. 이것은 지식의 창조와 보급, 종자 재료와 기술의 교환을 포함한다. 역사의 증거는 레이놀드 스코트와 에즈라 미커와 같은 농부들의 논문, 바르트와 스타이너 홉 회사들의 기록, E. S. 샐먼과 알프레드 하우놀드와 같은 홉 배양자들의 노트 그리고 전 세계의 시골 풍경에서 홉 건조기와 홉 채집기의 사진에 있다. 21세기 맥주잔에서 나오는 맛과 향에도 증거가 있다.

사람들과 장소의 지리는 세계의 홉에 관한 이야기에서 필수적이다. 첫째로, 그 식물은 깊고 비옥한 토양을 가진 세계의 온화한 지역에서만 자란다. 비록 과학자들과 기술자들이 가까운 과거에 더 건조한 기후가 홉 농업을 지원하게 했을지라도, 홉 재배 대부분의 역사는 또한 자연 관개를 위해 충분한 봄비를 제공하는 지역에서 펼쳐졌다. 둘째, 유럽에서 홉 농업의 성장은 지역 토양과 기후에 적응한 특정 홉에 의존했다. 할러타우, 테트낭, 슈팔트와 같은 홉들은 차례로 맥주에 지역적인 맛을 부여했다. 셋째, 15세기 이후 유럽인들이 세계의 다른 지역들을 식민지화하면서, 그들은 유럽의 홉 품종에 의존하는 독특한 맥주 문화를 가져왔다. 많은 맥주 양조업자가 자기 지역으로 홉을 수입했지만, 대부분은 새로운 지역에 유럽 홉 농업의 전래에 의존하게 되었다. 이러한 방식으로 곡류나 가축과 달리 홉은 특히 세계의 온대 지역에서 신유럽을 탄생시키는 데 컬럼비아 교환의 지리와 역사의 일부가 되었다. 농촌 경관은 먼저 홉 기둥으로, 그다음 농장을 장식한 격자 구조물로, 2층짜리 홉 건조기로 바뀌었다. 런던의 도시민으로부터 퓨젓사운드의 아메리카 인디언 부족에 이르기까지 다양한 노동력 공급원이 이 농촌 지리의 일부를 차지했다. 마지막으로, 맥주 양조업자들에 의해 잘 검증되고 질병에 저항할 수 있는 새로운 홉 품종을 개발하는 데 과학자들은 잡종 품종을 배양하기 위해 세계지리를 이용했다. 아마도 이 새로운 홉들은 식물의 세계적인 여정을 가장 잘 나타낼 것이다. 많은 홉들은 세계의 다른 지역에서 자생하는 홉에서 태어나 홉이 자랄 수 있는 모든 곳에서 재배자들에 의해 채택되었다.

20세기 후반 중국에서 홉 재배의 성장과 확장, 수제 맥주의 급증 그리고 그에 따라 홉 맛이 많이 나는 맥주가 보여 주는 것처럼, 세계 홉의 역사와 지리는 여전히 움직이고 있다. 가장 큰 두 생산 지역은 독일 남부와 미국 북서부 태평양 연안에 계속 자리 잡고 있다. 그러나 질병 전이에서 시장 변동에 이르기까지 장애물은 농업 이야기를 빠르게 바꿀 수 있다. 기후 변화도 두드러지게 나타난다. 마찬가지로, 신기술과 잡종 종자의 도입은 이제 상업적 존재감이 필요한 지역의 홉 산업 성장에도 도움이 될 수 있다. 그러나 한 가지 확실한 것은 수 세기에 걸쳐 홉이 맥주 양조업자의 금으로 굳어졌다는 것이다. 그리고 맥주 문화가 있는 한 홉 재배가 있을 것 같다. 이처럼 전문화된 농업에 관한 이야기는 맥주의 지리와 지속적으로 연결될 것이다.

참고문헌

Acitelli T (2013) The Audacity of hops: the history of America's craft beer revolution. Chicago Review Press, Chicago

Barth HJ (assisted by Christiane Klinke) (1994) The history of the family enterprise: Joh. Barth & Sohn, Nuremberg. Joh. Barth & Sohn, Nuremberg

Barth HJ, Klinke C, Schmidt C (1994) The Hop Atlas: the history and geography of the cultivated plant. Joh. Barth & Sohn, Nuremberg

Commission on Industrial Relations (1916) The seasonal labor problem in agriculture, industrial relations: final report and testimony submitted to congress by the commission on industrial relations, vol 5. Government Printing Office, Washington

Cordle C (2011) Out of the hay and into the hops: hop cultivation in Wealdon Kent and hop marketing in Southwark, 1744-2000. University of Hertfordshire Press, Hatfield

Cornell M (2010) Zythophile: beer now and then. Last modified March 14, 2010. http://zythophile.wordpress.com/2010/03/14/so-what-didpliny- the-elder-say-about-hops. Accessed 14 Feb 2012

Crosby A (1986) Ecological imperialism: the biological expansion of Europe, 900-1900. Cambridge University Press, Cambridge

Darby P (2004) Hop growing in England in the twenty-first century. J Roy Agr Soc Engl 165: 84-90

Darby P (2005) The history of hop breeding and development. Brew Hist 121: 94-112 Dennison SR, Mac-Donagh O (1998) Guinness, 1886-1939: From Incorporation to the Second World War. Cork, Ireland: Cork University Press

Denny M (2009) Froth!: the science of beer. The Johns Hopkins University Press, Baltimore

E. Clemens Horst Called By Death (1940, May) Pacific hop grower Experience With New Insecticide (1947, Feb) The hopper

Feldman H (1927) Prohibition: it's economic and industrial aspects. D. Appleton and Company, New York

Great B, The Tariff Commission (1906) The tariff commission, vol 3: report of the agricultural committee. The Tariff Commission, London

Haunold A, Horner CE, Likens ST, Brooks SN, Zimmerman CE (1985) One-half century of hop research by the U.S. Department of Agriculture. J Am Soc Brew Chem 43(2): 123-126 (Summer 1985)

Hieronymus S (2013) For the Love of Hops: the Practical Guide to Aroma, Bitterness and the Culture of Hops. Boulder, CO: Brewers Publications

Hop Industry Productivity Team (1951) The hop industry: report of a visit to the U.S.A. and Canada in 1950 of a productivity team representing the hop industry. Anglo-American Council on Productivity, London

Hop Growing in the Pacific Northwest (1882, 26 Aug) The pacific rural press 24/9

Hornsey I (2003) A history of beer and brewing. The Royal Society of Chemistry, Cambridge

Horst EC (1919) The new dried vegetable industry. Statistical Report of the California state board of agriculture for the year 1918. California State Printing Office, Sacramento

Hough JS, Briggs DE, Stevens R, Young TW (1982) Malting and brewing science vol 2: hopped wort and beer. Chapman & Hall, London Kopp PA (2011) 'Hop Fever' in the Willamette Valley: the local and global roots of a regional specialty crop. Oreg Hist Quart 112(4): 406-433 (Winter 2011)

Lawrence M (1990) The encircling hop: a history of hops and brewing. SAWD, Sittingbourne

Maezials FT, Foster J, Dickens M, Ward AW (1908) The life of Charles Dickens. The University Society, New York

Meeker E (1883) Hop culture in the United States: being a practical treatise on hop growing in Washington territory from the cutting to bale. Ezra Meeker, Puyallup

Meeker E, Driggs HR (ed) (1922) Ox-team days on the Oregon Trail. World Book Co., Yonkers-on-Hudson

Miller EE, Richard M, Highsmith Jr. (1950, Feb) The hop industry of the Pacific coast. J Geogr 49(2): 63-77

Mittleman A (2008) Brewing battles: a history of American beer. Algora Publishing, New York

Myrick H (1904) The hop: its culture and cure, marketing and manufacture. O. Judd Co., New York (1899 printing)

Neve RA (1990) Hops. Chapman and Hall, London

New English Hop Doing Well Here (1937, March) The pacific hop grower

Ogle M (2006) Ambitious brew: the story of American beer. Harcourt, Orlando

Pfaff CE (2002) Harvests of plenty: a history of the Yakima irrigation project, Washington. U.S. Department of the Interior, Bureau of Reclamation, Denver

Rorabaugh WJ (1979) The alcoholic republic: an American tradition. Oxford University Press, New York

Steiner SS (1973) Inc. Steiner's guide to American hops. S. S. Steiner, Inc.

Steiner SS (2004) Inc. Steiner (revised edition). S. S. Steiner, Inc.

Tomlan MA (1992) Tinged with gold: hop culture in the United States. University of Georgia Press, Athens

United States. Department of Agriculture (1971) Hops: by states, 1915-69. United States Department of Agriculture, Statistical Reporting Service, Washington

Vaught D (1999) Cultivating California: growers, specialty crops, and labor, 1875-1920. Johns Hopkins University Press, Baltimore

The Wheatland Historical Society (2009) Wheatland. Arcadia Publishing, Chicago

Wye College Department of Hop Research (1953) Annual report, 1953. Wye College Department of Hop Research, Wye, England

9.

스윗워터, 마운틴 스프링스, 그레이트레이크스: 맥주 브랜드의 수문지리

제이 가트렐Jay D. Gatrell, 데이비드 네메스David J. Nemeth, 찰스 예거Charles D. Yeager
벨라민대학교, 털리도대학교, 미주리 남부 주립대학교

| 요약 |

맥주와 맥주 양조장의 지리는 많은 산업과 마찬가지로 역사적으로 천연자원과 중요한 투입물의 입지, 특히 강과 연결되어 있다. 맥주와 다른 부패하기 쉬운 식품들이 역사적으로 지방 소비자 시장을 위해 생산되었지만 신기술, 유통망 그리고 다국적 기업들은 시장을 상당히 변화시켰고 그 결과로 세계적인 소비자 수요에 서비스를 제공하는 몇몇 초대형 맥주 양조장이 시장을 지배하게 되었다. 그러나 새로운 틈새시장이 출현하고 소형 맥주 양조장이 성공하면서 지역 및 지방 수제 맥주 생산 시설이 폭발적으로 증가하였고 지방의 개울, 샘, 호수가 새롭게 주목받게 되었다. 이 장에서는 장소와 산업의 교차 그리고 경쟁적 마케팅 전략과 전술의 지리심리학을 이해하기 위해 선정된 지방, 지역, 심지어 전국적 제품의 도상학(iconography)과 관찰된 '수문지리'를 조사한다.

서론

고대 메소포타미아의 전사, 중세 트라피스트 수도사, 미국의 '19세기 개척 시대에 개발된 서부'의 정착민 또는 제3세계에 맹신하는 현대의 세계를 여행하는 사람이 당신에게 말할 것처럼, 맥주를 마시는 것은 보통 현지의 물보다 더 좋고 안전하다. 하지만 물, 맥주 그리고 각각의 인지된 품질은 아이러니하게도 서로 밀접하게 연결되어 있다. 이 장에서는 맥주의 독특한 지리, 더 정확하게는 수문지리가 시간과 공간에 걸쳐 아주 조금 변해 온 것을 살펴볼 것이다. 우리는 미국 맥주 산업과 그것의 세계적 맥락을 분석 틀로 사용하면서 '더 지방적인' 지역 수제 맥주, 브랜딩, 세계 시장에서 기업(과 맥주 양조회사)의 경쟁력에 영향을 미치는 장소와 산업 간의 지속적인 상호 작용의 입지적 특성과 관련된 도상학(iconography)을 조사한다.

입지론과 미국 맥주

> 지리적인 면에서 성장은 품질 좋은 제품을 생산하고 선적하는 우리의 능력에 달려 있다.
>
> 잉링(Yuengling 2012)

모든 초보 경제지리학자가 배우는 첫 번째 가르침 중 하나는 베버의 공업 입지론이다(Chapman and Walker 1991; Gatrell and Reid 2004 참조). 베버의 이론은 공업이 운송 비용을 최소화하는 입지를 찾아서 생산을 최적화하는 것을 추구한다고 가정한다. 특정 시설의 정확한 입지는 최종 제품이 공업 투입물(즉 자원) 및 시장(즉 소비자)과 비교하여 중량을 증가시키는지 또는 감소시키는지에 따라 달라진다. 중량을 증가시키는 제품은 감소시키는 제품보다 소비자 시장에 더 가까이 입지한다. 음료는 중량을 증가시키는 제품의 한 예이며, 생산 시설은 최종 시장에 더 가까이 입지한다. 이와는 대조적으로 석유화학제품(특히 천연가스 액체)은 중량을 감소시키는 제품의 한 예이며 소비자 시장에서 더 멀리 입지할 수 있다. 맥주는 많은 공산품과 마찬가지로 제조 과정 전반에 걸쳐 상당한 양의 물을 소비하며 1파인트의 최종 제품을 생산하기 위해 8~24(약 90리터)갤런의 물을 필요로 한다. 간단히 말해서 물은 무겁고 맥주 생산은 시장 중심이다. 결과적으로 버드와이저(Budweiser)의 상표를 검토해 보면 브랜드와 기업 신화가 미주리주 세인트루이스[1]에 있는 역사적인 세계 본사를 중심으로 전개되고 있지만, 라거는 더 많은 지방 시장에 서비스를 제공하는 다른 12개의 국내 생산 시설 중 하나에서 생산될 가능성이 높다는 것을 밝힐 것이다(Anheuser-Busch 2012). 버드와이저 브랜드 맥주는 생산 시설 외에도 캔, 병 및 뚜껑을 생산하고 재활용하는 10개의 다른 시설을 포함하는, 훨씬 더 큰 수직적으로 통합된 제조 시스템의 한 구성 요소이다. 애틀랜타의 코카콜라와 같은 탄산음료와 기업의 지리적 브랜드의 분포에 대해서도 마찬가지이다(The Coca-Cola Company 2012). 코카콜라는 전 세계에 300개 이상의 병입 장치를 갖고 있는 것을 자랑한다.

---

1 오늘날 버드와이저는 현재 유럽에 본사를 둔 글로벌 앤하이저 부시 인베브(ABInBev: Anheuser-Busch InBev)의 브랜드이다.

맥주 산업이 이제는 세계적이지만,[2] 100년 전에는 여러분이 선택한 음료가 지방의 수자원을 이용하여 집에서 상당히 가까운 곳에서 생산되었을 가능성이 더 높았다. 자원 문제를 넘어 음료의 지역 지리도 용량, 교통 그리고 쉽게 당연시되는 다른 일상적인 현실에 의해 주도되었다. 이러한 현실에는 1900년대에는 이용할 수 없었던 기술이 풍부한 세계 경제 및 다중 방식 교통망의 효율성이 포함된다. 이와 같이 생산, 시장 및 자원 간의 관계는 매우 중요했다. 그러나 심지어 오늘날에도 D.G. 잉링앤선(Yengling & Sons)과 같은 지역 수제 맥주 양조장의 실상은 그들의 시장에 존재하는 고유의 공간적 한계를 계속해서 보여 주고 있다. 현재 미국 맥주 산업이 소수의 미국과 유럽 다국적 기업에 의해 지배되고 있는 반면에, 맥주 산업의 공간적 역동성은 역사적으로 분화되었고 맥주 산업은 소기업과 기업가들에 의해 지배되었다. 1870년에 미국맥주양조장의 총수는 3,286개로 정점을 찍었다(Stack 2003). 이 맥주 양조장들의 대부분은 강, 호수, 샘, 그리고 풍부한 지하수 자원에 접근할 수 있었다. 마찬가지로 맥주 양조장은 종종 지역적으로 곡물 제품의 지리와 관련이 있었다. 곡물은 중량이 감소하는 '농촌' 제품이고 물은 최종 제품에 중량을 더하기 때문에 맥주 양조장은 일반적으로 도시와 더 큰 타운에 위치했다.

자연지리를 넘어서, 경제 활동으로서 맥주 양조의 확장은 미국으로의 새로운 이민자들의 유입과 일치했다. 반면 맥주는 식민지 기간 처음에 네덜란드인과 영국인에 의해 미국으로 들여 왔다. 지방에서 생산이 폭발적으로 증가한 것은 1800년대 중반 독일인 이민의 큰 물결에 따라 일어났다(Stack 2003; Healy 2000; Holian 1990). 이와 같이 맥주의 지리는 국가의 역사적인 정착지(주로 오하이오강과 미시시피강 유역과 오대호를 따라)와 유사하다. 이 지역들은 인디애나, 켄터키, 오하이오, 일리노이, 아이오와와 같은 주에서 지역적으로 재배된 곡물에 접근성을 제공했으며, 필수적인 풍부한 물을 제공했다. 추가로 동부 펜실베이니아, 뉴욕, 뉴저지 북부의 독일인 정착 패턴은 맥주 양조장이 "동부에서 벗어나서" 한때 아주 집중(그러나 지금은 거의 없는)하는 데 기여했다. 남북 전쟁 이후, 맥주의 지리는 서부로 이동하였다. 이후 맥주의 지리는 주로 독일인 이민자들과 콜로라도주 골던(Adolph Coors and Jacob Schueler 1873-Coors) 및 워싱턴주 텀워터(Leopold Schmidt 1896-Olympia)와 같은 지역의 물과 관련이 있었다.

서부에서 온 몇 개의 맥주가 전국의 시장을 차지했지만, 1980년대까지 금주법 이후의 시대를 지배했던 대부분의 전국적 브랜드는 북미 제조업 중심부의 기본 지리를 공유하는 이 역사적인 '맥주 지대'에서 비롯되었다. 맥주 지대의 주요 생산자 및 역사적으로 중요한 기업은 다음과 같다. 밀러

---

2 맥주 산업의 세계화는 다른 장에서 심도 있게 다룰 것이다.

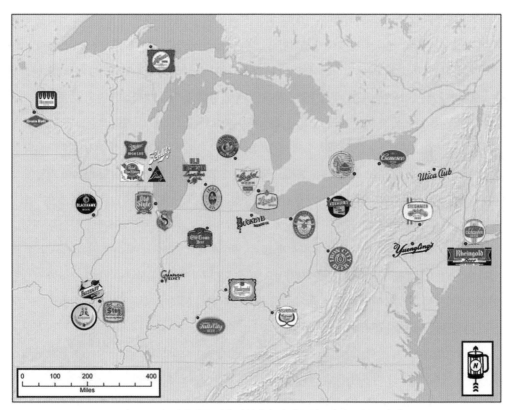

그림 9.1 1950년경 맥주 지대 전역에 수변 맥주 양조장과 그 분포의 예

(Miller, 밀워키), 버드와이저(세인트루이스), 스트로(Stroh's, 디트로이트), 쉴리츠(Schlitz, 밀워키), 팔스타프(Falstaff, 세인트폴), 블라츠(Blatz, 밀워키), 햄스(Hamm's, 세인트폴) 그리고 셰퍼(Schaefer, 뉴욕시)를 포함한 몇몇 유명한 동부 해안의 맥주 양조장들이 있다(그림 9.1).

그러나 1970년대 이전에는 맥주 산업이 고도로 지역화되었고 이 분야의 역사지리적 공간 분화를 반영했다. 많은 인지도 있는 지역 맥주 양조업체들이 더 이상 존재하지 않지만, 몇몇 지역 맥주들은 대형 맥주 양조업체의 브랜드 포트폴리오에서 유지되고 있고 몇몇은 독립적으로 지속되고 있다. 호숫가와 강가의 지역 맥주 양조업체의 예는 다음과 같다. 샴페인 벨벳(Champagne Velvet: 인디애나와 일리노이), 라인골드(Rheingold: 뉴욕과 뉴저지), 아이언시티 비어(Iron City Beer: 피츠버그), 잉링(Yuengling: 필라델피아, 뉴저지 남부, 델라웨어), 론스타(Lone Star: 텍사스), 허디(Hudy: 신시내티) 등이 있었다.

1970~1980년에 맥주 양조업자들 사이의 경쟁이 증가하였고 운송 수단이 개선되었으며 생산 공

정이 더 효율적으로 되었고 새로운 방부제와 공정이 맥주의 유통기한을 연장함에 따라 맥주 양조산업은 상당히 통합되었다(Greer 1981). 오늘날 구조조정은 산업을 극적으로 변화시켰고, 그 결과는 구르비쉬(Gourvish)가 "과점"이라고 부르는 것이었다(1984, p.253). 1984년 이래로 한때 인기 있었던 지역 맥주 양조업체의 통합은 북미 전역(미국, 캐나다, 멕시코)에서 가속화되어 수백 개의 전국 또는 한때 지역 브랜드를 책임지는 소수의 지배적인 회사들이 생겨났다. 현재 주요 기업으로는 앤하이저-부시 인베브(벨기에 본사), 사브밀러, 팹스트(현재 로스앤젤레스 소재), 몰슨 쿠어스(Molson Coors: 사브밀러와 미국에서 공동 운영) 등이 있다. 그 결과 현재 대형 맥주 양조장과 지역 수제 맥주 생산업체를 모두 포함하여 132개의 독립 맥주 양조장만이 존재한다(Stack 2003; U.S. Brewer's Association 2012). 이는 유통망이 제한된 소형 맥주 양조장까지 합하면 1,054개로 늘어난다. 한편 1970년대 업계의 역대 최저 총계(금주법 시대 제외)는 89개였다(U.S. Brewer's Association 2012).[3]

수제 맥주 양조장은 자가 맥주 양조장을 허용한 1979년의 H.B. 1337 법령 통과 이후 상당히 성장했다. 지역 수제 맥주 산업은 1984년 새뮤얼 애덤스(Samuel Adams)의 보스턴 라거(Lager)가 출시되면서 1980년대에 폭발적으로 증가하였다. 보다시피 지역 수제 맥주 산업의 출현은 산업과 지리 그리고 자원과 아이콘으로서 물과의 관계를 변화시켰다.

'맥주 지대'에서 맥주 양조장 부지의 지리수문학

물은 맥주의 주요 재료이며, 미국의 상업적 양조장 부지에서 맥주 생산 과정에 필수적인 역할을 한다. 앞서 논의한 바와 같이 좋은 맥주를 양조하기 위한 충분한 양의 적절한 물과 다른 필수적인 필요 조건(예를 들어 얼음을 만드는 것)에 대한 직접적인 접근은 한때 역사적인 공업도시에서 양조장의 부지 선정을 위한 주요 고려 사항이었다. 따라서 우리는 중서부 '맥주 지대'로 정의되는 한 지역의 경계를 획정하고 지도화했다.

맥주 지대의 기원을 공유하는 인기 있는 지방, 지역 및 전국적 맥주 브랜드와 관련된 많은 상징적인 상표와 표어는 1950년대에 여전히 남아 있는 우리의 맥주 지대 지도에 있는 대규모 상업적 맥주 양조장들(쉴리츠, 블라츠, 팹스트)에 의해 예시된 것처럼 대중들의 마음속에서 원래 건설되었을 때 맥주 양조장 부지의 지하수 덕목과 관련이 있다. 실제로 맥주 지대의 맥주 양조장 부지에서 지리수문

---

3 이 집계된 수치는 단일 사이트 또는 기업 소유 사이트의 체인을 벗어나는 유통과 관련이 없는 자가 양조 맥줏집(brewpubs)을 제외한다.

학(지하수 공급원)의 중요성은 한때 주요 입지 결정 요인이었다. 그러나 역사적인 맥주 지대 전역에서 맥주를 양조하기에 적합한 담수의 공급원은 시간이 지남에 따라 변화해 왔다. 맥주 양조장들은 원래의 지하수 공급원을 버리고 물 필요를 충족시키기 위해 호수, 개울 또는 저수지 등에서 물을 공급했다. 오늘날 맥주 양조장의 현장 지하수 사용은 급격히 감소하여 양조 과정에서 사용되는 대부분 물은 지방자치단체가 공급하고 처리한 지표수(즉 '수돗물')로 구성되어 있다. 우리가 논의한 바와 같이 대규모 맥주 양조장을 위한 양조수의 공급원은 시간이 지남에 따라 변화해 왔으며, 이러한 변화는 지리, 기술 및 시장의 변화에 따른 결과이다.

산업화되고 있는 맥주 지대 도시에서 상업적인 맥주 생산과 소비의 성장은 19세기 중반에 본격적으로 시작되었다. 유명한 밀워키 맥주 양조장들은 1849년에 쉴리츠('밀워키를 유명하게 만든 맥주') 맥주 양조장의 건설과 함께 중서부 호변 맥주 붐의 시작을 보여 준다. 19세기 중반 이전에 중서부에서 소규모 맥주 양조업의 촌스러운 역사는 이 장의 부족한 지면에서 자세히 다룰 수 없다.

물: 장소와 아이콘

하늘 같은 파란 물의 땅에서–

미네소타 세인트폴, 햄스

로키산 순수 샘물로 양조된–

콜로라도 골든, 쿠어스

맥주가 90~95%의 물을 함유하고 있다는 점을 고려할 때, 수질과 물의 특정한 지구화학은 시간이 지남에 따라 원래 고품질의 양조 맥주를 유지하기 위해 매우 중요하다. 「라인하이트게봇」(Reinheits-gebot) 또는 독일 순수령에 따르면, 양조자들이 사용할 세 가지 재료는 물, 보리 그리고 홉이다.[4] 양조법이 바뀌어 지금은 쌀, 밀, 호밀, 옥수수, 수수, 효모 그리고 심지어 고급 정화제와 같은 다양한 맥

---

4 「라인하이트게봇」은 파스퇴르가 발효 과정에서 효모의 역할을 발견하기 훨씬 전부터 독일에서 시행되고 있었다. 그 후 효모는 독일에서 맥주를 구성하는 법적 정의에서 필수적인 네 번째 재료로 인식되었다. 미국에서 맥주의 법적 정의는 놀랄 것도 없이 훨씬 덜 엄격하다. 이론적으로 모든 것이 미국 양조 맥주에 들어가고 일부 수제 맥주 상표는 주변부 인구를 끌어들이기 위해 불순물을 홍보하기도 한다.

아와 맥아되지 않은 곡물을 포함하고 있지만, 물은 유일한 상수로 남아 있다. 지하수, 유수, 정수의 다양한 성질을 고려할 때 맥주의 수문지리를 둘러싼 신화는 과학, 브랜딩 그리고 맛의 삼등분으로 되어 있다. 게다가 물과 맥주의 수문지리는 또한 모든 맥주 양조업자들이 점유하고 있는 틈새시장과 밀접한 관련이 있다.

처음부터 요령이 있는 기업가들은 수질과 시설의 자연지리가 마케팅에 이용될 수 있다는 것을 인식했다. 맥주 양조 과정은 시간이 지남에 따라 거의 변화하지 않았고 산업에 대한 주요 문화적 영향(예: 독일인)이 라거 스타일의 지배로 이어졌지만, 브랜딩은 중요해졌다. 많은 정보에 정통한 맥주 양조장 소유자들에게 시설의 자연지리와 그 주변 지역은 그들의 제품 마케팅을 구성하는 주요 결정 요인이 되었다.

브랜드를 강조하더라도 물의 지리수문학은 중요하다. 수질은 맛에 영향을 미치며, A 위치에서 개발된 많은 양조법의 전반적인 성공은 B 위치에서 양조된 것만큼 성공적이지 않을 수 있다. 결과적으로 새로운 시설을 위한 부지 선정은 중요한 결정이다. 시에라네바다(Sierra Nevada)의 경우, 캘리포니아 치코를 넘어 동부 해안에서 생산을 확대하기로 한 결정은 고품질 수원을 찾는 것과 밀접한 관련이 있었다(Glancy 2012). 실제로 이 기업 브랜드는 시에라네바다산맥 꼭대기에서 녹고 있는 눈덩이로 뒤덮인 들판에서 공급되는 개울의 이미지가 품질과 밀접하게 연결되어 있다. 선정된 부지는 시의 수원지에 접근할 수 있었지만 회사는 우물을 파기로 결정하고 '큰 자갈이 들어 있는 빙하 대수층에 부딪혔고, 지하에서 이 대수층 자갈이 발견된 것은 매우 드물어서 꽤 경이롭다'고 보고했다(Glancy 2012). 입지 문제 외에도 원래의 고품질을 유지하는 것도 중요한 이슈였다. 위드머 브라더스(Widmer Bros) 맥주 양조장은 오리건주 포틀랜드에서 불소화 방지 캠페인에 적극적으로 참여하게 되었다(Anderson 2012). 위드머는 이러한 노력이 맛이나 향에 영향을 미치지 않을 것이라고 주장하지만, 그들의 대변인은 여전히 '우리에게 큰일'이라고 주장하고 회사는 제안된 물 처리에 반대했다(Anderson 2012).

지역 수제 맥주 양조업체인 시에라네바다가 채택한 접근 방식과 달리 대형 맥주 양조업자가 취한 접근 방식은 확실히 더 자유롭다. 품질이 아니라 양과 비용이 주요 관심사이다. 대형 맥주 양조업자들은 수질이 주요 관심사가 아니라는 생각을 두고 논쟁을 벌였을 것 같다. 그러나 그들의 주장은 그들의 특정한 시장 위치에 크게 의존했을 것이고, 그렇지 않으면 생산 시설의 위치가 최소한의 비용 조건을 충족시키고 전국 시장을 향상시켜야 한다는 사실을 시사한다. 지난 30년간 산업이 통합되면서 대형 맥주 양조업자의 브랜드와 관련된 지리와 물은 생산량이 대형 맥주 양조업자의 비즈니스 모델을 지배하고 있기 때문에 최종 가격에 별로 중요하지 않았다. 원래 워싱턴주 텀워터에서 양조된

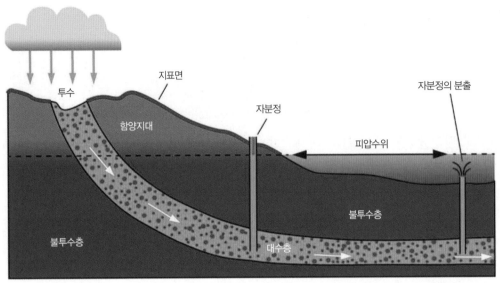

그림 9.2 아르투아식 우물(자분정)

올림피아(Olympia) 맥주는 기업 경영자들이 농담으로 '아르테시안(Artesians)'이라는 신화 속에 나오는 아르투아식 우물(즉 불투층을 통해 접근되는 지하수 자원이며 지하수면 아래에 위치할 때 양압에 의해 특징지어진다. 그림 9.2 참조)과 관련된 순수성과 품질은 '그것은 물이다'라고 분명히 보여 주는 브랜드의 주요 구성 요소였다. 이 브랜드는 오늘날에도 여전히 사용 가능하지만, 비록 상표가 여전히 '그것은 물이다'라고 분명히 보여 준다 하더라도, 아르투아식 우물에 대한 언급 없이 팹스트에 의해 캘리포니아 어바인에서 생산된다.

그림 9.3 롤링락의 병 사진

롤링락(Rolling Lock: 그림 9.3)은 올림피아와 마찬가지로 1990년대 후반까지 지역 맥주 양조업체였으며 전문(speciality) 맥주와 지역 수제 맥주의 확장으로 전국적인 관심을 받았다. 펜실베이니아주 남서부에 위치한 라트로브(Latrobe) 맥주 양조회사에서 양조했기 때문에 이 회사는 유리로 된 탱크와 산속에 있는 샘을 배경으로 한 순수성을 주제로 삼았다. 오늘날 롤링락은 앤하이저-부시 인베브 포트폴리오에 포함되어 있으며, 예전 라트로브의 산속에 있는 샘에서 수백 마일 떨어진 뉴저지에서 생산된다. 맥주 애호가들에 따르면,

두 맥주의 맛과 브랜드는 어려움을 겪었다. 역사적인 지역에서 브랜드와 생산 과정이 분리되면서 전통적인 지역 시장에서 경쟁하기가 더욱 어려워졌고 지방 주민들의 브랜드 충성도가 감소했다(Francis 2011).

따라서 우리는 물이 지리와 마찬가지로 중요하다고 주장한다. 맥주는 브랜드 이상의 것이다. 그것은 특별하고 확실히 지역적이다. 양질의 물과 미네랄의 균형을 맞춰 맥주를 빚는 것도 필수다. 사실 특정 지역은 역사 그 자체 때문이 아니라 지구화학 때문에 오랫동안 특정 스타일의 맥주와 연관되어 왔다. 인터넷 서핑을 하면 초보 구글러조차 황산염과 염화물을 함유하는 버턴 온 트렌트에서 물의 주목할 만한 경도가 고품질의 페일 에일을 생산하는 반면, 뮌헨의 라거는 탄산염의 결과라는 것을 확인할 수 있다. 맥주 양조자의 편람에 따르면, pH, 알칼리도, 경도(일시적 및 영구적) 및 미네랄(칼슘, 마그네슘, 나트륨, 황산염, 염화물, 칼륨, 질산염, 아질산염, 철, 구리, 아연)이 맥주의 맛과 향에 기여한다(Goldhammer 2008). 어떤 경우에는 특정한 화학 물질(또는 '물 처리제'의 조합)이 발효에 영향을 미치거나 맛을 향상시킨다. 철 등의 경우에, 결과는 금속 맛이 될 수 있다. 더 나쁜 것은 골드햄머(Goldhammer 2008)가 지적한 바와 같이 황산염을 함유한 물로 양조된 맥주는 설사를 유발할 수 있다. 운좋게도 물 처리는 낮은 수질 문제를 해결할 수 있지만, 미네랄의 농도를 감소시키거나 다른 원하지 않는 특성을 들여올 수도 있다. 실제로 지방 광물의 맛과 부식 문제는 오리건주 포틀랜드의 불소화 방지 계획에 반대를 부추기고 있다.

수질에 대한 직접적인 호소에도 불구하고(그림 9.4), 수질을 둘러싼 표현과 인식은 오랫동안 맥주 품질과 연관되어 왔다. 지역 수제 맥주 양조장의 확장과 소형 맥주 양조장의 폭발적인 증가로 지리와 물이 브랜드와 점점 더 연결되고 있다(Chappell 2012). 버드 라이트(Bud Lite) 캔들은 지나치게 세련된 기업 로고를 특징으로 하지만, 수제 맥주 양조장은 종종 자연지리와 그것의 표현을 통해 어느 정도의 신뢰성을 얻는다. 많은 경우 자연지리와 관련된 이미지는 물을 강조한다. 이는 현존하지 않는 많은 지역 브랜드에 반영되어 있다. 지역 브랜드 충성도를 높이기 위해 소형 맥주 양조업체와 지역 수제 맥주 양조업

그림 9.4 곡물 지대 맥주 광고(미네소타주 미니애폴리스)

체들은 지리와 특정한 지역적 특성[즉 '북부' 호수의 청정 자연 또는 인근 스윗워터(Sweetwater) 개울에서 파생된 애틀랜타의 스윗워터(Sweetwater) 맥주 양조장과 같은 지리적 특성]을 강조한다.

자연에 대한 이상적인 표현과 이러한 지역이 어떻게 브랜드를 강화하는지는 수제 맥주 양조업체와 소형 맥주 양조업체를 '기타'(대형 맥주 양조업체가 아닌 것으로)로 설정함으로써 시장에서 수제 맥주 양조업체를 차별화한다. 실제로 이국적인 다른 지역 수제 맥주 양조업체 정체성의 강점은 창의적으로 이름을 붙인 자회사 아래 많은 가짜 수제 맥주를 탄생시켰고, 때로는 미끼로 알려져 있는 역사적으로 중요한 지역 브랜드나 이름을 부활시키기도 했다(Kesmodel 2007). 이들 미끼 브랜드의 예로는 배치 19(Batch 19: SABMiller), 헨리 와인하드(Henry Weinhards: SABMiller), 블루문(Blue Moon: SAB-Miller), 와일드홉 라거(Wild Hop Lager: ABInBev), 라이넨쿠겔(Leinenkugel: SABMiller) 등이 있다. 어떤 사람들은 새뮤얼 애덤스(현재 ABInBev 소유)가 가짜 수제 맥주 중 가장 성공적인 예라고 주장했을 것이다.

수제 맥주 시장은 또한 기술적으로 그리고 아마도 법적으로 수원에 의해 차별된다. 예를 들어 앵커 스팀(Anchor Steam)은 '물'이 '수제 맥주'와 '더 나은 양조 맥주'(즉 고급 대형 양조 맥주) 시장을 구별한다고 주장했다. 2011년 보스턴(Boston) 양조회사(SABMiller의 자회사)와 소송의 일부로서 앵커 스팀은 그들의 단일 생산 시설과 유일한 수원이 그들의 '수제 맥주' 제품 및 시장과 새뮤얼 애덤스에 의해 사용된 대량 생산의 다중 시설 모델을 차별화시켰다고 주장하였다(Sankin 2011). 비경쟁적 협정과 고용 분쟁과 관련된 법적 논거는 수제 맥주와 소형 양조 맥주는 단일 수원으로 생산되는 반면, '더 좋은 맥주' 양조업자는 여러 수원을 사용하여 여러 장소에서 맥주를 생산한다는 주장에 크게 의존했다. 이러한 논거가 가치가 있다고 가정할 때, 물의 사회적 구성과 맥주의 수문지리는 맛과 품질의 문제를 넘어 사회공간적 함의를 갖는다.

역사적으로 뒤돌아본 맥주 지대의 생산 입지

충분한 양의 식수에 대한 접근은 전 세계적으로 그리고 중서부에서 성공적인 인간 정착의 역사를 설명한다. 중서부의 역사적인 유럽인 정착지들은 대부분 지표수에 가깝거나, 지하수면이 높고, 지하수원을 이용하기 위해 얕은 우물을 파서 식수에 쉽게 접근할 수 있었다. 하지만 새들처럼 인간들은 자신의 둥지를 더럽히는 것으로 악명 높다. 안정적이고 성장하는 정착지와 인접한 지표수(샘, 연못, 강, 개울 그리고 호수)는 교통 목적으로 가장 유용했지만, 시간이 지남에 따라 주거, 상업 및 산업 오염의 집중으로 인해 점점 더 식수로 사용할 수 없게 되었다. 예를 들어, '밀워키'라는 이름은 '호수 옆의 정착지'를 의미하는 아메리카 원주민 단어에서 유래되었다. 많은 중서부 호숫가 도시들을 대표하는 밀워키는 양조장, 제혁소, 육류 포장 공장과 같은 습식 산업 덕분에 일찍부터 인구가 증가하고 번영했다. 맥주 지대 도시의 습식 산업은 처음부터 많은 물을 요구했고 많은 하수를 생산했다.

쉴리츠 맥주 양조장이 건설되기 전, 서부 오대호 지역에 정착한 인디언과 유럽인 정착민들은 옥수수와 꿀 맥주, 보리 와인, 원시 에일과 같은 발효 음료를 생산했다. 이 가정 양조 맥주들은 상하기 쉽고 마시기에 안전하지 않기로 악명 높다. 그 후 독일인들(쉴리츠, 블라츠, 팹스트 등)이 등장했고, 그들과 함께 세련된 상업적 맥주 생산과 대량 소비를 위한 맥주 양조에 초점을 맞춘 소비 문화가 생겨났다.

독일 맥주 문화는 물질적 요소(맥주 양조장, 옥외 탁자), 사회적 요소(맥주 축제) 그리고 정신적 요소(독일 라거 양조법)의 특성 복합체였다. 맥주 양조 마스터의 정신적 요소에는 다양한 양조수와 그 처리법에 대한 개인적이고 상세한 지식이 포함되어 있다. 이 지식은 이민자 맥주 양조 마스터와 함께 길고 힘든 견습 기간을 통해서만 얻을 수 있었고, 맥주 지대의 다양한 장소에서 다양한 학습 경험이 뒤따랐다. 실제로 중서부에 도착한 많은 독일인 이민자 맥주 양조업자들은 처음에는 눈에 띄게 자유로웠으나 나중에 결혼하고 정착했다. 젊은 이민자 맥주 양조업자들은 중서부 전역에서 양조장에서 양조장으로 옮겨 다니며 더 많은 명성이 있는 직장, 더 나은 임금 그리고 더 나은 평판을 추구했다. 그들은 긴 여정 동안 맥주 양조장의 지역 상수원이 얼마나 독특한지 알게 되었다. 지리수문학은 다음과 같다. 예를 들어, 맥주 양조장의 부드러운 물은 맛있는 독일 스타일의 라거 생산에 유리했다. 종합하면, 양조수의 구체적인 구성은 장소와 시기에 따라 달랐다. 이러한 지리적 및 시간적 차이의 실질적인 의미는 섬세하고 원하는 양조 맛과 최종 제품의 적절한 선명도를 달성하기 위해 물 처리를 필요로 했다.

따라서 식수 공급원은 소비자들이 훌륭한 맛을 가진 것으로 인식하는 좋은 독일 라거 맥주를 양조하기에 반드시 충분히 적합한 것은 아니다. 복잡한 비율의 적절한 맥아, 홉 그리고 효모(라거 양조법)뿐만 아니라 현지의 물 성분도 양조자의 마법의 일부이다. 그 결과는 지속적으로 풍미가 좋고 인기 있는 라거 맥주이다. 그것은 또한 지방적으로, 지역적으로 그리고 21세기에 국가적으로 또는 심지어 전 세계적으로 상업적 성공의 비결이기도 하다.

물의 지리심리학: 맥주 이야기

우리의 맥주 양조 문화 이야기에 대한 필수적인 서문에서 맥주 양조를 위한 지리수문학적 조건을 다루었다. 즉 인기 있는 양조수 구전 지식의 특징을 알기 위해 선정된 맥주 지대 양조장의 위치에 초점을 맞춘 이야기이다. 이 이야기는 간결하게 맥주 양조장 부지에서 물의 지리심리학으로 간주될 수 있다.[5]

그림 9.1과 9.2는 그렇게 제시할 수 있지만, 상업적 맥주 양조(또는 그 지리심리학)에 대한 수문지리적 서술은 지하수의 지구과학에 대해 엄격하게 다룬 적이 없다. 순수한 물은 본질적으로 존재하지 않는다. 자유로운 환경의 항상 물은 불순물을 포함한다. 주로 안전성과 맛을 이유로 맥주 생산 과정에서 항상 물 처리가 필수적이었다. 오늘날 맥주 양조장의 물 처리(필터, 화학 첨가제, 온도 조절)는 빗방울로 시작하는 양조수의 성분을 더하거나 감한다. 구름과 맥주 양조장 사이에서 빗방울은 세계의 도시화된 양조장으로 가는 다양한 여정 동안 점점 더 많은 불순물을 얻어 지표수 또는 지하수로 합쳐진다. 이제 그림 9.2를 약간 수정하여 지표면에 양조장이 있는 인간 거주지를 묘사한다고 상상해 보자. 런던, 베를린, 밀워키와 같은 크기의 도시 거주지에서 양조장 부지의 지하수는 거주지 아래 지하수와 거주지 주변 또는 내부의 지표수에 유기 및 기타 불순물을 집중적으로 추가한다. 지하수를 통해 상업용 대도시 맥주 양조장에 도착하는 빗방울의 여정은 맥주 양조장의 취수관에 마지막으로 접근할 때 오염되고 버려진 산업 부지를 통해서 흘러가야 한다.

여담으로 그리고 수질의 중요성을 강조하기 위해, 모든 지리학자들은 지금의 런던 소호에 있는 악명 높은 브로드 스트리트 펌프를 특별히 다루는 의사 존 스노(John Snow)의 지도에 대해 들어본 적이 있다. 스노는 1854년 런던에서 심각한 전염병이 발생했을 때 콜레라 사망자의 분포를 지도로 표시했고, 그 근원이 브로드 스트리트(현재의 브로드윅 스트리트)의 오염된 펌프였다는 것을 알아냈다. 어떤 사람들은 그의 지도가 최초의 지리정보시스템(GIS)이었다고 주장한다. 원본 지도를 자세히 보면, 아주 가까운 거리의 블록에 위치한 맥주 양조장을 볼 수 있을 것이다. 여기는 라이온(Lion) 양조장이었다. 스노는 콜레라 발병 당시 직원이 70명이었으며 맥주 양조장 노동자들 중 사망자는 관찰되지 않았다고 언급했다. 그들의 고용주는 그들이 밖에 있는 펌프에서 지하수에 접근하는 대신 작업 중에 갈증을 해소하기 위해 맥주를 마시게 했다. 오늘날 우리는 맥주를 좋아하는 모든 지역의 지리

---

5 지리심리학의 개념은 활용도가 낮지만, 일상적인 세계 경제에 내재되어 있고 환경과 경제 사이의 관계를 본질적으로 탐구하고 관찰된 경제적 과정과 관련된 사회공간적 인식[또는 Keirsey(1997)의 주장처럼, 정치적 과정과 관련된 사회공간적 인식]을 탐구하기 때문에 유용하다(Gregor 1967 참조).

학자들이 그를 기리기 위해 이름 붙인 펌프로부터 길 건너편에 있는 술집에서 존 스노를 추모하기 위해 1파인트를 들고 있을 수도 있다고 하겠다.

일부 지역의 수제 맥주 양조업자들은 이중 반전의 지리심리학적 마케팅 전략을 채택했지만(그림 9.5와 9.6 참조), 대부분 양조업자는 본질적으로 청정한 물에 호소하는 마케팅 부서에 의해 즉흥적으로 만들어진 마법 같은 사실주의를 선택했다. 따라서 맥주의 복잡한 맛이 불가피하게 다른 재료 중에서 조림지, 농경지, 고속도로 유출수, 낙농장 우리, 정원, 교외 바비큐 재, 묘지, 쓰레기 매립지의 흔적을 보유한다는 것을 무시한다.

맥주를 마시는 사람들이 이러한 역사(또는 풍미 증진)를 알고 있는지 여부는 그들의 개별적인 환경 인식에 달려 있지만, 맥주 지대에서 최초의 상업적 양조자가 품질에 대해 '할 수 있는' 것이 거의 없었다는 것을 깨닫는 것이 중요하다. 대신에 초기 맥주 양조자들은 단지 그들의 특정한 양조법과 잘 어울리는, 마실 수 있는 샘과 우물 근처를 선택했다. 예를 들어, 쉴리츠와 블라츠와 같은 독일계 밀워키 맥주 양조장들은 대량의 라거를 생산할 수 있는 장소를 선택했다.[6] 쉴리츠와 같은 초기 맥주는 일관성을 보장하고 품질을 유지하기 위해 풍부한 수자원에 의존했다.

그림 9.5 브라운필드 맥주 양조회사
(인디애나주 인디애나폴리스)

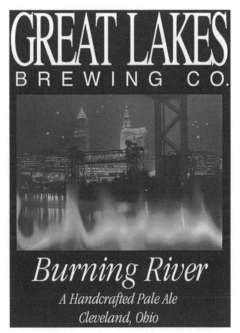

그림 9.6 쿠야호가강의 반어적 상표 표현

---

6 많은 면에서 독일인 이민자들의 역사적인 정착과 북미에서 '라거' 스타일의 맥주 지배는 물, 순도 그리고 품질 사이의 인식된 관계를 강화했다. 작은 회사들에 의해 지방적으로 양조되었지만, 독일 라거 스타일의 시각적 선명성은 지역 전체에 걸쳐 일관되었다. 그러나 최근에는 지역 수제 맥주 시장이 대형 맥주 양조장과 관련된 라거 스타일에서 벗어났다. 그 결과 '동일성'이 아닌 '차이'(즉 시장 차별화)를 강조하고 순수한(그리고 지각적으로 더 많은 수질에 의존하는) 라거에서 더 불투명한 페일 에일, 탁한 벨기에식뿐만 아니라 더 이국적인 양조법으로 전환되었다.

그게 물이었던 적이 있었나?

그렇다. 맥주 지대의 초기 성공을 설명하는 것은 한때 지방 맥주 양조장의 수질이었고, 수질이 마실 수 있는지의 정의와 밀접하게 연관되어 있는 한 그것은 사실이었다. 그러나 요즘에는 대부분은 아니지만 일부 맥주를 성공적으로 판매하는 것은 물에 대한 구전 지식이다. 맥주 지대의 양조 역사에서 최고의 제품은 항상 좋은 제품의 끊임없는 적이었다. 그 지방 맥주 양조장의 양조 맥주 작업장에서의 지리심리학은 변함없이 그들의 맥주가 모든 것 중에서 최고라는 것이었다. 양조장의 물 성분(대부분 지방 샘이나 우물의 풍부함)은 그들의 진실 주장과 양조 맥주에 대한 충성심 뒤에 있는 근거의 큰 부분이었다. 그러나 좋은 양조 맥주가 생산되는 것은 어디에서나 마찬가지였다. 지방의 지리심리학은 좋은 맥주가 최고의 맥주라는 것이었다. 펜실베이니아 남서부를 배경으로 한 영화 〈디어 헌터〉(Deer Hunter: 1978)의 대사가 강조하듯이, 양조 맥주 작업장의 지리심리학은 강력하다.

> 마이클: 맥주는 어떤 걸로 하겠어?
> 린다: 뭐라고? 나는 모르겠어. 상관없어. 어떤 종류든.
> 마이클: 내가 롤링락을 사줄게.
> 린다: 알았어.
> 마이클: 좋은 맥주야, 주변에서 제일 맛있어.

미국의 '독일' 맥주 문화는 포스트모던 맥주 광고의 지리심리학적 상식에 의해 새롭게 '평범한' 맥주 문화로 변화되었는데, 이는 '무엇이든지 상관없는' 대중적이고 다양한 맥주 문화다. 팔라우 맥주 양조회사라는 이름의 한 유명한 남태평양 섬의 지역 양조장은 양조 과정에서 빗물을 독점적으로 사용한다고 자랑한다. 한편 디트로이트 교외의 소형 맥주 양조장은 지방 도시의 수돗물을 사용하며, 위스콘신에서 보리 맥아를, 워싱턴에서 홉을 그리고 시카고에서 효모를 적시에 배달한다는 것을 믿는다.

그것은 물이 아니라 이야기다

청정한 물은 지역 수제 맥주 양조업체와 대형 맥주 양조업자가 시장에서 가치를 더하기 위해 사용한 유일한 전략이 아니다. 실제로 그레이트레이크스(Great Lakes) 양조회사의 버닝리버 페일 에일의 아이러니한 병치는 용감하고 대담하며 도시적이며 확실히 중서부적인 브랜드를 효과적으로 확립하는 역할을 한다(그림 9.6). 이 브랜드는 오하이오의 풍부한 독일 맥주 양조장과 클리블랜드(Cleveland)의 대중문화 르네상스[록앤롤 명예의 전당과 드루 캐리(Drew Carey)의 함성 '클리블랜드 락스!'를 생각해 보라]를 기반으로 물과 무관한 품질의 도시 맥주 양조장을 만든다. 대부분 미국인이 1970년대 쿠야호가강이 불타고 오염이 이리호를 괴롭혔던 사진을 기억하는 반면에 그레이트레이크스 맥주 양조회사는 물을 문제 삼지 않는다. 그렇게 함으로써 그들은 맥주의 맛과 품질에 대해 (자연이 아닌) 맥주 제조업자들이 책임이 있다는 것을 암시한다. 간단히 말해서 맥주를 판매하고 품질을 정의하는 것은 물을 둘러싼 이야기이지 반드시 물이 아니다.[7]

그레이트레이크스의 버닝리버처럼, 워싱턴 D.C.에 위치한 신규 업체는 수상 무대에서 수위를 높였다. 극히 일부 맥주 양조업자들이 지방 도시의 수돗물을 사용하는 것을 공개적으로 인정하지만, D.C. 브라우(Brau)는 마케팅 전략의 일환으로 적극적으로 물을 사용하고 있다(Sidman 2012). 시드만(Sidman 2012)의 기사에 따르면, "DC 브라우의 창립자 브랜든 스콜(Brandon Skoll)과 제프 핸콕(Jeff Hancock)이 거의 60년 만에 처음으로 지역에 맥주 양조장을 열었을 때, 많은 사람이 D.C. 물로 맥주를 만드는 것에 미쳤다고 말했다." 스콜은 "사람들은 D.C. 수돗물이 역겹거나 마시기에 적합하지 않다는 생각을 하는데, 이는 완전히 잘못된 것이다"라고 말했다. "우리는 D.C. 물을 사용하는 것을 부끄러워하지 않는다. 사실 우리는 그것이 자랑스럽고, 그렇게 말하는 것을 두려워하지 않는다." 많은 면에서 지방 맥주의 새로운 지리는 지방 음식 운동의 증가를 반영하고 마케팅과 지방의 매력이 어떻게 부정적인 장소 기반 자원 인식을 능가할 수 있는지를 보여 준다. 마찬가지로 새로운 지방화된 맥주 산업은 물과 품질 사이의 연관성이 점점 더 없어지고 있다는 것을 보여 준다.

맥주 산업에서 신화를 만드는 첫 번째 예 중 하나는 플로리다(Florida) 양조회사(1896~1961)의 맥주, 건강 및 영성 사이의 명백한 연관성이다. 실제로 위키피디아(Wikipedia)는 플로리다 맥주 양조회사 건물이 신성한 공간 위에 지어졌다고 언급한다. "그것은 원래 브룩(Brook) 요새의 군인들에게 물을 공급했던 정부의 샘 위에 지어졌다. 이 샘은 많은 문화권에서 신성한 샘으로 평가되었다. 플로리다의 팔레오(Paleo) 인디언들은 샘의 물이 신성한 자연이라고 믿었다. 그들은 부상과 질병을 치료할 수 있다는 믿음으로 병자와 부상자를 데리고 물에서 목욕을 했다. 거의 모든 인디언 부족들은 샘의 신성함을 존중했고, 따라서 샘 주변의 땅을 아무도 공격하지 않는 평화 지대로 사용했다. 스페인 정복

---

7 그레이트레이크스 맥주 양조회사는 매년 버닝리버 페스티벌을 후원하고 수질 문제에 중점을 둔 수많은 지속 가능성 이니셔티브(initiatives)를 후원한다.

자들은 유럽에서 이러한 이야기들과 다른 것에 영향을 받아, 샘에 숨겨진 수정같이 맑은 젊음의 분수가 있다는 믿음에 빠졌다. 후안 폰세 데 레온(Juan Ponce de León)은 스페인 무적함대와 함께 신화적인 젊음의 분수를 찾기 시작했을 때 이러한 소문을 퍼뜨리는 것을 도왔다. 많은 사람은 여전히 그 샘이 초자연적인 힘을 가지고 있다고 믿는다." 위키피디아가 정통적이지 않은 학술 자원일 수도 있지만, 이 웹사이트는 역사에 대한 대중의 인식을 반영하는데 맥주의 경우 현재는 사라진 브랜드와 관련된 열정도 반영한다. 이와 같이, 플로리다 맥주 양조회사(FBC) 사례는 장소, 역사, 환경 및 지리심리학의 힘 사이에 내재된 연관성을 분명히 보여 준다.

수질에 반대하는 한 가지 논거(또은 아마도 중요성을 감소시키는 논거)는 맥주 양조 기술, 지구화학 그리고 맥주 양조 마스터의 솜씨가 1800년대 이후로 상당히 바뀌었다고 가정한다. 지방의 수질은 역사적으로 통제하기 어려웠을 수 있지만, 물을 정화하고 맛과 향을 보장하는 기술이 존재한다. 실제로 대형 맥주 양조장의 성공은 여러 시설에 걸쳐 고도로 기술적인 품질 체계를 사용하는 것이 세계적인 제품의 일관성을 보장할 수 있다는 것을 실증하고, 현대의 맥주 양조 과정에서 과학이 하는 중요한 역할을 분명히 보여 준다. 이 맥주 양조산업은 역사적으로 기본적인 인간 환경 상호 작용에 의해 정의되었다는 것은 의심할 여지가 없지만, 기술은 자연지리에 대한 그 산업의 의존성을 변화시켰다.

결론

이 장에서는 미국맥주양조장의 입지와 물 투입 사이의 역사적인 연관성 또는 우리가 '맥주의 수문지리'로 개념화한 것을 조사했다. 기술 및 교통 발전뿐만 아니라 세계 산업구조의 변화로 그 연관성은 시간이 지남에 따라 변화해 왔다. 즉 세계화 추세는 고객의 지리적 상상력에서 물과 품질의 관계를 성공적으로 재결합시킨 새로운 지방 및 지역 공간과 시장을 이용할 수 있게 했다. 그렇게 함으로써 새로운 지역 시장은 기업들이 때때로 역사적이고 아이러니하고 불손하지만 반드시 '장소가 될 수 있는(place-able)' 지역에 자리 잡게 했던 맥주의 새로운 지리심리학을 분명하게 드러내 보이는 마케팅 기법을 구사한다는 것을 보여 준다.

참고문헌

Anderson J (2012) Brewers keep spirits up in midst of fluoridation debate. Portland Tribune, August 29. http://www.oregonnewstoday.com/brewers-keep-their-spirits-up-in-midst-of-fluoridation-debate.html. Accessed 31 Oct 2012

Anheuser-Busch (2012) Our company: operations. http://anheuserbusch.com. Accessed 31 Oct 2012

Chappell B (2012). The salt: to grow a craft beer business, the secret's in the water. http://www.npr.org/blogs/thesalt/2012/06/09/154574766/to-grow-a-craft-beer-business-the-secrets-in-the-water

Chapman K Walker DF (1991) Industrial location, 2nd edn. Basil Blackwell, Cambridge

Francis C (2011) 5 years later, LaTrobe still rues the loss of its Rolling Rock identity. The Inquirer, July 22. http://articles.philly.com/2011-07-22/entertainment/29802280_1_latrobe-brewing-rolling-rockcity-brewing. Accessed 31 Oct 2012

Gatrell J, Reid N (2004) The global economy: spatial context and regional change, 2nd edn. Kendall-Hunt, Dubuque

Glancy C (2012) Sierra Nevada finds rich water source. Hendersonville Times-News, July 23. http://www.blueridgenow.com/article/20120723/ARTICLES/120729928. Accessed 31 Oct 2012

Goldhammer T (2008) The brewer's handbook: the complete guide to brewing beer, 2nd edn. KVP Publishers, Clifton

Gourvish T (1984) Economics of brewing, theory, and practice: concentration and technological change in the USA, UK, and Germany since 1945. Bus Econ Hist 23(1): 253-261

Greer DF (1981) The causes of concentration in the US brewing industry. Q Rev Econ Bus 21: 87-106

Gregor HF (1963) Environment and economic life: an economic and social geography. D. Van Nostrand, Princeton

Healy M (2000) The importance of German immigration as a locational factor in the Illinois brewing industry: 1870-1920. Master's research paper, Northern Illinois University

Holian TJ (1990) Cincinnati's German brewing heritage and the German community: a study of their rise, prosperity, decline, and survival. Masters' thesis, University of Cincinnati

Keirsey DJ (1997) Book review. Review of postnationalist Ireland: politics, culture, philosophy, by Richard Kearney. Ann Assoc Am Geogr 88: 339-341

Kesmodel D (2007) To trump small brewers, beer makers get crafty. Wall Street Journal, October 26. http://online.wsj.com/article/SB119335845004872313.html. Accessed 31 Oct 2012

Sankin A (2011) Anchor Steam Lawsuit: Boston Beer accuses iconic San Francisco Brewery of stealing trade secrets. http://www.huffingtonpost.com/2011/11/10/anchor-steam-lawsuit-vs-boston-beercompany_n_1086719.html. Accessed 29 Oct 2012

Sidman J (2012) Something in the water: can "made with D.C. tap water" become a successful marketing slogan?" Washington City Paper, August 10. http://www.washingtoncitypaper.com/articles/43067/something-in-the-water/ Accessed 31 Oct

Stack M (2003) A concise history of America's brewing industry. In EH.NET Encyclopedia, edited by

R.Whaples. http://eh.net/encyclopedia/article/stack.brewing.industry.history.us. Accessed 31 Oct 2012

The Coca-Cola Company (2012) Our company: the Coca-Cola system. http://www.thecocacolacompany.com/ourcompany/bottlersites.html. Accessed 29 Oct 2012

U.S. Brewer's Association (2012) Brewer's association. http://www.brewersassociation.org/pages/business-tools/craft-brewing-statistics/number-of-breweries. Accessed 31 Oct 2012

Yuengling (2012) http://www.yuengling.com/faq

사사

과거의 맥주 상표 이미지는 여러 출처에서 온라인으로 획득되어 "공정한 사용"과 일치하는 방식으로 사용되었다. 특정 상표(작성자의 사진 제외)가 본문에서 개별 이미지로 제시될 때 그리고 제시되는 곳에서 허가를 받았다. 이와 같이 버닝리버 페일 에일의 상표는 그레이트레이크스 맥주 양조회사의 허가를 받아 사용된다. 브라운필드 맥주 양조회사 로고는 회사와 관련된 페이스북 월(wall)에서 다운로드되었으며 존재하지 않는 회사, 현재는 없어진 웹사이트 및/또는 이전 경영진에게 연락하기 위한 여러 문서화된 노력이 이루어졌다. 등록되지 않고 표시되지 않은 로고는 공정한 사용의 맥락에서 사용된다. 마지막으로, 저자들은 ISU 멀티미디어 서비스와 벨라민대학교 공공 업무 및 커뮤니케이션 부서의 다양한 이미지, 특히 그림 9.2의 지원을 인정한다.

장소의 맛
: 전통적인 맥주 스타일의 환경지리

스티븐 율Stephen Yool, 앤드루 컴리Andrew Comrie
애리조나대학교

| 요약 |

맥주의 환경지리는 땅의 요소(효모, 홉, 맥아, 물)와 독창적인 양조 기술의 결합(coupling)으로 살펴볼 수 있다. 효모는 문자 그대로 맥주에 생기를 불어넣어 독특한 맛과 거품을 일으킨다. 홉은 토양, 일교차, 기온, 강우량, 지형 등이 지역적 홉 특성에 영향을 미치는, 습하고 보다 냉량한 위도에서 가장 잘 자란다. 양조용 맥아는 대부분 북위 45도 이상의 냉량한 땅의 국가에서 재배된다. 국지적으로 공급되는 물에 함유된 광물질의 조합은 그곳에서 양조된 맥주의 독특한 향과 입맛 느낌을 준다. 효모, 홉, 맥아, 물의 다양성의 지리적 조합은 맥주의 '테루아(terroir)'라고 할 수 있는 '장소의 맛'을 만든다. 그러나 기후 변화는 맥주 테루아를 변하게 할 수 있다. 온난화하고 있는 지구는 미래 홉과 맥아 재배의 위도 범위를 변화시켜 공급, 품질, 가격의 변화를 초래할 것이다.

서론

맥주. 이 두 음절 뒤에 [그리고 에탄올 또는 음용 알코올(C_2H_6O)에 대한 경험적 공식 뒤에] 인간 사회 시스템의 기원이 있을 수 있다. 이 장에서는 에탄올과 맥주를 정의하는 효모, 홉, 맥아, 물이 문명의 전개에 어느 정도 역할을 했는지에 대한, 광범위하게 유지되어 온 관점을 지지한다(Standage 2006; Tucker 2011). 일부는 이 장에서 마이클 잭슨(Michael Jackson, 1942~2007; 영국 맥주 권위자)의 정신을 발견할 수 있다. 우리는 전통적인 맥주 스타일에 대한 잭슨의 분류법을 사용했는데, 1970년대에 맥주에 대한 전 세계적인 관심의 부활을 촉진하는 데 도움을 준 영향력 있는 지성인 잭슨에 대한 찬사로 고려

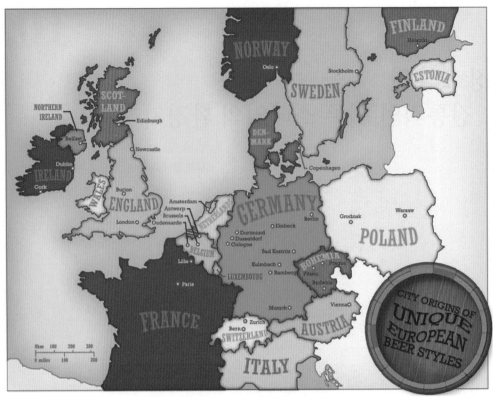

그림 10.1 전통적인 유럽 맥주 스타일의 지리적 기원

해 주기를 바란다.

우리는 당신이 맥주를 좋아하고 맥주의 지리가 궁금하기에 이 장을 읽는 것이라고 가정하며, 맥주를 과학과 사회를 통합한 지리학의 하위 분야인 환경지리학의 관점에서 해석한다. 맥주는 천연자원의 조합으로 시작하여 환경, 문화, 경제적 과정을 통해 자연적이고 사회적인 생산물이 된다. 비록 우리는 주로 특정한 전통적인 맥주 스타일을 선호하는 자연지리적 환경에 주로 초점을 맞추고 있지만, 우리는 맥주와 사람이 함께 지리적 공간과 장소를 정의한다는 생각을 고수하면서(Katz and Maytag 1991), 맥주를 다른 방식으로 관련시킨다. 물리학자에게 맥주는 핵 생성의 물리학을 떠오르게 하는 상승하는 기포의 얇은 거품일 수 있다. 병을 여는 순간 압력의 감소(즉 보일의 법칙)와 용액에서 자유 기체 거품으로 이산화탄소가 흘러 들어감(즉 확산)으로 거품이 생기고 균형은 깨진다. 시인이나 소설가는 맥주에서 문학적 분노를 볼 수 있다. 역사가는 발효의 기원과 최초의 홉이 언제 재배되었는지에 대해 생각할 수 있다. 고고학자는 긴 하루의 끝에 맥주잔을 들여다보며 비옥한 초승달(Fertile Crescent) 지역이 곡물 재배를 위한 최적의 조건을 갖추고 있을 가능성이 높고 맥주가 우리의 초기

문명 중 일부와 함께 식단의 주식이었다는 것을 상기할 수도 있다(Standage 2006). 환경지리학자에게 맥주는 공간에서 사회와 자연이 어떻게 상호작용하는지를 나타낼 수 있다.

그래서 일부가 믿듯이 우리가 누구인지 정의하는 과학과 사회의 종합으로 맥주를 특별하고 공간적으로 만드는 요소들의 환경적인 공간을 여기에서 설명한다. 우리는 지구가 인간의 사회 시스템과 화학적 독창성의 도움으로 어떻게 맥주를 탄생시켰는지 기술한다. 땅이 어떻게 우리가 음미하는 술의 원료를 생산하는지 기술한다. 먼저 맥주의 거시적 및 미시적 규모에 대한 간단한 논의를 제시하고, 효모, 홉, 맥아 보리, 물의 다양성을 뒷받침하는 자연지리학을 논의하면서 맥주의 '성분 분석'을 해 간다. 그다음 우리는 람빅(Lambic), 에일(ale), 포터(porter), 스타우트(stout), 라거(lager) 등을 살펴보면서 전통적인 맥주 스타일의 지리를 논한다.

우리는 맥주 테루아에 대한 논의에서 맥주의 최종 요소인 양조자의 특징을 오리건주 윌래밋 계곡(Willamette Valley)의 맥주 양조 사례 연구를 제시한다. 우리는 기후 변화가 양조 산업에 미칠 수 있는 영향으로 결론을 내린 다음 마지막 고찰과 권고 사항을 제시한다.

맥주의 지리: 규모의 문제

맥주의 지리는 우리에게 '규모화된' 토론이다. 홉 산도와 맥아당의 다양성을 이해하는 데 도움이 되는 광범위한 규모의 요소 (기후와 토양에서의 변이) 들이 있다. 그리고 다음에는 서로 다른 효모와 양조수를 특징짓는 분자 구조를 밝히는 미시적인 규모가 있다. 이 장의 전반에 걸쳐 이 개념으로 돌아간다. 맥주의 지리적 '뿌리'(그림 10.1)를 참고하여 다음으로 맥주의 성분 분석(효모, 홉, 맥아 및 물의 공간적 변동성을 지원하는 자연지리학)을 기술한다.

그림 10.1은 유럽 맥주의 지리적 뿌리를 보여 준다(Michael Jackson의 Beer Companion에서 채택, pp. 12-13). 최근의 연구 결과는 유럽 맥주의 지리적 기원을 독일에서 포르투갈과 스페인으로 확장시켰다. 알카사르 등(Alcázar et al. 2012)은 양조 과정에서의 중요성과 품질 지표로서의 이용에 기초한 화학 변수를 선택하여 이 세 가지 지리적 기원에 대한 맥주 기원의 지리적 분석을 보여 주었다.

맥주의 성분 분석

믿기 어렵지만 맥아, 물, 홉, 효모, 양조자 등 단순한 성분 분석을 통해 연금술사로서 맥주를 특징지을 수 있다. 맥아는 양조 곡물을 발아시켜 당을 용해시키는 과정이다. 으깬 맥아(mash)는 당즙을 생산하는 뜨거운 물과 맥아의 현탁액이다. 이 당즙은 사용된 맥아에서 걸러지고 홉이 첨가되어 맥아즙을 만든다. 맥아즙은 홉과 함께 끓인다. 이 과정을 우리는 실제로 맥주가 '양조된다'라고 선언할 수 있다. 마지막으로 효모는 냉각된 맥아즙에 '투입되어' 최종 생산물을 생성하는 발효 및 숙성 과정을 시작한다. 완전성을 위해, 우리는 특정 맥주 스타일에 과일, 향신료, 쌀 또는 옥수수와 같은 '보조 첨가물'이 추가되는 데 주목한다. 일부 벨기에 맥주는 과일과 향신료를 첨가한다. 독일 밀 맥주(hefe-weizens)는 밀로 양조하여 맛과 향을 바꾼다. 일부 대중 맥주는 주로 발효성 당, 즉 알코올을 증가시키는 방법으로 다른 곡물(예: 옥수수, 쌀)을 사용하기도 한다. 지리적으로 맥아 보리와 홉을 기반으로 한 맥주는 서유럽에 기원을 두고 있지만, 다른 문화권에서 발달한 발효 곡물을 기반으로 한 맥주의 종류는 많다. 비록 맥아 맥주가 현재 전 세계적으로 '맥주'로 알려져 있지만, 기장, 호밀, 수수, 그리고 아프리카와 아시아의 다른 곡물로 만든 맥주도 합법적으로 '맥주'라고 불린다. 심지어 꿀로 만든 꿀술(mead)조차도 기술적으로 맥주의 한 종류이다. 역사적이고 현대적인 다른 형태의 맥주에 관심이 있는 독자는 이 책의 2, 3, 7장을 참조하라.

맥주는 세계에서 가장 널리 소비되는 알코올 제품이다. 물과 차 다음으로 맥주는 세계에서 세 번째로 인기 있는 음료이며 세계에서 가장 오래된 발효 음료이다(Nelson 2005). 양조학은 발효 과정을 다루는 화학의 분야이다.[1] 맥주는 혼합에 의해 부여된 성분의 미묘한 향과 입맛을 통합한다. 다르게 말하면, 양조학은 시너지이다. 맥주 한 잔의 '전체'는 그 부분들의 합보다 더 크다. 양조 과정에 대한 충실한 개요에 관심 있는 독자는 루이스와 영(Lewis and Young 2002), 누난(Noonan 2003), 프리스트와 스튜어트(Priest and Stewart 2006)를 참조하라.

효모: 지구상 모든 곳에 존재하는 미생물

효모는 미시 규모에서 작용한다. 효모는 맥주의 유일하게 살아 있는 부분이다. 효모는 공기, 토양, 식물, 동물, 심지어 깊은 바다에 이르기까지 모든 곳에 존재하므로 생물지리학에서 '모든 곳에 존재하는' 미생물(즉 환경에서 매우 흔한 미생물)의 좋은 예이다. 가장 오래된 길들여진 미생물 중 효모는 바이에른 맥주 순수령으로도 알려진 원래 독일 맥주 순수령의 일부가 아니었기 때문에 독특하다(Rain-heitsgebot 1516). 현재 바이에른 맥주 순수령에서 금지된 첨가물(예: 효모, 밀, 맥아, 사탕수수, 설탕)을 허

---

1 www.thefreedictionary.com/zymurgy

용하는 임시 맥주 순수령(Provisional Beer Purity Law)에는 효모가 들어가 있다. 바이에른 맥주 순수령은 부분적 무지에서 입법된 것처럼 보인다. 루이 파스퇴르(Louis Pasteur: 1822~1895)가 발효에서 효모의 역할을 발견하기까지 3세기가 더 걸렸다.

고대 맥주는 공기 중 효모에 의한 자연 발효에 의존했다. 어떤 맥주는 아직도 짝이 맞지 않아 열린 창문을 통해 맥아즙으로 날아든 야생 효모로부터 독특한 맛을 얻는다. 벨기에산 과일맛 람빅 맥주는 자연 발효에 의존하는 밀봉되지 않은 통에서 양조된다. 예를 들어 브뤼셀의 남서쪽, 작은 마을인 블레젠베이크(Vlezenbeek)에 있는 린데만(Lindemans) 양조장은 1822년부터 그들의 람빅을 상업적으로 팔고 있다. 다른 람빅 생산자들은 모두 다는 아니지만 분(Boon), 지라르댕(Girardin), 드키어스매커(De Keersmaeker), 드네브(De Neve), 드트로치(De Troch), 티머만스(Timmermans), 밴더린덴(vander Linden), 반데르벨덴(Vandervelden)을 포함한다.

맥주 효모는 상면 발효(에일) 또는 하면 발효(라거)이다. 효모 세포에 대한 최초의 관찰은 레벤후크(Leeuwenhoek, 1632~1723)의 현미경 검사, 발효 과정에 대한 기술은 화학자 라부아지에(Lavoisier, 1743~1794)와 미생물학자 파스퇴르(1822~1895)의 덕분이다. 한때는 신비로웠던 발효 과정이 이제는 설탕이 알코올과 이산화탄소로 전환되는 것으로 잘 특징지어진다(Priest and Stewart 2006). 대부분의 양조 효모는 오늘날 현대적인 '습식' 생화학 실험실에서 배양되고 관리되어 효모가 만드는 맥주의 일관성을 보장한다. 효모 유전학과 발효 과정에 대한 최근의 과학적 논의에 호기심이 많은 독자는 혼지(Hornsey 2012)를 참조하라. 맥주와 양조 과정에 대한 학술적 교육 과정은 캘리포니아 대학 데이비스 캠퍼스의 양조 과학 명예 교수 마이클 루이스(Michael Lewis)의 연구[2]를 참조하기를 제안한다.

효모, 사카로미세스 세레비시아(Saccharomyces cerevisiae)의 유전학은 지속적인 연구 흐름을 만들어 냈다. 예를 들어, 50개 이상의 지리적 지역에서 온 약 650개 효모 균주의 유전적 다양성을 조사한 연구자들은 12개의 미세부수체 유전자 자리(microsatellite loci)에서 효모의 유전자 서열을 정의했다(Legras et al. 2007). 그들은 효모 유형(즉 빵, 맥주, 와인, 사케)의 하위 집단에서 조직된 575개의 유전자 유형(즉 독특한 유전자 구성)을 발견했다. 조사자들은 이 집단 간의 유전적 다양성의 최대 28%가 지리적 차이와 관련이 있다는 점에 주목했고, 이는 국지적 효모배양을 제안한다(Legras et al. 2007). 그러나 효모가 매우 빠른 시간 척도로 변화하기 때문에 독특한 효모 지역의 지도를 만들기가 어려울 수 있다. 현재로서는 양조 효모의 두 가지 주요 종류에 대해 덜 지리적인 길을 택한다.

---

2 http://extension.ucdavis.edu/unit/brewing/about.asp

에일 효모

에일 효모 사카로미세스 세레비시아는 상대적으로 따뜻한 온도에서 발효하는데, 이는 에일이 냉장 기술이 등장하기 전에 맥주 양조를 지배했다는 것을 의미한다(Jackson 1993). '상면' 발효는 1차 단계와 2차 단계로 구성된다. 1차 발효는 매우 활발하며, 약 일주일 동안 지속되어 상부에 거품이 많은 효모 세포를 생성한다. 이러한 강력한 발효는 맥주 기둥의 온도를 약 15~25도로 증가시킨다(유리 용기에 '주 재료'를 넣고 발효시킨 일부 자가 양조자는 우리처럼 내부에서 활기차게 요동치는 것에 놀라움을 금치 못했다. 이산화탄소 부산물이 맥아즙의 기둥을 통해 솟아올라 병목의 윗부분을 막아 놓은 공기 차단 출입구를 통해 빠져나오는데, 유리 용기를 만져 보면 따뜻한 느낌을 준다). 맥주 양조자는 일주일 정도 지나면 효모 찌꺼기를 걷어내고, 2~3주 정도의 2차 발효 동안 향이 진화할 수 있게 한다. 찌꺼기 제거의 또 다른 이유는 모든 효모가 돌연변이를 일으켜 예측할 수 없는 결과로 야생 효모와 섞일 수 있기 때문이다. 양조자는 2차 발효 후 천연 탄산화를 위해 설탕을 첨가하고 신선한 효모를 양조 과정에 다시 주입할 수 있다.

라거 효모

라거 효모는 거의 모든 국가에서 대중적인 라거 맥주의 세계적인 인기(그리고 비슷한 맛) 때문에 순수한 양의 측면에서 현재 가장 널리 퍼져 있는 맥주 효모의 형태이다. 라거 효모는 하면 발효되는 내한성 혼종 효모이다. 세르비시에(S. cerevisiae)는 혼종[세르비시에(S. cerevisiae), 우바룸(S. ubarum), 유바누스(S. eubayanus)의 조합] 효모의 형성에 기여한다. 우리는 현재 라거와 함께 확인된 혼종 파스토리아누스(S. pastorianus)[세르비시에(S. cerevisiae)와 유바누스(S. eubayanus) 혼합물]에 주목한다. 갈증을 해소하기 위해 차갑게 식힌 라거 맥주의 항존하는 이미지는 라거 효모의 구성에 뿌리를 두고 있다. 여름철 유럽 양조장의 전형적인 온도에서 에일 효모가 최선의 '마법'을 발휘하는 것은 우연이 아니며, 겨울의 동일한 저장고의 전형적인 저온에서도 (요소들로부터 보호될 때) 라거 효모가 가장 효과적이다. 에일에 비해 라거 맥주의 맑고, 강렬하고 날카로운 맛(crisp)과 일반적으로 밝은 독특한 특징은 보다 냉량한 조건에서 발효할 수 있는 라거 효모의 능력과 직접적으로 관련되어 있다. 라거 효모의 특별한 용도는 이 효모들을 에일 효모 온도에서 발효시켜 생산하는 '증기' 맥주 양조에 있다. 이제 라거 효모의 흥미롭고 논란이 많은 지리적 기원을 살펴보자.

라거 효모의 수수께끼가 풀렸다?

과학자와 양조자는 오랫동안 라거 효모가 알려진 효모의 약 1,000종 중에서 신비한 혼종이라는 것을 인식해 왔다. 하지만 미국 과학자들은 세계에 라거 맥주를 제공한 효모 균주의 지리적 기원을 발견했다. 사카로미세스 유바야누스(*Saccharomyces eubayanus*)라고 불리는 이 효모는 너도밤나무를 감염시키는 혹에서 발견되었다(그림 10.2). 유전학자들은 효모의 염기서열을 쉽게 분석하여, 라거 게놈의 비에일 효모 부분과 99.5% 동일하다고 보고했다(Libkind et al. 2011).

연구자들은 유바야누스(*S. eubayanus*)가 약 500년 전 탐험의 시대에 파타고니아(Patagonia, 남미 남부의 산악 지역)의 너도밤나무 숲에서 유럽 양조업자가 맥주를 저장했던 시원한 바이에른 동굴과 수도원 저장고까지 약 7,000마일을 여행하면서 '보관'되었다고 추측했다. 그러나 우리는 저명한 고고학자 패트릭 맥거번(Patrick McGovern)이 이 예외적인 여정에 의문을 제기했다는 점에 주목한다. 맥거번 박사는 알코올 음료의 역사에 대해 인정받는 전문가이며 펜실베이니아대학교 박물관의 생체분자 고고학 연구소장이다. 맥거번은 적어도 어디서나 볼 수 있는 세르비시에(*S. cerevisiae*)에 의해 경쟁적으로 배제되기 전까지는 독일 남부의 오크 숲에 있는 혹도 유바야누스가 숙주로 삼았을 가능성이 더 높다고 본다. 그는 맥주 통(barrels)과 가공 통(vats)에 유럽 효모가 함유된 오크를 사용하는 것이 어떻게 바이에른에서 저온 발효를 가능하게 하여 더 맛있는 라거를 만들었는지를 설명하는 가장 강력한 대안이라고 보았다(Roach 2011). 하지만 유럽의 숲에 실제로 유바야누스가 있었을까? 립킨드(Libkind)와 동료들은 유럽 양조 환경에서 발견된 오염된 변종 바야누스(*S. bayanus*)가 유럽의 종이 아니라는 것을 보여 주었다. 실제로는 유바야누스의 길들여진 혼종 변종이다[유바야누스(*S. eubayanus*)의 "eu" 부분은 파타고니아 변종이 순수한 조상 종임을 의미한다]. 관심 있는 독자들은 학회 최초로 고대 유물 도자기 파편의 화학물질 분석을 통해 '고대 양조(paleobrews)' 중 하나를 재현한 맥거번 박사에 대해 더 알고 싶을 것이다(Tucker 2011).

그림 10.2 남아메리카 파타고니아 남부 너도밤나무에 생긴 설탕이 가득 찬 혹. 혹은 곰팡이의 침입에 대한 너도밤나무의 면역 반응이다. C.T. 프로젝트의 한 과학자는 "너도밤나무의 혹은 단순한 당질이 매우 풍부하다. 그것은 효모가 좋아하는 설탕이 풍부한 서식지다"라고 사이언스 뉴스에 보고했다 (Roach 2011).

출처: Diego Libkind

홉

홉[Hop, 휴물루스 루풀루스(*Humulus lupulus* L.)]은 덩굴식물의 작은 꽃 모양의 원추형으로, 수십 종의 홉이 같은 기본종인 휴물루스 루풀루스에 속한다. 홉은 양조 과정에서 방출되는 쓴 진(resins)을 함유하고 있어 맥아즙과 완성된 맥주의 단맛에 쓴맛의 균형을 맞춘다. 홉은 맥주에 맛과 향을 부여하고 방부제 역할을 한다. 예를 들어 홉은 대영제국의 전성기 동안 영국에서 인도로 운송된 맥주를 보존하기 위해 사용되었다. 따라서 인도 페일 에일(India Pale Ale)은 독특하게 쓴 스타일이다. IPA에 대한 자세한 설명은 이 책의 12장을 참조하라.

홉은 거시적 규모의 환경 신호에 반응한다. 루풀루스 재배가 가능한 지리적 범위는 유럽 동부에서 시베리아, 일본, 북아메리카(산과 사막 제외)까지 북위 약 35~55도에 분포한다. 홉은 남위 25~45도 사이에서도 재배된다. 홉은 오스트레일리아와 뉴질랜드에서 어느 정도 성공적으로 성장했지만(Small 1980; DeLyser and Kasper 1994), 우리는 고유한 북반구 기원의 관점에서 홉 성장 계절에 대해 언급한다.

홉은 120일 동안 직사광선과 약 15시간의 일광이 필요하다. 홉 넝쿨은 봄과 여름에 인공적 관개나 봄비에 의해 빠르게 자라며, 빙글빙글 돌면서 갈고리 모양의 털로 수직 기둥에 달라붙는다. 덩굴식물은 6월 말에 5~8미터에 이르는데, 이때 낮 길이의 감소는 꽃봉오리(cones) 만들기의 신호이다. 홉 식물은 수컷 또는 암컷이 될 수 있으며, 진으로 꽃봉오리를 만드는 것이 암컷 식물이다. 수컷 식물은 화분 매개자 역할을 하지만 암컷이 꽃봉오리를 품는 데 필수적인 것은 아니다. 홉은 토양을 관통하는 뿌리줄기와 진짜 뿌리에서 약 5미터까지 하늘을 향해 올라가며, 토층이 깊고 배수가 잘되는 사질 옥토에서 잘 자란다.[3] 홉은 다양한 질병으로 고통받는다. 예를 들어 오리건주 윌래밋 계곡의 연구에서 노균병이 홉 건강에 상당한 위협이 된다는 것을 발견했다. 노균병은 습한 환경에서 번성하고 홉 꽃봉오리 생성을 중단시킬 수 있다. 이 곰팡이에 감염된 홉 새싹은 발육이 잘 안되고 물러지기 쉽다.

보리 맥아

맥주를 위한 최고의 맥아 보리는 통통하고 껍질이 고운 알맹이를 가지고 있으며, 녹말이 풍부하고 단백질 함량이 낮다. 맥아 보리에는 두 가지 종류가 있는데, 각각의 귀에 있는 곡물의 줄 수로 구별된다. 두 줄의 보리는 라거 양조자들이 선호하는 부드럽고 달콤한 맛을 제공한다. 여섯 줄의 보리는 더

---

3 http://www.oregonhops.org/culture2.html

단단하고, 바삭바삭하며, 딱딱한 구조를 가지고 있어 일부 에일 양조업자는 후한 점수를 준다. 맥아 보리는 거시적 규모로 다양하며, 특히 냉량하고 건조한 기후와 pH 6.5~7.5의 비옥한 토양을 선호한다. 겨울 보리는 껍데기가 두꺼운 경향이 있다. 봄보리는 더 부드럽고 달콤하다. 보리 알갱이는 용해되기 위해 '맥아화'(담그고 싹을 틔우고 말리는 과정)된다. 곡물(씨)이 싹트기 시작하면, 이 과정은 곡물에 있는 탄수화물 분자(녹말)를 더 짧은 분자로 분해하는 효소와 알코올로 용해되고 발효될 수 있는 당을 생성하는데, 이는 단순한 전분만으로는 쉽게 또는 효과적으로 수행될 수 없는 것이다. 싹이 나고 말린 보리는 종종 간단히 '맥아'라고 부른다.

맥아 보리 지도는 기후와 토양에 의해 한정되는 넓은 지리적 규모에 걸쳐 있다. 최고 품질의 맥아 보리는 북반구에서 주로 재배되며, 위도 45도의 바로 북쪽에 위치한 국가에서 재배된다. 북반구의 유명한 재배 지역으로는 체코의 모라비아와 보헤미아, 독일 바이에른주의 뮌헨 분지, 덴마크, 잉글랜드의 웨섹스·이스트앵글리아·베일 오브 요크(Vale of York), 스코틀랜드 국경·머리만(Moray Firth), 미국 중서부 주(특히 노스다코타주), 태평양 북서부뿐만 아니라 캐나다의 서스캐처원과 앨버타(Alberta)를 포함한다. 비록 지리적 규모에서 북반구보다 작지만 비슷한 남반구 위도에서 맥아를 재배한다. 남반구의 보리 재배 지역으로는 오스트레일리아의 빅토리아주와 사우스오스트레일리아주, 뉴질랜드 최남단, 남아프리카공화국의 웨스턴케이프주, 우루과이에서 페루, 에콰도르에 이르는 남아메리카 구역이 있다. 세계의 다른 지역이 그만의 와인 테루아를 홍보하는 것처럼, 양조자들 사이에서도 바이에른에서 재배된 '대륙성' 보리와 덴마크나 영국의 '해양' 곡물의 차이에 대한 논의가 있다. 대륙성 보리는 달콤하고 보리에 충실한 맛을 제공하는 반면, 해양 맥아는 청량하고 해풍과 같은 특성을 제공한다고 한다.

물

맥주는 90% 이상이 수분이다. 물의 특성은 맥주의 맛에 상당한 영향을 미칠 수 있으며, 한 세기 전 영국의 주요 양조장인 버턴 온 트렌트(Burton-on-Trent)의 에일과 같은 몇몇 맥주는 역사적으로 현지 물을 사용한 것으로 유명하다. 우리는 먼저 맥주에서 미네랄의 역할을 기술하면서 초 미시적 규모를 살펴본다. 그다음 물 경도의 지리적 분포와 맥주 간 지역적 차이에 대한 잠재적 기여를 기술하면서 거시적 규모로 전환한다(표 10.1).

칼슘은 물 경도의 주요 광물이며 적절한 양이 함유되면 양조에 유리하다. 칼슘은 효소 활성의 촉매이며 단백질 동화를 촉진한다. 칼슘은 또한 홉에서 은은한 쓴맛을 끌어내고 맥주의 선명함, 안정성, 맛을 지원한다. 마그네슘과 나트륨은 소량으로 맥주의 풍미를 높여준다. 탄산염은 으깬 맥아의

표 10.1 선별된 맥주의 물에 포함된 미네랄 함량(ppm)

	플젠	피츠버그	뮌헨	빈	버턴 온 트렌트
칼슘(Ca^{++})	7	32	75	200	270
마그네슘(Mg^{++})	2	6	18	60	60
나트륨(Na^{++})		2	2	2	8
중탄산이온(HCO_3^-)	15	45	150	125	200
황소이온(SO_4^-)	5	72	10	120	640
염화물(Cl^-)	5	31	2	12	40
총용존 고형물	35	179	275	850	1,200

출처: http://www.cs.cmu.edu/afs/cs.cmu.edu/user/wsawdon/www/water.html.

* 모든 값은 백만분의 일이다. 피츠버그 자료는 1992년 피츠버그시 물 분석 자료이다. 플젠, 뮌헨, 빈의 자료는 『New Brewing Lager Beer』(Nunan 2003), 버턴 온 트렌트 자료는 『Pale Ale』(Foster 1999).

산도를 중화시키지만, 특히 은은한 라거에 쓴맛을 과도하게 줄 수 있다. 황산염은 맥주에 건조하고 더 풍부한 맛을 주며, 톡 쏘는 맛을 더해 준다. 염화물은 쓴맛을 증폭시키고 선명도를 증대시킨다. 이것은 맥주에 짠맛을 부여하며, 일반적으로 맥주의 풍미와 풍부한 '입맛'을 향상시킨다.

전통적인 맥주 스타일은 부분적으로 그것들이 개발된 장소의 원래 물의 화학 성분에 기인할 수 있다. 따라서 특정 지리적 지역은 양조에 사용할 수 있는 물에 의해 한정되는 전통적인 맥주 스타일로 주목할 만하다(Goldammer 2000). 예를 들어, 버턴 온 트렌트의 우물에서 양조하는 물에 있는 황산칼슘은 이 스타일과 관련된 건조함, 견고함, 여운이 남는 맛이 독특한 특징의 페일 에일에 기여하는 것으로 생각된다(Jackson 1993). 반면에 뮌헨의 물은 황산염과 염화물이 적지만, 어둡고 매끄러운 라거에 적합한 미네랄 혼합물인 탄산염을 함유하고 있다(Goldammer 2000). 그러나 양조장은 점점 공공 수도 사용으로 전환되고 있다. 우물과 샘은 신뢰할 수 없거나 오염되어 있다. 그리고 화학적 일관성을 통제하기 위해 광물을 제한적으로 첨가할 수 있다.

전통적 맥주 스타일의 지리적 여행

맥주는 지구상의 거의 모든 대륙에서 양조하지만, 모든 전통적인 맥주 스타일은 유럽, 더 구체적으로 말하면 중부와 서부 유럽의 북부에서 유래되었다. 우리는 장소에 매여 있는 질적인 측면을 포함하여 전통적인 맥주 스타일의 본질적인 특징을 아래에 설명한다. 이것은 테루아(terroir)이다. 맥주의 차이는 부분적으로 맥주의 독특한 지리적 기원에서 비롯된다는 생각이다(다음 절 참조).

람빅 및 밀(화이트) 맥주

람빅은 람빅 맥주 지방의 지리적 중심지인 파요텐란트(Payottenland)의 렘벡(Lembeek) 마을에서 온 것으로 생각된다. 람빅은 적어도 30%의 맥아가 없는 밀로 양조되며 통에 남아 있거나 공기 기둥 밖에 가라앉은 효모와 함께 자발적으로 발효된다. 따라서 람빅은 통에서 제공되는 종류 중 하나이며, 그 맛은 매일 시간 단위로 진화할 수 있다. 많은 람빅이 센강 계곡 출신이다. 센강은 브뤼셀을 통해 흐르며, 그곳에는 벚나무가 우거진 작은 언덕과 5세기 이상 농장 양조장에 주입되는 공기 중 효모를 유지하는 온화한 기후가 나타난다. 람빅의 종류는 거의 평범하고 시큼하며, 셰리(sherry)와 사이다 사이의 맛이 있다(Jackson 1993); 과일 맛과 탄산이 첨가될 수 있는데, 이 경우 원래의 람빅은 과일 맥주로 변형된다.

벨기에산 밀(흰색) 맥주는 상면 발효이며, 일반적으로 맥아를 넣지 않은 생밀로 제조된 갈증 해소 맥주로, 이러한 '흰색'은 특징적인 (밀 단백질과 특수 효모로부터) 연무, 희끄무레한 발효 거품, 유리의 밝은 색조를 제공한다. 베를린에서 온 밀 맥주의 거품이 이는 특성은 나폴레옹 군대가 이 '북쪽의 샴페인'에 대해 열광하도록 만들었다고 한다. 바이에른의 밀 맥주는 가볍고, 맵고, 독일 남부의 여름 식탁에서 볼 수 있는 유사하게 거품이 이는 맥주이다. 그러나 이러한 기분 전환 스타일은 또한 전 세계적으로 즐기고 있다.

에일

에일은 양조 용기의 위로 밀어 올리는 힘을 가진 따뜻한 발효를 통해 생산된다. '에일(ale)'이라는 용어는 발효 방식을 구체적으로 지칭하기 때문에 맥아, 홉, 색상 및 강도는 독점적이다. 에일은 일반적으로 비교적 빠른 발효 주기를 가지며, 달콤하고 향이 풍부하며 과일 향이 나는 특성을 부여한다. 맥아가 제공하는 단맛의 균형을 맞추는 보다 쓴 허브 맛(overtones)을 주면서 맥주를 보존하기 위해 대부분의 에일에는 홉이 들어간다.

영국 에일: '에일'이라는 용어는 영국 제도와 가장 관련이 있는 것으로 보인다. 아일랜드와 스코틀랜드는 각각 그들만의 독특한 에일을 가지고 있다. 영국 에일의 종류는 순한 맛, 쓴맛, 페일 에일, 인도 페일 에일, 브라운 에일, 올드 에일, 발리 와인이다. 예를 들어, '순한 맛'의 통은 수확 노동자들을 위해 가득 채워졌다. 영국의 '순한 맛'은 일반적으로 가볍고 알코올 함량이 낮다. 달콤함의 기미가 있는 '순한 맛'은 원기를 회복시키는 맥주였다. 버밍엄, 월솔, 울버햄프턴 또는 더들리 주변의 밭에서 하루 일한 후의 보상이었다.

벨기에 에일: 벨기에는 빨리 맑아지지 않는 다양한 전문 에일을 생산한다. 듀벨(Duvel)은 벨기에의 전통적인 황금빛 에일이다. 강하고, 과일 향으로 익으며, 향기롭고, 홉을 많이 사용하며, 유리잔에 매력적인 '바위 같은' 하얀 머리 거품을 보여 준다. 흥미롭게도, 소수의 벨기에 양조장은 트래피스트(Trappist) 수도원들과 관련이 있다. 트래피스트 양조는 지리적, 종교적 기원을 모두 가지고 있는 것으로 보인다. 일부 트래피스트 주문에 의한 양조는 그들의 땅, 노동력, 자원으로 생계를 유지하는 그들의 '신성한' 신념과 일치했다. 대부분 트래피스트와 애비(Abbey) 맥주는 알코올 함량이 높지만 다량의 설탕이 첨가되어 있어 가볍다. 트래피스트 맥주는 수도사들의 직접적인 통제하에 양조된다. 전세계에 150개 이상의 트래피스트 수도원이 있다. 이 수도원들 중 소수만 맥주를 양조하며, 대부분은 벨기에에 있다. 애비 맥주는 트래피스트 맥주 스타일로 상업 양조장에서 양조한다. 모든 트래피스트 맥주는 효모가 함유된 병으로 제조된다. 예를 들어, 오르발(Orval)은 유리에 복잡한 패턴의 흰 레이스 거품을 남기면서 흐린 황동·오렌지 색상을 나타낸다. 오르발의 향은 잔존하는 효모의 향기로 '빵의 느낌'이 나며, 밝고 거품이 많은 액체는 레몬, 육두구, 정향, 아니스(anis)의 합성물이다.

포터와 스타우트

스타우트는 전통적으로 알코올 함량(7~8%) 측면에서 가장 세거나 '가장 독한(stoutest)' 포터를 총칭하는 용어였다. 런던과 아일랜드에서 기원하는 가장 독한 포터가 그만의 권리 스타일인 스타우트가 되었다. 대부분의 스타우트는 어두운색을 띠며 검게 구운 맥아에서 풍부하고, 황갈색을 띤다. 전통적인 포터와 스타우트는 '구운' 맛과 균형을 이루는 과일 맛의 향미에 기여하는 상면 발효 효모를 사용하여 손으로 생산된다(Jackson 1993). 우리는 포터와 스타우트의 지리적 특성과 맛을 확인할 수 있다. 에스토니아의 포터는 '토피(toffee, 설탕 버터로 만든 과자 맛)' 맛이 난다. 프랑스 북부의 맥주들은 맥아를 많이 넣는 경향이 있다. 영국과 스코틀랜드의 스타우트는 달콤하고 기네스(Guinness), 머피(Murphy), 비미샤레(Beamishare)가 만든 아일랜드 스타우트는 드라이한 것이 특징이다. 러시아 제국의 스타우트는 혀에 묵직하며 드라이하면서도 흑맥 향의 양조 맛으로 만족시킬 것이다.

라거

라거는 15세기 바이에른 사람들에 의해 처음 양조되었으며, 현재 세계에서 가장 인기 있는 알코올 음료이다. 라거는 숙성을 위해 약 0℃에서, 강한 라거는 최대 9개월, 가벼운 라거는 1개월 미만으로 '저장한다'. 라거 효모는 일반적으로 독특하게 깨끗하고 부드러운 맛을 제공하며, 보통 에일에서 맛보는 복잡성이 부족하다. 최고의 흑맥 라거 중 일부는 달콤함과 건조함 사이의 매운 맥아성이 있는 반면, 라거 효모의 시원한 발효로 인해 항상 청량하고 굴러가는 맛이 난다.

다른 나라에서 라거가 의미하는 것 뒤에는 흥미로운 지리가 있다. 오스트리아, 체코, 스위스의 소비자는 일반적으로 라거라는 용어를 사용하는 반면, 독일인은 라거를 식별하기 위해 '헬레스(helles)' (즉 '밝은') 또는 '둥쿨레스(dunkles)'(즉 '어두운') 또는 심지어는 '슈바르츠(schwarz)'(즉 '검은')를 사용한다. 아마도 독일인은 다크 라거가 라이트 라거보다 앞선다는 것을 인정하면서 그들 자신의 역사 때문에 구분을 하는 것일지도 모른다. 그러므로 둥클레스가 뮌헨의 오랜 전통의 다크 라거라는 것은 놀라운 일이 아니다. 밤베르크, 바이로이트, 쿨름바흐, 리히텐펠스는 독일 다크 라거의 중심지로 남아 있다 (Jackson 1993).

장소의 맛: 맥주의 테루아

'테루아'(즉 '장소의 맛')라는 용어는 와인에만 국한되어야 할까? 와인은 지리적으로 포도의 뚜렷한 성장 위치에 기초한 '개성'의 장소 기반의 합성으로 간주되며, 따라서 와인은 테루아를 얻는다. 다양한 종류의 포도는 상이한 기후를 선호한다. 일부 포도는 많은 위도의 다른 미세한 기후에서 짧은 기간에 잘 자란다. 포도에서 와인까지 여정의 모든 단계가 와인 제조업자들에 의해 면밀히 감시되고 있지만, 기후와 토양이 원료에 영향을 미치는 것은 의심의 여지가 없다.

현대의 양조 관행은 아마도 와인 생산만큼 엄격할 것이다. 따라서 '맥주 테루아'의 잠재력이 있다고 주장할 수 있다. 보리 맥아와 홉은 서늘한 위도에서 잘 자란다. 토양 차이는 홉 맛의 장소 기반의 변이를 만들어 낸다. 게다가 일부 양조업자들은 야생 지역 효모가 독특한 맛을 제공한다고 주장한다. 브라세리 드오발(Brasserie d'Orval)의 수도사들은 그들의 추종자들로부터 그들의 양조 주전자 안에 있는 '숙성된' 껍데기를 비비는 것이 그들의 유명한 트래피스트 에일에서 발견되는 미묘한 특성을 변화시킨다는 것을 너무나 잘 알고 있다. 저명한 저널리스트이자 작가이자 양조업자인 스탠 히에로니무스(Stan Hieronymus)는 양조 수의 테루아에 대한 이야기를 다음과 같이 말한다. 벨기에 남부에 위치한 노트르담 스쿠르몽(Notre-Dame de Scourmont)의 수도원이 건설되면서 치메이 블랑쉬 (Chimay Blanche)의 생산이 제한되자, 그들은 블랑쉬를 양조하기 위해 네덜란드의 수도원 코닉슈벤 (Konigshoeven)과 계약을 맺었다. 그러나 블랑쉬의 독특한 품질을 담보하기 위해, 노트르담 스쿠르몽의 수도원은 그들 지역의 물을 코닉슈벤까지 트럭으로 운송했다.

홉, 향기, 맛, 쓴맛을 더 자세히 살펴보면, 독특한 지리적 기원이 있는 것으로 보인다. 세계의 주요 홉 재배 지역은 독일, 벨기에, 체코, 영국의 켄트와 우스터셔, 그리고 미국 북서부의 야키마 계곡과 윌래밋 계곡에서 발견된다. 차단된 태양 복사의 양과 토양 화학은 홉의 성공적인 재배를 위한 핵심이다. 예를 들어, 아이다호 북부의 앤하이저-부시(Anheuser-Busch) 엘크 마운틴(Elk Mountain) 홉 농장은 바이에른의 할러타우 지역과 비슷한 기후에 위치해 있다. 요약하면, 토양, 일조 시간, 온도, 강우량 및 지형의 공간적 변이는 모두 지역 홉 특성에 영향을 미칠 수 있다.

오리건을 예로 들어보자. 데슈트(Deschutes) 양조업자는 홉이 수확되면 말리지 않은 신선한 홉을 밭에서 서둘러 가져오며 그 결과로 생기는 맥주 맛은 오리건주 자체의 맛이라고 말한다. 따라서 "… 장소의 맛은 맛이 문제가 되는 한 존재한다"라는 것은 사실처럼 들린다(Trubek 2009). 그리고 남반구의 테루아를 살펴보면, 쿠퍼(Coopers) 양조장(사우스오스트레일리아)은 현지 품종의 두줄보리를 재배한다. 바다와 가까운 들판에서 생산되는 쿠퍼는 그 곡물 알갱이를 연하고 수정같이 맑고 구운 맥아로 전환하여 열성 애호가들이 쿠퍼 스파클링 에일(Coopers Sparkling Ale) 파인트(Pints)에서 찾을 수 있는 해안의 '바닷바람' 맛을 선사한다(Jackson 1993).

우리는 마지막으로 맥주의 테루아가 문화지리학의 렌즈를 통해서도 볼 수 있다는 것을 주시한다. 소형 맥주 양조는 독특하게 지역적인 것에 대한 자의식적인 재확신의 한 예이다(Flack 1997): 소형 맥주 양조장의 신지방주의는 맥주로부터 장소감을 생산하려는 진정한 시도이다. 예를 들어 노스캐롤라이나주 만터(Manteo)에 위치한 위핑래디시(Weeping Radish) 양조장과 레스토랑은 1986년부터 자신의 라거를 사용해 오고 있다. 잃어버린 식민지(Lost Colony)의 최초 정착민이 신세계에서 최초의 맥주를 양조했을지도 모르는 장소에서. 소비자들은 곧 그들이 지구상의 다른 어느 곳에서도 블랙래디시 다크 라거(Raddish Dark Lager)를 살 수 없다는 것을 알게 된다. 맥주가 강한 테루아를 가지고 있

그림 10.3 공동 저자 율은 오리건주 실버턴에 있는 세븐브라이드 양조장에서 제공되는 맥주를 맛보기 위해 준비하고 있다.

출처: Eugenie Rashwan

느지에 대한 질문은 흥미로운 것으로, 우리는 더 많은 지리적 자료를 수집해야 하므로 다음 사례 연구가 필요하다.

테루아 사례 연구: 윌래밋 계곡의 맥주

스콧 번스(Scott Burns)는 『와인의 지리』(Dougherty 2012)에 실린 자신의 장에서 오리건주 윌래밋 계곡의 미세 기후와 토양의 변동성이 어떻게 이 지역의 독특한 테루아를 대표하는지 설명했고 일반적으로 와인 테루아의 예를 들었다. 우리는 이 장에서 윌래밋 계곡으로 돌아가 오리건주 실버턴에 있는 독립 양조장과 기업 양조장을 방문하여 맥주의 테루아를 시음한다. 제프 드샌티스(Jeff DeSantis)는 세븐브라이드(Seven Brides) 맥주(독립)의 소유자이며 양조자고 제니퍼 켄트(Jennifer Kent)는 톰슨 브루어 앤드 퍼블릭 하우스[Thompson Brewery and Public House, 맥메너민(McMenamin) 맥주 체인 중 하나]의 양조자이다. 두 양조장 모두 현지 맥아, 홉을 사용하며, 액체 효모로 운반한다. 세븐 브라이드 양조장은 윌래밋(Willamette), 할러타우, 펄스(Perles), 퍼글(Fuggle)의 홉 및 양조장에서 3마일 이내에서 재배된 기타 홉을 사용한다. 우리는 드샌티스로부터 윌래밋 토양이 유럽의 경쟁 지역과 비교하여 독특한 맛과 산을 가진 홉을 생산한다는 것을 알았다(그림 10.3 및 10.4). 그레이트 웨스턴몰팅(Great Western Malting)사(밴쿠버, 워싱턴주)는 태평양 북서부와 다른 지역에 양조용 맥아의 대부분을 공급한다. 켄트와 드샌티스는 양조 예술과 과학에 대해 논의할 때 열정으로 가득 차 있었다. 제프 드샌티스는 세븐 브라이드를 엄격한 기준과 일관된 품질을 갖춘 양조 '연구실'로 특징지었다. 제니퍼 켄트는 톰슨의 양조장을 맥메너민의 모든 가맹점(www.mcmenamins.com)으로 제공되는 '대표적인(signature)' 양조 생산지로 묘사했다. 하지만 그녀는 맥메너민이 양조자에게 '상자 밖에서 생각할 수 있는' 관용성에 감사하며 그들의 개인적인 양조 비법을 대표 맥주 양조에 함께 쏟아붓는다고 성급하게 덧붙였다. 켄트는 또한 오리건주가 미국에서 여성 맥주 양조자의 가장 큰 비율을 가지고 있다고 언급했다.

두 양조업자 모두 공공 상수도에서 끌어온 그들의 양조수에 대해 꽤 경건하게 말했다. 켄트는 (맥메너민 회사의 대표적인 양조주인) 맥메너민 해머헤드 에일(McMenamin Hammerhead Ale)이 실제로 실버턴에서 포틀랜드까지 양조수의 차이 때문에 다양하다는 것을 관찰했다. 드샌티스는 또한 맥주 테루아에 대한 주장을 더욱 뒷받침하면서 지역 물의 독특함을 주장했다. 그러나 맥주 테루아를 지지하는 물과 다른 핵심 요소의 중요성에 대한 일화적인 증거를 인용할 수 있지만, 맥주의 핵심 요소의 일관성과 품질은 변화하는 지역 기후로 인한 강수량과 온도의 변동성 증가에 의해 영향을 받을 수 있다.

미래에 대한 희미한 전망: 기후 변화가 맥주를 바꿀까?

기후 변화가 맥주 품질에 영향을 미칠 것 같다. 제한된 연구에 따르면 일부 지역의 기온 상승과 강우량 변동성이 보리와 홉의 맥아 지역을 변화시킬 것이라고 한다. 대기 온도와 강우량은 중국에서 조사된 맥아 보리에서 베타 글루칸(β-glucans)과 단백질 함량의 변화에 가장 큰 기여를 했다. 베타 글루칸은 맥아 보리의 수용성 식이 섬유 성분이다. 높은 수준의 베타 글루칸은 여과에 문제를 일으킬 수 있고 탁한 양조를 일으킬 수 있는 두껍고 끈적한 맥아즙을 생성할 수 있다. 따라서 양조에는 낮은 수준의 베타 글루칸이 선호된다. 온도와 강우량, 단백질 함량, 성숙기까지의 일수와 관련된 회귀 모델의 결과는 이러한 모든 변수가 베타 글루칸 함량에 상당한 영향을 미쳤음을 시사한다(Zhang et al. 2001).

연구에 따르면 홉은 온도와 강우량의 변화에도 영향을 받을 것이라고 한다. 필스너(Pilsner)를 유명하게 만드는 사즈(Saaz) 홉을 사용하는 양조업자는 강수량 감소와 공기 온도 상승과 관련하여 수확량과 품질이 감소하는 것을 보았다. 지금까지 관찰된 완만한 온난화에도 불구하고 홉 수율과 품질은 감소했다(그림 10.4a, b). 경험적 자료는 공기 온도 상승은 홉 성장 계절의 더 이른 시작을 유도한다는 것을 보여 준다. 모의실험 결과 생산량이 7~10% 감소하고 알파산이 13~32% 감소할 것으로 예측되었다(Mozny et al. 2009). 따라서 기후 변화는 가용성, 가격 및 품질에 대한 불확실한 결과와 함께 홉 생육 지역의 점진적인 극 방향 이동과 축소로 이어질 수 있다.

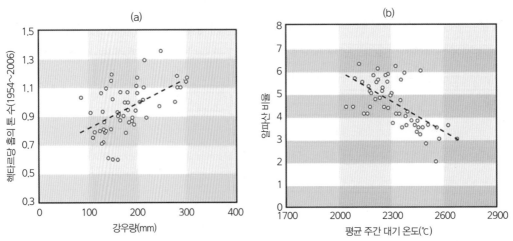

그림 10.4 a. 여름 강우량 합계(6~8월)와 1954~2006년 사이의 사즈(Saaz) 홉 산출량과의 상관도. b. 4~8월 평균 주간 대기 온도와 1954~2006년 사즈 홉의 알파산 함량과의 상관도

출처: Mozny et al. 2009

요약 및 결론

맥주는 세계적 수준의 양조이다. 그것은 물과 차 다음으로 세 번째로 인기 있는 음료이다. 이 세계적으로 유명한 음료에는 다섯 가지 부분(효모, 홉, 맥아, 물, 양조업자)이 있다. 맥주의 기원은 기원전 5000년까지 거슬러 올라갈 수 있다. 오늘날 우리가 알고 있는 전통적인 맥주 스타일은 비옥한 토양과 서늘한 기후가 홉과 맥아의 번식을 선호하는 북유럽에서 유래되었다. 효모는 맥주의 유일하게 살아 있는 부분이며, 전통적인 맥주 스타일에 독특한 맛을 제공한다. 제빵과 맥주 제조에 사용되는 사카로미세스 세레비시아는 맥주 효모 중에서 가장 보편적이다. 상면 발효 에일 효모는 비교적 따뜻한 온도에서 왕성하며 다양한 맛의 신선한 맥주를 생산한다. 하면 발효 라거 효모는 상대적으로 더 냉량한 온도에서 갈증을 해소하는 맥주를 생산해 소비자들에게 가장 인기 있는 맥주로 자리 잡았다.

최고의 맥아 보리는 위도 45도 바로 북쪽에 위치한 나라의 지리적 '지대'에서 재배된다. 따라서 유명한 맥아 지역은 더 냉량한 위도, 즉 체코의 보헤미아, 독일과 덴마크의 일부, 잉글랜드와 스코틀랜드의 더 냉량한 지역, 그리고 미국 중서부 주, 태평양 북서부, 서스캐처원과 캐나다의 앨버타로 제한된다. 비슷하게 홉도 냉량 위도 작물이다. 토양, 일조 시간, 온도, 강우량 및 지형의 변화는 지역 홉 특성에 영향을 미친다. 홉에서 발견되는 쓴맛은 맥아가 제공하는 단맛을 상쇄하여 맥주의 미묘한 맛, 향, 그리고 보존적인 특성을 제공한다.

맥주는 90% 이상의 수분을 함유하고 있기 때문에 물은 맥주의 맛에 큰 영향을 미칠 수 있으며, 맥주 테루아의 근거가 된다. 비록 물 화학이 pH와 다른 특성들을 조절하기 위해 처리될 수 있지만, 우리는 수질이 양조된 맥주의 맛과 미각을 같은 양조법으로 바꾼다는 것을 현대의 양조자들로부터 배웠다. 오리건주 윌래밋 계곡에서 표본으로 추출한 맥주는 일화적으로 맥주의 테루아를 확인했다.

지구의 기후는 변하고 있고, 이것은 맥주의 품질에 영향을 미친다. 온난화하고 있는 지구는 홉과 맥아 재배를 변화시켜 공급과 품질을 감소시키고 가격을 상승시킬 것이다. 맥주는 세계적으로 매우 인기가 있고 우리의 세계 문화의 필수적인 부분이기 때문에, 이러한 맥락에서 기후 변화의 영향은 상당히 개인적으로 느낄 것이라고 말할 수 있다.

참고 문헌

Alcázar A, Jurado J, Palacios-Morillo A, de Pablos F, Martín M (2012) Recognition of the geographical origin of beer based on support vector machines applied to chemical descriptors. Food Control 23(1): 258-262

DeLyser D, Kasper WJ (1994) Hopped beer: the case for cultivation. Econ Bot 48(2): 166-170

Dougherty, PH (Ed.) (2012) The Geography of Wine: Regions, Terroir and Techniques. Springer, 255pp

Flack W (1997) American microbreweries and neolocalism: "Ale-ing" for a sense of place. J Cult Geogr 16(2): 37-53

Foster T (1999) Pale ale. Brewers Publications, Colorado, 300pp

Goldammer T (2000) The brewers' handbook. Apex Publishers, United Kingdom, 472pp

Hornsey, IS (2012) Alcohol and its role in the evolution of human society. Royal Society of Chemistry (RSC) Publishing, 665pp

Jackson M (1993) Michael Jackson's beer companion. Duncan Baird Publishers, London, 288pp

Katz S, Maytag F (1991) Brewing an ancient beer. Archaeology 44: 24-27

Legras JL, Merdinoglu D, Cornuet J, Karst F (2007) Bread, beer and wine: Saccharomyces cerevisiae diversity reflects human history. Mol Ecol 16(10): 2091-2102

Lewis M, Young T (2002) Brewing, 2nd edn. Springer, 408pp

Libkind D, Hittinger C, Valério E, Goncalves C, Dover J, Johnston M, Goncalves P, Sampaio JP (2011) Microbe domestication and the identification of the wild genetic stock of lager-brewing yeast. In: Proceedings of the National Academy of Sciences of the United States of America, PNAS, 22 August 2011, 201105430

Mozny M, Tolasz R, Nekovar J, Sparks T, Trnka M, Zalud Z (2009) The impact of climate change on the yield and quality of Saaz hops in the Czech Republic. Agric For Meteorol 149: 913-919

Nelson M (2005) The Barbarian's beverage: a history of beer in ancient Europe. Routledge, Abingdon, 1pp

Noonan G (2003) Brewing lager beer. Brewers Publications, Colorado, p.363

Priest F, Stewart G (2006) Handbook of brewing. CRC Press, Florida, p.872

Roach 2011 Beer mystery solved! Yeast ID'd. http://www.nbcnews.com/science/beer-mystery-solved-yeast-idd-6C10402954. Accessed Aug. 2012

Small E (1980) The relationship of hop cultivars and wild variants of Humulus lupulus. Can J Bot 3: 37-76

Standage T (2006) A history of the world in 6 glasses. Walker Publishing Company, USA, 311pp

Trubek A (2009) The taste of place: a cultural journey into terroir. University of California Press, California, 320pp

Tucker A (2011) Dig, drink and be Merry. Smithsonian 42(4): 38-48

Zhang G, Chen J, Wang J, Din S (2001) Cultivar and environmental effects on $(1{\rightarrow}3,1{\rightarrow}4)$-D-Glucan and protein content in malting barley. J Cereal Sci 34: 295-301

11.

지역 수제 맥주 산업에서
지속 가능성 추세

낸시 홀스트 풀렌Nancy Hoalst-Pullen, 마크 패터슨Mark W. Patterson,
레베카 안나 매토드Rebecca Anna Mattord, 마이클 베스트Michael D. Vest
케네소 주립대학교

| 요약 |

집약적인 물과 에너지 사용, 다량의 폐수와 고체 폐기물 그리고 큰 탄소 발자국은 맥주를 양조하고 유통하는 과정을 그다지 (환경적으로) 친화적이지 않은 산업으로 만든다. 그러나 수제 맥주 양조장의 증가와 환경, 경제 또는 사회적 지속 가능성 추세에 대한 인식은 맥주 산업에 지방적 규모로부터 세계적인 규모에 이르기까지 '녹색화(greening)'를 전파했다. 수제 맥주 산업의 지속 가능성에 대한 지리적 평가를 위해, 우리는 미국의 모든 지역 수제 맥주 양조장에 혼합 방법 설문지를 배포했다. 전반적으로 물과 에너지 사용의 감소와 에너지 효율의 증가, 유기농 또는 지역 재료의 사용, 지속 가능성을 촉진하는 문화의 통합을 포함하여, 수제 맥주 생산의 다양한 차원에서 더 지속 가능한 관행이 채택되어 오고 있다. 이와 관련된 결과는 미국의 지역 수제 맥주 양조장에서 채택되고 있는 특정한 지속 가능성 추세와 관행을 보여 준다.

서론

우리가 스스로 무언가를 고르려고 할 때, 우리는 그것이 우주의 다른 모든 것과 연결되어 있다는 것을 발견한다

– 존 뮤어(Johb Muir 1911)

맥주는 물, 맥아(곡물), 효모, 그리고 (보다 흔하지만) 홉과 같은 간단한 핵심 양조법을 가진, 믿을 수 없을 정도로 간단한 제품이다. 그러나 이러한 몇 가지 재료(때로는 몇 가지 첨가 재료)로, 양조 산업은 대

중을 위한 수백 가지 맥주 스타일과 품종을 생산하는 급증하는 수제 맥주 시장과 더불어 세계적으로 수십억 달러 규모의 기업으로 성장했다. 미국에서만 990억 달러 규모의 맥주 산업[1]이 2012년에 2억 배럴[2] 이상 유통되었다(Brewers Association 2013). 그러나 이러한 높은 수치에는 물과 에너지를 집약적으로 사용하고 공기, 물, 고체 폐기물을 생산하는 양조 공정이라는 비용이 수반된다. 많은 맥주 양조업자는 환경, 경제, 사회적 이유로 맥주 생산에 지속 가능성을 도입하고 있다. 특히, 수제 맥주 산업은 맥주의 원료 조달(성분 원산지), 생산, 유통 등에 내재된 지속 가능성을 전제로 한다. 이를 위해 본 장에서는 앞서 언급한 3가지 지표(조달, 생산, 유통)를 미국의 지역 수제 맥주 양조장에 적용하여 지속 가능성의 3대 축(환경적, 경제적, 사회적 지속 가능성)을 고찰한다.

맥주의 생산

맥주 생산은 양조, 발효 및 가공의 세 가지 주요 단계를 포함하는 다단계 공정이다(그림 11.1). 양조 단계에서, 곡물(가장 일반적으로 보리)은 빻아서(그리고 종종 조절된 상태에서) 으깬 맥아가 되고 그것은 뜨거운 (또는 가열된) 물과 결합하여 맥아즙을 만든다. 그다음 곡물로부터 맥아즙(액당 추출물) 추출하기 위해 물을 첨가하면 깨끗한 발효통에서 살포(sparging)가 발생한다.[3] 그다음에 맥아즙을 끓이고, 끓이는 동안 홉(더 쓴맛을 위해 쓴맛 용 홉)을 첨가하거나 마지막에(향을 위해 완료용 홉) 첨가한다. 끓인 후에 찌꺼기 층(trub, 홉과 침전물의 현탁액으로 예로는 무거운 지방, 단백질, 양조 공정 단계에 의존하는 비활성 효모)이 맥아즙에서 침전되어 제거된다. 그다음 맥아즙을 냉각시키고 효모(보통 액체 현탁액)와 물을 첨가하고 발효 과정(라거에 비해 에일의 경우 더 높은 온도에서)을 수행한다. 발효 후, 맥주는 냉각되고 저장되어 침전된다. 이 숙성 시간의 길이는 맥주의 유형(에일 대 라거)과 스타일에 따라 다르다. 탄산화는 첫 번째 발효에서 비롯되지만, 탄산화는 필요할 때 숙성 탱크에 추가되거나 두 번째 발효를 통해 얻을 수도 있다. 많은 에일이 냉각 숙성(예: 여과가 아닌 침전)되는 반면, 라거는 일반적으로 다양한 여과 방법 중 하나를 사용하여 여과된다. 마지막으로 맥주는 병 숙성이 되며 작은 병이나 맥주통(kegs)에 분배되거나, 더 긴 유통기한을 유지하기 위해 채워지고 저온 살균된다. 그런 다음 맥주에 상표를

---

1 맥주의 총 경제적 영향은 약 2,460억 달러로 훨씬 크다(맥주 연구소 2012).
2 미국 1배럴=31갤런=119리터=12온스짜리 맥주 약 330개
3 살포에는 맥아즙을 완전히 빼내는 영국식 또는 배치(일관) 살포, 맥아즙을 빼면서 물을 더하는 독일식 또는 공중 살포 등 다양한 종류가 있다. 최근에는 알래스카 맥주 양조회사와 같은 수제 맥주 양조장들이 물을 덜 필요로 하고 맥아즙 품질을 저하시키지 않으면서 더 많은 맥아즙 추출을 생산하는 맥아즙 여과용 프레스를 같이 사용하고 있다.

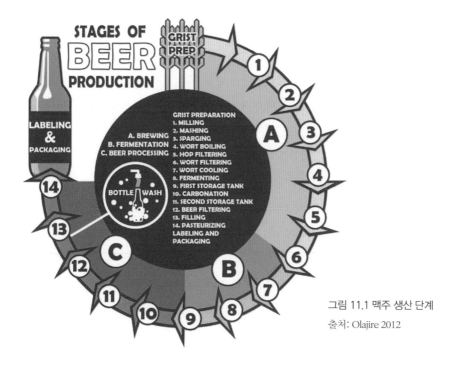

그림 11.1 맥주 생산 단계

출처: Olajire 2012

붙이고 포장하여 최종적으로 유통한다.

맥주 생산의 영향

양조 및 생산 공정에서 사용되는 전반적인 조달 또는 유입 자원은 원료(예: 효모, 홉, 맥아용 곡물), 물, 에너지(예: 전기, 열), 포장(예: 병, 통) 및 기타 잡동사니 소모품을 포함한다. 환경 영향의 일부가 되는 배출 자원에는 맥주뿐만 아니라 공기 배출(온실가스, 산성, 소음 및 악취 포함)과 재사용 또는 재활용이 가능하거나 불가능한 다양한 고체 및 액체 부산물(폐곡물, 폐수 등)이 포함된다.

올라지레(Olajire 2012)는 맥주 1리터당 약 4~7리터의 물을 효율적으로 사용하는 양조장에서 양조 산업이 어떻게 물을 가장 많이 사용하는지 자세히 설명한다. 마찬가지로 카나가찬드란과 자야라트네(Kanagachandran and Jayaratne 2006)는 맥주 1리터당 3~10리터의 유출수(폐수)를 관찰했다. 그러나 보리 재배에 사용되는 물의 양을 통합하면 그 수가 현저하게 증가한다. 맥주 1리터당 물의 양은 약 298리터(78갤런)이다(Water Footprint Network 2013, Meconnen and Hoeksra 2010; 2011). 즉 맥주 생산 공정 중 물 소비량의 변동성은 맥주의 종류와 스타일, 생산되는 맥주의 수와 양, 세척, 포장, 저온 살균, 가열, 냉각, 세척에 사용되는 공정, 그리고 물론 양조 공정에 따라 달라진다(Olajire 2012, van der Merwe and Friend 2002).

양조는 또한 맥아즙 여과 과정에서 나온 폐곡물, 맥아즙 끓인 후의 폐수 고형물, 맥아즙을 끓이거나 발효시킨 후의 찌끼 층, 발효 후의 잉여 효모, 맥주의 최종 여과 및 정제 과정에서 발생하는 찌끼(sludge)를 포함한 고형 폐기물을 생산한다. 규조토 찌끼(침전물)는 규조토가 여과 과정에 사용되기 때문에 잠재적으로 심각한 경제적, 환경적 영향을 미치며, 주로 노천광산에서 얻은 비재생 자원으로 간주된다(Olajire 2012).

맥주 생산에 사용되는 대부분 에너지는 양조장에서 발생하며, 특히 으깬 맥아를 짤 때와 맥아즙 끓이기[4]에서 발생한다. 캐나다 국립자원부(NRCAN 2010)는 잘 운영되는 양조장의 일반적인 비용에는 생산된 맥주 100리터당 8~12kWh의 전기와 150MJ[5]의 연료 에너지가 포함된다고 한다. 이는 맥주 hL[6]당 약 30kg의 이산화탄소 또는 이에 상응하는 CO2e 배출량에 해당한다(NRCAN 2010). 음료산업환경회의(The Beverage Industry Environmental Roundtable, BIER 2012a)는 맥주의 탄소 배출량을 더 미세한 규모로 보고했다. 수명 주기 평가(LCA)와 온실가스 재고와 같은 관련 재고를 사용하여 BIER 회사[7]의 맥주 355mL 캔당 총 탄소 배출량을 CO2e[8] 319g보다 약간 높은 수준으로 평가했으며, 탄소 발자국의 41%가 캔이다. 양조 공정 측면에서 약 33%는 맥아 공정에 기인하고 12%는 양조 배출에 기인한다(BIER 2012).

맥주의 탄소 발자국은 양조장, 특히 양조 공정 및 포장 재료에 따라 크게 다를 수 있지만, 이 수치는 양조 산업의 지속 가능성에 대한 필요성을 나타낸다. 이에 환경 지속 가능성, 경제 지속 가능성, 형평성(사회문화) 지속 가능성 등의 방법으로 산업의 현재 지속 가능성 동향을 평가하기 위해 지역 수제 양조업자를 대상으로 설문조사를 실시하였다. 다음 절에서는 지속 가능성의 축을 검토하고, 지역 수제 맥주 양조장이 생산된 맥주의 품질을 손상시키지 않고 지속 가능성을 제공하고 촉진하는 데 (직간접적으로) 업체의 기회와 도전을 평가하는 방법을 논한다.

---

4 주목할 만한 예외로, 알래스카 양조회사는 사용 후 곡물을 태워 전기를 생산하는 특수 보일러를 사용하여 폐기물을 사용하고 그로부터 재생 가능한 에너지를 생산한다.

5 1MJ는 947.8BTU 또는 0.2778kWh로, 거의 3시간 동안 100W 백열전구를 밝힐 수 있는 에너지의 양과 같다.

6 1hL는 100L이다.

7 이러한 회사에는 앤하우저-부시인베브, 칼스버그, 하이네켄, 밀러 쿠어스, 몰슨 쿠어스, 뉴벨기에, 사브밀러 등이 있다.

8 비교하자면 BIER(2012b, c, d)는 80g의 CO2e를 갖는 병의 물(500mL 병), 200g의 탄산음료(355mL 캔), 1,790g의 와인(750mL 유리병)를 보고하고 있다.

지속 가능성

지속 가능성은 일반적으로 다양한 지리적 위치에 입지한 다양한 양조자에게 상이하게 나타내기 때문에 양조 산업에서 정의하기 어렵다. 실제로 일부 양조업자들은 '지속 가능성'이라는 단어를 문제 삼으며 다른 용어(예: '감소된 영향', '환경 친화성')를 선호한다. 지속 가능성은 환경, 경제, 사회에 영향을 미치는 행동 조건의 균형 잡힌 관계와 개념으로서 인간에게 여전히 (무한히) 실행 가능한 현재와 미래를 제공하는 방식과 관련이 있다. 불행히도 개념으로서의 지속 가능성은 일반적으로 지속 가능한 개발로 잘못 인식되는데, 이는 브룬틀란 위원회(Brundtland Commisssion, WCED 1987)에 의해 "미래 세대가 자신의 필요를 충족시킬 수 있는 능력을 손상시키지 않고 현재의 필요를 충족시키는 개발"로 정의된다(p.43). 이러한 미묘하지만 현저하게 다른 개념에도 불구하고, 브룬틀란 보고서에서 확산된 지속 가능성의 세 축의 아이디어는 이제 다양한 산업에서 지속 가능성 표준 및 인증 과정에 사용되는 개념적 모형이 되었다. 구어적으로 '3E', '3P' 또는 '세 종류의 최저선'으로 불리는 이 세 가지 축은 다음과 같은 지속 가능성 부문을 포함한다.

1. 경제적('이익'): 정의된 수준의 경제적 실행 가능성을 촉진하고 유지한다.
2. 환경('지구'): 고갈 속도 관리로 기능적 환경을 지원하는 환경적 책임을 촉진한다.
3. 형평성('사람'): 다양하고, 공평하고, 연결되어 있고, 복지와 삶의 질을 장려하는 공식 및 비공식 공동체와 사회 구조를 촉진하고 지원한다.

1987년 이래로 다양한 주체와 학계는 지속 가능성의 축을 확대하고 재정의했는데, 부분적으로는 브룬틀란 위원회에 의해 확립된 한계와 사실상의 환경적 강조, '사회적' 지속 가능성에 대한 모호한 정의(아직도 모호하고 논쟁의 여지가 있음), 그리고 두 가지 적용과 진일보 모두에서 일반적인 명확성의 결여 때문이다.

결과적으로 다양한 사람들과 단체들은 (다양한 수준의 성공으로) 지속 가능성 또는 지속 가능한 개발의 정의를 진일보시키기 위해 시도해 왔다. 한 예로 존 호크스(Jon Hawkes 2001)가 문화적 활력의 네 번째 '축'을 추가한 것이 있는데, 이는 [한] 사회가 보유한 내재적 가치의 중요성과 사회, 경제, 환경적 지속 가능성의 축과의 포괄적인 관계를 확립한다. 그러나 우리는 사회적 지속 가능성이 지속 가능한 발전의 맥락에서 사회적 형평성과 정의와 관련된 더 제한적인 정의 대신 자연스럽게 문화를 그 정의의 일부로 포함할 것이라고 주장한다.

지역 수제 맥주

지역 수제 맥주 양조장은 소규모의 독립적이고 전통적인 맥주 양조장으로 맥주양조협회(Brewer's Association)에 의해 인정받고 있다. 이 세 가지 기준은 다음과 같이 더 정의된다.

1. 소규모: 연간 생산량 15,000~600만 배럴
2. 독립: 25% 미만의 소유권 또는 비수제 양조자에 의한 통제
3. 전통적: 모든 주력 맥아를 통한 또는 (양 기준) 모든 맥주의 50% 이상이 모두 맥아이거나 (맥아를 대체하는 것이 아니라) 풍미를 향상시키는 데만 사용되는 첨가물을 사용하여 전통적인 맥아 맥주를 생산해야 한다.

비교하자면 지역 맥주 양조장은 생산량 면에서 대형 양조장과 소형 양조장 사이에 있으며, 대형 양조장은 연간 600만 배럴 이상을 생산하고 소형 양조장은 연간 15,000배럴 미만을 생산한다(이 중 75%가 양조장 밖에서 판매되었다). 수제 맥주는 독특한 스타일과 종류, 혁신, 그리고 일반적으로 다양한 수준의 지속 가능성과 지방주의(지역주의)를 결합한 맥주이다.[9]

아메리칸(미국) 수제 경관의 단순한 기원은 1980년 8개의 양조장에서 2013년 2,500개에 가까운 양조장으로 폭발적으로 증가했다(그림 11.2). 실제로 미국 내 전체 2,538개 양조장(2013년 6월 기준) 중 98%가 지역 수제 맥주 양조장, 소형 맥주 양조장 또는 자가 양조 맥줏집으로 간주된다(BA 2013). 지역 수제 맥주는 전체 수제 맥주의 4%(소형 맥주 양조장과 맥주 주점이 나머지 96%를 차지)에 불과하지만, 판매되는 수제 맥주의 상당량을 차지하고 있으며, 국가 차원에 비해 지역 차원에서 더 큰 정체성을 가지고 있다.

지리적으로 수제 맥주 양조장은 50개 주와 워싱턴 D.C.에서 나타난다.[10] 이제 수제 맥주 양조장은 너무나 흔해서 맥주양조협회는 "대부분 미국인은 양조장에서 10마일 이내에 산다"고 말한다(BA 2013). 그러나 2012년에는 97개의 지역 수제 맥주 양조장만이 미국에서 문을 열었다(그림 11.3, BA 2013).[11] 대부분 지역 수제 맥주 양조장은 미국의 역사적인 맥주 지역, 특히 영국과 네덜란드 이민자들이 전통 에일을 양조한 북동부와 19세기에 독일 이민자들에 의해 라거가 대중화된 중서부에서 발견된다. 캘리포니아는 (1965년 앵커와 함께) 미국 수제 맥주 운동의 기원이 되었으며, (1977년 뉴알비언과

---

9 미국의 소형 맥주 양조장이 어떻게 지방을 확인하고 장소와 결합되는지에 대해서는 15장, 캐나다의 신지방주의에 대해서는 16장을 참조하라.
10 4장에서는 1890년 이후 개업한 모든 미국 양조장의 역사적, 현대적 지리적 분포를 6개의 뚜렷한 시기로 구분하여 보여 준다.
11 몇몇 양조장이 같은 회사에 의해 이중 상장되거나 소유되었지만 두 개의 이름으로 양조된 것으로 간주하고 94개로 계산했다.

그림 11.2 1887~2013년 미국에서 개업한 양조장의 126년의 역사

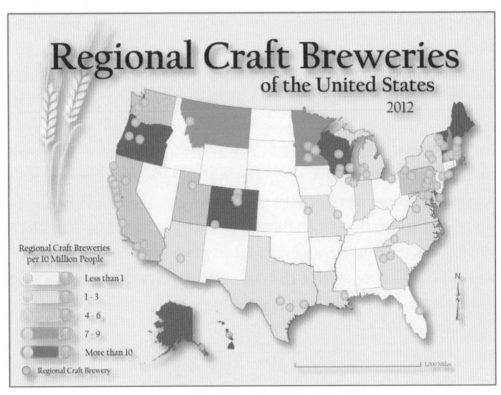

그림 11.3 위치별 1인당 지역 수제 맥주 양조장 지도

함께) 현대적인 소형 맥주 양조장의 기원이 되었다. 다른 유명한 지역 수제 맥주 입지로는 콜로라도가 있는데, 콜로라도는 현재 맥주양조협회(BA)의 본거지이자 최초의 현대적인 맥주 양조 주점[1988년 윈쿱(Wynkoop) 양조회사]이며, 태평양 북서부는 곡물과 캐스케이드나 치누크와 같은 다양한 종류의 태평양 북서부 홉이 생산되는 미국의 '맥주 테루아'로 주장된다. '지역주의(regionalism)'가 지역 수제 맥주 생산에 지속 가능성 조치와 관행의 채택을 포함하는지, 아니면 세 축 모두의 지속 가능성 문화가 모든 지역 수제 양조장에 내재되어 있는지는 알려지지 않았다. 따라서 지역 수제 맥주 양조장과 관련하여 지속 가능성에 대한 합의가 있는지, 그리고 지리적으로 일치하는지 여부를 확인하기 위해 지역 수제 맥주 양조장을 조사했다.

설문조사 방법론

2012년 미국에 문을 연 지역 수제 맥주 양조장은 맥주양조협회 웹사이트(brewersassociation.org)에서 확인하였다. 원래 목록에는 97개의 지역 수제 맥주 양조장이 포함되어 있었지만, 3개의 양조장이 본질적으로 두 번[즉 보스턴과 샘애덤스(Sam Adams), 클리퍼시티(Clipper City)와 헤비시(Heavy Seas), 그리고 슐래플라이(Schlafly)와 세인트루이스(St. Louis)] 나열되면서 이 숫자는 94개로 줄어들었다. 모든 양조장은 이메일 또는 온라인 지속 가능성 조사 링크가 있는 양조장의 온라인 웹사이트를 통해 접촉하였다.[12]

   설문조사에는 참여 양조장 지역의 상태를 확인한 문항과 맥주의 조달, 생산, 유통 등 맥주 산업에 적용되는 환경 지속 가능성, 경제 지속 가능성, 사회 지속 가능성 측면에 초점을 맞춘 문항이 포함됐다. 각 시리즈는 양조장의 지속 가능성 동향에 대한 4점 리커트 척도 질문(1점은 강하게 반대하고 4점은 강하게 동의함)으로 시작한 다음, 양조장에 적용할 수 있는 일련의 지속 가능성 조치를 묻는 객관식 질문(예: 양조장이 하지 않거나, 사용하고, 현재 하고 있거나, 계획이 있음)이 뒤따른다. 마지막으로 응답자들은 설문조사가 끝날 때 추가적인 의견을 제시할 수 있다. 94개 양조장 중 21개 양조장이 설문에 응답했다. 응답 수가 적었기 때문에 우리는 기술적인 통계만 계산했다.[13]

---

12 IRB 지침 준수
13 (맥주 회사) 기네스의 직원인 윌리엄 고셋(William Gossett)은 품질 관리에 도움이 되는 스튜던트 t-테스트를 개발했다. 그의 연구는 차이 검정의 결과가 통계적으로 유의할 수 있도록 30개의 n이 필요하다고 결정했다(Student 1908 참조)

설문조사 결과

먼저, 모든 조사 대상 양조장은 그들의 양조장을 지역 수제 맥주 양조장, 즉 소규모의 독립적이고 전통적인 맥주(주로 맥아 맥주)를 생산하는 양조장으로 정의했다. 참여 양조장은 연간 2만 1000~100만 배럴을 생산했으며 연평균 17만 7000배럴, 중위값은 7만 배럴을 생산했다. 양조장은 독립적인 것으로 간주되었지만, 10개의 양조장은 자체적으로 법인 소유로 확인되었다. 그러나 조사된 나머지 양조장 중 4개는 직원 소유, 5개는 가족 또는 개인 소유, 1개는 제한적인 동반자 관계를 맺고 있었다. 마지막으로 모든 양조장이 전통 맥주를 생산했는데, 15개는 주력 에일, 5개는 주력 라거, 1개는 주력 에일과 라거를 모두 생산했다.

다음으로 지속 가능성의 세 축을 환경, 경제, 사회(지역사회, 문화, 기업을 통합하는 것) 지속 가능성과 관련된 일련의 질문으로 평가하였다.[14] 양조장 응답자는 양조장이 재료 사용을 줄이고, 폐자재를 재사용하며, 재활용률을 높이는 환경적 지속 가능성 목표가 있는지 여부를 답해야 했다. 평균 점수는 3.3점(4점 만점)이었고 중위값은 3.5점으로 대부분 이 진술에 동의했다. 특히 고형물과 관련하여 양조장에서 수행되는 환경 지속 가능성 조치의 측면에서, 조사된 모든 양조장(100%)은 동물 사료와 같은 다른 목적을 위해 사용하고 남은 곡물을 사용했다. 현재 50% 이상이 효모를 수집하고 있으며, 38%는 발효 효모를 다른 목적(예: 비타민 보충제)으로 재사용할 계획이 있다. 포장재의 경우 62%가 포장재를 줄였고 14%는 포장재를 줄일 계획이다. 한 양조장이 더 이상 포장재를 줄이는 데 투자하지 않는다는 점은 주목할 만하지만, 이번 조사의 한계로 인해 이런 변화의 이유가 불분명하다. 마지막으로 67%가 재사용 또는 재활용 가능한 포장재에 투자하고 있다.

다음으로 양조업자는 양조장이 물과 에너지 사용을 줄이고, 재생 에너지 사용을 늘리며, 경제적으로 정당한 방식으로 환경에 미치는 영향을 줄이기 위해 최고의 기술을 사용한다는 경제적, 환경적 지속 가능성 목표를 가지고 있는지에 답했다. 평균 3.1, 중위값 3.5로, 대부분 응답자는 그의 양조장이 물과 에너지와 관련된 그러한 지속 가능성 목표를 가지고 있다는 것에 동의했다. 물의 경우 76%가 물 사용량을 줄였고, 10%는 물 사용량을 줄일 계획이 있다. 더 적은 비율(62명)이 물을 회수하고 있으며, 14%만이 미래에 물을 회수할 계획이 있다. 마지막으로 95%가 물 소비량을 측정하고 제어

---

14 한 양조업자는 '지속 가능성'이라는 용어의 사용이 오해를 불러일으켰고 '석유 제품의 외부 투입 없이는 오늘날 어떤 양조업자나 제조업자도 존재할 수 없다. 따라서 장기적으로 실제로 '지속 가능한' 것은 아니다. 더 나은 용어는 영향을 줄이거나 환경친화적일 수 있다.'라고 언급했다. 그의 우려에 주목하지만 지속 가능성에 대한 정의는 그가 제안한 대안 용어와 대비되기보다는 동일하다.

하기 위해 물 측정기를 설치했거나 설치할 예정이다.

에너지 지속 가능성 조치(환경 지속 가능성과 경제적 지속 가능성 모두 관련) 측면에서 100% 열을 회수하거나(예: 맥아즙 냉각 또는 숙성통 물 처리 시스템), 가까운 미래에 이 기술을 통합할 계획이다. 마찬가지로 95%는 에너지 사용을 줄이기 위해 다양한 에너지 효율적 기술(예: 단열 온수, 증기 및 냉매 파이프, 양조장 용기, 발효 용기 및 저장 탱크, 모터 개선, 오염 제거용 천장 선풍기 설치)을 설치했다. 또한 81%는 에너지 사용량을 측정하고 제어하기 위해 에너지 계량기를 설치하고 19%는 에너지 계량기를 설치할 예정이다. 그러나 33%만이 대체 에너지원(예: 태양열, 바람, 물, 폐기물)을 사용하지만 43%는 향후 그러한 대체 에너지원을 통합할 계획이 있다.

양조장의 86%가 지속 가능성을 통합하는 것이 더 높은 수익으로 이어진다고 믿지만, 전체 지속 가능성을 평가하고 개선하기 위한 운영에 대한 체계적인 검토는 57%에 불과하다는 것은 아이러니한 일이다. 그러나 검토 과정을 포함할 계획이 있는 양조장을 추가하면 이 수치는 86%로 증가한다. 오직 한 양조장만이 더 이상 운영에 대한 체계적인 지속 가능성 검토를 하지 않는다. 게다가 온실가스나 탄소 발자국 감사를 받은 양조장은 거의 없다(29%).

양조자들은 또한 양조 과정에서 사용되는 현지 또는 유기 재료와 자원(물, 홉, 곡물·곡류, 효모 및 첨가물)의 사용과 관련된 일련의 질문을 받았다. 이 조사의 경우 현지는 100마일 이내 또는 주 경계 내로 간주되었다. 결과는 대부분 사람이 맥주 생산에 사용되는 원료와 관련된 현지 및 유기적인 지속 가능성 목표를 가지고 있다는 점에 동의하거나 강력하게 동의(평균 3.3, 중위값 4)한 것으로 나타났다. 현지 자원 및 재료 측면에서 90%는 지역 수원을 사용하고, 57%는 지역 홉을 사용하며, 43%는 현지 곡물·곡류를 사용하고, 62%는 현지 효모를 사용하고, 29%는 현지 첨가물을 사용한다. 유기농 재료의 경우 24%가 유기농 홉을 사용하고, 19%가 유기농 곡물을 사용하고, 10%가 유기농 첨가제를 사용하고 있다. 한두 개의 양조장이 더 많은 현지 또는 유기농 재료를 사용할 계획이지만, 10%는 더 이상 유기농 홉, 곡물 및 첨가물을 사용하지 않는다는 사실이 더 분명하다. 전반적으로 양조업자들은 유기농 재료보다 현지 재료를 선호하는 경향이 있다.

다음으로 양조자에게 사회적, 문화적 지속 가능성과 관련된 일련의 질문들을 했다. 첫째, 양조자에게 노동력을 지원하기 위한 사회적 지속 가능성 목표가 있는지 물었다. 결과는 양조장이 노동력을 지원한다는 데 가장 동의하거나 강하게 동의하는 사람들(평균 3.5, 중위값 4)과 지역사회(평균 3.3, 중위값 4)가 일치하는 것으로 나타났다. 노동력 측면에서 81%는 직업 훈련 및 향상 기회를 제공(곧 또 다른 5%는 제공)했다. 마찬가지로 81%는 좋은 노력과 책임감 증대 가능성(예: 일자리 홍보)을 인식한 반면, 90%는 보람 있는 업무 환경(예: 제공된 자원, 신뢰할 수 있는 환경)을 제공한다고 생각했다. 게다가

76%는 노동력 다양성을 촉진하며, 한 양조장은 더 이상 다양성을 촉진하지 않는다. 안전에 관해서는 71%가 비상사태에 대한 책임감 있는 대비책을 가지고 있다(그리고 추가적인 10%는 계획이 있다).

대부분의 양조장은 상품과 서비스뿐만 아니라 생활임금 일자리(86%)도 제공하고 있다. 그러나 모든 양조장의 가장 주목할 만한 측면은 지역사회를 지원하는 방식으로 사회적 지속 가능성에 대한 전적인 헌신이다. 모든 조사 대상 양조장(100%)은 지역사회의 비영리 단체를 지원하고 기부를 통해 행사를 후원하며 자선 행사를 조직하고 자금을 지원한다. 게다가 조사된 양조장 중 81곳은 직원들이 자선단체와 사회적인 목적을 위해 자원봉사를 하고 있다.

마지막으로 양조장에 가시적인 경제적, 환경적, 지속 가능성 목표와 소명감이 있는지 물었다. 결과는 양조장이 지속 가능성 정책, 제도문화, 교육 등을 통해 지속 가능성을 지원한다는 데 대부분 동의하고 일부는 강하게 동의(3.4 평균, 3.5 중위값)한 것으로 나타났다. 모든 양조장(100%)은 환경 법규를 준수하거나 그 이상의 조치를 취하고 있으며, 71%(법규 준수 계획 14%)는 약속된 보존 또는 지속 가능성 소명감을 충족하고 있다. 전체적으로 71%가 지속 가능성(예: 경제, 환경, 형평성)을 포함하거나 포함할 비전 또는 임무를 가지고 있다. 단 한 양조장만이 더 이상 지속 가능성을 비전 또는 임무에 통합하지 않는다고 언급했다. 직원의 62%는 지속 가능성 측면에 대한 교육을 받고 있으며, 24%는 직원을 교육할 계획이 있다. 마지막으로 지속 가능성을 마케팅 도구로 사용하는 양조장은 절반 이하(48%)지만 4개의 양조장은 미래에 사용할 계획이 있다.

결론

소비자의 관심 때문이든, 생산 비용 증가 때문이든, 정부 규제나 지침을 충족해야 하는 필요성 때문이든, 지역 수제 맥주 양조장들은 지속 가능성과 관련된 다양한 조치를 시행할 것을 약속하고 있으며, 종종 성공하고 있다. 지속 불가능한 관행의 가능성에도 불구하고, 지속 가능성 원칙과 조치의 채택은 분명하며, 지역 수제 맥주 양조장은 회사의 환경 영향(그리고 여러 번 관련 경제적 손실)을 평가하기 위해 다양한 수단에 참여하고 있다. 상대적으로 응답자의 비율이 적다는 점에서 제한적이지만, 많은 지역 수제 맥주 양조장들이 지속 가능성의 세 가지 축을 모두 경영에 통합하려고 노력하고 있음을 이번 조사 결과는 보여 준다.

조사에 참여한 지역 수제 맥주 양조장 중 29%가 조달, 생산 및 제품 유통과 관련된 활동으로 인한 탄소 배출을 평가하는 탄소 발자국에 참여하고 있다. 또한 많은 기업이 에너지 효율적인 기술, 현지 재료(물, 홉, 곡물 및 효모), 물 및 에너지 사용 효율성을 채택하여 탄소 배출량을 더욱 줄이고 있다. 이는 결국 전체 에너지 소비와 탄소 배출을 줄이는 동시에 비용을 완화하거나 더 높은 수익을 초래한다. 그러나 응답한 수제 맥주 양조장의 대다수가 전반적인 환경 영향을 체계적으로 감시하지 않기 때문에 더 많은 양조장이 탄소(및 에너지) 발자국을 평가해야 한다고 본다. 또한 지역 수제 맥주 양조장은 산업의 환경 및 경제적 지속 가능성 축을 추가하기 위해 기술과 대체 에너지원(태양광, 풍력 등)을 계속 채택해야 한다.

사회적 축은 채택과 중요성 측면에서 세 가지 중에서 틀림없이 가장 강력했다. 사회적 형평성(이 축의 표준적인 정의)은 직업 훈련과 승진과 같은 수단을 통해 직장에서 분명하게 나타났다. 이 축의 강점은 지역사회와의 관계이다. 모든 양조장이 기부와 자선 행사를 통해 지역사회를 지원한다는 것은 놀랄 일이 아니며 술을 마시는 사람들 사이에서 충성심을 형성하거나 유지한다고 주장한다. 이러한 유형의 마케팅 도구는 와인이나 포도와 달리 재료(홉, 보리 등)를 조달하기 위해 항상 입지(기후 및 토양)를 사용할 수 없는 지방(또는 더 정확하게는 지역) 브랜드를 만드는 데 필수적이다. 그러나 지역 수제 맥주 양조장이 수제 맥주의 지리를 변함없이 관련성 있게 만드는, 스타일과 품종의 창의적인 지역주의를 유지함으로써 소규모 수제 맥주 양조장에서 볼 수 있는 장소와 정체성에 대한, 지방을 초월하는 감수성을 줄 수 있다.

마지막으로 맥주 산업 전반에 걸쳐 기업·문화적 지속 가능성의 이분법이 존재한다. 수제 맥주 양조장은 지역사회와 더 밀접한 관계를 맺는 경향이 있지만, 많은 곳이 탄소 발자국이나 온실가스 감사를 실시하지 않는다. 반대로 대형 비수제 맥주 양조장은 그렇게 긴밀한 지역사회 관계가 없을 수도 있지만, 모두 그러한 감사를 수행한다. 또한 모든 지역 수제 맥주 양조장의 절반 미만이 웹사이트에서 지속 가능성을 보여 주지만, 거의 모든 곳이 전통적이거나 소셜 미디어 사이트(예: 맥주 블로그 등)에서 지속 가능성의 다양한 예, 특히 환경 지향적인 지속 가능성을 홍보하고 있다. 우리는 대부분 지역 수제 맥주 양조장이 조달, 생산 또는 유통에서 지속 가능성과 관련된 작은 변화를 만들기 위해 대형 양조장에 비해 일반적으로 더 나은 위치에 있다고 평가한다. 실제로 지역 수제 맥주 업계에는 지속 가능성의 3대 축의 존재와 채택이 널리 퍼져 있으며, 이러한 추세가 지속될 것으로 기대한다.

참고 문헌

Beer Institute (2012) Beer industry economic impact in United States. http://www.beerinstitute.org/assets/map-pdfs/Beer_Economic_Impact_US.pdf. Accessed 31 Oct 2013

Beverage Industry Environmental Roundtable (2012a) Research on the carbon footprint of beer. http://www.bieroundtable.com/files/Beer%20Final%20DEP.pdf. Accessed 23 Sept 2013

Beverage Industry Environmental Roundtable (2012b) Research on the carbon footprint of bottled water. http://www.bieroundtable.com/files/Bottled%20Water%20Final%20DEP.pdf. Accessed 23 Sept 2013

Beverage Industry Environmental Roundtable (2012c) Research on the carbon footprint of carbonated soft drinks. http://www.bieroundtable.com/files/CSD%20Final%20DEP.pdf. Accessed 23 Sept 2013

Beverage Industry Environmental Roundtable (2012d) Research on the carbon footprint of wine. http://www.bieroundtable.com/files/Wine%20Final%20DEP.pdf. Accessed 23 Sept 2013

Brewers Association (2013) Craft brewing statistics. http://www.brewersassociation.org. Accessed 31 Oct 2013

Hawkes, J (2001) The fourth pillar of sustainability: Culture's essential role in public planning. Victoria, Australia; Common Ground Publishing

Kanagachandran K, Jayaratne R (2006) Utilization potential of brewery waste water sludge as an organic fertilizer. J I Brewing 112(2): 92-96

Mekonnen MM, Hoekstra AY (2010) The green, blue and grey water footprint of crops and derived crop products. Value of Water Research Report Series No.47, UNESCO-IHE

Mekonnen MM, Hoekstra AY (2011) The green, blue and grey water footprint of crops and derived crop products. Hydrol Earth Syst Sc 15(5): 1577-1600

National Resources Canada (2010) Guide to energy efficiency opportunities in the Canadian brewing industry

Olajire AA (2012) The brewing industry and environmental challenges. J Clean Prod 1-21

Student (1908) The probable error of a mean. Biometrika 6(1): 1-25. doi: 10.1093/biomet/6.1.1

van der Merwe AI, Friend JFC (2002) Water management at a malted barley brewery. Water SA 28(3): 313-318

World's Commission on Environment and Development (1987) Our Common Future (The Bruntland Report) (Oxford Univ. Press, New York, 1987)

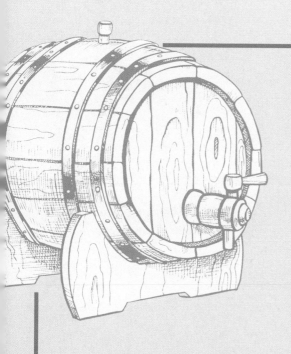

3부: 사회
Societies

12.

인도 페일 에일의
기원과 디아스포라

제이크 헤울란Jake E. Haugland

콜로라도대학교 볼더 캠퍼스

| 요약 |

인도 페일 에일(IPA)의 기원과 확산은 이민, 확산, 세계화라는 지리적 주제를 가지고 있다. 1500년대에 플랑드르인들이 영국 켄트 지방으로 이주하면서 홉을 재배하게 되었고, 필연적으로 영국 맥주 스타일이 바뀌었다. 1600년대 후반 산업화의 진보와 함께 생산된 페일 맥아는 나중에 높은 수준의 홉 수확률을 통합하여 IPA의 조상인 도수가 높은 페일 에일과 옥토버 에일을 생산했다. 열대 인도에서 영국 식민지 개척자들이 달콤한 다크 에일보다 쓴 맥주를 선호하였다. 곧 그것은 대영제국 전역으로 퍼져 나갔고 북아메리카에도 수입되었다. IPA는 1880년대 후반까지 전 세계 양조장에서 크게 복제되었다. 미국으로의 독일 이민과 라거의 세계적인 분포는 라거가 열대 환경에서 더 선호되면서 IPA의 중요성을 크게 감소시켰다. 금주 운동은 도수가 높은 맥주의 음주를 억제하는 세계화의 이념적 행위였다. 세계 대전으로 인한 금주와 한정 배급으로 라거보다 도수가 높은 IPA를 덜 마시게 됨에 따라 IPA는 감소했다. 나중에 미국은 서부 해안 양조업자들의 영향을 받아 IPA의 새로운 본거지가 되었다. 감귤류 미국 홉은 IPA의 주된 성분을 바꾸었고 추가 실험은 다양한 맥주 스타일의 융합을 반영하는 혼종 IPA로 이어졌다.

서론

이 너무 더러운 살이 녹고, 녹고, 분해되어… 맥주가 될 수 있을까?

고전을 배운 사람들에게 위의 내용은 과거에 행복했던(Jolly Ole) 영국의 가장 유명한 극작가인 윌리엄 셰익스피어의 작품을 변용한 것이다. 아마도 위의 대사를 한 햄릿은 가끔 영국 원작, 특히 줄여서 인도 페일 에일(IPA)을 들이켰더라면 그렇게 낙담하지 않았을 것이다. 하지만 슬프게도 그는 IPA 시대 이전에 있었다.

셰익스피어처럼, 전 세계로 퍼져나간 IPA는 영국이 원산지이다. 그것은 번창하다가 시들해지고, 다시 태어나 원산지만의 고유한 것이 아니라 이국땅에 이식되고 뿌리내린 실체가 되어 그 지방적, 지역적 매력으로 진화해 왔다. IPA는 끊임없이 성장하는 수제 맥주 틈새의 애호가라면 누구나 알 수 있는 스타일이다(Steele 2012). 자가 양조 맥줏집과 소형 양조장의 주된 맥주이며, 종종 수제 맥주 양조장의 주력 맥주 스타일이다. 대부분 경우 '수제 맥주' 시장에 존재한다. 국제적인 라거와 필스너(즉 버드와이저, 코로나, 벡스…)의 유행과 동등하게 세계적인 선호 스타일이었던 적도 있었다.

인도 페일 에일이라는 스타일의 이름을 보면, 에일이라는 단어를 볼 수 있는데, 이것은 현재 우리가 보편적으로 맥주라고 부르는 것을 의미하는 앵글로·색슨 용어이다(Pryor 2009). 우리는 맥주를 만드는 데 사용된 맥아 보리의 연한 색을 반영하는 기술적 용어인 페일을 볼 수 있다. 페일 맥아 이전의 맥아 보리는 어두운 색이었고, 이는 덜 투명하고 어두워 보이는 맥주의 생산으로 이어졌다. 마지막으로 우리는 인도라는 단어를 볼 수 있는데, 인도는 아대륙의 지리적 이름이자 영국 토종 에일의 중요한 시장이다. 정말 복잡한 이름이다! 밀, 앰버(amber) 또는 스타우트와 같은 다른 맥주 스타일의 이름처럼 단순하지 않다. 이름의 복잡성은 스타일의 기원과 진화에 맞는 듯하다. 우리가 현재 알코올 도수의 % (ABV) 맥주에 의한 홉 향이 많은, 도수가 높은 또는 고 알코올로 알고 있는 것은 과학적 진보와 산업화, 제국 건설, 거의 잊혀진 스타일에 대한 향수, 그리고 마침내 미국 양조장의 독창성의 산물이다.

다음 절에서는 IPA의 언제, 어디서, 왜 및 어떻게에 대해 알아본다. 그것의 조상, 진화, 확산, 부흥, 몰락, 그리고 부활이 논의된다. 마지막으로 IPA가 계속 변화함에 따라 IPA의 현재 및 미래 부문을 살펴본다.

기원

태초에 어둡고 달콤한 맥주가 있었다. …

영국의 에일은 색이 눈에 띄게 어두웠고, 달콤했다. 그 달콤함은 맥주 제조에 사용되는 홉의 결여에서 비롯되었다. 한때 영국인들이 홉을 '악성 잡초'로 여겼던 것을 고려하면, 양조 과정에서 홉을 사용하는 것은 유럽 대륙의 양조업자가 이용한 지 한참 후에야 영국 맥주에서 허용되었다(Mosher 2004; Bamforth 2009). 기록에 따르면 1300년대 중반에 오늘날의 벨기에 북부 플랑드르에서 영국으로 홉을 사용한 맥주가 수입되었다고 한다. 그러나 플랑드르 이민자들이 영국 남동부 켄트(Kent) 지역에 정착한 후에야 홉은 주요 양조 재료가 되었다. 1500년대에 도착한 플랑드르 이민자들은 맥주에 사용하기 위해 홉을 길렀다. 오늘날까지 켄트[켄트 골딩스(Kent Goldings)]에서 재배된 홉 품종은 독특한 쓴맛과 향을 가진 것으로 알려져 있으며, 부분적으로 그것의 지리적 지역의 공식적인 이름을 가지고 있다.

맥주의 재료로서 홉 재배와 사용이 확대되었다. 1655년 영국은 유럽 대륙에서 수입된 홉에 세금을 부과하여 잉글랜드 홉 농부들의 경작 면적을 늘리는 데 도움을 주었다. 이후 1800년경에는 35,000 에이커가 훨씬 넘었고 수확과 동시에 양조 통(kettle)을 준비했다(Cornell 2009).

영국에서 플랑드르 양조 관행의 확산은 홉을 맥주에 통합하는 것을 촉진하고 유지했다. 이것은 후에 IPA의 진화에 필수적이다. 당시 IPA는 지금과 같이 쓴맛이 센 것으로 알려져 있었다. 쓴맛의 평가는 많은 애호가에게 점점 증가하는 것으로 가장 잘 묘사될 수 있어서, 플랑드르인들은 아마도 영국 맥주를 마시는 사람들에게 기준점을 제공했으며 이로부터 그들이 궁극적으로 홉의 사용을 증대시키고 재배가 성장하게 하였다. 홉은 맥주에 쓴맛을 더하고 맥아 보리의 달콤한 맛과 맥아 맛을 줄여준다(Bamforse 2009). 나중에 열대 지방의 맥주 애호가는 달콤한 맥아 맥주와 비교하여 갈증을 해소하는 특성으로 강한 쓴맛을 평가했을 것이다(Steel 2012). 마지막으로 홉 안에 들어 있는 진은 본질적으로 항균성이 있어서 저장 기한을 늘리고 부패율을 감소시키는 방부 효과가 있으며(Bamforth 2009) 이는 인도로 6개월간의 선박 여행에서 맥주를 가져갈 때 이상적인 특성이다.

코크스, 페일 맥아 그리고 미소

플랑드르 양조 양식의 문화적 동화는 영국 양조를 크게 변화시켰다. 그러나 다행히도 과학과 기술의 시작은 산업혁명의 발상지인 영국에서 비롯된 것처럼 IPA와 이전 IPA의 원종은 영국에서 우연히 기원하였다.

IPA가 되는 것의 투명함은 산업적 목적으로 코크스를 사용하는 영국인들과 관련 있다(Daniels 2000). 나무를 숯으로 바꾸는 것은 석탄을 코크스로 바꾸는 것과 비슷하다. 1600년대 영국인들은 운좋게도 석탄 매장이 많았으며, 이 석탄을 고온으로 가열함으로써 황, 타르, 연기 특성이 제거됨을 알아냈다. 코크스는 또한 온도를 조절하는 데 훨씬 유리하며 나중에 산업혁명을 추진하는 연료로 사용되었다. 이것의 출현 이전에 보리는 발효 가능한 맥아를 생산하기 위해 불 조절이 힘든 다른 연료원을 사용하여 가마에서 건조하였다. 전형적으로 목재, 이탄, 짚 등이 사용되었다. 이러한 연료원은 온도 조절(즉 어두운 구운 맥아)에서 신뢰성이 떨어졌을 뿐만 아니라 떫으며, 연기 향이 베인 부산물이 맥아로 궁극적으로 맥주에 스며들었다. 이에 비해 코크스는 보리를 낮은 온도에서 가열하여 색이 가볍고 떫은맛이 덜한 맥아를 생산할 수 있었다(Steele 2012). 이 맥아는 페일 맥아로 알려지게 되었고 1600년대 후반에 페일 에일과 같은 새로운 종류의 맥주로 이어졌고, 그 후 옥토버 에일, 벨기에 트리펠, IPA, 그리고 후에 오늘날 지배적인 라거와 필스너로 이어졌다. 이 맥주는 맛이 달랐을 뿐만 아니라 모양도 달랐는데, 이 특성은 나중에 1847년 유리세 폐지의 도움도 받았다. 1750년 이전에 사람들은 유리를 가진 것이 행운이라고 느꼈다(Mosher 2004). 1880년대 중반에서야 사람들은 실제로 맥주를 볼 수 있었는데, 왜냐하면 유리가 저렴해졌고 맥주의 황금빛 호박색은 실제로 볼 수 있는 광경이 되었기 때문이다.

10월의 이변

대부분의 경우 IPA는 옥토버 에일로 시작했다(Hayes 2009). 옥토버 에일은 새로 개발된 페일 맥아를 독점적으로 사용했고 알코올 함량이 8~12%에 달했으며 통에서 최대 2년간 숙성시켰다(Steele 2012). 냉장 양조 이전에는 가을에 시작하여 봄에 끝나는 계절적 노력이 있었다는 사실에서 이름이 유래되었다(Mosher 2004). 양조는 미생물 활동의 증가와 온도가 섭씨 영하 20도(화씨 70도)를 초과할 때 페일 맥아가 잘 발효되지 않는다는 믿음 때문에 여름 동안 중단되었다(Steele 2012). 당시 양조업자들은 미생물, 야생 효모, 박테리아에 대해 알지 못했지만, 여름에 바람직한 결과가 덜 생산된다는 것을 알고 있었다. 시즌 초인 10월에 양조된 맥주는 수확 직후 신선한 홉과 맥아만을 사용했다(Mosher 2004; Hayes 2009). 페일 맥아만을 독점적으로 사용하는 관행은 처음에는 시골 농장 소유 양조업자에 의해 행해졌고 부유한 시골 유지에 의해 선호되었다(Steele 2012). 다크 포터는 보통 사람들이 마시는 음료였고 아마도 처음에는 옥토버 에일 재료에 부과된 비싼 가격, 코크스로 맥아 보리 가마 건조하는 데 드는 관련 비용, 한 번에 몇 년 동안 숙성되는 것, 그리고 비싼 유리잔에서 페일 맥주를 즐길 수 있는 구매 가능성에서 계층 간의 불일치가 발생했을 것이다. 이 같은 시골 유지는 나중에 우연히 인도의 식민지 개척자가 되어 영국의 맥주 테루아인 고향의 맛을 원하게 되었을 것이다(Cornell 2008). 그러나 1700년대 중반까지 페일 맥아로 만든 맥주는 더 이상 시골 유지의 독점적인 음료가 아니었다. 런던의 상업 양조장은 어디서나 볼 수 있는 포터와 함께 페일 맥주를 제조하기 시작했다(Cornell 2003).

분포
상업 양조장의 부상

1700년대 중후반 산업혁명의 시작과 함께 가정, 농장, 시골 사유지 양조장의 현저한 감소가 일어났다. 이러한 감소는 노동자들이 농장 생활 방식을 떠나 도시 공장으로 이동하는 영국 내부 이동 때문으로(Bamforth 2009); 상업적 양조의 부상이 시작되었다. 산업 혁신을 이용하여 도시 양조장은 대량의 맥주를 생산함으로써 인구 밀도가 높은 산업 중심지의 갈증을 해소하기 위해 효율적으로 생겨났다. 노동자들은 종종 더 나은 임금을 받았고, 농장에서 한때 그랬던 것처럼 더 이상 새벽부터 해질녘까지 일하지 않게 됨에 따라, 지역 선술집에서 자유로운 시간을 보낼 수 있었다. 포터는 주로 소비되는 맥주 스타일이었지만 IPA의 페일 선구자는 다크 맥주 스타일과 함께 나란히 양조되었다(Steele 2012). 아마도 이것은 시골 유지를 모방하려는 성장하는 중산층의 더 비싸고 세련된 취향을 만족시키기 위한 것이었을까? 페일 맥주가 시골에서 도시로 이동했음에도 불구하고, 상업적 양조장은 IPA가 되기 위해 필수적이었다. 이 시기 동안 운하, 도로, 그리고 이후의 철도와 같은 교통망이 구축되었고(Pryor 2009), 양조장의 상대적 위치는 한때 시장에서 멀리 떨어진 곳의 위치를 바꾸었다. 양조장은 수 에이커에 달하는 규모로 성장하기 시작했다. 양조장의 연간 생산량은 현지 주변 지역에서 모두 다 소비될 수 없었지만, 새로 개발된 교통망을 통해 영국 제국과 제국을 넘어서는 수출 수단을 확립하였다(Steele 2012). 이것은 IPA에게 예기치 않은 것이었을 것이다. 대영제국이 승승장구하는 동안 영국 페일 에일의 세계화는 시작하였고 그들의 공간 분포는 증가했다.

지배하라, 영 제국이여! 영 제국이여, 파도를 지배하라!

해가 지지 않는 광대한 제국과 함께, 영국은 전 세계에 수천 명의 민간인, 관료, 군인이 퍼져 있었다. 이들의 이주와 주기적인 이동은 고향에 대한 갈증을 불러일으켰다. 그들은 현지의 요리와 음료에 회의적이었다. 예를 들어, 인도의 식민지 개척자는 종종 수입된 영국 맥주를 현지의 열대수 맥주보다 선호했다(Tomlinson 1994b). 맥주는 재료의 부패와 불결한 맛을 내는 미생물 감염으로 인해 냉장 기술 등장 전에 열대 기후에서 성공적으로 양조할 수 없어서 수입의 필요성이 있었고(Monkton 1966) 동인도 회사를 시작했다.

1600년대 초에 설립된 동인도 회사는 인도와 영국 사이에 사실상의 무역 독점권을 가지고 있었다. 귀환하는 것보다 인도로 가는 배의 화물이 적어서 무역 적자가 있었다. 동인도 회사의 선장은 인도로 향하는 배에 실린 특정한 양의 개인 화물을 식민지 주민들에게 팔 수 있었다(Steele 2012). 맥주는 종종 그 화물의 일부였다. '인도 페일 에일'에서 인도라는 용어는 교환에서 비롯되었다. IPA가 정확히 어떻게 인도에서 거래되게 되었는지에 대해서는 약간의 의견 차이가 있다. 혹자는 혹한과 열대 수역을 통과하는 6개월간의 길고 고된 여정에, 항해에서 살아남을 수 있을 만큼 오래가는 맥주 양조가 필요했다고 추측한다. 배의 선체에서 나무 통(cask)의 맥주는 앞뒤로 흔들렸고, 처음에는 섭씨 10도(화씨 50도) 정도의 서늘한 영국 바다에서, 아프리카 해안을 따라 적도를 가로질러 희망봉을 돌았고, 섭씨 30도(화씨 80도) 정도의 해수 온도를 가진 인도양으로 들어가는 적도를 넘었다(Tomlinson 1994a). 도착하자마자 폭발하는 통과 상해 버린 맥주는 드물지 않았다. 따라서 맥주 스타일이 문화적 발명(Pryor 2009)되거나 지리(거리) 문제를 해결하기 위해 개발된 의식적인 양조라고 보는 이론이 풍부하다(Tomlinson 1994a)(그림 12.1).

다른 사람은 1700년대에 대부분 런던에서 선적된 다양한 스타일과 도수가 높은 맥주들이 인도에 성공적으로 도착했다고 주장한다(Steele 2012). 당시 양조업자들은 홉이 보존 특성을 갖는 것을 알고 있었고(Bamforth 2009), 모든 인도행 맥주에 대해 홉 비율이 3분의 1에서 5분의 1로 증가했다(Steele 2012). 따라서 연하고, 강하고, 홉이 들어가 있는 맥주 이외의 다른 맥주 스타일이 여행에서 살아남을 수 있었다면, IPA는 어떻게 되었을까?

위치, 위치, 위치

동인도 회사의 본사는 템스강과 리(Lea)강의 합류점 근처의 동런던에 위치하였다. 1752년 조지 호지슨(George Hodgson)이 설립한 보우(Bow) 양조장이 보우 다리 근처의 리강 상류 2마일 지점에 있었다. 조지 호지슨은 주로 포터의 양조자였지만, 중산층에게 인기 있는 강하고 홉의 풍미가 있는 것으로 유명한 옥토버 맥주도 양조했다. 호지슨은 2마일 하류에 배를 정박시킨 동인도 회사의 장교들과 빠르게 관계를 발전시켰다. 항해할 수 있는 강가에 위치하고, 선장들이 인도에서 돌아오면 12~18개월 동안 양조장에 갚을 수 있는 유리한 신용 조건을 가진 보우 양조장은 기업가적인 선장에게 선호

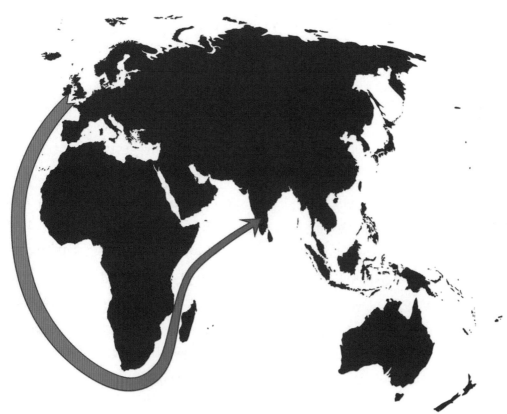

그림 12.1 영국 항구에서 인도까지 IPA의 6개월간의 길고 고된 여정을 보여 준다. 계속되는 통의 흔들림과 해수면 온도의 변화는 마시기 좋은 맥주의 성공적인 배달을 복잡하게 만들었다.

되는 양조장이 되었다(Hayes 2009).

호지슨은 이미 그의 옥토버 에일에서 많은 양의 홉을 사용했고 동인도 회사의 선장들은 그것이 잘 팔렸다는 것을 알고 있었다. 맥주는 홉 함량이 높고 알코올 함량이 보다 높아서 보존 품질(Bamforse 2009)이 좋기 때문에 다른 맥주 스타일에 비해 폐기율이 낮았고 따라서 선장에게 더 많은 이익을 줄 수 있었다. 이것은 또한 관료와 장교 신분의 부유한 중산층들이 가장 좋아하는 맥주였으며 아마도 고국의 안락함을 맛봤을 것이다(Pryor 2009). 게다가 맥주를 마시는 것에 대한 선호도는 열대 지방에서 바뀌었다. 더 어둡고 달콤한 에일은 갈증을 해소하는 것보다 더 연하고, 더 건조하고, 더 쓴 에일보다 덜 만족스러웠다(Tomlinson 1994b). 호지슨의 옥토버 에일은 빠르게 인도로 배송되는 표준 맥주가 되었다. 원래 인도로의 항해를 위해 특별히 양조한 것은 아니지만, 그 당시의 모든 맥주 스타일과 마찬가지로 항해를 견디는 증가한 홉 비율로 유명해진 그의 인기 맥주 중 하나였다(Steele 2012). 그는 빠르게 인도에 맥주 독점권을 확립했다. 호지슨은 포터를 포함한 다양한 맥주를 선적했지만, 돈을 많이 벌게 한 것은 그의 옥토버 에일이었다. 이 옥토버 에일은 나중에 최초의 인도 페일 에일로 언급되지만, 1800년대 중반까지는 언급되지 않았다(Hayes 2009; Steele 2012).

버턴 온 트렌트: IPA 중심지

1822년 호지슨의 맥주는 여전히 최고의 옥토버 에일 중 하나로 평가되었다. 인도 페일 에일이라는 용어는 아직 없었다. 그러나 보우 양조장의 독점은 곧 깨질 것이었다. 조지 호지슨의 손자 프레데릭(Frederick)은 이제 가족 양조장의 총회장이 되었다. 특히 프레드릭 호지슨의 후원을 받은 보우 양조장은 사업 관행과 관련하여 윤리적이지 않은 것으로 평가되었다. 가격 담합 관행은 명백히 일반적이었다(Tomlinson 1994a). 만약 보우 양조장이 인도로 맥주를 운송하는 또 다른 양조장에 대한 소식을 듣게 된다면, 값싼 맥주의 난립은 가격을 떨어뜨리거나 경쟁사를 파산시킬 것이다. 이듬해 독점권이 다시 확립되면서 보우 양조장은 수출량을 제한하여 가격을 급등시켰다. 가격은 호그헤드(Hogshead, 대형 통)당 20파운드에서 이듬해 호그헤드당 200파운드까지 다양하다(Steel 2012). 프레드릭 호지슨의 사업 관행은 특히 동인도 회사에 의해 점점 더 인정받지 못하고 있었다(Hayes 2009; Steel 2012).

일설에 따르면 동인도 회사의 이사인 캠벨 메이저리뱅크(Campbell Majoribanks)가 버턴 온 트렌트에 있는 런던 북서쪽의 양조장인 새뮤얼 올솝(Samuel Allsop)에게 접근했다고 한다. 메이저리뱅크는 올솝에게 호지슨의 페일 옥토버 에일 한 병을 주며 복제할 수 있는지 물었다. 홉 에일에 익숙하지 않은 올솝의 주임 양조자는 쓴 에일을 맛보자마자 뱉어 버렸지만 올솝은 메이저리뱅크에 복제 가능함을 표했다. 첫 번째 시음용은 찻주전자에서 양조되었다(Steele 2012). 언급한 바와 같이, 일설에 따르면 올솝의 또 다른 동시대의 버턴(Burton) 양조자는 사뮤얼 바스(Samuel Bass)였다. 그의 바스 양조장은 동인도 회사의 이사가 바스에게 접근하여 호지슨의 옥토버 에일과 동등한 것을 만드는 것에 대해 문의한 것과 같은 이야기를 가지고 있다. 분명히 호지슨 가족과 보우 양조장은 그들의 사업 관행 때문에 경멸을 받고 있었다. 그 이야기는 심지어 찰스 디킨스의 주간지(1850~1859) 『하우스홀드 워즈』(Household Words)에서 묘사되는 등 몇 십 년 후에 대중 문화로 회자되었다. 이 해석으로 동인도 대표는 맥주 거래의 가상 인물인 존 바얼리콘 경(Sir John Barleycorn)을 만난다(Pryor 2009).

버턴 온 트렌트는 동인도 이사가 접근하기 위한 무차별적이고 새로운 선택이 아니었다. 그것은 이미 기원후 1000년경에 설립된 수도원으로 거슬러 올라가는 긴 양조 역사를 가지고 있다. 버턴 맥주는 다른 곳에서 양조된 맥주에 비해 잘 이동하는 것으로 알려져 있다. 이것은 후에 양조에 사용된 지하수의 화학과 수문학에 기인한다. 영국 중부에 위치하고 육지로 둘러싸인 이 지역 맥주는 17세기 후반과 18세기 초반에 운하가 발달하면서 헐(Hull) 항구와 그 너머로 수출할 수 있게 되었다(Steele 2012). 상업적 양조가 곧 이어졌고 버턴 온 트렌트는 대량 양조와 관련된 기능적인 지역이 되었다.

버턴 지역은 런던과 마찬가지로 상업적인 양조의 중심지가 되어 지역의 공급량을 훨씬 초과했다. 그러므로 그들의 에일은 수출이 필요했다. 발트해 국가들과 상트페테르부르크의 러시아 귀족은 버턴의 강하고 어두운 앰버 에일을 선호했다. 그러나 곧 러시아는 1783년 영국산 에일에 300%의 세금을 부과하는 무역 전쟁을 시작했다. 버턴 양조업자들은 폴란드와 프로이센으로 눈을 돌렸지만, 19세기 초 나폴레옹 전쟁으로 인해 그 무역도 중단되었다. 동인도 이사회와 버턴 맥주회사 간의 전설적인 만남이 있을 무렵 이미 1780년대부터 상당한 수출 감소가 발생했다(Steele 2012). 그들은 새로운 시장을 준비했고, 필요하다면 새로운 맥주가 필요했다.

이것은 현재 IPA라고 불리는 것의 다음 진화 단계에서 행운이었다. 버턴 온 트렌트는 런던 지역과는 다른 자연지리와 지하수 수문학을 가지고 있어 광물이 풍부한 지하수가 생성되어 더 강렬하게 톡 쏘고, 건조하며 갈증이 더 많이 해소되는 에일을 생산한다.

경수 대 연수

한 지역의 자연지리와 수문학은 양조 과정에 사용되는 물의 양과 질에 영향을 미친다. 과거와 마찬가지로 오늘날, 양조업자는 그들의 환경과 상호작용하고 근처에서 쉽게 구할 수 있는 물을 사용한다. 지하수는 일반적으로 오염물질과 생물학적 활동이 덜하기 때문에 지표수보다 바람직하다 (Bamforth 2009). 버턴과 런던의 두 상업적 양조 중심지의 차이점은 지리학적으로 버턴은 경수 지하수를 가지고 있는 반면, 런던은 연수 지하수를 가지고 있다는 것이다. 경수는 수문학적 과정을 통해 불가피하게 지하수에 잠기게 되는 지역 암반에서 유래한 미네랄인 황산염과 칼슘의 농도가 더 높다. 칼슘 함량이 높을수록 녹말 전환이 더 잘 이루어지며, 잔류 당이 더 적은 건조한 맥주를 생산한다 (Steele 2012). 칼슘은 또한 효모 응집을 증가시킴으로써 홉 쓴맛의 추출을 개선하고 탁도를 감소시킨다(Tomlinson 1994b; Bamforth 2009). 황산염은 입안의 느낌과 쓴맛에 대한 인식을 변화시켜 떫은 맛을 지속하지 않고 홉화 속도를 증가시킬 수 있다(Tomlinson 1994a; Mosher 2004). 곧 올솝과 바스와 같은 버턴 양조장들이 나란히 경쟁하면서 인도 시장에서 보우 양조장의 페일 옥토버 에일보다 선호되었다. 그들은 런던의 거대한 맥주회사인 보우 양조장의 그것보다 더 건조하고, 더 홉이 더 많으며,

더 맑으며 전반적인 일관성을 가지고 있었다. 이로 인해 신맛과 부패를 유발할 수 있는 잔류 당이 적어 더 잘 이동할 수 있을 뿐만 아니라 열대 지방의 갈증을 더 잘 해소하고 단순히 보기에도 더 만족시키는 맥주가 되었다(Pryor 2009; Tomlinson 1994a). 호지슨은 처음에 여전히 버턴 양조장보다 큰 시장 점유율을 가지고 있었기 때문에 인도를 위해 양조된 버턴 페일 에일의 토닉(tonic) 같은 품질을 기술하는 마케팅 전략이 나왔다. 1840년대에서야 이것은 오늘날 인도 페일 에일이라고 불리는 용어 또는 동등한 것으로 나타났다. 그래서 버턴 맥주가 인도 맥주 시장에 진출한 후, 호지슨과 그의 보우 양조장이 인도 페일 에일을 처음 출하한 지 한참 후에야 인도 페일 에일은 맥주 스타일을 지칭하는 주요 용어가 되었다(Steele 2012).

버턴식 경수 스타일의 IPA는 곧 표준이 되었고 원래 런던식 연수 스타일보다 선호되었다. 호지슨의 보우 양조장은 여전히 영업을 하고 있었지만 그의 비윤리적인 사업 관행과 버턴의 선호하는 물은 우연한 스타일 변화로 이어졌다. 호지슨 양조장의 시장 점유율이 점점 하락했고 몇 번의 소유권 변경 후 결국 사업이 중단되었고 이후 1933년에 문을 닫았다(Steele 2012). 버턴 온 트렌트는 IPA의 세계적인 발상지가 되었다.

IPA 부흥

버턴 지역은 1850년에 30만 배럴의 생산량에서 30년 후에 3백만 배럴 이상의 생산량으로 세계적인 양조 중심지가 되었다(Steele 2012). 바스 양조장은 생산의 최전선에 있었고 뒤에 세계에서 가장 큰 양조장이 되었다. 1880년대 초 바스 에일(IPA)은 거대한 영국의 세계적 존재 신호인 영국인이 있는 세계 어느 나라에서나 구할 수 있다고 알려져 있었다(Bickerdyke 1886). 그러나 바스는 버턴 지역의 유일한 양조장이 아니었다. 1860년까지 26개의 양조장이 이 지역(Steele 2012)에 있었고, 다른 영국 양조업자는 곧 버턴 지하수가 매우 필요하다는 것을 알게 되었고, 기능적인 양조 지역으로서 버턴 온 트렌트를 굳혔다.

버턴 IPA는 단지 수출용 맥주는 아니었다. IPA의 국내 소비는 급증했고 1840년대에 버턴에 도달하는 새로운 철도망의 완성과 함께 운하를 통해 항구 도시로 천천히 분배되는 것이 아니라, 버턴 IPA는 이제 전국의 나머지 지역에 분배될 수 있었다(Hayes 2009). 이것은 버턴의 상대적인 위치와 주로 맥주와 같은 시장성 있는 상품들을 변화시켰다. 버턴 에일은 영국 전역에 퍼졌고 갑자기 더 쉽게 접근할 수 있게 되었다. 버턴 IPA는 인도에서 돌아온 식민지 주민들이 열대 지방에서 즐기던 페일 에일을 갈망했기 때문에 영국에서도 인기가 있었다. 이것은 노동자들의 임금 인상과 이국적인 아대륙에서 세련된 입맛을 대표하는 지위 상징으로서의 IPA의 평판과 결합하여 시장 점유율을 높이는 데 도움이 되었다. 1840년에 유리세가 인하됨에 따라 IPA는 병에 담겨 집에서 즐기거나 좋은 가게의 각종 유리류에서 종종 냉장된 상태로 즐길 수 있게 되었다. IPA는 대중문화의 어휘로 등장하였다. 거품이 이는 샴페인과 비교되었다. IPA는 더 이상 시골 유지가 아니라, 갈망하는 대중 사이에서 유행했다 (Pryor 2009; Steel 2012)(그림 12.2).

모방은 아첨의 가장 진실된 형태이다

당연히 전 세계의 다른 양조장은 버턴의 성공을 재현하기 위해 노력했다. 스코틀랜드 에든버러의 양조장과 같은 몇몇 양조장은 버턴의 양조장과 비슷한 경수를 가지고 있어서 운이 좋았다. 1890년 대에 에든버러는 인도에 맥주의 3분의 1을 수출하고 있었는데, 그중 대부분은 IPA였다(Hayes 2009; Steele 2012). 다른 지방들은 양조 과학의 발전이 이 분야를 평준화할 때까지 버턴 표준에 대한 IPA를 만드는 데 성공과 실패를 반복했다.

산업화는 양조 과학의 기술적 발전을 계속 촉진시켰다. 온도계, 현미경, 비중계, 유체를 운반하는 펌프, 주철 및 이후 구리 양조 용기, 증기 사용은 맥주를 일관적이고 효율적으로 생산할 수 있도록 도와주었다. 효모는 루이 파스퇴르 덕분에 더 잘 이해되고 일관된 맥주를 위해 더 효율적으로 관리할 수 있게 되었다(Tomlinson 1994b; Steel 2012). 이전에는 효모가 중요하다고 생각되었지만, 살아 있는 유기체로 이해되지 않았다. 그러나 화학 및 지하수 분석을 통해 버턴 지역 이외에서도 IPA를 생산할 수 있었다(Steele 2012). 1850년대까지 런던의 일부 양조장들은 소금, 특히 석고를 양조수에 첨가하는 작업을 시도했다(Cornell 2003). 지속적인 실험과 연구로 지하수 화학에 대한 지식이 발전했다. 1880년대까지 현지 연수에 칼슘과 황산염을 첨가하는 것이 표준화되어 버턴식 물을 생산했다 (Hayes 2009). 오늘날까지 양조용 소금을 현지 수역에 첨가하는 과정은 버턴화(Burtonization, Bamforth 2009)로 알려져 있다. 이제 버턴 스타일의 IPA는 어디서든 양조할 수 있다.

버턴화에 대한 지식으로 IPA 양조장은 더 이상 버턴 온 트렌트 우편 주소가 필요하지 않았다. 런던, 스코틀랜드, 북아메리카, 오스트레일리아, 노르웨이, 독일은 IPA 양조장을 보유하고 있다. 심지어 인도의 펀자브 지역에도 IPA 양조장이 있었던 것은 양조장이 해발 6,000피트에 있고 저지대의 찌는 듯한 기후가 없었기 때문이다(Steele 2012).

그림 12.2 에두아르 마네의 〈폴리베르제르의 바〉(1882)는 최고의 환대가 있는 도시적이고 호화로운 파리 풍경을 보여준다. 과일, 와인, 감로주(cordial), 샴페인 그리고 빨간 삼각형으로 표시가 있는 바스 에일(IPA)의 병은 테이블 위에서 찾을 수 있다.

19세기 후반까지 미국은 영국 맥주의 가장 큰 수입국이었다. 미국의 양조장은 이러한 양식을 모방했으며, 대부분은 북동부에 위치하고 있다. 주목할 만한 양조자는 미국으로 이주한 스코틀랜드인 피터 밸런타인(Peter Ballantine)이다. 스코틀랜드는 버턴 스타일 맥주의 훌륭한 대안이 되었기 때문에, 1840년 뉴저지주 뉴어크에 그의 새 집을 짓고, 그곳에서 IPA를 포함한 다양한 버턴 스타일의 에일을 양조했다(Steele 2012). IPA의 한 종류인 그의 밸런타인 에일은 그가 죽고 난 뒤에도 한참 동안 살아남았고, 금주령 이후에도 다시 모습을 드러내었다. 이 양조장은 1970년대 초에 마침내 문을 닫았지만, 미국 수제 맥주 양조 분야의 창시자 중 한 사람에 대한 흔적을 남기고 있다(Jackson 1996; Bamforth 2009).

IPA는 1880년대에 세계적인 정점에 도달했다. 그것들은 버턴화 덕분에 전 세계에서 상업적 양조를 하게 되었다. 산업용 냉장 기술, 증기선과 기관차의 발전, 수에즈 운하 및 세계적 철도망과 함께 IPA는 이제 연중 양조하여 빠르게 운송되었다(Steele 2012). 그러나 IPA의 암흑기가 눈앞에 있었다. 중부 유럽인이 새로운 땅으로 대량 이주하면서 새로운 맥주 스타일이 확산하였기 때문이다(Mosher 2004). 금주 운동과 세계대전과 결합하여 한때 세계적이었던 IPA는 멸종 위기종의 지위로 이동하게 된다.

IPA 쇠락
금주와 전쟁

금주 운동은 1880년대 후반부터 시작된 세계적인 운동이다(Steele 2012). 영국에서는 IPA가 많이 팔림에 따라 증류주 진도 많이 팔렸다(Bamforth 2009). 사회의 일부 구성원은 진의 악영향으로 진절머리를 내었고 곧 모든 알코올 음료가 표적이 되었다. 음주의 확산은 특히 IPA의 전통 소비자인 부유층부터 인상을 찌푸리게 했다. 공장주는 노동자의 생산성 저하에 지쳤다. 차는 곧 마시기에 더 적합해졌다(Steele 2012). 대중의 감정에 정부가 개입하게 되었다.

음주의 정도를 제한하기 위해 사회 공학적 접근법이 취해졌다. 영국은 맥주의 원래 도수에 세금을 부과했다. 원래의 도수는 알코올 잠재력을 반영한다. 원래 도수가 높을수록 잠재적으로 맥주가 더 강해진다(Tomlinson 1994a). 8~10%의 ABV IPA는 만들고 마시기에 빠르게 비싸졌다. 오랜 시간 숙성이 필요 없는 에일, 러닝 에일(running ale)과 같은 낮은 도수의 맥주와 헬레(helles), 라거, 필스너와 같은 중부 유럽의 신흥 저도수 맥주 스타일이 더 마시기 적합해졌다(Steele 2012). 곧 IPA는 영국에서 더 이상 생산되지 않거나 품질적으로 변경되어 상표의 IPA라는 용어는 스타일의 원래 매개 변수와 거의 관련이 없었고, 오늘날의 쓴맛과 특별히 더 쓴맛(Extra Special Bitters, ESBs)과 거의 구별할 수 없게 되었다(Tomlinson 1994a). 이러한 스타일의 변화는 영국 IPA가 미국의 수제 맥주 IPA 스타일보다 훨씬 낮은 ABV로 오늘날에도 계속되고 있다(Tomlinson 1994b).

제1차 세계대전은 IPA의 소멸을 더욱 악화시켰다. 영국의 정치인과 군수품 제조업자는 과도한 음주가 독일 U보트보다 전쟁에 더 큰 피해를 주고 있다고 불평했다(Bamforth 2009). 이것은 더 낮은 ABV 스타일의 소비를 선호하는 경향이 있는 술집 영업 시간과 음주 연령을 제한하는 영역의 「방어법」(Defense of the Realm Act)으로 이어졌다. 배급제와 맥주 재료의 가용성 또한 모든 맥주의 비중을 낮추는 것으로 이어졌다. 이후 제2차 세계대전이 발발하고 새로운 세대에 대한 비슷한 우려로 IPA는 1950년대에 원래의 고향에서 거의 멸종되었다(Hayes 2009; Steele 2012).

영국과 마찬가지로, 전쟁과 금주는 스칸디나비아뿐만 아니라 영어권의 많은 부분에 영향을 미쳤다. IPA와 일반적인 알코올에 대해 불행하게도, 미국은 금주의 시작과 함께 금주법에 엄격한 접근을 취했다. 금지령으로 인해 대부분의 미국 양조장이 문을 닫았고 IPA 생산과 양조법이 손실되었다(Steele 2012). 이민 유입과 맥주 선호도 변화로 인해 미국에서 영국 스타일 에일은 이미 감소하고 있었다(Mosher 2004). 금주법이 폐지된 후, 더 무겁고 쓴 IPA는 독일과 보헤미안 스타일의 가벼운 라거와 필스너를 선호하는 대부분의 미국인 추종자를 잃었다. 일부 영국 스타일의 양조장만이 살아남았는데, 그중에는 IPA인 밸런타인 에일의 생산자도 포함되어 있다(Steele 2012).

중부 유럽 라거의 약진

1700년대 영국 런던을 방문한 중부유럽 관광객들이 산업 스파이 활동에 과감히 나서 페일 맥아를 만드는 비법이 되살아났다고 주장된다. 이로 인해 흰색 맥아와 나중에 필스너 맥아가 개발되었다(Mosher 2004; Steele 2012). 헬레, 황금색 라거, 필스너 맥주 스타일은 IPA보다 ABV와 쓴맛이 일반적으로 낮은 결과물이었다. 원래 라거 생산은 따뜻한 계절에 양조를 자제하는 등 계절에 영향을 받았다(Daniels 2000). 그러나 산업화와 상업적 냉동으로 라거는 IPA와 같이 연중 생산 및 출하될 수 있었다(Steele 2012).

오스트레일리아, 인도, 그리고 일부 미국과 같은 따뜻한 기후의 거주자들은 더 쏘는 맛이 강하고, 좀 더 마시기 쉬운 라거를 선호하기 시작했다. 벡스와 같은 양조장이 인도와 오스트레일리아에 생산 시설을 설립하는 등 독일 맥주회사는 IPA의 감소에 결정적 기여를 했다(Steele 2012). 독일인과 보헤미아인의 미국 이민으로 중서부 지역에 상당한 인구가 거주하게 되었다. 그들의 이주는 라거를 확산시켰고, 이민자가 즐긴 맥주 스타일은 미국 사회에 동화되었다. 한때 영국 에일의 최대 수입국이었던 미국은 인구 통계의 변화 때문에 에일에서 라거로 전환했다. IPA는 급속 쇠락을 경험하고 있었다. 1900년까지 IPA의 영국 수출은 예전 모습의 잔재였다. 더 낮은 ABV 스타일, 이민과 라거의 확산, 전쟁 물자 동원으로 인한 배급을 선호했던 금주법의 복합적인 영향으로 IPA의 배포가 전 세계적으로 중단되었다(Steele 2012).

IPA 부활
미국 서부 해안

IPA는 소멸 직전에 있었다. 양조장의 지역적, 세계적 통합과 금주의 여파는 IPA가 한때 지배했던 품종과 다양성의 상실로 이어졌다. 맥주의 종류는 주로 라거나 필스너 스타일로 정의되었다. 미국에서 IPA의 마지막 실질적인 생산자 중 하나인 밸런타인 양조장은 1971년에 마침내 문을 닫았다. 곧 1980년대가 시작되면서 미국의 모든 맥주 생산의 90% 이상이 단 10개의 라거 양조장에 의해 통제되었다(Steele 2012). 밸런타인 양조장이 문을 닫기 전에 우연히 그의 밸런타인 에일은 아메리칸 수제 맥주 양조장의 미래 설립자에 의해 소개되었다. 시에라네바다(Sierra Nevada) 양조회사의 켄 그로스만(Ken Grossman)과 샌프란시스코 앵커 맥주의 프르티즈 메이태그(Frtiz Maytag)는 밸런타인의 IPA에서 영감을 받았다. 1955년 메이태그는 그가 밸런타인 에일의 유통에 관여했던 매사추세츠주에 있는 학원인 디어필드 아카데미(Deerfield Academy)를 졸업했다(Bamforth 2009). 이후 앵커 맥주의 소유주로서 그는 1970년대 초에 계절 맥주로 아메리칸 리버티 에일(American Liberty Ale)을 출시했다. 그것은 국제 쓴맛 단위, 즉 IBU(International Bitterness Units), 40 이상으로서 홉을 많이 넣은 것이다 (Steele 2012). IBU는 홉에서 발견되는 알파산으로부터 맥주의 쓴맛을 측정하는 데 가장 일반적으로 사용되는 체계이다. 맥주는 홉의 종류, 사용량, 맥주의 스타일에 따라 IBU 프로필이 달라진다. 예를 들어 아메리칸 라이트 라거(American light lager)는 8~12 IBU(Daniels 2000)를 가질 수 있기 때문에 아메리칸 리버티 에일(American Liberty Ale)의 40 IBU는 당시로서는 꽤 컸다. 1984년에서야 아메리칸 리버티 에일은 연중 출시되는 맥주가 되었다. 그로스만의 시에라네바다 양조회사는 1981년에 셀러브레이션 에일(Celebration Ale)로 알려진 계절 IPA를 출시했다(Steele 2012). 캘리포니아에서는 홉이 더 많이 들어가고 무거운 맛의 IPA 시장이 발전하고 있었다.

어린 시절을 캐나다에서 보낸 버트 그랜트(Bert Grant)는 어른이 되어서 워싱턴주 북쪽으로 이주했다. 버트는 1980년대 초 워싱턴주 야키마에 양조장을 열기 전에 양조업과 홉 산업에서 일했다. 1983년에 그는 그랜트 IPA라는 IBU가 60에 가까운 IPA를 양조했다. 그랜트, 그로스만, 그리고 메이태그의 공통점은 그들이 미국 서해안 출신이라는 것과 그들 모두가 당시, 그리고 아마도 지금은 라거 세계에서 IPA의 변형을 양조했다는 것뿐만 아니라 맥주의 쓴맛을 위해 무명의 홉을 사용했다는 것이다. 그들이 사용한 홉은 캐스케이드라고 불린다(Steele 2012).

미국 홉
미국 맥주는 미국 홉이 필요하다

캐스케이드 홉은 미국 것이며 태평양 북서부 산맥의 이름을 따서 붙여졌다. 그들의 조상은 1950년대 실험적에서 곰팡이에 저항력이 있는 품종으로 배양되었던 영국의 푸글(Fuggle) 홉에서 유래했다. 이 기간 동안 곰팡이와 사상균이 뉴욕 북부의 홉 생산 지역을 파괴했고 홉 생산은 북부 캘리포니아와 태평양 북서부에 집중되기 시작했다. 미국 서부 해안의 자연지리와 여름의 가장 적은 강수량은 보다 습윤한 미국 동부 지역과 달라서 성장기에 곰팡이가 덜 발생해 캘리포니아와 태평양 북서부에서 홉 생산의 군집이 설명된다(Bamforth 2009). 처음에 미국의 양조업자들은 새로운 캐스케이드 홉 품종을 사용하는 것을 주저했고, 1960년대 후반과 1970년대에 노균병이 다시 한번 전통적인 독일 홉을 황폐화시켜 가격이 급등할 때까지 더 전통적인 독일 품종에 의존했다. 새롭게 이름이 붙여진 캐스케이드 홉은 갑자기 매력을 갖게 되었고, 태평양 북서부의 홉 재배 지역 면적은 증가했다. 메이태그, 그로스만, 그랜트는 모두 에일 생산자로 이 새로운 품종을 고수했다(Steele 2012). 전통적인 유럽 홉의 맵고 토속적인 특성과는 달리, 라거가 지배하는 문화에서 감귤류 자몽 향과 특성을 가진 홉 프로필은 당시로서는 매우 선구적이었다(Hausotter 2009; Steele 2012). 미국식 IPA가 탄생했다.

IPA의 부활은 미국의 차례였다. 앵커, 시에라네바다, 그랜트 야키마(Grants Yakima) 양조회사들의 성공은 1980년대에 자가 양조 맥줏집과 소규모 양조장의 문을 여는 데 도움을 주었다. 이 양조장은 소규모 양조장 운영의 전파 확산을 주도했다. 샌프란시스코만 지역, 오레곤주의 포틀랜드, 워싱턴주의 시애틀, 그리고 나중에 콜로라도주의 볼더는 이 수제 맥주 경관의 부흥 중심지였다(Steele 2012). 미국의 다른 지역보다 캐스케이드 홉 재배 지역에 더 가까운 근접성으로 양조 부흥 중심지에 이 새로운 홉 품종을 사용하는 것을 설명할 수 있을까? 캐스케이드 홉은 처음에는 저장 안정성이 형편없었기 때문에(Mosher 2004) 시애틀과 샌프란시스코의 양조자는 보스턴이나 마이애미의 양조자보다 캐스케이드 홉을 사용하는 것에 덜 관심이 있었을 것이다. 캐스케이드 홉의 인기는 증가했고 널리 퍼진 에일 스타일의 맥주의 IBU는 계속해서 상승했다. 이 성공은 자연적으로 '슈퍼 캐스케이드(Super Cascade)'인 새로운 홉 품종의 개발로 이어졌다. 그것들은 감귤류 향을 가진 매우 선구적인 스테로이드(steroids)의 캐스케이드 홉이었다. 센테니얼(Centennial), 치누크(Chinnook), 콜럼버스(Columbus), 그리고 나중에 아마릴로(Amarillo), 심코(Simcoe), 시트라(Citra) 홉 품종이 실험적으로 설계되어 성공적으로 시판되었다(Mosher 2004; Steel 2012). 홉은 맥주의 쓴맛에 기여하는, 알파산이라고 알려진 것을 가지고 있다(Daniels 2000). 유럽식 홉은 1.5~5% 범위의 알파산을 가지고 있다(Mosher 2004). 미국 스타일의 홉은 최대 18%의 범위를 얻을 수 있다(Steele 2012). 미국 홉은 일반적으로 쓴맛이 더 높을 뿐만 아니라 복숭아, 귤, 망고, 구아바, 자몽, 레몬 껍질, 귤, 오렌지, 심지어 소나무까지 IPA 스타일을 설명하는 데 사용되는 감귤류 맥주 프로필을 생산한다(Mosher 2004; Hausotter 2009). 많은 에일을 양조하면서 수제 맥주 양조장이 전국적으로 퍼져나감에 따라 IPA는 곧 새로운 미국 홉을 실험할 수 있는, 재발견된 스타일이 되었다. 1990년대까지 소규모 양조장의 고객은 지속적으로 선구적인 홉으로 IPA를 발전시키려는 양조업자에 의해 새로운 홉을 사랑하는 세대로 육성되었다(Hausotter 2009; Steel 2012). 이 새로운 미국 IPA는 성격상 과거의 원래 영국 IPA보다 강했다. IBU와 초기 도수는 높았다(Tomlinson 1994b). 그러나 아메리칸 홉의 사용은 쓴맛과 영국 사촌과 확실히 구별되는 향의 품격으로 이어졌고 2000년에 미국 맥주의 홉 강도를 인식하는 새로운 맥주 스타일이 미국 최대의 연간 맥주 대회인 전미 맥주 축제(Great American Beer Festival, GABF)의 주최자들에 의해 인정되었다(Steele 2012). 이제 미국 IPA는 영국과 분리되었다.

IPA는 공식적으로 이민을 간다
IPA, 미국 시민이 되다

영국인은 여전히 원래 IPA의 홉 프로필과 강한 쓴맛이 없는 저도수 알코올 맥주를 선호한다. 현재 수제 IPA 맥주 경관의 부활에 영국의 것이 있지만, 미국에 비하면 아무것도 아니다(Tomlinson 1994b; Steele 2012). 그러므로 IPA는 이제 애플 파이와 미국 독립 기념일만큼이나 미국적이다. 이는 매년 콜로라도주 덴버에서 열리는 전미 맥주 축제(GABF)에서 IPA 부문이 가장 많은 출품작을 보유한 가장 기대되는 행사 중 하나라는 사실에서 잘 드러난다. 맥주회사들은 맥주 스타일로 금, 은, 동메달을 다툰다(Steele 2012). IPA 금메달을 따는 것은 어떤 수제 맥주 양조장에 엄청난 자랑과 마케팅 권리이다.

미국 IPA는 매우 가치 있는 맥주 스타일이 되어 더 많은 실험을 하고 진화하게 되었다. 다문화주의와 다양한 아이디어와 민족적 스타일의 융합으로 유명한 미국은, IPA가 많은 양조업자가 다른 스타일을 융합하는 본보기가 되도록 허용했다. 미국 IPA와 그들의 계속 증가하는 하위 범주에 대한 공통된 실마리는 인도나 페일과는 아무 상관이 없는 것으로 보인다. 사실 (저자의 개인적인 경험에 의하면) IPA·라거-필스너 혼종은 여러 양조장에 의해 만들어졌기 때문에 더 이상 에일일 필요가 없다. 미국 IPA의 공통점은 많은 미국 홉의 사용인 것 같다.

앞으로 가지를 뻗는 IPA

다양한 스타일이 미국 IPA에서 생겨났다. 아마도 가장 시장성이 있는 것은 더블(Double) 또는 임페리얼(Imperial) IPA일 것이다. 미국 서부 해안은 다시 한번 더블 IPA의 발상지였다. 오리건 남부의 로그(Rogue) 양조회사의 존 마이어(John Maier)와 현재 북부 캘리포니아의 러시아리버(Russian River) 양조회사의 소유주인 비니 실루르조(Vinnie Cilurzo)는 1990년대 초에 원래 매우 홉이 많고 강한 IPA

를 양조했다. 그들은 더블 IPA의 공진화 설계자로 알려져 있다. 곧 그 스타일은 남쪽으로 퍼져나 갔다. 빅 로버스트(Big robust), ABV(7~10%) 이상의 폭탄은 샌디에이고 지역에서 양조되었다. 스톤 (Stone) 양조, 밸러스트포인트(Ballast Point) 양조, 그리고 다른 샌디에이고 수제 맥주 양조장은 이 스 타일을 채택하여 곧 한정된 지역에서 샌디에이고 페일 에일이라고 불리게 되었다. 이름에 인도가 없 다는 것을 주목하라. 아대륙과의 연결이 끊어졌다. 높은 홉 함유로 유명한 샌디에이고의 생산 지역 은 스타일을 반영한 별명으로 인도의 전통 시장을 대체했다. 공식적으로는 더블 IPA로 불리며, 2003 년에 GABF에 의해 별도의 맥주 스타일로 인정받았으며, 현재는 대부분의 수제 맥주 시장에서 일반 적이다(Steele 2012).

또 다른 IPA 분파는 블랙(Black) IPA이다. 그 용어 자체가 모순어법이다. 어떻게 어떤 것이 동시에 검고 연할 수 있는가? 다시 한번 미국 IPA의 주요 주제는 홉이 많고 도수가 높은 맥주이다. 맥아를 으깨는 동안 구운 맥아를 섞으면 진한 호박색에서 검은색으로 포터 같은 맥주가 된다. 일부 블랙 IPA 는 껍질을 벗긴 구운 보리를 사용하여 맥주가 덜 떫은 맛이 나는 반면 다른 IPA는 그렇지 않아 더 까 칠한 스타우트 느낌의 맥주가 된다. 어쨌든 IBU는 높고 가장 구별되는 측면은 처음에 홉 맛이 강하 게 나는 맥주이다. 블랙 IPA는 태평양 북서부에서 양조한 버전의 이름을 따서 캐스케이드 다크 에일 (Cascadian Dark Ale)이라고도 불렸지만, 태평양 북서부에 살지 않는 주민들은 맥주와 함께 '캐스케이 드'라는 지명에 대해 덜 수용적이다. 미국맥주양조협회는 이 용어가 모순어법이 되는 것을 힘들어했 고 2010년 블랙 IPA를 인도 블랙 에일(India Black Ale)로, 2011년 현재의 공식 명칭인 아메리칸 스트 롱 블랙 에일(American Strong Black Ale)로 학술적으로 재명명했다. 뭐라고 부르든 이 스타일의 애호 가들은 같은 맥주 이름에 블랙과 페일을 사용하는 것을 용서하는 것처럼 보인다(Steele 2012). 결국 그 것은 이제 색깔이 아니라 홉에 관한 것이다.

벨기에 IPA는 2000년대에도 유명세를 탔다. 벨기에 IPA는 일련의 양조 공간 상호 작용을 확립한 미국과 벨기에 양조자 간의 진정한 공동 영감 개발의 결과이다. 미국을 방문한 벨기에 양조자들은 미국 IPA에 영감을 받아 벨기에 버전을 양조했다. 이러한 유럽 버전은 종종 벨기에의 트리펠(Tripel) 과 더 비슷한데, 지역의 맥아와 효모를 사용하면서 (감귤향이 없는) 높은 수준의 유럽 홉으로 양조한 다. 벨기에 스타일은 일반적으로 다양한 설탕 첨가물과 '통통한(beefier)' 보리 스타일을 사용하여 설 탕이 많고 보리맛이 더 있는 음료를 생산한다. 미국에서 생산되는 벨기에산 IPA는 종종 더블 IPA이 지만 벨기에산 효모로 영감을 받아 발효되었으며(Steele 2012), 다른 모든 맥주 효모와 구별되며 전통 적인 라거 및 에일 효모보다 와인 효모와 더 같을 수 있다(Hieronymus 2005).

앞으로 또 앞으로

라거와 필스너가 전 세계적으로 시장에 넘쳐나는 상황에서 IPA는 결코 과거의 영광을 되찾지 못할 가능성이 크다. 하지만 그들은 세계적인 유통에서 계속해서 증가하고 있다. 미국 스타일의 홉 지향적인 IPA는 현재 덴마크, 노르웨이, 일본, 오스트레일리아, 그리고 심지어 영국에서 생산되고 유통되고 있다(Steele 2012). 예를 들어, 덴마크의 양조장 미켈러(Mikkeler)는 놀라운 IBU 1000의 IPA를 양조했다. 현대의 더블 IPA는 IBU 100 이상이다. 이 미국의 영향을 받아 코펜하겐에서 양조된 IPA는 미국에 유통되었으며, 네바다주 리노(Reno)에서 마셔 본 적이 있다. IBU 1000 한 잔을 마셨는데 입술과 혀는 완전히 마비되었으며 그 이후에 마신 다른 맥주들은 이전의 쓴맛이 남아서 맛을 평가할 수 없었다는 것을 강조한다.

아마도 미국맥주양조협회의 골칫거리는 IPA 스타일이 계속해서 등장하고 있다는 것이다. 화이트(White) IPA, 세션(Session) IPA, 라이(Rye) IPA, 밀(Wheat) IPA, 필스너와 라거 혼종 IPA 등이 만들어지고 있다(Steele 2012). 스타일과 관련 매개 변수를 정의하는 방법은 심지어 용어 정의로 성공하는 학자들에게도 꽤 좌절감을 줄 것이다. 우리는 그 이름을 재료, 스타일의 전통, 아니면 둘 다에 근거해야 하나? 이와 관계없이 IPA의 공통 맥락은 처음에 홉 맛이 강하게 나는 경험이다. 아마도 IPA를 마시는 사람은 1964년의 자코벨리스(Jacobellis) 대 오하이오주 소송에서 외설에 대한 명확한 정의를 내리는 데 고군분투했던 포터 스튜어트(Potter Stewart) 미국 대법관과 관련이 있을 것이다. 그는 검찰의 조치가 취해질 수 있도록 외설성을 적절히 규정하지 아니한 점을 진술했다.

… 내가 봤을 때 나는 그것을 안다. …

IPA는 이제 분명히 페일일 필요도 없고, 인도와 더 이상 관련이 없으며, 진정한 에일일 필요도 없기 때문에, 술을 마시는 사람들은 IPA를 식별하는 데 포터 재판관의 전략을 빌릴 수 있다.

우리는 그것을 정의할 수 없지만, 우리는 그것을 마실 때 그것을 안다!

결론

플랑드르인의 영국 이민은 말 그대로 영국에서 홉 사용을 위한 씨앗을 심었다. 그들의 켄트 지역으로의 이전은 홉 사용을 확산시켰고 영국 판매는 원래의 달콤하고 홉이 없는 에일보다 쓴맛이 더 증가하면서 불가피하게 성격이 바뀌었다(Steele 2012). 나중에 이러한 홉은 산업혁명의 시작과 낮은 온도에서 맥아를 일관되게 건조할 수 있는, 새롭고 신뢰할 수 있는 연료 공급원인 코크스의 출현으로 만들어진 새로운 맥주에 사용되었다(Daniels 2000). 페일 맥아가 그 결과였다. 페일 에일, 옥토버 에일은 원래 시골 유지를 위해 양조된 반면, 포터는 일반인들이 마시는 음료였다(Hayes 2009). 그러나 산업화와 함께, 영국의 이주 양상이 바뀌었고, 증가하는 도시 인구의 갈증을 해소하기 위해, 대형 상업 양조장이 필요했다. 많은 홉으로 유명한 페일 옥토버 에일은 노동 임금이 증가함에 따라 현재 런던 대도시에서 포터와 함께 양조하였다(Steele 2012).

대영 제국은 계속해서 팽창했고, 해외의 영국 애국자는 본국의 페일 옥토버 에일을 포함하여 영국 상품을 갈망했다. 1750년대에 동인도 회사의 선장은 동인도 회사의 본사와 단지 2마일 떨어진 보우 양조장의 조지 호지슨과 우호적인 사업 관계를 발전시켰다(Tomlinson 1994a). 이 포터 양조장은 홉이 함유된 옥토버 에일을 양조하기도 했는데, 이는 곧 인도 무역에서 선호되었다. 그것은 더 나은 생존율을 가지는 경향이 있었고 열대 지방의 달콤하고 어두운 에일보다 더 선호되었다. 런던의 페일 맥주는 나중에 보 양조장과 우수한 버턴 물에 대한 윤리적 불만 때문에 버턴 온 트렌트 양조장으로 대체되었다. 버턴 양조장의 경우 지하수는 건조하고 까칠까칠하며 홉 추출에 뛰어나서 결국 런던의 연수 페일 에일보다 더 선호되는 새로운 페일 에일로 기울었다. 버턴 지역은 현재 IPA 상표의 세계적인 중심지가 되었다. 지하수 화학의 이해와 함께 다른 지역들은 곧 그들의 물을 버턴화하였다. IPA 양조장은 전염병처럼 확산되어 북미, 유럽 대륙, 오스트레일리아, 심지어 인도 자체에서도 양조하였다(Steele 2012).

금주, 세계대전, 독일의 라거 이전 및 확산이 모두 합쳐져 한때 지배적이었던 세계적 IPA의 소멸을 통해 지배적인 세계적 스타일은 곧 암흑의 나락으로 떨어졌다(Steele 2012). 1980년대에 그들은 감귤류 향으로 유명한 아메리칸 홉(American Hop)을 사용하여 미국 서부 해안에서 수제 맥주 양조자로 재등장했다(Hausotter 2009). 양조 부흥의 중심지는 1980년대와 1990년대 동안 미국 서부 해안과 콜로라도주 볼더에서 발전하였다. 이러한 미국식 IPA는 미국 전역에 퍼졌고 전통적인 영국식 IPA와 구별될 수 있게 되었다. 2000년에 미국맥주양조협회에 의해 그들만의 맥주 스타일 범주가 주어졌고 여러 나라에서 복제되었다. 이들이 확산함에 따라 지방은 IPA에 그들의 특성을 부여하고 미국과 주로 유럽 양조업자들 사이에서 공간적으로 상호작용하며 양조하여 벨기에 IPA와 같은 일련의 융합 스타일 IPA를 생산했다(Steele 2012). 이 스타일의 미래는 새로운 종류와 다양한 혼종을 계속해서 만들어 낼 가능성이 높지만, 모든 것이 처음에 홉 맛이 강하게 나는 맥주로 고려되어야 한다.

참고 문헌

Bamforth C (2009) Beer. Oxford University Press Inc, New York

Bickerdyke J (1886) The curiosities of ale and beer. Field and Tuer, London

Cornell M (2003) Hodgson's brewery, Bow, and the birth of the IPA. J Brewery His Soc 111: 63-68

Cornell M (2008) Amber, gold, and black: the history of Britain's great beers. Zythography Press, Middlesex

Cornell M (2009) A short history of hops. Zythophile blog. http://zythophile.wordpress.com/2009/11/20/a-short-history-of-hops/. Accessed 20 Nov 2009

Daniels R (2000) Designing great beers. Brewers Publications, Boulder

Hausotter T (2009) Lupulin love: the hops of IPA. Zymurgy 32(4): 28-34

Hayes A (2009) British IPA: an evolution. Zymurgy 32(4): 36-40

Hieronymus S (2005) Brew like a monk: trappist, abbey, and strong Belgian ales and how to brew them. Brewers Publications, Boulder

Jackson M (1996) Jackson on beer: giving good beer the IPA name. Zymurgy 19: (1)

Jacobellis vs Ohio 378 U.S. 184, 197 (1964)

Monkton HA (1966) The history of English ale and beer. Bodley Head, London

Mosher R (2004) Radical brewing. Brewers Publications, Boulder

Pryor A (2009) Indian pale ale: an icon of empire. Commodities of empire working Paper No. 13

Steele M (2012) IPA brewing techniques, recipes and the evolution of India pale ale. Brewers Publications, Boulder

Tomlinson T (1994a) India pale ale, part I: IPA and empire-necessity and enterprise give birth to a style. Brewing Techniques March/April 1994. http://morebeer.com/articles/ipaorigin. Accessed 30 Oct 2012

Tomlinson T (1994b) India pale ale, part II: the sun never sets. Brewing techiques May/June 1994. http://morebeer.com/articles/ipaorigin. Accessed 30 Oct 2012

13.

어디에나 있는 좋은 맛
: 미국 수제 맥주 양조산업의 공간 분석

랠프 맥클로플린Ralph B. McLaughlin*, 닐 리드Neil Reid**, 마이클 무어Michael Moore**

*산호세 주립대학교, **털리도대학교

| 요약 |

미국맥주양조 업계의 실적과 구성은 지난 30년간 극적으로 변화했다. 더 구체적으로 말하면 산업은 총생산량과 기업 수 모두에서 모순된 변화를 경험했다. 미국의 맥주 생산량은 완만하게 증가한 반면, 1인당 맥주 생산량은 1980년대 초반부터 꾸준히 감소하여 1981년 1인당 26.2배럴에서 2011년 1인당 19.5배럴로 26% 감소했다. 그러나 양조장의 수는 1981년 48개의 양조장에서 2011년까지 거의 1,700개로 증가하여 3,500% 증가하였다. 그렇다면 무엇이 이 반직관적인 이야기를 설명할까? 그리고 이 이야기는 어떻게 공간에 자명하게 나타날까? 이 장에서는 미국 수제 맥주 양조산업의 경제지리를 분석하여 이러한 질문에 답하고자 한다. 구체적으로, 우리의 경험적 접근법은 세 가지 분석으로 구성된다. 먼저, 각 주에 대한 총생산량과 총 양조 업체 수의 시간적 변화를 조사한다. 둘째, 주 차원에서 총 맥주 생산, 총 수제 맥주 생산, 수제 맥주 생산 비율 및 1인당 수제 맥주 생산의 변화를 고찰한다. 그리고 마지막으로, 미국에서 영업 중인 수제 양조장의 공간적, 시간적 분포를 보여 주기 위해 수제 맥주 업체의 정확한 위치를 지도화한다. 결과는 세 가지이다. 첫째, 총 양조장의 변화와 총 맥주 생산량이 공간에 따라 다소 불균등하게 나타난다는 것을 발견했다. 둘째, 주 차원의 수제 맥주 생산도 공간적으로 불균등한 방식으로 증가했다는 것을 발견했는데, 이는 맥주 생산량이 많은 역사를 가진 주에서 여전히 생산량이 가장 많기 때문이다. 마지막으로, 첫 두 가지 분석과는 대조적으로 주 내에서 영업 중인 수제 양조장의 위치가 1980년대 주요 도시 중심지에서 2011년까지 많은 비도시 지역으로 확산하였다는 것을 발견했다. 우리는 이미 양조 활동 수준이 높은 지역에서 수제 맥주 양조 분야의 성장이 계속해서 가장 높을 것이지만, 현재 양조장이 거의 없는 지역에서는 상당한 성장이 있을 것이라고 결론짓는다.

서론

미국 양조업의 실적과 구성은 지난 30년간 극적으로 변화했다. 더 구체적으로 말하면, 산업은 총생산량과 기업 수 모두에서 모순된 변화를 경험했다. 미국의 맥주 생산량은 완만하게 증가한 반면, 1인당 맥주 생산량은 1980년대 초반부터 꾸준히 감소하여 1981년 1인당 26.2배럴에서 2011년 1인당 19.5배럴로 26% 감소했다. 그러나 양조장의 수는 1981년 48개의 양조장에서 2011년까지 거의 1,700개로 증가하여 3,500% 증가하였다.[1] 그렇다면 무엇이 이 반직관적인 이야기를 설명할까? 그리고 이 이야기를 어떻게 공간에 자명하게 나타낼까?

대부분의 학술 문헌은 맥주 양조 부문의 산업구조를 조사했으며(Tremblay and Tremblay 2005), 산업이 동종 제품인 아메리칸 페일 라거(American pale lager)의 대규모 과점 생산에서 더 경쟁적이고 공간적으로 분산된 수제 맥주의 생산으로 전환되었음을 보여 준다(Ogle 2007). 다양한 고품질 재료, 방법 및 스타일을 사용하여 비교적 소규모로 일괄 생산(batch)하는 수제 맥주로의 이러한 변화는 국제화된 미국 소비자들의 입맛을 반영했을 가능성이 높다. 그러나 수제 맥주 산업이 공간에서 어떻게 스스로 자명하게 모습을 드러냈는지에 대한 분석은 거의 없다. 우리는 선험적으로 수제 맥주 생산의 동질적인 공간 분포를 기대할 수 있다. 와인이나 증류주(spirits)와 달리 냉장하지 않으면 시간이 지날수록 수제 맥주의 신선도가 상대적으로 빠르게 떨어지고, 맥주 운송비도 다른 발효 음료에 비해 비싸기 때문이다. 따라서 다른 모든 것이 같다면, 최고 품질과 최저 가격의 수제 맥주는 현지 생산에서 비롯된다. 다른 설명적인 요소들(예: 주 및 지역 규제 및 투입물에 대한 접근성)은 분명히 수제 맥주 생산자들의 지리에 영향을 미칠 수 있지만, 이러한 신선도의 필요성은 카운티 전역에 걸쳐 수백 개의 소규모 양조장과 자가 양조 맥줏집이 겉보기에 어디에나 있는 것처럼 보이는 모습을 설명할 수 있다. 소비자들의 수제 맥주에 대한 열망은 또한 더 풍미 있는 맥주를 위한 틈새시장의 출현, 수입 증가, '현지 구매' 운동의 성장을 포함한 많은 다른 요소들의 상호 작용을 반영한다. 이러한 변화는 학술 문헌(Baginski and Bell 2011; Kleban and Nickerson 2011; Murray and O'Neill 2012)에 잘 연구되어 있지만, 미국에서 수제 맥주 생산의 공간 분포를 고찰한 연구는 거의 없다.

본 장에서는 미국 수제 맥주 양조산업의 경제지리를 분석하여 이러한 간극을 해소하고자 한다. 구체적으로, 경험적 접근법은 세 가지 분석으로 구성된다. 먼저, 각 주에 대한 총생산량과 총 양조장 업체 수의 시간적 변화를 조사한다. 둘째, 주 차원에서 총 맥주 생산, 총 수제 맥주 생산, 수제 맥주 생

---

1 1배럴은 31 미국 갤런에 해당한다.

산 비율 및 1인당 수제 맥주 생산의 변화를 고찰한다. 그리고 마지막으로, 미국에서 영업 중인 수제 맥주 양조장의 공간적, 시간적 분포를 보여 주기 위해 수제 맥주 업체의 정확한 위치를 지도화한다. 마침내 결론에서 우리는 맥주 양조산업의 미래 공간 분포를 추정하기 위해 계획 중인 양조장의 수를 지도화한다.

결과는 세 가지이다. 첫째, 총 양조장의 변화와 총 맥주 생산량이 공간에 따라 다소 불균등하게 나타난다. 둘째 주 차원의 수제 맥주 생산도 공간적으로 불균등한 방식으로 증가했는데, 이는 과거부터 맥주 생산량이 많았던 주에서 여전히 가장 많은 생산량이 발생하기 때문이다. 마지막으로 첫 두 가지 분석과는 대조적으로, 주 내에서 영업 중인 수제 맥주 양조장의 위치가 1980년대 주요 도시 중심지에서 2011년까지 많은 비도시 지역으로 확산하였다는 것을 발견했다. 이미 양조 활동 수준이 높은 지역에서 수제 맥주 양조 분야의 성장이 계속해서 가장 높겠지만, 현재 양조장이 거의 없는 지역에서는 상당한 성장이 있을 것이라고 결론짓는다. 다음 절은 미국에서 맥주 양조 배경, 방법론 및 자료, 우리의 결과 및 몇 가지 결론을 제공한다.

미국의 맥주 양조업
경제적 중요성과 산업구조

양조업은 미국의 지역, 지역, 국가 경제에 중요한 기여자이다. 맥주 연구소(The Beer Institute 2011)가 수집한 자료에 따르면 2010년에 업계는 184만 개의 일자리와 712억 달러의 임금 및 혜택을 담당했다. 같은 자료에 따르면 총생산량은 2,238억 달러로 미국 GDP의 약 1.5%를 차지했으며, 맥주 소비로 연방 및 주 소비세 53억 달러, 주 판매세 49억 달러, 기타 맥주 특정 지방세 6억 8,220만 달러가 발생했다. 수제 맥주 양조산업의 국가 경제적 영향에 대한 현재의 연구는 없지만, 여러 주 차원의 연구가 있다(Combrink et al. 2012; Metzger 2012; Richey 2012; Wobbekind et al. 2012). 예를 들어, 캘리포니아주 수제 맥주 양조산업의 총 경제적 영향(직접적, 간접적, 유발적)은 30,591개의 일자리와 38억 달러의 경제적 산출로 추정된다(Richhey 2012).

미국의 양조업은 3개의 부문(때로는 '전략 그룹'이라고도 함)으로 구성되어 있다. 첫 번째 부문은 '전통적인 양조장'으로 구성되어 있는데, 이는 주로 국내 스타일의 페일 라거 형태로 차별화되지 않은 제품을 생산하는 대규모 대량 생산자들이다. 오늘날 이 부문은 전국적으로 판매되는 두 개의 양조장으로 구성되어 있다. [이들은 현재 각각 아브인베브(AB InBev)와 사브밀러(SABMiller)라는 두 개의 국제적인 회사의 계열사인] 앤하이저-부시(Anheuser-Busch)와 밀러 쿠어스(Miller Coors)가 그것이다.

두 번째 부문은 연간 맥주 생산량이 15,000배럴에서 600,000배럴에 이르는 지역 생산업체들로 구성되어 있다. 이 부문은 약 100개의 양조장으로 구성되어 있다. 예를 들어, 보스턴 맥주(새뮤얼 애덤스의 보스턴 라거의 양조 업체), 시에라네바다 맥주(시에라네바다 페일 에일의 제조업체), 뉴벨기에(New Belgium) 맥주[팻 타이어(Fat Tire) 앰버 에일의 제조업체]는 비록 양조 업계의 대다수는 그들의 제품을 '소형' 또는 '수제' 맥주라고 생각하지만, 모두 지역 생산업체로 분류된다. 이와는 대조적으로, 잉링과 선 회사(D. G. Yuengling and Son Inc.)[잉링 전통 라거의 양조업체)와 북미 맥주(기네스의 양조업체 및 라바트(Labatt)와 임페리얼의 수입업체)는 전통 양조장과 더 유사한 맥주를 생산한다.

세 번째 부분은 '수제 양조장'으로 불리는 것으로 구성된다 이 부문의 기업들은 주로 소규모 양조장과 자가 양조 맥줏집(Tremblay and Tremblay 2009)이며, 세 개의 하위 부문으로 나눌 수 있다. 첫째, 자가 양조 맥줏집(brewpub)이 있는데, 이들은 생산하는 맥주의 최소 25%를 현장에서 고객에게 판매한다. 둘째, 연간 15,000배럴 미만의 맥주를 생산하고 맥주의 최소 75%를 현장 밖에서 판매하는 소규모 양조장이 있다. 세 번째 하위 부문은 제3자 기업과 계약을 맺고 맥주를 생산하는 계약 양조회사로 구성된다. 대안적으로 다른 양조장과 계약하여 맥주를 추가로 생산하는 양조장이 될 수 있다. 계약 양조회사는 맥주의 마케팅, 판매, 유통을 담당하며, 양조와 포장은 일반적으로 생산자인 양조회사에 맡긴다(Brewers Association 2013). 수제 양조장은 인도 페일 에일(IPA), 스타우트(Stout), 필스너(Pilsner)와 같은 다양한 종류의 완전한 유럽 스타일 맥주를 생산하며, 느린 양조 공정이며 고품질 투입(맥아 및 통 원추 홉)을 활용하고 소규모 일관 과정으로 발효시킨다(Kleban 및 Nickerson 2011). 이 장의 초점은 맥주 산업의 수제 맥주 부문이다.

양조장의 집중, 생산 및 소비

미국의 전통 양조장 수는 1940년에 648개로 정점을 찍었다. 2010년까지 이 숫자는 20개로 감소했다(그림 13.1). 2011년 두 양조 업체(Anheuser-Bush와 Miller Coors)는 국내 맥주 매출의 75.1%를 차지했다(Beer Marketer's Insights 2013).

양조업의 집중은 두 가지 주요 요인으로 설명된다. 효율적인 최소 생산 규모를 증가시킨 산업의 기술적 변화와 1940년대에 대형 양조업자들에게 제품을 마케팅할 수 있는 국가적 무대를 제공한 텔레비전의 등장이다(Tremblay and Tremblay 2009). 미국의 모든 규모의 양조업자들이 거의 동일하고

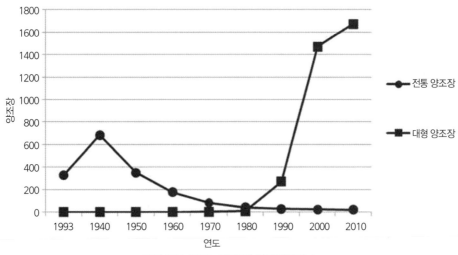

그림 13.1 1933~2010년 미국 양조장 수

출처: 맥주 연구소, 양조업체 연감, p.2

차별화되지 않은 제품을 생산하고 있었음에도 불구하고, 넉넉한 마케팅 예산 덕분에 대형 양조업자들은 그들의 제품을 고급 이미지로 브랜드화할 수 있었고, 따라서 소규모 전통 양조업자들과 차별화되었다(Clemons et al. 2006; Tremblay and Tremblay 2009). 대규모 양조장의 막대한 마케팅 예산과 경쟁할 수 없는 소규모 양조장들은 어려움을 겪고 있는 다른 양조장들과 합병하거나 아예 폐업할 수밖에 없었다(Clemons et al. 2006; Tremblay and Tremblay 2009). 트렘블레이와 트렘블레이(Tremblay and Tremblay 2009)는 (더 무거운 맥주에서 더 가벼운 맥주로) 소비자 취향의 변화가 일부 국내 맥주 생산자들을 폐업하게 했다고 시사하기도 한다. 그러나 이것은 시장에 공백을 만들었다. 이 공백은 처음에는 수입 맥주로 채워졌고 나중에는 국내에서 생산된 수제 맥주로 채워졌다.

금주법 시대를 제외하고, 미국에서 생산되는 맥주의 양은 1860년에 처음으로 기록된 이후로 일반적으로 증가했다(그림 13.2). 1860~1990년 생산량 증가는 수요 증가를 반영했고, 이는 인구 증가와 1인당 맥주 소비량 증가에 의해 추동되었다(그림 13.3). 1990년 생산량은 63억 갤런으로 정점을 찍었다. 그 이후 2010년에는 생산량이 61억 갤런으로 약간 감소했다. 총생산과 마찬가지로 1인당 생산량도 비슷한 추세를 보였다. 1860년 1인당 맥주 소비량은 3.8갤런이었다. 이 숫자는 1907년 20.9갤런의 금주법 전 정점에 도달할 때까지 꾸준히 증가했다. 1933년 제21차 미국 수정헌법이 채택된 후, 1인당 맥주 소비량은 1981년 26.2갤런으로 빠르게 증가했다.[2] 1981년 이후의 기간은 2010년에 1인당

---

2 미국 수정헌법 21조는 1933년 12월 5일에 비준되었고 1920년 1월 17일에 전국적으로 금주를 의무화한 수정헌법 18조를 폐지했다.

19.5갤런으로 최저치를 기록하며 지속적인 감소를 보였다(그림 13.3).

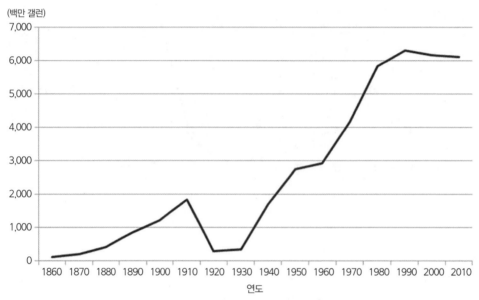

그림 13.2 1933~2010년 미국 양조장 생산량

출처: 맥주 연구소, 양조업체 연감, p.5

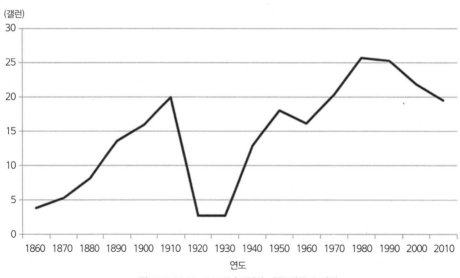

그림 13.3 1860~2010년 1인당 미국 맥주 소비량

출처: 맥주 연구소, 양조업체 연감, p.5

수제 맥주 양조장의 부상

21차 수정안의 통과가 현대의 대규모 양조장의 시작을 알리는 신호탄이 되었지만, 현대 수제 맥주 운동의 길을 닦은 것은 1979년 지미 카터 대통령의 가정 양조 합법화 법안 서명이었다. 1980년대 중반에 개별 주들은 자가 양조 맥줏집을 합법화하기 시작했다. 1984년에 자가 양조 맥줏집은 6개 주에서만 합법화되었지만, 1999년에는 50개 주 모두에서 합법화되었다(Tremblay and Tremblay 2011; Murray and O'Neill 2012).

1981년 이후 1인당 맥주 소비량의 감소와 전통 양조장 수의 감소는 수제 맥주 양조장 수의 증가에 따른 것이다(그림 13.1). 1980~2010년에 수제 맥주 양조장의 수는 8개에서 1,673개로 증가했다. 마케팅 예산 측면에서 경쟁할 수 없었던 수제 맥주 양조는 클레몬스 등(Clemmons 2006, p.157)이 (양조 산업에서 와인 감별가에 해당하는) 말하는 '맥주광'의 관심을 끌 수 있는 진정한 차별화 제품을 소비자에게 제공해 시장에서 성공을 거두고 있다. 공명 마케팅(일반적인 요구가 아닌 소비자의 특정 요구에 따라 제품을 맞춤화하는 것)과 맥주 평가 웹사이트(예: beeradvocate.com과 ratebeer.com)는 수제 전문 맥주 산업의 진화에 중요한 요소가 되었다(Clemons et al. 2006). 수입 맥주와 함께, 수제 맥주는 시장에서 매출과 이익이 크게 성장하고 있는 유일한 부문이다(Clemons et al. 2006). 전통적인 업종이 매출 감소를 겪고 있는 시기에 수제 맥주 양조 부문은 계속해서 인상적인 성장 수치를 기록하고 있다. 예를 들어 2011년 미국 전체 맥주 판매량은 1.3% 감소한 반면, 수제 맥주 판매량은 13% 증가했다(Brewers Association 2013). 수제 맥주 양조산업의 존재와 구조를 이해하기 위해 자원 분할 이론과 신지방주의라는 두 가지 주요 이론이 발전되었다.

자원 분할(Resource-Partitioning) 자원 분할 이론(Carrol 1985; Carroll and Swaminathan 2000)은 산업이 성숙함에 따라 여러 부문이 나타날 수 있음을 시사한다. 첫째, 대다수 소비자의 요구를 충족하는 비교적 동질적인 제품을 생산하기 위해 규모의 경제를 활용하는 일반론자들이 있다. 미국에서 이들은 전통적인 양조장이다. 제품의 동질성은 소비자들이 일반적으로 서로 다른 전통 양조장에서 생산되는 맥주를 구별할 수 없다는 사실에 반영된다(Allison and Uhl 1964; Jacoby et al. 1971). 그러나 시간이 지남에 따라 일부 소비자들은 동질적인 제품에 불만을 표시하고 더 고급 품질과 차별화된 스타일의 맥주를 요구하며 시장은 진화한다. 이 수요를 충족시키기 위해 수제 맥주 양조업자들이 등장했다. 자원 분할 이론의 힘은 캐롤(Carroll 1985, p.1280)이 미국의 수제 맥주 양조 산업의 성장을 예측하기 위해 이 이론을 소환했다. "예측하기는 이르지만, 미국 시장은 전문 양조장의 급증을 준비하고 있는 것으로 보인다". 일반 맥주 생산자와 특수 맥주 생산자는 시장의 다른 부문을 공략하고 있어서 그들은 서로 직접적으로 경쟁하지는 않는다.

자원 분할 이론은 전략 집단 이론에 의해 지지된다. 전략 집단(Strategic Group)은 유사한 장기 전략(Tremblay 2005)을 추구하고 구조적 특성으로 다른 전략 집단의 구성원과 차별화되는 산업 내 기업으로 구성된다(Caves and Porter 1977). 구조적 특성을 구별하는 것은 수직적 통합의 정도, 마케팅 예산, 제품 라인 다양성, 시장의 지리적 범위를 포함할 수 있다(Caves and Porter 1977). 케이브스와 포터(Caves and Porter 1977, p.251)에 따르면, "소비재 산업의 전형적인 양상은 전국적인 브랜드 상품의 전체 라인 생산자의 작은 집단과 광고되지 않은 상품, 지역 브랜드 상품 및 개인 상표를 위한 생산자의 더 큰 집단의 존재이다." 전략적 집단의 존재는 진입 장벽이 한 전략적 집단의 구성원들이 다른 전략적 집단의 구성원으로 진입하는 것을 막을 때 영구화된다. 전통적인 산업 분야로의 진입 장벽은 주로 생산, 유통 및 마케팅에서 규모의 경제를 활용하는 데 필요한 대규모 투자에 의해 추진된다. 결과적으로 수제 맥주 양조장은 쉽게 생산되지 않는 (또는 생산 비용이 매우 많이 드는) 보다 풍미 있고 특색 있는 맥주를 선호하는 소비자들의 요구를 만족시켰다. 이와 같이 산업의 수제 맥주 부문에 진입하는 것은 비교적 쉬우며, 새로운 회사들이 생겨나고 등장하는 것을 볼 수 있는 것은 바로 이 "부가적인 경쟁력(competitive fringe)"이다(Caves and Porter 1977, p.259).

이러한 양질의 맥주 상승세는 특히 양조업에 사용되는 재료의 역사적 경향을 보면 두드러진다(Choi and Stack 2005). 그림 13.4는 1990~2011년 쌀과 옥수수(양조 업계에서 '첨가제'라고 하는 더 싸고 품질이 낮은 양조 재료)의 파운드 수를 보여 준다. 옥수수와 쌀 사용량은 1990년 각각 약 110만 파운드에서 2011년에는 각각 약 63만 파운드와 75만 파운드로 감소하는 등 전반적인 추세가 하향세를 보이고 있다. 반대로 '양질'의 양조 재료, 즉 보리, 밀, 홉의 사용은 같은 기간 동안 극적으로 증가했다. 1990~2011년 사용량은 1억 2,300만 파운드에서 1억 2,300만 파운드로, 밀 사용량은 156,000파운드에서 2,300만 파운드로, 홉 사용량은 44만 파운드에서 1억 7,700만 파운드로 증가하였다(그림 13.5 참조). 이러한 변화는 미국 양조장의 고품질 제품 생산의 전반적인 증가를 나타낸다.

고품질 원료를 사용해 맥주를 생산하는 양이 이처럼 급격하게 증가했음에도 불구하고 수제 맥주 생산자들이 누리는 상대적으로 낮은 시장점유율을 설명하기 위해 '잠금(lock-in)'과 '전환비용' 개념이 소환되었다. 잠금은 특정 기술과 제품이 시장에서 초기 주도권을 개발하고 그 결과 다른 기술과 제품을 거의 배제할 때까지 지배적이 된다는 생각이다(Arthur 1989; David 1994). 일단 기술이나 제품이 지배적이 되면, 대체 기술이나 제품으로의 변경과 관련된 상당한 전환비용이 발생한다(Klemperer 1995). 최와 스택(Choi and Stack 2005, p.81)은 잠금과 전환비용의 개념을 사용하여 미국 대중이

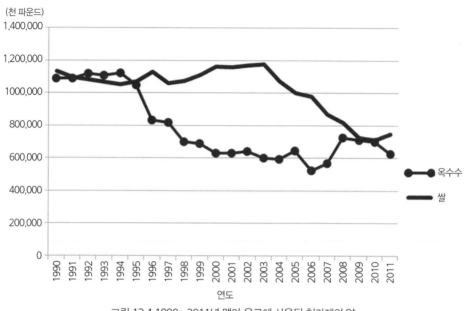

그림 13.4 1990~2011년 맥아 음료에 사용된 첨가제의 양

출처: 맥주 연구소, 양조업체 연감, p.11

다양한 이유로 '맛있는 대안 맥주가 널리 보급되었음에도 불구하고 일반적인 스타일의 맥주'에 대한 취향을 발전시켰다고 주장한다.

이러한 잠금에 기여한 주요 사건과 경향은 금주법, 청량음료에 대한 소비자 취향의 출현, 냉장 및 포장 기술의 향상, 규모의 경제를 활용하여 생산 및 판매된 전국적인 브랜드 맥주의 발명 및 소비자 선호도를 포함한다. 그 결과 "미국 시장은 대부분의 소비자들이 맥주가 무엇이고 무엇이 될 수 있는지 더 이상 잘 알지 못하는 차선의 균형 상태에 갇혀 있다"(Choi and Stack 2005, p.85). 다른 많은 소비자 제품의 경우에서 발생한 것처럼, 전국적인 브랜드 맥주에서 수제 맥주로 전환하는 비용은 대다수 소비자에게 너무 크다. 대부분 수제 맥주의 한 단위당 가격이 대량 생산된 페일 라거의 두 배에 가깝다. 대부분 수제 맥주는 전통적인 페일 라거보다 훨씬 더 많은 향, 풍미, 그리고 쓴맛을 가지고 있기 때문에 개별 소비자들 사이의 급속한 전환을 방해할 수 있다.

신지방주의(Neo-Localism) 신지방주의의 개념은 또한 수제 맥주 양조장의 증가하는 인기를 설명하기 위해 소환되었다. 쇼트리지(Shortridge 1996, p.10)는 신지방주의를 "지역적 지식과 지역적 애착을 통해 지역사회와 가족에 대한 전통적 유대가 현대 미국에서 파괴되는 것에 대한 지연된 반응으로 (신구) 주민들에 의한 의도적인 추구"라고 정의한다. 많은 저자들은 많은 수제 맥주 양조장이 그러한 장

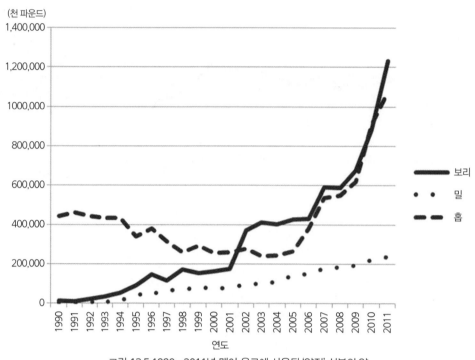

(천 파운드)

그림 13.5 1990~2011년 맥아 음료에 사용된 '양질' 성분의 양

출처: 맥주 연구소, 양조업체 연감, p.11

소감을 만들어 내고 지역사회와의 연결을 만들기 위해 명명과 상표명을 활용하고 있다고 주장한다 (Murray 2012; Schnell and Reese 2003; Flack 1997). 더 나아가 슈넬과 리스(Schnell and Reese 2003, p.46; 또한, 이 책의 15장 참조)는 수제 맥주 양조장의 인기가 "부분적으로 대중 문화, 국가 문화의 질식하는 동질성에서 벗어나 지역사회, 환경 및 경제와의 연결을 재정립하려는 사람들의 열망에서 비롯된 다"고 설명한다. 따라서 수제 맥주 양조장은 최근 몇 년 동안 인기가 증가한 대규모 "현지 구매(buy-local)" 운동의 일부이며, 특히 "현지식 주의자(localvores)"에 의한 현지에서 재배된 식품의 구매와 관련하여 그러하다(Bond et al. 2006). 현지 구매 철학은 양조업자들 스스로에게도 확장되었다. 네브래스카—링컨대학교 식품가공센터(2001년)가 52개의 미국 수제 맥주 양조장을 대상으로 실시한 설문 조사에 따르면 59%가 맥주 제조에 현지산 곡물을 사용하는 것에 매우 또는 극단적으로 관심이 있는 것으로 나타났다.

소비자 인구 통계 수제 맥주는 인구 통계학에서 식별 가능하기에 매력적이다. 수제 맥주의 일반적인 소비자는 남성(백인)이며, 연간 최소 75,000달러를 벌고, 서비스 부문에서 일하고, 대학 교육을 받았다(Tremblay and Tremblay 2009; 2011; Clarke 2012; Murray and O'Neill 2012). 수제 맥주는 대량 생산되는 페일 라거와 달리 수입이 증가하면 수요가 증가하는 보통재이다(Tremblay and Tremblay 2011). 부와 지위 이론에 대한 그의 고전적인 19세기 후반의 연구에서 베블런(Veblen 1899, p.56)은 "여가의 신사 … 의 소비 양상이 소비되는 상품의 질과 관련하여 전문화를 보인다. 그는 자유롭게 그리고 최고의 음식, 음료, 마약을 소비한다…"라고 제안한다. 이것은 바긴스키와 벨(Baginski and Bell 2011, p.175)이 수제 맥주를 "종종 지식인으로 간주되는(often viewed as highbrow)" "고차적인 명품재(high order prestigue good)"로 특성화한 것과 일치한다. 머레이와 오닐(Murray and O'Neill 2012, p.900)은 수제 맥주 소비자를 "세련"되고 "안목이 있는" 사람으로 언급한다. 트렘블레이와 트렘블레이(Tremblay and Tremblay 2011, p.155)는 수제 맥주를 마시는 것의 "명예 요소"를 말한다. 실버버그(Silberberg 1985, p.882)는 소득이 증가함에 따라 소비자들이 "먹는 것의 즐거운 측면"에 집중할 가능성이 높다고 지적한다. 시장의 인구통계학적, 경제적 특성이 수제 맥주 양조업자에게 매력적인 지역과 지방이 더 많은 수의 소형 수제 맥주 양조장과 자가 양조 맥줏집을 가질 가능성이 높기 때문에 시장의 인구통계학은 이 산업의 지리에 영향을 미칠 수 있다(Baginski and Bell 2011).

미국의 양조 지리

미국 양조업에 관한 양질과 다량의 문헌에도 불구하고, 그 산업의 경제지리학에 관한 문헌은 상대적으로 드물다. 플로리다(Florida 2012)의 주 차원 분석에 따르면 인구 10만 명당 수제 맥주 양조장 수는 교육 수준이 높고 행복과 복지 수준이 높은 주에서 더 높고, 인구가 정치적으로 더 보수적이고 종교적이며 담배를 더 많이 피우고 비만 수준이 더 높은 주에서 더 낮은 것으로 나타났다. 바긴스키와 벨(Baginski and Bell 2011)은 미국 남동부와 미국 전체의 대도시 지역에 걸친 수제 맥주 양조장의 분포를 분석하였다. 그들은 미국의 다른 지역들과 비교했을 때, 미국 남동부는 절대적인 측면과 1인당 측면에서 모두 더 적은 수제 맥주 양조장을 가지고 있다는 것을 발견했다. 남동부 대도시 지역에 걸쳐 1인당 수제 양조장 변동성은 생활비 증가, 건강 위험 감소 및 의료 서비스 제공 증가, 사회적 관용 수준 증가와 상관관계가 있었다. 또한 노스캐롤라이나주 애슈빌, 버지니아주 샬러츠빌, 사우스캐롤라이나주 머틀비치 등 남동부의 3개 대도시 지역에서 회귀 모형에 의해 예측된 것보다 훨씬 더 많은 수의 수제 맥주 양조장이 있는 것을 확인했다. 애슈빌과 샬러츠빌의 경우, 바긴스키와 벨(Baginski and Bell 2011, p.177)은 이 두 대도시 지역 모두 "이상적인 도시 특성"(예: 삶의 질이 높고 활기찬 도심)을 가지고 있어 "더 활성화된 수준의 자원 분할"을 초래하는 것으로 보인다고 제안한다. 머틀비치(그리고 어느 정도 애슈빌)의 경우, 활성화된 관광 산업이 수제 맥주 양조 산업을 위한 시장을 제공한다. 바긴스키와 벨(Baginski and Bell 2011)은 분석을 미국 전역의 대도시 지역으로 확대했다. 남동 모형에서 유의한 세 가지 변수는 국가 모형에서도 유의한 것으로 나타났다. 그러나 다른 다섯 가지 변수가 유의하다는 것도 발견했다. 국가 모형에서 수제 맥주 양조장의 존재는 또한 높은 수준의 교육 서비스, 더 높은 삶의 질, 더 높은 수준의 임금 불평등, 덜 발달된 기술 부문, 덜 활기찬 예술과 문화 경관의 존재와 상관관계가 있었다. 세 개의 후자 변수와의 상관관계의 방향은 가정과 같지 않았다. 남동 모형과 국가 모형 모두 r-제곱 값이 각각 0.186과 0.292로 설명 수준이 낮았음을 유의해야 한다. 바긴스키와 벨(Baginski and Bell 2011)은 분석을 통해 남동부의 도시 계층 아래로 수제 맥주 양조 산업의 확산이 국가 전체보다 느린 속도로 발생했으며 수제 맥주에 대한 낮은 수준의 수요를 반영한다고 결론 내렸다.

오리건주 포틀랜드의 분석에서 코트라이트(Cortright 2002)는 도시의 번창하는 수제 맥주 양조 산업은 부여된 자원과 운송 비용 우위와 같은 전통적인 산업 입지 요인으로는 설명할 수 없다고 제안한다. 오히려 이 산업의 촉매제는 가정용 양조장의 대량 집중, 수입 맥주의 평균 소비보다 높은 소비량, 절충적인 기업가 정신, 그리고 활기찬 부티크 와인 산업의 예에서 나타난 '독특한 지역 취향'에서 찾을 수 있다(Cortright 2002, p.4). 또한 태평양 북서부 지역에 다수의 소형 양조장이 출현한 것도 이 지역의 홉 재배 산업의 유행 때문일 수 있다(Morrisson 2011). 이러한 생각은 트렘블레이와 트렘블레이(Tremblay and Tremblay 2009)에서도 뒷받침되는데, 그는 관습, 규범 또는 전통의 지리적 차이로 인해 소비자 선호도가 위치에 따라 달라질 수 있다고 제안한다.

여전히 미국 전역 맥주 생산의 경제지리는 문헌에 제한적으로 남아 있다. 따라서 미국의 양조 산업의 생산, 소비 및 입지의 주 차원 양상을 조사하여 이러한 격차를 메우려고 한다. 다음 장에서는 방법론을 기술한다.

자료와 방법론

언급한 바와 같이 경험적 접근법은 세 가지 실행으로 구성된다. 먼저, 각 주에 대한 총생산량과 총양조 업체 수의 시간적 변화를 조사한다. 둘째, 총 맥주 생산, 총 수제 맥주 생산, 수제 맥주 생산 비율 및 1인당 수제 맥주 생산의 주 차원 변화를 조사한다. 마지막으로, 미국에서 영업 중인 수제 양조장의 공간적 및 시간적 분포를 보여 주기 위해 수제 맥주 업체의 정확한 위치를 지도화한다.

첫 번째 분석을 위해, 맥주 연구소(Beer Institute)의『2012 맥주양조업체 연감』(Brewer's Almanac 2012)에서 총 맥주 생산 및 총양조 업체 수에 대한 주 차원의 자료를 얻었다. 이러한 자료를 통해 1967~2010년 각 주에서 생산된 총 미국 맥주 배럴의 시간적 변화뿐만 아니라 2004~2011년까지 각 주에서 영업 중인 총 양조장 업체 수를 도표화할 수 있었다. 이러한 결과를 주(표 형태)와 지역(그래프 사용)별로 표시한다. 주는 애팔래치아, 중부(Heartland), 대서양 중부, 중서부, 뉴잉글랜드, 로키산맥 서부, 태평양 연안, 남동부, 남서부의 9개의 개별 지역으로 분류한다.[3]

두 번째 분석에서는 맥주양조협회 온라인 데이터베이스[4]의 수제 맥주 생산 자료를 활용했다. 이러한 자료를 맥주 연감의 자료와 결합하여 총생산 맥주 갤런, 총생산 수제 맥주 갤런, 총 주 맥주 생산량에 대한 수제 맥주 생산 비율, 2011년 1인당 수제 맥주 생산량 지도를 그렸다.

마지막으로 각 수제 맥주 업체(2011년 소형 맥주 양조장 및 자가 양조 맥줏집)에 대한 위치 정보를 확보하고 이를 설립 연도 정보와 결합하여 현재 영업 중인 양조장의 정확한 위치를 10년 단위로 보여 주는 일련의 지도를 제작하였다. 구체적으로 여러 출처로부터 각 소규모 양조장, 자가 양조 맥줏집, 지역 양조장의 주소, 전화번호, 이메일 주소, 설립 연도, 생산량을 얻었다. 첫 번째 출처는 주별 또는 이름별로 양조장과 양조장을 검색할 수 있는 맥주양조협회 웹사이트였다. 이것은 나열된 각 시설의 주소, 전화번호, 웹 주소 및 생산량을 반환했다. 다음으로 맥주양조 데이터베이스[5]를 활용하여 사업장별 우편번호와 설립 연도를 파악하였다. 이 사이트를 통해 이름별로 양조장과 자가 양조 맥줏집을 검색하고 맥주양조협회 사이트에서 누락된 자료를 채울 수 있었다. 다음으로 설립 연도와 배럴 생산 수치를 보완하기 위해 www.beerme.com을 사용했다. 이 자료 출처는 대부분의 소형 수제 맥주 양조장과 자가 양조 맥줏집에 대한 자료를 주었다. 여전히 누락된 자료는 맥주 양조장과 자가 양조 맥줏집의 웹사이트와 페이스북뿐만 아니라 맥주 양조장과 자가 양조 맥줏집에 대한 언론 기사(일반적으로 지역 신문)를 포함한 다양한 출처에서 확보되었다. 마지막 수단으로 누락된 자료를 얻기 위해 이메일과 전화를 통해 개별 업체에 연락했다. 그다음 결과 자료 테이블은 아크맵(ArcMap)에서 지도화 목적으로 변환하였다. 우리는 미국의 거리 네트워크 지도에서 맥주 양조장, 자가 양조 맥줏집을 지오코드화하기 위해 거리 주소를 사용했다. 그런 다음 주소점을 생성하였고 10년 간격으로 공간 분포를 지도화하였다.

---

3 우리는 13/WNET 뉴욕 제작인 미국 역사 지도(2007)를 기반으로 주 군집화 절차를 수행한다.

4 www.brewersassociation.org에서 이용 가능

5 www.brewerydb.com

미국 맥주양조의 진화하는 지리

첫 번째 일은 시계열적으로 총생산량과 양조장 수의 변화를 조사하는 것으로 구성되었다. 그림 13.6
과 그림 13.7은 각각 1967~2010년까지의 총 맥주 생산량과 2004~2010년까지의 지역별 총 양조장
수의 시간적 변화를 보여 준다.[6] 표 13.1과 13.2는 각 주별 수치를 보여 준다. 우리의 연구 결과는 전
국적으로 총생산이 완만하게 증가하고 양조장 수가 크게 증가하는 추세가 전국적으로 다소 불균등
한 분포를 보이고 있음을 시사한다. 우리는 일반적으로 시간 경과에 따른 지역 차원[7]의 생산을 세 가
지 다른 성장 범주로 분류할 수 있다(그림 13.6).

　첫째, 고성장 부문은 태평양 연안, 남동부, 남서부의 3개 지역으로 구성되어 있다. 이 세 지역은
1967~2010년에 생산량이 크게 증가했는데, 1967년에는 연간 9만~1200만 배럴로 낮게 시작했지만
2010년에는 27만~3300만 배럴로 증가했다. 이는 약 300%의 생산 증가를 나타낸다. 둘째, 애팔래치
아 고지, 중부, 로키산맥 서부, 뉴잉글랜드에서 중간 규모의 생산 증가가 발생했다. 이 지역들은 또한
비교적 낮은 생산량(300만~800만 배럴)으로 이 기간을 시작했지만, 이 기간이 끝날 때까지 단조로운

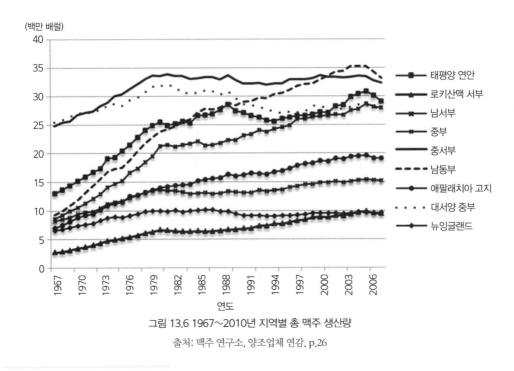

그림 13.6 1967~2010년 지역별 총 맥주 생산량

출처: 맥주 연구소, 양조업체 연감, p.26

---

6 표 13.2에 표시된 시간 프레임은 맥주 양조 연감의 자료 가용성에 의해 결정되었다.
7 각 지역을 구성하는 주는 표 13.1, 13.2 및 13.3에 명시되어 있다.

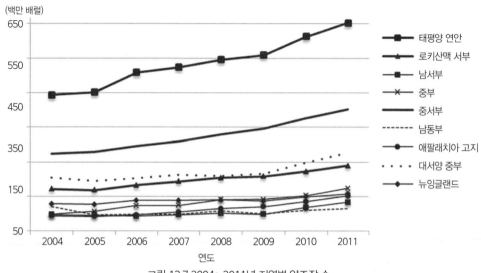

（백만 배럴）

그림 13.7 2004~2011년 지역별 양조장 수

출처: 맥주 연구소, 양조업체 연감, p.26

증가(1000만~1900만 배럴)를 겪었다. 마지막으로, 완만한/평탄한 성장 범주는 대서양 중부와 중서부로 구성된다. 중·고성장 지역과 마찬가지로, 이들 주는 1967~1980년에 총 맥주 생산량의 성장을 경험했으며, 이후 거의 또는 전혀 성장하지 않았다.

표 13.1의 성장 범주 및 지역별로 생산을 구분한다. 고성장 지역에서 성장의 대부분은 4개 주에 의해서 추동되었다. 캘리포니아의 생산량이 1,010만 배럴에서 2,210만 배럴로, 텍사스의 생산량이 630만 배럴에서 1,930만 배럴로, 플로리다의 생산량이 300만 배럴에서 1,270만 배럴로, 조지아의 생산량이 130만 배럴에서 570만 배럴로 증가했다. 중간 성장 지역에서 성장은 주로 두 개의 주에 의해 주도되었다. 노스캐롤라이나의 생산량은 140만 배럴에서 610만 배럴로, 버지니아의 생산량은 200만 배럴에서 510만 배럴로 증가했다. 저성장/비성장 지역에서 거의 성장하지 못한 것은 주로 오하이오(620만~830만 배럴)와 일리노이(660만~880만 배럴)가 주도했다.

지역 차원의 생산에 대한 분석과 마찬가지로 양조장 수[6]의 지역 차원 성장을 일반적으로 세 가지 다른 성장 범주로 분류할 수 있다(그림 13.7). 첫째, 태평양 연안 지역에서 생산량이 비슷하게 양조장 수의 높은 성장이 발생했다. 게다가 애팔래치아 고지, 중부, 중서부 지역도 양조업체에서 높은 성장을 경험했다. 이들 지역의 양조장 수는 각각 47%, 62%, 84%, 46% 증가했다. 두 번째는 중성장 지역으로, 남서부, 대서양 중부, 로키산맥 서부 지역의 양조장 수가 각각 42%, 40%, 36% 증가했다. 마지막으로 완만한/평탄한 성장 지역은 뉴잉글랜드와 남동부로 구성되어 있으며 각각 23%와 −4% 성장

표 13.1 1967~2010년 주별 생산 배럴 수

지역	1967	1970	1975	1980	1985	1990	1995	2000	2005	2010	성장률(%)
고성장											
남동부	9,291,201	11,900,484	17,302,525	22,850,740	25,991,332	28,897,322	29,670,752	32,169,568	34,375,376	33,210,705	257
엘라배마	827,822	1,067,663	1,717,319	2,1154,313	2,420,441	2,613,617	2,820,439	3,028,088	3,207,971	3,301,083	
아칸소	569,214	721,868	1,024,638	1,201,071	1,370,848	1,511,703	1,565,821	1,697,506	1,735,670	1,795,441	
플로리다	3,152,572	4,039,606	6,470,054	9,240,708	10,617,253	11,703,197	11,603,750	12,235,618	14,084,997	12,714,196	
조지아	1,339,546	1,873,828	2,558,231	3,431,052	4,127,607	4,668,307	4,086,825	5,711,652	5,815,383	5,765,443	
루이지애나	1,898,640	2,212,185	2,629,832	3,170,830	3,324,469	3,592,736	3,654,519	3,820,258	3,687,427	3,617,305	
미시시피	680,323	924,140	1,258,503	1,544,576	1,735,635	1,931,322	2,084,650	2,316,864	2,331,674	2,319,457	
사우스캐롤라이나	823,044	1,061,134	1,643,938	2,118,190	2,385,989	2,076,440	2,354,748	3,358,582	3,512,254	3,617,174	247
로키산맥 서부	2,714,000	3,408,432	4,896,795	6,293,821	6,323,001	6,661,974	7,306,304	8,403,159	9,076,250	9,428,301	
콜로라도	1,035,278	1,359,510	1,998,908	2,589,336	2,626,720	2,571,867	2,942,915	3,339,663	3,484,549	3,554,829	
아이다호	354,798	439,844	647,269	773,489	722,744	743,472	754,834	846,953	934764	1,016,510	
몬태나	492,787	554,161	683,666	799,565	739,782	717,112	743,780	814751	900,780	971,947	
네바다	346,589	430,345	641,022	050,071	1,076,433	1,557,800	1,604,179	2,066,301	2,353,411	2,337,629	
유타	314,917	394,046	549,856	705,870	730,842	705,141	804,270	928,923	972,758	1,103,305	
와이오밍	169,631	221,576	375,174	474,590	426,480	366,582	366,318	406,568	429,988	444,081	
남서부	9,617,627	11,894,802	16,679,242	22,122,893	24,327,579	24,876,476	26,657,770	29,383,066	30,222,020	31,509,032	228
애리조나	952,436	1,245,288	1,923,981	2,627,307	3,066,034	3,383,843	3,730,809	4,287,390	4,595,973	4,539,491	
뉴멕시코	490,048	602,033	901,262	1,144,965	1,344,533	1,330,644	1,438,317	1,575,664	1,557,761	1,575,516	
콜로라도	1,035,278	1,359,510	1,998,908	2,589,336	2,626,720	2,571,867	2,942,915	3,339,663	3,484,549	3,565,994	
오클라호마	829,980	1,070,982	1,476,460	1,930,287	1,922,437	1,994,090	2,111,738	2,213,729	2,268,257	2,466,610	
텍사스	6,309,885	7,616,939	10,378,031	13,830,998	15,367,855	15,596,032	10,383,991	17,960,620	18,315,480	19,301,421	
중성장											
애팔래치아 고지	7,008,600	8,850,778	11,354,904	13,597,787	14,638,978	16,338,801	16,387,437	18,246,285	18,997,142	19,077,695	172
켄터키	1,392,514	1,583,194	1,942,907	2,189,037	2,270,089	2,388,004	2,355,269	2,517,894	2,555,739	2,507,991	
노스캐롤라이나	1,446,561	1,915,663	2,845,519	3,680,615	3,974,657	4,473,454	4,753,758	5,590,081	5,958,000	6,109,484	
테네시	1,393,208	1,814,187	2,511,299	2,863,139	3,045,632	3,438,345	3,620,512	4,001,309	4,055,232	3,892,794	
버지니아	2,078,238	2,727,518	3,126,316	3,763,737	4,119,802	4,785,500	4,426,756	4,862,375	5,063,940	5,190,586	
웨스트버지니아	698,079	810,216	928,363	1,101,259	1,228,798	1,253,438	1,231,142	1,274,626	1,359,231	1,376,841	
태평양 연안	13,509,389	15,815,858	20,321,579	26,080,492	26,744,095	30,079,367	27,297,009	28,065,516	29,929,169	30,559,763	126
알래스카	133,624	173,277	286,459	333,083	461,254	471,201	477,539	466,229	493,340	454,629	

캘리포니아	10,110,919	11,730,448	15,045,832	19,538,050	20,374,349	22,893,592	20,08,044	20,551,239	21,758,737	22,169,199	87
하와이	337,700	440,000	703,000	891,000	941,761	1,047,404	964,595	942,053	988,526	985,000	
오리건	1,124,917	1,316,054	1,633,866	2,046,810	1,912,601	2,148,886	2,230,889	2,391,559	2,657,010	2,801,298	
워싱턴	1,802,229	2,156,079	2,652,422	3,270,749	3,054,070	3,518,284	3,565,042	3,714,436	4,030,955	4,149,637	
중부	7,332,062	8,400,117	10,350,999	12,146,019	11,666,459	12,040,777	12,059,662	13,186,580	13,462,920	13,736,921	
아이오와	1,445,053	1,622,377	2,019,396	2,317,271	2,128,498	2,114,019	2,081,731	2,298,817	2,392,252	2,496,039	
캔사스	819,385	1,027,487	1,435,054	1,655,966	1,591,637	1,575,068	1,580,259	1,768,782	1,836,845	1,886,675	
미네소타	1,941,918	2,235,089	2,790,318	3,209,514	3,110,799	3,269,470	3,283,822	3,588,539	3,519,542	3,530,241	
미주리	2,504,326	2,804,508	3,219,165	3,904,116	3,847,366	4,008,145	4,029,618	4,333,699	4,393,560	4,454,255	
노스다코타	341,832	388,313	48U.42K	558,914	510,735	549,071	527,177	572,588	643,784	647,547	
사우스다코타	279,548	322,343	406,638	500,238	477,424	525,004	557,055	624,155	676,937	722,163	
느린 성장/무성장											
뉴잉글랜드	6,589,487	7,343,880	8,906,517	9,966,364	9,956,483	9,873,379	9,034,132	9,322,147	9,417,949	9,616,155	46
코네티컷	1,529,698	1,602,579	1,814,020	1,911,329	2,131,896	2,104,449	1,862,562	1,854,550	1,850,876	1,863,545	
메인	549,128	644,534	835,958	839,745	833,153	874,938	844,848	882,900	987,454	1,036,236	
매사추세츠	3,109,319	3,472,743	4,294,783	4,978,869	4,579,881	4,465,982	4,041,187	4,166,772	4,110,770	4,121,871	
뉴햄프셔	511,390	647,697	865,451	1,012,496	1,150,351	1,176,437	1,118,019	1,270,415	1,313,267	1,386,944	
로드아일랜드	614,272	656,780	731,536	808,946	802,597	777,835	707,627	707,004	690,237	679,090	
버몬트	275,680	319,547	364,769	414,979	458,605	473,738	429,889	440,506	465,345	528,469	
중서부	25,702,729	27,764,273	31,266,289	35,095,487	34,307,552	34,988,495	33,341,739	34,387,710	34,703,497	33,867,032	32
일리노이	6,651,330	7,102,911	8,022,413	9,206,604	9,043,899	9,486,982	8,853,579	9,038,323	9,063,267	8,842,590	
인디애나	2,487,132	2,711,024	3,018,398	3,874,415	3,894,918	4,008,507	3,767,912	3,954,209	3,998,855	4,005,194	
미시간	5,804,709	6,256,847	7,043,065	6,939,045	6,760,524	7,041,663	6,625,566	6,761,561	6,700,174	6,315,663	
네브라스카	874,567	1,005,899	1,175,804	1,396,859	1,271,896	1,280,624	1,271,740	1,399,454	1,427,389	1,484,112	
오하이오	6,257,706	6,768,702	7,285,026	8,477,433	8,384,943	8,354,191	8,203,797	8,493,144	8,584,283	8,386,105	
위스콘신	3,627,285	3,918,890	4,720,983	5,201,131	4,951,372	4,816,526	4,619,145	4,741,019	4,929,529	4,833,368	
대서양 중부	25,455,416	27,004,707	28,710,876	31,709,301	30,545,465	30,889,755	27,592,072	27,319,854	27,820,220	27,973,243	10
델라웨어	301,858	331,077	391,140	490,368	526,566	555,335	567,841	617,937	707,143	735,442	
메릴랜드	2,364,883	2,664,569	3,060,055	3,422,178	3,388,029	3,358,317	3,077,410	3,153,355	3,312,453	3,246,845	
뉴저지	4,208,441	4,462,008	4,712,090	5,235,870	5,210,954	5,240,440	4,803,697	4,673,887	4,822,569	4,758,293	
뉴욕	11,050,565	11,536,043	11,708,978	12,610,539	11,910,116	11,856,992	10,440,066	10,164,810	10,308,722	10,336,562	
펜실베이니아	7,529,669	8,011,010	8,838,613	9,950,346	9,509,800	9,878,671	8,703,058	8,709,865	8,579,334	8,894,102	
총계	178,131,103	201,234,462	241,633,769	284,714,084	289,522,366	300,236,636	294,428,984	312,667,170	321,775,370	323,627,465	82

출처: 맥주 연구소, 양조 업계 연감

표 13.2 2004~2011년 주별 영업 중 양조장 수

지역	2004	2005	2006	2007	2008	2009	2010	2011	성장률(%)
고성장									
중부	85	91	107	107	124	124	136	156	84
아이오와	16	16	17	19	20	21	24	29	
캔자스	10	11	14	14	15	15	15	17	
미네소타	26	26	30	28	41	41	39	49	
미주리	25	29	37	38	41	41	51	51	
노스다코타	4	5	3	2	1	1	3	3	
사우스다코타	4	4	6	6	6	5	6	7	
애팔래치아·고지	94	92	96	105	115	121	135	152	62
켄터키	9	9	9	11	11	13	12	13	
노스캐롤라이나	38	38	40	43	44	46	54	63	
테네시	18	13	14	19	19	19	20	27	
버지니아	25	28	29	28	37	37	42	44	
웨스트버지니아	4	4	4	4	4	6	7	5	
태평양 연안	444	451	509	524	546	559	613	653	47
알래스카	12	11	15	16	16	17	20	22	
캘리포니아	256	253	283	293	307	305	318	332	
하와이	8	8	11	10	10	9	8	8	
오리건	83	86	94	96	104	105	119	130	
워싱턴	85	93	106	109	109	123	148	161	
중서부	287	293	312	326	346	365	391	420	46
일리노이	39	38	43	42	45	52	55	55	
인디애나	21	25	25	29	32	38	43	52	
미시건	73	78	91	93	93	96	103	114	
네브래스카	13	15	16	17	17	18	15	18	
오하이오	49	45	49	51	60	60	63	66	
위스콘신	92	92	88	94	99	101	112	115	
중성장									
남서부	187	187	198	206	214	210	242	266	42
애리조나	33	27	28	31	31	31	31	35	
뉴멕시코	20	22	24	22	21	21	28	28	

콜로라도	90	92	105	109	113	111	124	133	
오클라호마	7	7	7	7	9	10	10	9	
텍사스	37	39	34	37	40	37	49	61	
로키산맥 서부	171	168	182	193	204	208	223	240	40
콜로라도	90	92	105	109	113	111	124	133	
아이다호	17	16	17	17	20	21	21	27	
몬태나	21	19	21	26	29	30	30	32	
네바다	17	14	16	15	16	17	18	18	
유타	14	14	13	13	13	15	16	16	
와이오밍	12	13	10	13	13	14	14	14	
대서양 중부	204	195	203	213	209	217	249	277	36
델라웨어	9	7	8	8	8	10	9	9	
메릴랜드	25	24	21	22	22	23	22	24	
뉴저지	21	22	20	21	21	20	24	26	
뉴욕	79	73	79	75	73	76	89	101	
펜실베이니아	70	69	75	87	85	88	105	117	
느린 성장/무성장									
뉴잉글랜드	128	127	138	138	140	137	149	158	23
코네티컷	14	15	18	17	19	18	20	17	
메인	37	41	40	40	39	38	39	44	
매사추세츠	37	34	40	42	41	40	43	46	
뉴햄프셔	13	13	14	14	15	16	17	18	
로드아일랜드	5	5	5	5	5	5	5	5	
버몬트	22	19	21	20	21	20	25	28	
남동부	120	96	98	99	108	100	111	115	-4
앨라배마	4	5	5	6	6	6	7	7	
아칸소	4	4	5	4	4	4	5	7	
플로리다	63	43	48	47	57	47	52	52	
조지아	23	19	19	20	19	22	22	24	
루이지애나	8	10	6	5	6	6	9	8	
미시시피	2	2	1	1	2	1	2	2	
사우스캐롤라이나	16	13	14	16	14	14	15	15	
총계	1,720	1,700	1,843	1,911	2,006	2,041	2,251	2,437	42

출처: 맥주 연구소, 양조 업체 연감

했다.

표 13.2에서는 양조장 수를 성장 범주 및 지역별로 해체했다. 고성장 지역의 경우 양조장 증가의 대부분은 다음과 같은 세 개의 주에 의해 주도되었다. 인디애나의 양조장은 148%, 미주리의 양조장은 104%, 워싱턴의 양조장은 89% 증가했다. 중성장 지역에서는 주로 펜실베이니아(67%)와 텍사스(65%)가 성장을 견인했다. 느린 성장/무성장 지역의 성장은 주로 앨라배마와 아칸소(둘 다 75% 성장)에서 이루어졌다.

표 13.3 10년별 및 주별 영업 중인 수제 맥주 양조 업체 수

주	1970년대	1980년대	1990년대	2000년대
앨라배마	0	0	0	5
알래스카	1	1	7	18
애리조나	0	1	11	29
아칸소	0	0	1	6
캘리포니아	6	20	93	215
콜로라도	1	5	40	107
코네티컷	1	1	6	12
델라웨어	0	0	4	7
플로리다	1	2	14	37
조지아	0	0	5	13
하와이	0	0	1	4
아이다호	1	4	11	22
일리노이	1	1	17	48
인디애나	1	2	12	40
아이오와	0	2	6	23
캔사스	0	2	8	16
켄터키	0	0	2	10
루이지애나	0	0	1	7
메인	1	2	14	24
메릴랜드	0	0	8	16
매사추세츠	0	2	12	32
미시건	3	5	41	93
미네소타	0	1	10	30
미시시피	0	0	0	2
미주리	0	3	10	39

8 자료 한계로 인해 2004년부터 2011년까지 총 양조장 수가 증가한 최근의 상황만 분석할 수 있다. 결과적으로, 그림 13.6과 13.7은 매우 다른 기간을 나타낸다.

몬태나	0	1	12	28
네브라스카	1	1	9	18
네바다	0	0	9	16
뉴햄프셔	1	1	8	14
뉴저지	0	1	14	23
뉴멕시코	1	1	11	23
뉴욕	0	1	32	62
노스캐롤라이나	0	1	13	46
노스다코타	0	0	0	2
오하이오	1	2	20	39
오클라호마	0	0	4	9
오리건	0	1	34	90
펜실베이니아	3	4	19	81
로드아일랜드	0	1	2	6
사우스캐롤라이나	0	0	10	16
사우스다코타	0	0	2	5
테네시	0	0	6	20
텍사스	1	2	13	52
유타	1	3	8	14
버몬트	0	1	7	16
버지니아	0	1	11	34
워싱턴	3	6	39	110
웨스트버지니아	0	0	2	5
위스콘신	2	3	30	67
와이오밍	0	0	6	13

출처: 맥주양조협회

   두 번째 분석으로 넘어가자면, 그림 13.8~13.11은 2011년 전국 수제 맥주 생산의 주 차원 변화를
보여 준다. 그림 13.10과 13.11은 수동 분류 기법을 사용하여 생성되었으며, 생성된 범주의 기준은
자연적인 구분(natural breaks)이 사용되었다. 그림 13.8은 주별 총 맥주 생산량을 보여 주고 있으며,
지도는 캘리포니아와 텍사스와 같은 주들이 2011년에 각각 4억 갤런 이상의 맥주를 생산하여 선두
를 달리고 있음을 보여 준다. 전체적으로 맥주 생산 수준이 높은 다른 주들로는 일리노이, 오하이오,
펜실베이니아, 뉴욕이 있다. 그림 13.9는 주별 총 수제 맥주 생산량을 보여 주며, 그 결과는 표 13.1
의 총 맥주 생산량과 밀접하게 관련되어 있다. 수제 맥주 생산의 총 수준은 가장 인구가 많은 주(캘리
포니아, 뉴욕, 텍사스)와 역사적으로 맥주 생산 수준이 높은 주(콜로라도, 미주리, 위스콘신, 펜실베이니아)에
서의 생산량 증가하는 두 가지 주요 추세를 따르는 것으로 보인다.

•	0 - 49,999,999
•	50,000,000 - 99,999,999
●	100,000,000 - 199,999,999
●	200,000,000 - 399,999,999
⬤	400,000,000 - 700,000,000

31 Gallons = 1 Barrel

그림 13.8 2011년에 생산된 맥주의 총 갤런

출처: 맥주 연구소, 맥주 양조 연감

    그러나 (주 인구로 정규화한) 1인당 수제 맥주 생산량을 보면 약간 다른 이야기가 나온다. 그림 13.10과 13.11은 각각 전체 맥주 생산량과 1인당 수제 맥주 생산량의 백분율로 생산된 수제 맥주의 양을 보여 준다. 이 수치에서 가장 인구가 많은 주(캘리포니아, 텍사스, 뉴욕)는 상대적으로 낮은 생산 수준으로 떨어지는 반면, 콜로라도, 오리건, 매사추세츠, 펜실베이니아와 같은 전형적인 '맥주' 주에서는 명확한 생산 집중이 발생한다. 놀랍게도 두 주에는 가장 큰 전통 양조장—위스콘신(밀러)과 미주리(앤하이저-부시)도 수제 맥주 생산이 상대적으로 많은 곳이다.

    우리의 세 번째 분석은 아마도 가장 흥미로운 발견이다. 앞의 두 가지 분석은 집계 및 수제 맥주 생산 둘 다의 성장이 공간에 걸쳐 불균등하게 나타났음을 보여 주지만, 1980년, 1990년, 2000년 및 2011년 동안 자가 양조 맥줏집과 소형 맥주 양조장 위치를 조사한 결과 주요 시장이 아닌 곳에서 양

그림 13.9 2011년에 생산된 수제 맥주의 총 갤런

출처: 맥주 연구소, 맥주 양조 연감

조장이 자리를 잡는 경향이 증가하고 있음을 발견했다.

이 지도는 또한 자연적인 구분으로 급간을 나누었으며 수동 분류 체계를 사용하여 생성되었다. 그림 13.12는 1980년까지 미국의 몇 안 되는 수제 맥주 가게들이 일반적으로 주요 도시 중심부에 있음을 보여 준다. 피츠버그, 신시내티, 밀워키, 디트로이트, 시카고와 같은 러스트 벨트(Rust belt) 도시는 초기 수제 양조장들의 본거지이다. 서부 해안에는 시애틀, 샌프란시스코만 지역, 남부 캘리포니아에도 수제 양조장이 밀집해 있었다. 남부 주에는 눈에 띄는 것이 거의 없었다. 로키산맥, 미시간 북부, 뉴잉글랜드와 같은 미국 전역의 휴양지들 또한 수제품 양조의 초기 장소였다.

그림 13.13은 1990년 현재 서해안에서 업체의 군집이 발달한 것으로 보인다. 샌프란시스코만 지역은 시애틀과 로스앤젤레스와 같은 다른 서해안 대도시 지역들이 수제 양조 클러스터를 창업하면

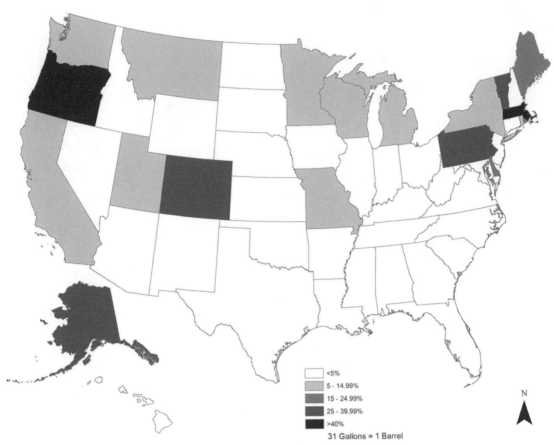

	<5%
	5 - 14.99%
	15 - 24.99%
	25 - 39.99%
	>40%

31 Gallons = 1 Barrel

그림 13.10 2011년 주 총생산량의 백분율로 산출된 수제 맥주
출처: 맥주 연구소, 맥주 양조 연감

서 미국의 수제 맥주 양조 산업의 선구자가 된다. 로키산맥 관통지역을 따라 많은 업체가 발전하기 시작하는데 덴버는 이 지역의 양조장 대부분의 주요 거점이다. 중서부의 성장은 산발적인 것으로 보이지만, 지역 전체와 주요 도시에 가깝거나 도시 안에서 확산된다. 동부 해안에서, 뉴잉글랜드의 수제 맥주 양조는 거대 도시 회랑을 따르는 것처럼 보이지만, 버몬트, 뉴햄프셔, 메인의 휴양지에 업체들이 생겨나고 있다. 역시 남부의 수제 맥주 양조장들은 나머지 지역들에 뒤처지는 것처럼 보인다.

그림 13.13과 14는 1990년과 2000년 사이에 수제 맥주 양조 산업이 크게 성장했음을 보여 준다. 이 기간 전국의 대도시 지역, 특히 시애틀, 포틀랜드, 샌프란시스코, 로스앤젤레스, 덴버, 시카고, 디트로이트, 뉴욕 등에서 수제 맥주 양조장의 수가 크게 증가했다. 이러한 대도시 지역은 지난 10년간 업체수가 두 배 또는 세 배로 증가했다. 맥주 산업의 발전 추세는 수제 맥주 양조장이 인구 밀도와 일

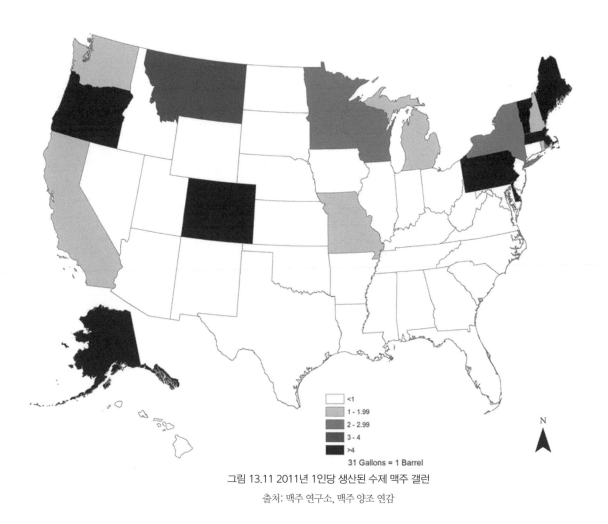

	<1
	1 - 1.99
	2 - 2.99
	3 - 4
	>4

31 Gallons = 1 Barrel

그림 13.11 2011년 1인당 생산된 수제 맥주 갤런

출처: 맥주 연구소, 맥주 양조 연감

치하는 것처럼 보인다는 것을 보여 준다. 인구 밀도가 높을수록 수제 맥주 양조장이 많다. 또한 휴양지는 수제 맥주 양조장을 선호하는 경향이 있는 것으로 보인다. 로키산맥, 캐스케이드산맥, 미시간 북부와 같은 지역들은 모두 이 시기에 수제 양조장의 상당한 증가를 경험했다.

또한 이 시기에 미국 남부의 일부 지역은 산업 성장을 경험하기 시작했다. 버지니아, 노스캐롤라이나, 사우스캐롤라이나, 조지아, 플로리다의 지역들은 1990년대에 여러 수제 맥주 양조장들이 생겨났다. 애틀랜타, 잭슨빌, 탬파, 마이애미와 같은 주요 도시들은 남부에서 수제 맥주 양조 산업에서 성장을 경험한 몇 안 되는 주요 도시들이 되었다. 노스캐롤라이나주의 애슈빌과 윈스턴-세일럼(Winston-Salem) 주변 지역은 수제 맥주 업체 군집을 구축하기 시작한다. 공간적인 특성은 남쪽 해안 지역의 이야기와 평행하게 진행된다. 남부의 해안가, 휴양지 지역들은 미국의 나머지 지역들을

▲ 소형 맥주 양조장과 자가 양조 맥줏집
● 주요 도시

그림 13.12 소형 맥주 양조장과 자가 양조 맥줏집의 위치(1980)

출처: Brewery Database.com

따라잡기 위해 노력하고 있는 것으로 보인다. 앨라배마, 미시시피, 루이지애나, 조지아 남부, 플로리다 북서부(panhandle of Florida)의 특성도 비슷하다.

그림 13.13과 13.15는 2011년 현재 업계가 지난 10년 동안 기하급수적인 성장을 경험했음을 보여준다. 전국의 수제 맥주 양조장은 인구 밀도가 높은 지역에 위치할 뿐만 아니라 교외, 교외 외곽, 심지어 시골 지역에도 점점 더 많이 위치하고 있다. 소형 맥주 양조장은 미국의 모든 소비자 시장에 존재하며, 주요 인구 중심지 주변으로 뚜렷한 집중과 군집을 보인다. 2011년까지 이 기간 동안 미국의 모든 양조장 업체의 절반만이 인구 315,000명 이상의 도시에서 50마일 이내에 위치했다. 시애틀, 포틀랜드, 샌프란시스코, 로스앤젤레스, 샌디에이고, 덴버, 시카고, 디트로이트, 동부 해안을 중심으로 주요 군집이 형성되었지만, 와이오밍, 몬태나, 네브래스카, 테네시, 켄터키 시골의 비전통 시장에서

그림 13.13 소형 맥주 양조장과 자가 양조 맥줏집의 위치(1990)

출처: Brewery Database.com

수제 양조장의 상당한 확장이 발생했다는 것은 아마도 더 큰 관심사일 것이다. 20년 전, 이 지역들은 제한적이거나 수제 맥주 양조장이 없었다.

게다가 캐스케이드산맥, 로키산맥, 미시간 북부, 애팔래치아산맥 북부, 애팔래치아산맥의 동쪽 산록과 같은 휴양지들 또한 수제 맥주 양조 산업의 온상이다. 시애틀에서 덴버를 거쳐 앨버커키(Albu- querque)에 이르는 로키산맥을 통해 명확하게 분포되어 있다. 새크라멘토와 포틀랜드 사이의 캐스케이드 회랑은 수제 맥주 양조장 설립의 경향성을 보여 준다. 또한 버몬트, 뉴햄프셔, 메인주의 애팔래치아산맥 북부 또한 수제 맥주 산업이 활발하게 발전 중인 곳이다.

아칸소, 노스다코타, 사우스다코타, 네바다와 같이 인구 밀도가 낮은 지역은 눈에 띄는 양조장의 비율이 낮다. 눈에 띄게 방치된 다른 지역들은 남쪽의 미시시피와 앨라배마를 포함한다. 이는 2009

그림 13.14 소형 맥주 양조장과 자가 양조 맥줏집의 위치(2000)

출처: Brewery Database.com

년까지 앨라배마주에서 알코올 함량이 6% 이상인 맥주가 금지된 것(앨라배마 하원 법안 631호)으로 설명할 수 있다. 유사한 제한이 미시시피주에서 2012년 4월 알코올 함량이 5% 이상인 맥주의 소유와 소비를 허용하는 수제 맥주 법안이 주지사 필 브라이언트(Phil Bryant)의해 서명될 때까지 적용되었다(Nave 2012). 다코타와 남부 지역에 수제 맥주 양조장이 적은 것에 대한 또 다른 설명은 이러한 업체를 바람직하지 않게 보는 지역사회의 보수적 특성 때문이다(Baginski and Bell 2011).

그림 13.15 소형 맥주 양조장과 자가 양조 맥줏집의 위치(2011)

출처: Brewery Database.com

결론

이 장에서 우리의 목표는 미국맥주양조업의 경제적, 입지적 특성을 공간적으로 고찰하는 것이었다. 우리가 배경 자료와 학술 문헌을 검토한 결과 최근 산업 성장의 상당 부분이 수제 맥주 부문에 있다는 것이 밝혀졌다. 우리는 미국에서 총 맥주 양조와 수제 맥주 양조 활동 모두의 생산과 위치의 공간적 변화를 분석하기 위해 일련의 세 가지 경험적 분석을 시행했다. 첫째, 우리는 총생산량과 양조장 수 모두에서 지역 차원의 성장을 조사함으로써 광범위한 수준의 분석을 실시했다. 둘째, 우리는 2011년에 국가 차원의 수제 맥주 생산을 조사하여 수제 맥주 양조산업에 대한 공간적으로 세분화된 분석을 채택했다. 그리고 마지막으로 지난 30년간 미국의 수제 맥주 양조장 위치에 대한 지점 특수적인 분석을 실시하였다.

우리의 결과는 세 가지이다. 첫째, 미국 양조산업에 대한 우리의 광범위한 분석은 총 맥주 생산과 맥주 양조장 개업의 국가적 추세가 지역 간에 불균등하게 나타나고 있음을 보여 준다. 전통적으로 생산량이 많은 중서부와 대서양 중부 지역은 지난 40년간 생산량 증가가 더딘 반면, 역설적으로 지난 8년간 양조장 업체 수는 상대적으로 견실한 성장을 경험했다. 반대로 태평양 연안은 맥주 생산과 양조장 업체 수 모두에서 높은 성장을 경험했다. 남동부와 남서부 지역도 맥주 생산량은 높은 성장세를 보였지만 전체 양조장 업체 수는 거의 성장하지 못했다.

둘째, 국가 수준의 수제 맥주 생산에 대한 우리의 분석은 또한 전국적으로 공간적으로 불균등한 분포를 보여 준다. 수제 맥주의 생산 수준을 살펴보면, 양조 활동의 가장 큰 집중은 주로 캘리포니아, 뉴욕, 펜실베이니아, 텍사스와 같은 인구 밀도가 높은 주 또는 오랜 양조 문화를 가진 콜로라도, 매사추세츠, 미주리, 오리건 및 위스콘신주에 있다는 것을 알 수 있다. 그러나 1인당 생산량과 전체 맥주 생산량의 비율과 같은 수제 맥주 생산의 표준화된 척도를 검토할 때, 양조 문화가 이미 지배적으로 확립된 주와 인구가 많은 주들은 덜 중요해진다.

마지막으로, 미국의 수제 맥주 업체의 진화에 대한 지점 특수적 분석은 처음 두 가지 분석과 훨씬 다른 공간 패턴을 보여 준다. 1980년대와 1990년대에 수제 맥주 양조장의 초기 공간 분포 또한 불균등했지만 (주로 주요 도시 중심지 또는 그 근처에 위치하는 경향이 있었다) 수제 양조장은 이후 교외 외곽과 시골 지역으로 확산되었다. 우리의 일련의 지도는 1980~2011년에 그러한 업체의 명확한 분산을 보여 준다. 도시 중심부는 여전히 수제 맥주 양조장의 뚜렷한 집중을 하고 있지만, 가장 흥미로운 것은 아마도 앨라배마, 아이다호, 루이지애나, 네브래스카, 미시시피, 와이오밍의 인구가 적고 사회적으로 더 보수적인 지역으로 확장하는 것일 것이다.

그렇다면 이러한 발견은 미국 양조산업의 미래에 무엇을 의미하는가? 첫째, 수제 맥주 산업은 계속해서 역동적이고 빠르게 변화할 것으로 보인다. 예를 들어, 2011년에 250개의 새로운 소규모 양조장과 자가 양조 맥줏집이 문을 연 반면, 37개의 소규모 양조장만이 문을 닫았다(Brewers Association 2013). 메츠거(Metzger 2013)에 따르면 현재 계획 단계에 있는 1,000개 이상의 새로운 소형 맥주 양조장과 자가 양조 맥줏집이 있다. 맥주양조협회 웹사이트에는 계획 단계에 있는 것으로 등록된 1,240개의 소형 맥주 양조장과 자가 양조 맥줏집이 있다. 그러나 전통적인 양조업자들이 현재 지배하고 있는 시장에 수제 맥주 양조업자들이 많이 진출하려면 업계는 '잠금'과 '전환비용'과 관련된 도전을 극복해야 할 것이다. 최와 스택(Choi and Stack 2005, p.86)은 "지속적인 소비자 행동 변화는 아직 미국 맥주의 기준을 바꿀 수 있지만 이것은 느리고 점진적인 과정일 가능성이 높다"고 제안한다. 2012

년, 맥주양조협회 찰리 파파지안(Charlie Papazian) 회장은 2017년까지 수제 맥주가 미국에서 판매되는 모든 맥주의 10%를 차지할 것이라고 예측했다(Rotunno 2012). 전통적인 양조업자들은 그들 산업의 수제 부문에 의해 그들이 직면한 경제적이고 마케팅적인 도전들을 인식하고 있다. 이에 대응하여, 몇몇 주요 양조장들은 맥주를 잘 모르는 소비자들에게 수제 맥주처럼 보이는 그들만의 맥주 종류를 생산했다. 블루문[Blue Moon, 쿠어스 계열의 텐스와 블레이크(Tenth and Blake)에 의해 양조됨]과 샥탑(Shock Top), 앤하이저 부시에 의해 양조됨]이 사례이다(Wilson 2012). 일부에서 '수제 맥주'라고 부르는 이들은 상표에 전통 양조장의 이름조차 언급하지 않는다(Brewers Association 2013). 전통 양조업자들도 기존의 수제 맥주 양조장을 인수하는 것으로 대응해 왔다. 예를 들어, 앤하이저−부시는 2011년에 시카고에 본사를 둔 구스 아일랜드(Goose Island)를 3880만 달러에 매입했다(CBS 시카고 2011). 이러한 최근의 발전이 어느 정도까지 뚜렷한 추세가 될 것인지, 그리고 그들이 산업에 어떤 영향을 미칠지는 예측하기 어렵다.

맥주 산업의 미래 성장은 뚜렷한 공간 양상을 보일 것이다. 계획 단계에 1,000개 이상의 자가 양조 맥줏집과 소형 맥주 양조장이 있으므로(Brewer's Almanac 2012), 맥주 양조 산업의 미래 경제 지리는 두 가지 형태를 취할 가능성이 높다. 첫째, 현재 수제 맥주 양조 산업에서 지배적인 상태가 계속될 것이고, 둘째 전통적으로 맥주 양조 업체가 적었던 주(특히 남부에서)로 확장될 것이다. 맥주양조협회의 자료를 사용하여 각 주별로 양조장 설립 계획 정보를 사용하여 향후 3년에서 5년 동안 산업의 잠재적 성장을 지도화할 수 있었다(그림 13.16). 태평양 연안은 수제 맥주 양조장의 성장을 지속적으로 보여 줄 것이다. 미국의 수제 맥주 양조의 중심지인 캘리포니아는 가까운 미래에 150개 이상의 수제 맥주 양조장을 추가할 것이다. 워싱턴과 오리건주도 수제 맥주 업체를 추가해 이 지역을 수제 맥주 양조 운동의 선두 주자가 될 예정이다. 이는 이 지역의 산업이 아직 포화상태에 이르지 못했음을 나타낸다. 중서부는 일리노이주가 향후 몇 년 동안 70개의 수제 맥주 업체를 추가하면서 꾸준한 성장세를 보일 것이다. 이는 시카고 세력권(Chicagoland) 시장의 인구 밀도와 구매력이 이 지역 맥주 산업의 추동력임을 시사한다. 대서양 연안 남부는 플로리다가 속도를 내면서 미국 나머지 지역을 계속 따라잡을 것이다. 남부의 해안 지역이 미래의 성장을 보여 주기는 하지만, 미시시피, 앨라배마, 루이지애나, 아칸소, 테네시, 켄터키와 같은 주들은 계속해서 국내의 나머지 지역에 비해 뒤처질 것이다. 이것은 그 지역의 술에 대한 선호도와 종교적 감성으로 설명될 수 있다. 로키산맥 지역의 대부분은 성장이 더디겠지만 콜로라도는 100개 이상의 수제 맥주 양조 업체를 추가하면서 계속해서 그 지역 맥주 산업의 주요 거점이 될 것이다. 남서부는 텍사스가 80개 이상의 시설을 추가하는 등 상당한 성장을 경험할 것이다. 마지막으로, 뉴잉글랜드는 뉴욕, 펜실베이니아, 뉴저지, 매사추세츠의 더 도

그림 13.16 주별 계획 중인 소형 맥주 양조장과 자가 양조 맥줏집
출처: 맥주양조협회

시화된 주에서 성장을 경험할 것이고, 뉴잉글랜드의 더 관광 지향적인 주에서는 다가오는 해에 수제 양조 업체가 최소한으로 추가될 것이다. 그림 13.16은 사실상 산업의 즉각적인 성장이 더 인구가 많은 주에서 일어날 것을 시사한다. 또한 국가의 사회적으로 보수적인 지역들은 사회적으로 진보적인 지역들에 비해 더 느린 성장을 보일 것이다(Baginski and Bell 2011). 수제 맥주는 현재 인기가 높아지고 있지만, '수제 맥주 운동'이 느려질 것인가, 멈출 것인가, 뒤집힐 것인가? 시장은 언제 어떻게 포화 상태에 도달할 것인가? 향후 연구는 대도시 지역 차원에서 산업의 미래 변화를 예측하기 위해 미시적 수준의 경제 지리를 고찰할 필요가 있을 것이다.

참고 문헌

Allison RI, Uhl KP (1964) Influence of Beer Brand identification on taste perception. J Market Res 1: 36-39

Arthur WB (1989) Competing technologies, increasing returns, and lock-in by historical events. Econ J 99: 116-131

Baginski J, Bell TJ (2011) Under-tapped? An analysis of craft brewing in the Southern United States. Southeast Geogr 51: 165-185

Beer Marketer's Insights (2013) Last modified June 13. http://www.beerinsights.com/. Accessed 15 Jan 2014

Bond JK, Thilmany D, Bond CA (2006) Direct marketing of fresh produce: understanding consumer purchasing decisions. Choices 21: 229-235

Brewers Assocation (2013a) Craft vs. crafty: a statement from the brewers association. http://www.brewersassociation.org/pages/media/press-releases/show?title=craft-vs-crafty-a-statement-fromthe-brewers-association. Accessed 15 Jan 2014

Brewers Association (2013b) Last modified June 13. http://www.brewersassociation.org/. Accessed 15 Jan 2014

Carroll GR (1985) Concentration and specialization: dynamics of niche width in populations of organizations. Am J Sociol 90: 1262-1283

Carroll GR, Swaminathan A (2000) Why the microbrewery movement? Organizational dynamics of resource partitioning in the U.S. brewing industry. Am J Sociol 106: 715-762

Caves R, Porter ME (1977) From entry barriers to mobility barriers: conjectural decisions and contrived deterrence to new competition. Q J Econ 91: 241-261

CBS Chicago (2011) Anheuser-Busch buys Chicago-based Goose Island Beer. CBS Chicago.com. March 28, 2011. http://chicago.cbslocal.com/2011/03/28/anheuser-busch-buys-chicago-basedgoose-island-beer/. Accessed 15 Jan 2014

Choi DY, Stack MH (2005) The All-American Beer: a case of inferior standard (Taste) prevailing? Business Horizons 48: 79-86

Clarke J (2012) Who is the New Beer Consumer? Beverage Media Group. Last modified May 1. http://www.beveragemedia.com/index.php/2012/05/who-is-the-new-beer-consumer-brewers-ready-to-sayihola-and-more-to-expand-reach/ Accessed 15 Jan 2014

Clemons EK, Gao Guodong "Gordon", Hitt LM (2006) When online reviews meet hyperdifferentiation: a study of the craft beer industry. Journal of Management Information Systems 23: 149-171

Combrink T, Cothran C, Peterson J (2012) Economic contributions of the craft brewing industry to the state of Arizona. Flagstaff

Cortright J (2002) The economic importance of being different: regional variations in tastes, increasing returns, and the dynamics of development. Econ Dev Q 16: 3-16

David PA (1994) Why are institutions the "Carriers of History"? Path dependence and the evolution of conventions, organizations and institutions. Struct Change Econ Dynam 5: 205-220

Flack W (1997) American microbreweries and neolocalism "Ale-ing" for a sense of place. J Geogr 16: 37-53

Florida R (2012) The geography of craft beer. The Atlantic Cities, August 20. http://www.theatlanticcities.com/

arts-and-lifestyle/2012/08/geography-craft-beer/2931/#. Accessed 15 Jan 2014

Food Processing Center (2001) Supplying craft breweries with locally produced ingredients. Reports from the Food Processing Center. University of Nebraska-Lincoln, Lincoln, 2001. http://digitalcommons.unl.edu/cgi/viewcontent.cgi?article=1007&context=fpcreports. Accessed 15 Jan 2014

Interactives United States History Maps: Fifty States (2013) Annenberg Learner. http://www.learner.org/interactives/historymap/fifty.html. Accessed 15 Jan 2014

Jacoby J, Olson JC, Haddock RA (1971) Price, brand name, and product compositon characteristics as determinants of perceived quality. J Appl Psychol 55: 570-579

John Dunham and Associates (2011) The Beer Institute economic contribution study methodology and documentation. http://www.beerinstitute.org/br/resources/BI_Impact_Methodology_Short.pdf. Accessed 15 Jan 2014

Kleban J, Nickerson I (2011) The US Craft Brew Industry. Proceedings of the Allied AcademiesInternational Conference: 33-38

Klemperer P (1995) Competition when consumers have switching costs: an overview with applications to industrial organization, macroeconomics, and international trade. Rev Econ Stud 62: 515-539

Metzger S (2012) Economic impact of the texas craft brewing industry. http://www.texascraftbrewersguild.org/download/TX_Craft_Beer_Economic_Impact_2011_STUDY.pdf. Accessed 15 Jan 2014

Metzger S (2013) The macroeconomics of microbreweries: how can a microbrewery grow your local economy? International Economic Development Council Webinar. January 10

Morrison LM (2011) Craft beers of the Pacific Northwest: a beer lover's guide to Oregon, Washington, and British Columbia. Timber Press, Portland

Murray DW, O'Neill MA (2012) Craft Beer: penetrating a niche market. British Food J 114: 899-909

Nave RL (2012) Beer Law Changes July 1. Jackson Free Press. Jackson, June 27. http://www.jacksonfreepress.com/news/2012/jun/27/its-now-law/. Accessed 15 Jan 2014

Ogle M (2007) Ambitious brew: the story of American Beer. Houghton Mifflin Harcourt, Orlando

Richey D (2012) California craft brewing industry: an economic impact study. Berkeley. http://www.californiacraftbeer.com/wp-content/uploads/2012/10/Economic-Impact-Study-FINAL.pdf. Accessed 15 Jan 2014

Rotunno T (2012) No bubble for craft beer: industry pioneer. CNBC Consumer Nation. http://www.cnbc.com/id/49360618/No_Bubble_for_Craft_Beer_Industry_Pioneer. Accessed 15 Jan 2014

Schnell SM, Reese JF (2003) Microbreweries as tools of local identity. J Geogr 21: 45-69

Shortridge JR (1996) Keeping tabs on Kansas: reflections on regionally based field study. J Geogr 16: 5-16

Silberberg E (1985) Nutrition and the demand for tastes. J Polit Econ 93: 881-900

State of Alabama House of Representatives (2007) House Bill 631, Section 1. Montgomery, AL. http://www.legislature.state.al.us/SearchableInstruments/2007RS/Bills/HB631.htm. Accessed 15 Jan 2014

The Beer Institute. (2013) Brewers Almanac. http://www.beerinstitute.org/statistics.asp?bid=200. Accessed 15 Jan 2014

Tremblay CH, Tremblay VJ (2011) Recent economic developments in the import and craft segments of the US Brewing Industry. In: Swinnen JFM (ed) The economics of beer. Oxford University Press, New York, pp.141-160

Tremblay VJ, Tremblay CH (2009) The US brewing industry. The MIT Press, Cambridge, MA

Veblen T (1899) The theory of the leisure class. Macmillan, New York

Wilson D (2012) Big beer dresses up in craft brewers' clothing. CNN Money. http://management.fortune.cnn.com/2012/11/15/big-beercraft-brewers/. Accessed 15 Jan 2014

Wobbekind R, Lewandowski B, DiPersio C, Ford R, Streit R (2012) Craft brewers industry overview and economic impact. Boulder. http://www.brewersassociation.org/attachments/0000/9192/Colorado_Brewers_Guild_Economic_Impact_Study_04-21-12.pdf. Accessed 15 Jan 2014

14.

에일에 비해 너무 큰?
맥주산업의 세계화와 통합

필립 하워드Philip H. Howard

미시간 주립대학교

| 요약 |

세계 맥주 산업은 최근 수십 년 동안 극적으로 변화했다. 두 가지 주요 추세는 합병, 인수 및 공동 투자로 인한 통합과 가장 큰 기업이 새로운 지역으로 확장하는 것이다. 맥주가 이전에는 매우 지방적인 제품이었지만, 이러한 추세로 인해 전 세계 판매량의 약 절반이 앤하이저–부시 인베브, 사브밀러, 하이네켄(Heineken) 및 칼스버그(Carlsberg)의 4개 회사에 의해 지배되고 있다. 주목할 만하게도 이들 상위 4개 기업은 모두 서유럽에 본사를 두고 있다. 가장 큰 회사의 주요 생산품들은, 만약 있다면, 에일과 다른 수많은 잠재적인 소량 품종과 더불어 페일 라거이다. 왜 이러한 변화가 지금 일어나고 있는가? 청량음료를 포함한 많은 다른 산업들은 소수의 회사들이 맥주 산업보다 먼저 세계적인 지배력을 얻는 것을 보았다. 그러나 최근의 정책과 기술적 변화는 맥주 회사들의 통합과 지리적 확장에 대한 많은 장벽을 약화시켰다. 그들은 가장 큰 기업들이 더 많은 정치적·경제적 힘을 발휘할 수 있게 했고, 세계적 독점의 막판에 더 가까이 다가갈 수 있게 했다. 그러나 이러한 추세는 필연적인 것이 아니며, 전문 양조업자의 부상과 맥주 품종의 훨씬 더 다양한 선택, 맥주의 세계적 브랜드화와 마케팅에 대한 문화적 장벽에 부딪치고 있다.

서론

2012년 전 세계 맥주 판매량의 약 절반, 매출의 70%를 차지한 기업은 4개에 불과했다(SABMiller 2012). 이는 10년 전만 해도 10개 기업을 합치면 전 세계 매출의 절반도 안 되는 비중을 차지했던 것과는 극적인 변화다(Nugent 2005). 이러한 변화 중 일부는 기업 내부의 매출 성장에 기인하지만, 이러한 통합의 대부분은 합병, 인수 및 공동 투자의 결과이며, 종종 새로운 지리적 영역으로 확장하는 것을 목표로 한다.

왜 이러한 변화가 일어나는가? 청량음료를 포함한 많은 다른 산업들은 소수의 회사들이 맥주 산업보다 먼저 세계적인 지배력을 얻는 것을 보았다. 이러한 전략의 이면에는 분명한 동기가 있다. 이익을 증가시키는 것을 주요 목표로 하는 기업은 시장 점유율을 확대하고, 경쟁 기업의 수를 줄이고, 투입 비용을 줄이고, 가격에 더 큰 영향력을 행사할 수 있는 강력한 동기를 가지고 있다. 그들은 다른 회사들을 인수하거나 합병함으로써 이러한 모든 목표를 달성할 가능성을 높인다.

예를 들어 맥주 산업은 비행기와 자동차 제조보다 통합과 지리적 확장에 더 많은 장벽과 직면했지만, 이러한 장벽은 최근의 경제적, 정치적, 기술적 변화에 의해 빠르게 약화되고 있다. 최대 맥주 회사들은 이제 더 많은 힘을 행사하고, 이러한 추세를 강화하며, 세계적 독점의 막판에 더 가까이 다가갈 수 있다(두 회사의 이중 독점 가능성이 높지만, 경쟁의 모습을 유지할 수 있다). 이러한 결과는 소비자 가격을 상승시키고 맥주의 품질과 현재 가능한 선택의 수를 감소시킬 것이다(Lynn 2012). 비록 수많은 종류의 맥주가 있지만(예를 들어 전미 맥주 축제 56개의 범주를 가지고 있다)(Hannaford 2007), 시장은 눈을 가린 맛 시음에서 대부분의 사람들이 구분할 수 없는 페일 라거에 의해 점점 더 지배되고 있다(Tremblay 및 Tremblay 2007). 최근 몇 년 동안 유럽 연합은 주요 기업들의 가격 담합을 조사했고, 미국은 주요한 인수 직후 가격 상승이 나타났다.

맥주는 역사적으로 업계의 수많은 소규모 기업의 생존 가능성을 높이는 많은 특성을 가지고 있다. 그것은 대부분 물이기 때문에 저장하고 운송하기에 매우 무겁고 비싸다. 또한 물 외에도 맥아화한 곡물, 홉, 효모를 포함한 1차 재료가 포함된 비교적 간단한 제품이다. 이것은 더 큰 기업들이 혁신을 통해 시장 우위를 얻는 것을 어렵게 만들었다. 산업을 세계화하기 위해 극복해야 할 두 가지 추가 장벽은 거리와 영속성이었다(Friedmann 1992). 초기의 상업적 양조자들은 빨리 상하는 에일과 스타우트를 만들었기 때문에 다른 상품들(예: 와인, 절인 채소, 소금에 절인 고기)만큼 영속성이 좋지 않았다. 이것은 소비하기에 충분히 신선한 상태를 유지하기 힘들기 때문에 맥주를 먼 거리로 이동시키는 것은 어려웠고, 대부분 양조장이 제한된 지리적 영역을 넘어 시장을 확장하는 것을 막았다.

이러한 장벽은 시간이 지남에 따라 감소했다. 예를 들어, 1800년대에 양조 용기의 바닥에서 발효되는 라거 효모는 독일에서 인식되었다. 이것은 더 긴 양조 시간과 더 많은 저장 용량[라겔(lagern)은 독일어로 저장을 의미함]을 필요로 했지만, 결과적으로 제품이 썩는 데 더 오랜 시간이 걸렸다(Van Munching 1997). 심지어 오늘날 에일과 다른 비라거 맥주는 훨씬 더 작은 시장 점유율을 가진 전문 양조업자나 주요 생산 시설과 분리된 비밀 연구 공장(skunkworks)들에 의해 생산되는 경향이 있다(그러나 모기업의 광범위한 유통망을 활용할 수 있다). 다른 기술 혁신은 1800년대 후반과 1900년대 초반에 상업적인 맥주 양조자들을 위한 지리적 시장을 확장하는 데 도움을 주었다. 여기에는 저온 살균 기술, 값싼 유리병, 제빙고 및 냉동 기술을 통한 영속성 향상과 철도 및 자동차와 같은 더 신속한 형태의 운송을 통한 거리 장벽 감소가 포함되었다(Asher 2012).

세계대전과 금주법 또한 미국과 유럽에서 양조장의 수가 감소하고 규모가 증가하는 데 기여했다. 가장 큰 양조장들은 대체 제품(예: 무알콜 맥주, 청량음료, 사탕, 아이스크림, 효모)을 생산함으로써 미국 (1919~1933)의 금주령에서 살아남을 수 있었고 시장이 재개장했을 때 더 나은 위치를 차지했다(Van Munching 1997). 유럽에서는 전쟁 중에 피해를 입은 많은 기업이 규모를 키우고, 신기술에 투자하는 데 필요한 자본을 얻고, 운영을 현대화하기 위해 합병했다(Poelmans and Swinen 2011). 1930년대와 1940년대에 두 대륙에서 보리 부족은 옥수수와 쌀과 같은 대체품의 사용으로 이어졌다. 소비자들은 이 더 밝은 색상의 라거나 '미국식' 라거에 취향이 생기고, 이보다 더 산업적이고 표준화된 변종들은 그들의 시장 점유율을 증가시켰다(Poelmans and Swinnen 2011).

제2차 세계대전 이후 정부는 수많은 보조와 정책 변화를 통해 맥주 산업의 통합과 지리적 확장을 도왔다. 여기에는 교통비를 절감하는 고속도로 개발과 텔레비전 회사에 공중파 방송을 허용하는 것이 포함되어 있으며, 이는 결국 맥주 회사들이 소규모 회사들보다 더 저렴한 1인당 광고에 접근할 수 있게 했다(George 2011; Tremblay and Tremblay 2005). 미국에서는 20세기 초에 제정된 독점 금지법의 시행이 1970년대까지 약화되었고, 이전에 차단되었던 대규모 인수합병이 허용되었다. 게다가 1979년까지 폐지되지 않았던 가정용 양조에 대한 금지는 새로운 경쟁자들이 산업에서 도태되는 것을 도왔다. 이때까지 미국에는 48개의 양조회사만 남아 있었다(Shin 2011).

이 장에서는 현재의 세계적인 맥주 산업구조와 통합과 지리적 확장을 향한 이전의 추세를 가속화한 지난 수십 년간의 변화를 설명한다. 그런 다음 모두 서유럽에 본사를 둔 상위 4개 기업과 현재 지위를 달성하기 위한 보다 구체적인 수단에 초점을 맞춘다. 그러나 이러한 변화의 방향은 필연적인 것이 아니며, 전문 맥주 양조업자의 부상과 맥주 종류의 훨씬 더 다양한 선택, 맥주의 세계적 브랜딩과 마케팅에 대한 문화적 장벽에 부닥친다.

세계 맥주 산업구조

그림 14.1은 각 기업이 통제하는 시장의 비율에 비례하는 직사각형의 크기로 선두 기업들의 세계 시

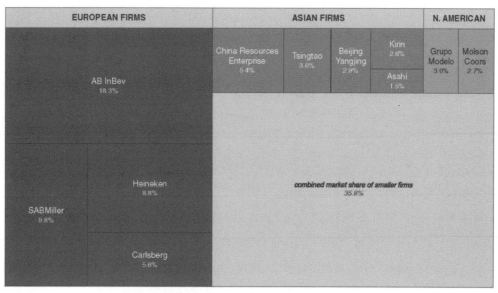

AB InBev
18.3%

China Resources Enterprise
5.4%

Tsingtao
3.6%

Beijing Yangjing
2.9%

Kirin
2.6%

Asahi
1.5%

Grupo Modelo
3.0%

Molson Coors
2.7%

Heineken
8.8%

combined market share of smaller firms
35.8%

SABMiller
9.8%

Carlsberg
5.6%

그림 14.1 2011년 선도 맥주 회사의 세계 시장 점유율

출처: 유로모니터 인터내셔널 2012

장 점유율을 보여 준다. 이러한 추정치는 유로모니터 인터내셔널(Euromonitor International)의 것이며, 시장의 55%를 상위 4개 기업에 귀속시키는 다른 출처보다 어림잡은 수치[1]이다(Schultes 2012). 다만 상위 4개 기업의 순위와 현재 세계적 매출의 40% 이상을 장악하고 있다는 점은 과점(소수 판매자가 장악한 시장)의 고전적인 정의라는 점에서 다수의 추정치가 일치한다. 이들 시장 점유율 수치는 공동 투자나 부분소유지분을 포함하지 않기 때문에 산업의 집중도를 과소평가한다. 아브인베브 (AB InBev)의 (당시) 그룹 모델로(Grupo Modelo) 지분 일부, 미국에서 사브밀러의 몰슨 쿠어스(Molson Coors)와의 공동 투자, 중국에서 사브밀러의 중국 자원기업[스노브루어리(Snow Breweries)]과의 합작 투자, 아사히의 칭다오 일부 지분(아브인베브로부터 인수) 등이 대표적이다. 이 수치들은 또한 사브밀러가 미국에서 거의 모든 메트로폴로스[Metropoulos & Co. 팹스트(Pabst)] 브랜드의 맥주를 생산하는 것과 같이 다른 회사들과 계약에 따라 양조된 맥주를 나타내지 않는다.

산업 통합의 동기로 단위 비용을 절감하는 규모의 경제는 자주 사용된다. 이러한 것들이 확실히 존재하지만, 규모의 경제를 인위적으로 향상시키는 정부 보조의 역할을 인식하는 주류 경제학자는 거의 없다(Carson 2008). 소매 가격을 부풀리는 힘은 더 큰 관심을 받을 가치가 있는 또 다른 동기이

---

1 매출 추정치는 자체 보고에 의존하기 때문에 오류가 발생할 수 있으며, 기업은 이러한 수치를 부풀리거나 축소하여 경쟁사를 오도하거나 전적으로 철회될 수 있다.

다. 소수의 기업에 의해 통제되는 산업에서는 투입 비용을 낮추고 광고에 지출하는 것과 같은 일부 영역에서 경쟁이 치열하게 유지될 수 있지만 가격을 수익성 있는 수준으로 유지하는 데 훨씬 더 협력적일 수 있다. 소수의 경쟁자가 있을 때, 기업은 다른 기업에게 가격 인상 의사를 표시하거나 다른 기업이 그러한 움직임을 보일 때 이를 따라함으로써 비용이 많이 드는 가격 전쟁을 피할 수 있다(Baran and Sweezy 1966). 이러한 '독점' 가격은 1960년대에 4개 회사가 미국 시장의 40% 이상을 점유하는 것으로 특징지어지는 산업에서 관찰되었다(Carson 2006). 소비자가 경쟁 제품으로 전환할 수 있는 선택권이 줄어들기 때문에 수요 탄력성이 떨어진다면 기업들은 통합을 통해 가격을 올릴 수 있는 일방적인 힘을 얻을 수도 있다(Slade 2011).

세계 맥주 시장은 현재 소수의 맥주 양조업자에 의해 통제되고 있지만, 유럽 이외 대부분의 국가 시장은 훨씬 더 적은 수의 회사들에 의해 지배되고 있다. 안정적인 이중 독점이 가장 일반적인 패턴이지만, 일부 국가에서는 거의 독점 상태에 있으며, 한 회사에서 약 70% 이상의 매출이 발생한다. 후자의 예로는 남아프리카공화국, 튀르키예, 콜롬비아의 사브밀러, 브라질과 우루과이의 앤하이저-부시 인베브가 있다(Ascher 2012; Jernigan 2009).

기업의 규모가 커짐에 따라 반경쟁적 관행에 참여할 힘이 커지고 긍정적인 환류 순환에서 기업이 심지어 더 커질 가능성이 높아진다. 이러한 관행은 합법적이거나 불법적일 수 있으며 공급업체, 유통업체, 소매업체 및 경쟁 업체에 대한 통제권 행사를 포함한다. 대기업일수록 협력업체와 계약 협상을 할 때 힘이 커 투입 비용이 줄어들 가능성이 크다. 유통이 종종 양조회사와 법적으로 분리되는 미국과 같은 시장에서, 가장 큰 회사들은 유통 업체에게 독점 계약을 주고, 이 지렛대를 이용하여 그들이 더 작은 경쟁업체의 제안을 최소화하도록 압박한다.

소매상들과 거래할 때, 크기는 양조업자들에게 많은 이점을 준다. 그들은 많은 슈퍼마켓이 그들의 선반에 상품을 놓기 위해 부과하는 '진열 수수료(slotting fees)'를 더 작은 회사들에 비해 더 잘 감당할 수 있다. 소매업자들은 또한 전체 맥주 부문의 계획과 재고에 대한 책임을 종종 선두 기업(또는 그들의 유통업자)에게 떠넘긴다. 선반을 직접적으로 통제하지 않더라도, 더 큰 회사들은 친숙한 브랜드 이름을 바탕으로 페일 라거 주제에 대해 엄청난 수의 약간의 변형을 제공함으로써 경쟁자들을 압도할 수 있다. 한 예로 버드 라이트(Bud Light), 버드 라이트 아이스, 버드 라이트 플래티넘, 버드 라이트 첼라다(Chelada), 버드 라이트 라임(Lime), 버드 라이트 라임 스트로 버 리타(Straw-ber-Rita) 및 기타 많은 품종 확장 제품이 있다(Hannaford 2007).

위에서 언급한 바와 같이, 소수의 큰 경쟁자들로 특징지어지는 시장은 소매 가격과 수익성을 높이기 위해 신호를 효과적으로 사용할 수 있지만, 때때로 기업들은 가격 담합에 참여하기 위해 더 직접

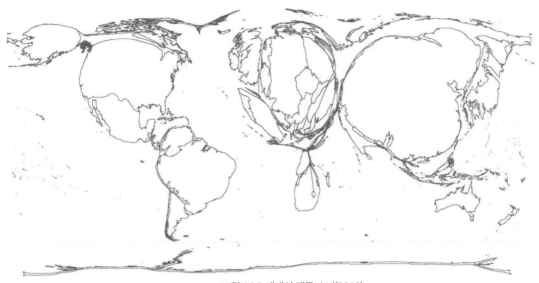

그림 14.2 세계의 맥주 소비(2010)

출처: Kirin Holdings 2011

적인 경로를 택한다. 예를 들어, 1990년대 후반 유럽 연합은 네덜란드에서 시장을 분할하고 가격을 담합하기 위해 비밀 회의를 개최한 혐의로 하이네켄, 바이에른, 그롤슈(Grolsch) 및 인베브를 조사했다. 앞의 세 회사는 2007년에 총 3억 7천만 달러의 벌금을 부과받았지만, 인베브는 가격 담합에 대한 정보를 제공함으로써 처벌을 피했다. 그롤슈는 이후 네덜란드 자회사(사브밀러에 인수될 당시)의 가격 담합 행위에 대한 책임을 부인함으로써 벌금을 뒤집는 항소에서 승소했다(Bouckley 2011).

세계 맥주 소비량은 와인 소비량보다 6배 이상 높지만(Poelmans and Swinnen 2011) 1980년대 이후 대부분 고소득층과 일치하는 다수의 지리적 지역에서 1인당 맥주 소비량이 제자리걸음하거나 심지어 감소하고 있다. 이들은 포화된 시장으로 묘사되며 서유럽, 북미, 일본을 포함한다. 이익을 늘리기 위해 가장 큰 기업들은 새로운 지리적 영역, 특히 신흥 시장에서 맥주 판매를 증가시키는 것을 특징으로 하는 영역 확장에 점점 더 의존하고 있다. 가장 중요한 나라 중 일부는 중국, 인도, 그리고 라틴 아메리카, 동유럽 그리고 아프리카의 많은 나라를 포함한다. 이들 시장에 진입하는 것은 수입을 늘리거나 새로운 양조 시설을 건설하는 것보다 진출국의 현지 기업 인수나 합작 투자를 통해 훨씬 쉽고 저렴하게 할 수 있다.

그림 14.2는 맥주 소비량과 관련하여 국가 경계를 왜곡하는 (즉 면적에 의한 값 지도) 왜상 지도이다. 세계적 관점에서 중국 시장의 중요성을 보여 준다. 서유럽과 일부 이전 식민지(예: 미국과 오스트레일리아)보다 1인당 맥주 소비량이 적음에도 불구하고, 중국은 훨씬 더 많은 인구를 가지고 있다. 또

한 중국에서 맥주의 인기가 높아지고 있으며, 2002년 또는 2003년에 세계 최대의 맥주 시장이 되었다(Colen and Swinnen 2011). 중국은 2000년대 초반 전 세계 맥주 판매량 증가율의 45%를 차지했다(Marin Institute 2009). 현재 중국의 시장은 미국의 거의 두 배이며, 세계 매출에서 5분의 1 이상을 차지한다(Asher 2012). 아프리카, 중동 및 남아시아도 이슬람 인구를 대상으로 무알콜 맥주를 마케팅한 결과 시장은 확대되고 있다(Bates 2009).

통합 및 지리적 확장 가속화

세기가 바뀔 무렵의 정책과 기술적 변화는 지난 100년 동안 발생했던 통합과 세계화 과정을 크게 가속화했다. 가장 중요한 것 중 일부는 최근의 무역 협정과 관련이 있다. 1994년 북미자유무역협정(NAFTA)은 미국, 캐나다, 멕시코 사이에서 거래되는 맥주에 대한 관세를 철폐했다. 이것은 캐나다 회사 몰슨(Molson)과 미국 회사 쿠어스(Coors)의 합병을 촉진시켜 2005년 몰슨 쿠어스(Molson Coors)를 만드는 데 도움이 되었다. 그것은 또한 2002년 멕시코 회사인 그루포 모델로의 아이다호에 있는 맥아 공장과 2016년까지 세계 최대가 될 것으로 예상되는 (텍사스 국경에 있는) 피에드라스 네그라스(Piedras Negras)에 있는 양조장과 같은 새로운 공장 건설에 기여했다. 세계무역기구(WTO)는 또한 가장 큰 맥주 회사에 대한 세계적인 지배력을 증가시키는 것을 촉진하고 있다. 예를 들어, WTO 재판소는 인도 정부가 맥주 수입에 과도한 관세를 부과하는 것에 반하는 판결을 내렸고 외국 기업에 대한 시장 접근을 증가시켰다. 중국이 WTO에 가입한 후 유럽, 일본, 미국의 기업들이 중국 양조장을 인수하거나 합작 투자 회사를 설립했다. 아프리카와 구소련의 이전 국가 소유 양조장도 최근 수십 년간 민영화되었으며, 많은 양조장이 외국계 기업에 판매되었다.

　규모가 커지면 경제력이 높아질 수 있듯이 대기업도 정책에 더 큰 영향을 미쳐 통합을 강화할 수 있다. 예를 들어, 몇몇 주요 양조업자들은 세금 인상법이 제출된 경우 미국 내 사업장을 폐쇄하겠다고 위협했다(Marin Institute 2009). 초국가적 기업들은 조세 피난처 사용과 같은 소규모 경쟁자들보다 낮은 세율을 가질 수 있는 정책도 이용해 왔다(Asher 2012). 반독점 시행의 감소로 최대 기업은 제안된 인수 및 합병에 대한 훨씬 더 신속한 승인을 성공적으로 할 수 있게 되었다(Marin Institute 2009). 예를 들어 대부분의 쟁점에 대해 대기업과 연계된 전국 맥주도매협회는 현재 미국에서 세 번째로 큰 정치 행동 위원회이다(Asher 2012). 게다가 앤하이저–부시 인베브와 사브밀러는 2010년에 미국 정부에 로비를 하기 위해 500만 달러 이상을 지출했다(New America Foundation 2012).

상위 기업과 자회사는 경쟁사에 비해 비용을 절감하고 마케팅 효과를 높인 기술적 우위를 통해 세계적 지배력을 더 넓히고 있다(McCafferty and Bhuyan 2012). 로봇 공학 및 기타 자동화 기술이 인건비 절감에 사용된 반면, 정보 기술은 즉시 배달과 저장 비용 절감을 가능하게 했다. 데이터 마이닝과 같은 정보 기술 또한 마케팅 능력을 강화했다. 한 가지 예로, 판매 증가를 목표로 소매 선반에 상품 배치를 설계하고 구현하기 위해 판매 자료를 기반으로 한 진열 프로그램(planogram)을 사용한다. 예를 들어 맥주 냉장고의 진열 프로그램은 각 브랜드, 제품의 종류 및 크기를 정확하게 보여 주며, 특정 매장에 맞춰 맞춤 제작할 수 있다(예를 들어 맥주를 더 자주 구매하는 지역에 더 많은 단일 맥주를 저장하는 것). 주문형 비디오의 발전은 마케팅 노력에도 도움이 되었으며, 텔레비전과 영화에서의 제품 배치는 브랜드 인지도와 매력을 미묘하게 향상시키고 맥주 소비율을 증가시키는 데 사용되었다(Jernigan 2009).

그러나 산업 통합은 지리적으로 불균등한 방식으로 진행되었다. 독일의 사례는 국가 내 지역뿐만 아니라 일부 국가들이 이러한 추세에 어떻게 덜 되었는지를 보여 준다. 「라인하이트게봇」(Rein-heitsgebot)은 1516년에 제정된 법률로 일부 재료(물, 보리, 홉, 효모와 맥아 보리는 나중에 허용되었다)를 제외한 모든 재료를 금지하고 수입 가격을 국산 맥주보다 높게 유지했다. 비록 1987년에 뒤집히고 이후 수입이 시장 점유율을 늘렸지만 10% 미만에 머물고 있으며, 약 1,000여 명의 현지 양조업자들이 현지 특유의 입맛을 계속 맞추고 있다(Van Tongeren 2011). 국제 기업들이 주변 지역만큼 쉽게 독일 시장을 지배하지 못하게 한 다른 요인들로는 (1) 소규모 기업에게 유리한 세금, (2) 1990년까지 텔레비전 광고를 위한 부적절한 인프라, (3) 더 먼 양조장에 더 큰 운송 비용을 부과하는 유리병을 선호하는 소비자가 있었다(Adams 2011). 독일 내에서도 북부 지역보다 남부 지역에 더 많은 기업이 있다(Adams 2011). 가장 높은 맥주 양조장의 집중은 「라인하이트게봇」이 시작된 바이에른주에서 발견되며 1인당 맥주 소비량이 전국을 주도한다.

서유럽의 지배: 세계 4대 맥주 회사

세계 4대 맥주 회사는 앤하이저-부시 인베브, 사브밀러, 하이네켄 및 칼스버그이다. 그림 14.3은 각 회사의 본사 위치를 보여 준다. 모두 서유럽에 있으며 서로 1,000km 이내에 있다. 그러나 이 모든 다국적 기업을 유럽 기업으로 특징짓는 것은 약간 오해의 소지가 있다. 앤하이저-부시 인베브의 전신 회사 중 하나는 암베브(AmBev)로, 1999년 브라질 회사인 브라마(Brahma)와 앤타티카(Antarctica)의

그림 14.3 세계 4대 맥주 회사 본사

합병기업이다. 벨기에의 인터브루(Interbrew)가 회사를 인수한 지 몇 년 만에 대표 이사를 포함한 최고 경영진의 대부분은 브라질 사람들로 채워졌다(MacIntosh 2011). 마찬가지로 사브밀러의 전신 회사에는 남아프리카 맥주가 포함되어 있으며, 사브밀러의 현재 및 차기 대표 이사는 모두 남아프리카공화국인이다.

그림 14.4에는 2000년부터 2012년까지 4대 기업이 수행한 소유권 변경 중 일부가 자세히 나와 있으며, 이 중 10억 달러 이상의 비용이 소요되는 변경 사항에 초점을 맞추고 있다. 이러한 합병, 인수 및 합작 투자 기업에 지출된 금액은 거의 1,500억 달러에 달하며, 업계의 중소기업과 관련된 추

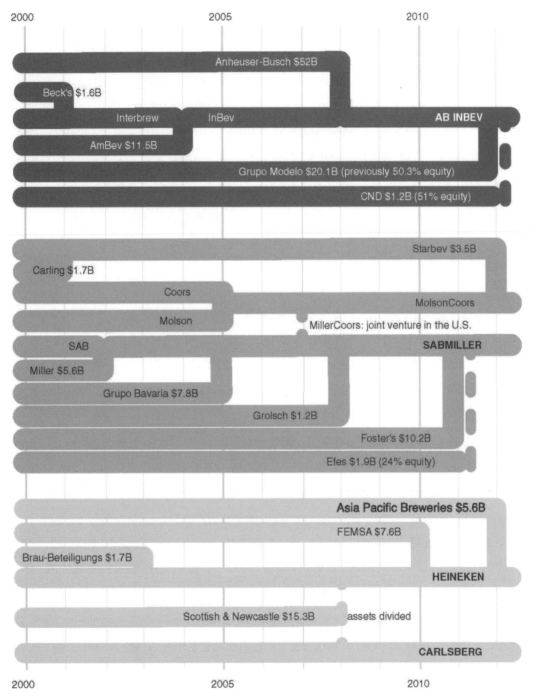

2000   2005   2010

Anheuser-Busch $52B

Beck's $1.6B

Interbrew   InBev   **AB INBEV**

AmBev $11.5B

Grupo Modelo $20.1B (previously 50.3% equity)

CND $1.2B (51% equity)

Starbev $3.5B

Carling $1.7B

Coors

MolsonCoors

Molson

MillerCoors: joint venture in the U.S.

SAB   **SABMILLER**

Miller $5.6B

Grupo Bavaria $7.8B

Grolsch $1.2B

Foster's $10.2B

Efes $1.9B (24% equity)

Asia Pacific Breweries $5.6B

FEMSA $7.6B

Brau-Beteiligungs $1.7B

HEINEKEN

Scottish & Newcastle $15.3B   assets divided

CARLSBERG

2000   2005   2010

그림 14.4 2000~2012년 세계적 맥주 4대 기업으로 이어지는 중요한 소유권 변화의 시계열

가 500억 달러는 포함하지 않는다(Asher 2012). 앤하이저-부시 인베브의 가장 비싼 인수는 2008년 앤하이저-부시를 520억 달러에 인수한 것이다. 최근의 움직임에는 2012년 도미니카공화국에 기반을 둔 양조장 CND의 과반수 지분과 2013년 멕시코 그루포 모델로(Groupo Modelo)의 100% 지분이 포함된다. 지금까지 사브밀러의 최대 인수는 2011년에 102억 달러에 오스트레일리아 회사 포스터(Foster's)를 인수한 것이다. 하이네켄과 칼스버그는 2008년에 153억 달러에 영국 회사인 스코티시 & 뉴캐슬을 공동으로 인수했고, 그들 간에 자산을 분리하였다. 하이네켄은 최근에 멕시코 회사인 펨사(FEMSA 2010)를 인수했으며 아시아 태평양 맥주양조회사(Asia Pacific Breweries 2012)에 대한 지분을 늘렸다. 이들 상위 4개 기업의 구체적인 전략과 지리적 강점은 아래에 자세히 설명되어 있다.

앤하이저-부시 인베브

벨기에 루벤에 본사를 둔 앤하이저-부시 인베브는 현재 북미, 러시아, 브라질 등에서 주류를 차지하고 있으며 중국 내에서도 입지가 탄탄하다. 세계적인 브랜드로는 버드와이저(Budweiser), 스텔라 아르투아(Stella Artois), 벡스(Beck's) 등이 있다. 2008년 인베브가 앤하이저-부시를 인수하면서 이름이 바뀌었고, 미국 맥주 판매의 약 절반을 지배하는 회사가 외국 회사의 인수에 취약할 것이라고 예상하지 못했던 많은 미국 맥주 소비자들에게 충격을 주었다. 비록 그 회사가 높은 수익을 거두었지만, 이러한 수익은 그들의 투자자들을 만족시킬 만큼 빠르게 증가하지 않았다. 많은 분석가는 앤하이저-부시가 다른 대륙의 성장하는 시장에서 인수를 꺼리는 것이 이러한 결과에 핵심적인 역할을 했다고 설명한다(MacIntosh 2011). 이전 대표 이사인 어거스트 부시(August Busch) 3세가 1억 300만 달러를, 마지막 CEO인 어거스트 부시 4세가 주식으로 8860만 달러를 받는 등 경영진과 대주주도 그 인수로 많은 재정적 보상금을 받았다(Marin Institute 2009).

인베브가 앤하이저-부시를 극적으로 인수한 것은 신용의 가용성(경기 침체 직전)과 반독점 규제 기관의 간섭이 거의 없었기 때문이다.[2] 앤하이저-부시의 상대적으로 적은 외국인 투자에는 몇몇 중국 회사의 인수와 그루포 모델로의 약 50%가 포함되었다. 2012년 앤하이저-부시 인베브는 그루포 모델로를 완전히 인수하기 위해 201억 달러를 지출할 것을 제안했지만, 2013년 초 미국 정부가 이를 차단하기 위해 소송을 제기했다. 법무부는 앤하이저-부시 인베브가 가격을 인상할 때 보통 2위

---

2 그 회사는 판매의 조건으로 단지 라밧 유에스에이(Labatt USA)만 버리는 것이 요구되었다.

인 밀러 쿠어스가 뒤를 이었지만 멀리 떨어진 3위 자리에 있는 그루포 모델로는 그렇지 않았다고 지적했다. 규제 당국은 멕시코 기업의 지배적인 지분을 확보하는 것이 추가적인 가격 상승과 혁신 감소로 이어질 것이라고 우려했다(Kendall and Bauerle 2013). 그러나 2013년 4월까지 인수를 완료할 수 있는 합의가 이루어졌다. 핵심적인 용인 사항은 피에드라스 네그라(Piedras Negras) 양조회사와 미국 내 모델로의 모든 브랜드에 대한 권리를 컨스텔레이션 브랜드(Constellation Brands, 와인 및 증류주 업계의 주요 업체이기도 함)가 약 47억 5000만 달러에 구매한다는 것이었다.

인베브는 인수합병 전략이 산업을 통합하는 방법을 보여 주지만 앤하이저-부시는 인수 전에 이 목표를 달성하는 데 사용할 수 있는 다른 전략을 보여 준다. 1950년대와 1960년대 미국의 강력한 독점금지법 집행은 앤하이저-부시가 시장 점유율을 높이기 위한 대체 수단을 찾도록 강요했다. 국가 텔레비전 광고는 그러한 반응 중 하나였고, 또 다른 하나는 분열 증식이었다(V. J. Tramplay and Tramplay 2007). 예를 들어 미켈럽(Michelob) 브랜드는 현재 20개의 다른 종류를 가지고 있다. 비록 그 회사가 한때 '플랭크 로드(Plank Road) 양조회사'의 소유권을 숨긴 것에 대해 밀러를 상대로 로비했지만, 앤하이저-부시는 나중에 '그린 밸리(Green Valley) 양조회사'라는 상표로 표시된 샥탑(Shock Top)같은 모조 소형 수제 맥주 양조와 몇 개의 유기농 맥주로 이 전략을 모방했다. 앤하이저-부시는 다른 회사의 제품을 취급 못하게 하거나 적어도 홍보하지 않도록 유통 업체를 압박하는 등 경쟁 업체에 피해를 주기 위해 다른 관행도 사용했다(Van Munching 1997). 최근 앤하이저-부시는 버드넷(BudNET)이라는 시스템을 통해 매출을 늘리기 위해 데이터 마이닝을 활용하는 선두 기업이다. 자료 수집에는 도매업체와 소매업체가 참여했으며, 이는 기업이 특정 민족(인종)을 판매 대상으로 하고, 변화하는 소비자 선호도를 인식하는 데 도움이 되었다(Kelleher 2004).

인베브가 앤하이저-부시를 인수했을 때 그들은 즉시 미국에서 가장 저렴한 브랜드의 가격을 인상했고 대표이사 칼로스 브리토(Carlos Brito)는 2년 후에 가격을 더 인상할 의도를 발표했다(Frankel 2010). 또한 이 회사는 유통업체에 앤하이저-부시 인베브 제품들(portfolio)에게만 집중하고 회사가 원하는 가격을 책정하라는 압력을 강화하였다(Heffernan 2012; New America Foundation 2012). 앤하이저-부시 인베브는 이것이 허용[3]되는 미국 주에서 유통망을 구입해 왔으며, 현재 미국에서 최대의 맥주 유통업체이다. 기업 임원들은 수익을 높이기 위해 월마트나 코스트코와 같은 강력한 소매업체에 직접 유통하는 것을 금지하는 많은 주의 법을 변경할 것을 제안했다(Lynn 2012).

---

3 '3단계(three-tier)'체계는 금주령을 따라 알코올 음료의 생산, 유통, 소매 단계가 별도로 소유되는 것을 요구했다. 이 규제의 일부는 완화되었으며 2011년에 워싱턴주에서 가장 그러하다.

사브밀러

런던에 본사를 둔 사브밀러는 현재 남아프리카 및 남미 일부 지역에서 지배적인 양조업체로 중국, 오스트레일리아 및 미국에서 강력한 입지를 가지고 있다. 세계적 브랜드로는 밀러 제뉴인 드래프트(Miller Genuine Draft), 필스너 우르켈(Pilsner Urquell), 그롤쉬(Grolsch) 및 페로니 나스트로 아주로(Peroni Nastro Azzuro)가 있다. 미국에서 두 번째로 큰 회사인 밀러는 2002년 남아프리카 맥주(SAB)에 인수되기 전까지 담배 회사인 필립 모리스(Philip Morris)가 소유하고 있었고 사브밀러로 이름이 변경되었다(필립 모리스는 25%의 주식을 보유했다). 2007년에 그것은 미국과 푸에르토리코에 몰슨 쿠어스와 합작회사를 설립했다. 앞서 언급했듯이, 결합된 밀러 쿠어스는 또한 팹스트와 이 회사 아래 통합된 거의 24개의 다른 브랜드를 포함하여 메트로풀로스(Metropoulos & Co.)에서 판매하는 거의 모든 맥주를 양조한다.

미국에서의 확산 전략에는 마케팅 전문 브랜드 또는 '수제' 유형 브랜드가 포함된다. 예를 들어, 라이넨쿠겔(Leinenkuguel's)는 1988년에 밀러에 인수되었지만, 이러한 소유 관계를 소비자는 잘 모른다. 블루문(Blue Moon)은 쿠어스가 더 작은 별도의 양조장에서 개발한 벨기에 스타일의 밀 에일인 또 다른 모조 소형 양조장이다. 이 두 브랜드는 현재 밀러 쿠어스의 텐스(Tenth)와 블레이크(Blake)라는 수제 및 수입 부문에 속해 있다.

사브밀러는 2005년에 바바리아(Groupo Bavaria)를 인수함으로써 콜롬비아 맥주 시장의 98%와 다른 라틴아메리카 국가 시장의 상당한 점유율을 확보할 수 있었다(Jernigan 2009). 더 최근에는 2011년 포스터(Foster's)를 인수하면서 오스트레일리아 매출의 45%를 차지했지만, 이러한 움직임은 분석가들로부터 비판을 받았다. 비록 수익성은 있지만, 이 나라에서 맥주 소비는 더 이상 증가하지 않고 있다. 같은 해 이 회사는 튀르키예에 기반을 두고 있으며 러시아 및 주변 국가에서 강력한 판매를 하고 있는 신흥 시장 회사인 에페스(Efes)의 지분도 인수했다. 사브밀러의 미국 합작 벤처 파트너인 몰슨 쿠어스(Molson Coors)도 2012년 스타베브(Starbev) 인수로 중부 및 동유럽에서 입지를 넓혔다.

사브밀러는 어떠한 불법행위도 부인하지만, 인도뿐만 아니라 아프리카의 여러 국가 정부로부터 조세 피난처를 사용하여 금액을 줄인 혐의로 기소되었다(Asher 2012). 이 회사는 또한 2004년에 남아프리카에서 시장을 분할하고, 가격을 고정하고, 경쟁자들을 차단하기 위해 유통업자들과 공모한 혐의로 기소되었다. 사브밀러는 다른 브랜드를 제외하는 대가로 소매점 및 레스토랑에 대한 지불금을 청구한 모델로 그룹 및 펨사(FEMSA)를 고소하면서 멕시코의 다른 회사를 상대로 자체적인 반경쟁 청구를 제기했다(Asher 2012).

하이네켄

네덜란드 암스테르담에 본사를 둔 하이네켄(Heineken)은 유럽과 멕시코에서 강력한 시장 점유율을 차지하고 있다. 세계적 브랜드로는 하이네켄과 암스텔(Amstel)이 있다. 최근까지 많은 지분 거래를 수행했으나 대규모 인수는 거의 없었다(Madsen et al. 2011). 2008년 스코틀랜드 & 뉴캐슬 인수에서 뉴캐슬 브랜드를 인수하면서 점유율의 증가 속도가 빨라졌다. 2010년 하이네켄은 현재 멕시코 맥주 시장을 장악하고 있는 두 회사 중 하나인 펨사를 인수하여 테카테(Tecate), 솔(Sol) 및 도스 에퀴스(Dos Equis)를 포함한 브랜드를 소유하고 있다. 2012년에는 아시아 태평양 맥주의 지배 지분을 확보하기 위해 투자를 크게 늘렸다(2013년 초에 완전히 인수할 계획임). 가족 소유 기업이라는 사실 때문에 인수가 지연되었을 가능성이 높으며, 펨사 구매를 위한 자금 조달을 위해서는 일부 지분을 양도해야 한다 (Madsen et al. 2011).

미국의 앤하이저-부시 인베브에 비해 규모는 작지만, 공급업체가 모회사의 요구에 부합하도록 압력을 가할 수 있었고, 높은 광고 비용으로 인해 언론 보도에 영향을 미칠 수 있었다(Van Munching 1997). 앞서 언급한 네덜란드의 경우뿐만 아니라 1996년 프랑스에서 발생한 가격 담합으로 벌금이 부과되었다. 펨사 자회사에는 다른 회사의 맥주 운반을 거부하는 편의점 체인이 포함되어 있다 (Asher 2012).

칼스버그

덴마크 코펜하겐에 본사를 둔 칼스버그는 동유럽에서 가장 지배적인 기업으로 서유럽에서 입지가 탄탄하다. 그것의 세계적인 브랜드는 칼스버그(Carlsberg)와 투보그(Tuborg)가 있다. 그러나 상위 4개 기업 중 가장 세계적이지 않은 기업이며, 아프리카나 아메리카에 중점을 두고 있지 않다(Madsen et al. 2011). 이 회사는 시장을 세 지역(서유럽, 동유럽, 아시아)으로 나눈다(Carlsberg Group 2013). 서유럽, 동유럽, 아시아(Carlsberg Group 2013). 현재는 산미구엘(San Miguel) 브랜드를 소유하고 있으며, 스코틀랜드 & 뉴캐슬 인수의 결과로 러시아에서 발틱 베버리지 홀딩사(Baltic Beverages Holding)를 보유하고 있다. 이 회사는 라트비아, 폴란드, 중국에서도 양조장을 인수했다. 최근까지 재단이 관리하고 있어 인수 자금 조달에 불리했다(Madsen et al. 2011). 따라서 업계가 더 통합될 경우 칼스버그는 인수에 가장 취약할 수 있다.

세계적인 두 개 회사의 독점으로?

일부 추산에 따르면, 전 세계 탄산음료 매출의 약 4분의 3이 코카콜라와 펩시라는 두 회사에 의해 이루어지고 있다(Pham 2012). 맥주 산업은 결국 이 세계적인 두 개 회사의 독점 모형을 따라갈까? 결과적으로 소비자들은 선택의 폭이 줄어들고 가격이 상승하는 시장에 직면할까? 다른 업계와의 비교에 따르면 맥주가 이 모형에 근접할 것으로 보이지만 완전히 도달할 가능성은 낮다. 위에서 논의한 통합 장벽은 계속해서 낮아질 가능성이 높지만, 몇 가지 중요한 장벽은 남아 있다. 여기에는 신흥 시장에서 세계적 브랜드에 대한 문화적 장벽과 성숙한 시장에서 소규모 맥주 전문 양조업체가 생산하는 품종에 대한 소비자 관심 증가가 포함된다.

맥주 소비는 청량음료 소비보다 훨씬 오랜 역사를 가지고 있기 때문에 지방 선호도가 변화되기 어렵다는 것은 놀라운 일이 아니다. 1990년대 중반 중국이 맥주 산업을 외국인 투자에 개방했을 때, 모든 선두 기업들이 이 중요한 시장에 앞다퉈 진출했다. 그러나 대부분은 여러 번의 좌절을 경험했고, 선택된 소수에 대한 보상은 예상보다 훨씬 오래 걸렸다. 일반적인 오류에는 지역 브랜드에 대한 소비자 충성도를 과소평가하는 것과 더 높은 가격을 지불하려는 그들의 의지를 과대평가한 것이다. 어느 정도 성공을 거둔 기업 중 하나인 사브밀러는 국가의 이질성을 인식하고 현지 브랜드를 기반으로 한 공동 벤처 및 구축을 포함한 지리적으로 차별화된 접근 방식을 사용했다. 예를 들어, 이 회사는 동북부 선양시에서 현지 브랜드 스노플레이크(Snowflake)의 생산 능력을 늘리기 위해 투자했으며 현재 이 지역 시장의 90%를 점유하고 있다(Heracleous 2001). 이러한 교훈은 소수의 세계적 브랜드뿐만 아니라 특정 시장에 맞춘 다양한 현지 브랜드를 시장에 출시하기 위해 이중적인 접근 방식을 사용하는 나머지 맥주 대기업도 채택하고 있다.

맥주 회사들의 세계화와 통합에 대한 중요한 반대 흐름은 산업 스타일의 페일 라거와 상당히 다른 종류를 제공하는 전문 양조업자의 맥주 판매가 극적으로 증가했다는 것이다(Tremblay and Trumblay 2011). 비록 이 제품들이 보통 프리미엄 브랜드나 대기업의 수입품보다 훨씬 더 높은 가격이지만, 가격 차이를 좁히면서 많이 판매할 수 있었다. 이는 나머지 대형 맥주회사들이 가격 인상을 시행하고, 가장 성공적인 전문 맥주회사들이 비용을 절감하고 절감액을 소비자들에게 전가하기 때문에 양쪽 모두에서 발생하고 있다. 신기술은 자본 집약적인 특성으로 인해 소규모 기업의 진입 장벽이 되는 경우가 많지만 항상 그런 것은 아니다. 알루미늄 캔에 맥주를 포장하는 것은 더 작은 회사에게 훨씬 더 저렴해졌고 많은 전문 양조업자는 운송 비용을 줄이기 위해 캔 포장과 다른 기술들을 사용하고 있다. 흥미롭게도 미국의 전문 맥주 또는 수제 맥주 양조업자는 상대적으로 작은 규모에도 불구하고 영국과 스웨덴과 같은 유럽 국가들에 대한 수출을 늘리고 있다(Kelly 2013).

맥주 업계의 거대 기업들이 가지고 있는 동질적인 페일 라거를 대체할 대안을 찾는 소비자들에게는 높은 가격을 지불할 의사가 있다면 다양한 선택지가 남아 있다. 다른 많은 고도로 통합된 산업과 마찬가지로 소규모 기업들은 대기업들이 채울 수 없는 틈새를 이용하고 변화하는 소비자 취향에 더 빨리 반응함으로써 살아남을 것이다. 여기에는 현재 산업화하기 더 어려운 기타 품종과 에일, 포터, 스타우트, 신맛이 나는 맥주에 초점을 맞춘 양조장과 직접 마케팅(예: 자가 양조 맥줏집)을 통해 유통 병목 현상을 피할 수 있을 정도로 작은 규모를 유지하는 회사가 포함된다.

결론

맥주는 오랫동안 여러 대륙에서 교환되었지만, 최근 수십 년 동안 맥주 산업은 점점 더 적은 수의 회사에 지배될 뿐만 아니라 점점 더 세계적으로 되었다. 이 장에서는 세계적 과점에 대한 이전의 장벽을 감소시킨 경제적, 정치적, 기술적 변화에 대해 기술했다. 서유럽, 북미 및 일본의 선진국 시장은 산업계에 여전히 중요하지만, 이러한 지역에서 인수 대상으로 남아 있는 기업은 거의 없다. 대신 아시아, 아프리카, 동유럽 및 라틴아메리카의 신흥 시장으로 초점이 옮겨졌다.

상위 4개 기업 중 앤하이저-부시 인베브와 사브밀러는 추가 통합의 혜택을 누릴 수 있는 가장 좋은 위치에 있다. 하이네켄은 최근 몇 년간 매우 큰 규모의 인수도 성공했다. 칼스버그는 유럽에서 높은 시장 점유율을 가지고 있지만, 미국에서 비슷한 위치를 차지하는 것은 앤하이저-부시가 더 세계화에 초점을 둔 회사에 인수되는 것을 막지 못했다. 비록 세계적으로 페일 라거의 대량 판매 시장이 공고해졌지만, 지역과 국가의 전문 맥주 양조업자들을 위한 여지는 열려 있다.

앤하이저-부시 인베브의 그루포 모델로 인수 제안을 저지하기 위한 최근 미국 소송은 지난 수십 년 동안 침식되어 온 통합에 대한 규제 장벽의 일부를 강화하는 신호일 수 있다. 비록 이번 합의로 모델로의 브랜드들이 미국 시장에서 앤하이저-부시 인베브의 손에서 멀어지게 되었지만, 이 조치는 이 기간 동안 일어난 극적인 변화들 중 일부만을 해결할 뿐이다. 더 강력한 독점금지법 시행으로의 복귀는 1950년대와 1960년대 미국에서와 마찬가지로 세계 맥주 산업을 통합하려는 기업들의 노력을 다른, 동등하게 효과적인 방향으로 이동시킬 수 있다.

참고 문헌

Adams WJ (2011) Determinants of concentration in beer markets in Germany and the United States: 1950-2005. In: Swinnen JFM (ed) The economics of beer. Oxford University Press, Oxford, pp.227-246

Ascher B (2012) Global beer: The road to monopoly. American Antitrust Institute, Washington, DC

Associated Press (2007) EU fines brewers $370 M in price-fixing probe. MSNBC.com. http://www.msnbc.msn.com/id/18176660/ns/business-world_business/t/eu-fines-brewers-m-price-fixing-probe/. Accessed 18 April 2012

Baran PA, Sweezy PM (1966) Monopoly capital: an essay on the American economic and social order. Monthly Review Press

Bates T (2009) A lighter brew: nonalcoholic beer. Time, http://www.time.com/time/magazine/article/0,9171,1912354,00.html. Accessed 3 July 2009

Bouckley B (2011) EU court annuls € 31.7 m Grolsch price-fixing fine. BeverageDaily.com. http://www.beveragedaily.com/RegulationSafety/EU-court-annuls-31.7m-Grolsch-price-fixing-fine. Accessed 16 Sept 2011

Carlsberg Group (2013) Markets. CarlsbergGroup.com. http://www.carlsberggroup.com/Markets/Pages/Markets_front.aspx. Accessed 2 Feb 2013

Carson KA (2006) Studies in mutualist political economy. BookSurge, Charleston

Carson KA. (2008) Organization theory: a libertarian perspective. BookSurge, Charleston

Colen L, Swinnen JFM (2011) Beer-drinking nations: the determinants of global beer consumption. In: Swinnen JFM (ed) The economics of beer. Oxford University Press, Oxford, pp.123-140

Euromonitor International (2012) Alcoholic drinks: beer, company shares. Euromonitor International, London

Frankel TC (2010) A-B to increase prices despite soft U.S. sales. STLtoday.com. http://www.stltoday.com/business/a-b-to-increaseprices-despite-soft-u-s-sales/article_e04450fc-a033-58e6-8fb4-8a4a10f3953d.html. Accessed 13 Aug 2010

Friedmann H (1992) Distance and durability: shaky foundations of the world food economy. Third World Q 13(2): 371-383. doi: 10.1080/01436599208420282

George LM (2011) The growth of television and the decline of local beer. In: Swinnen JFM (ed) The economics of beer. Oxford University Press, Oxford, pp.213-226

Hannaford S (2007) Market domination!: the impact of industry consolidation on competition, innovation, and consumer choice. Praeger, Westport

Heffernan T (2012) Last call. The Washington Monthly, November/December. http://www.washingtonmonthly.com/magazine/november_december_2012/features/last_call041131.php?page=all. Accessed 4 January 2013

Heracleous L (2001) When local beat global: the Chinese beer industry. Bus Strat Rev 12(3): 37-45. doi: 10.1111/1476-8616.00182.

Jernigan DH (2009) The global alcohol industry: an overview. Addiction 104: 6-12. doi: 10.1111/j.1360-0443.2008.02430.x

Kelleher K (2004) 66,207,896 bottles of beer on the wall. CNN.com. http://edition.cnn.com/2004/TECH/

ptech/02/25/bus2.feat.beer.network/index.html. Accessed 25 February

Kelly J (2013) US craft beer: how it inspired British brewers. BBC News Magazine. http://www.bbc.co.uk/news/magazine-21541887. Accessed 11 April 2013

Kendall B, Bauerlein V (2013) U.S. sues to block big beer merger. Wall Street Journal. http://online.wsj.com/article/SB10001424127887323701904578275821720321186.html. Accessed 31 Jan 2013

Kirin Holdings (2011) Global beer consumption by country in 2010. Kirinholdings.co.jp. http://www.kirinholdings.co.jp/english/news/2011/1221_01.html.

Lynn BC (2012) Big beer, a moral market, and innovation. Harvard Bus Rev. http://blogs.hbr.org/cs/2012/12/big_beer_a_moral_market_and_in.html. Accessed 26 Dec 2012

MacIntosh J (2011) Dethroning the king: the hostile takeover of anheuser-busch, an american icon. Wiley, Hoboken

Madsen ES, Pedersen K, Lund-Thomsen L (2011) M & A as a driver of global competition in the brewing industry. Department of Economics and Business, Aarhus University, Aarhus

Marin Institute (2009) Big beer duopoly: a primer for policymakers and regulators. San Rafael

McCafferty M, Bhuyan S (2012) An analysis of market power in the U.S. Brewing industry: a simultaneous equation approach. Social Science Research Network, Rochester. http://papers.ssrn.com/abstract=2126695

New America Foundation (2012) A king of beers? Markets, Enterprise and Resiliency Initiative, Washington, DC

Nugent A (2005) The global beer market: a world of two halves. Euromonitor International, London. http://blog.euromonitor.com/2005/02/the-global-beer-market-a-world-of-two-halves.html

Pham P (2012) Why choose between Coke and Pepsi? The Motley Fool. http://beta.fool.com/peter-pham8/2012/10/18/why-choose-betweencoke-and-pepsi/14502/. Accessed 18 Oct 2012

Poelmans E, Swinnen JFM (2011) A brief economic history of beer. In: Swinnen JFM (ed) The economics of beer. Oxford University Press, Oxford, pp.3-28

SABMiller (2012) Global beer market trends. London. http://www.sabmiller.com/index.asp?pageid=39. Accessed 12 June 2012

Schultes R (2012) Small beer a headache for big brewers. Wall Street Journal. http://online.wsj.com/article/SB10000872396390044386260457803064008256019 4.html. Accessed 1 Oct 2012

Shin A (2011) Beer wars: public interest v. economic theory. Furman University, Greenville

Slade ME (2011) Competition policy towards brewing: rational response to market power or unwarranted interference in efficient markets? In: Swinnen JFM (ed) The economics of beer. Oxford University Press, Oxford, pp.173-195

Tremblay CH, Tremblay VJ (2011) Recent economic developments in the import and craft segments of the us brewing industry. In: Swinnen JFM (ed) The economics of beer. Oxford University Press, Oxford, pp.141-160

Tremblay VJ, Tremblay CH (2005) The U.S. brewing industry. MIT Press, Cambridge

Tremblay VJ, Tremblay CH (2007) Brewing: games firms play. In: Industry and firm studies, 4th edn M.E. Sharpe, Inc., Armonk, pp.53-79

Van Munching P (1997) Beer blast: the inside story of the brewing industry's bizarre battle's for your money. Times Books, New York

Van Tongeren F (2011) Standards and international trade integration: a historical review of the German 'Rheinheitsgebot'. In: Swinnen JFM (ed) The economics of beer. Oxford University Press, Oxford, pp.51-61

15.

미국의 소형 맥주 양조장, 장소 그리고 정체성

스티븐 슈넬Steven M. Schnell, 조지프 리스Joseph F. Reese
쿠츠다운대학교, 에든버러대학교

| 요약 |

1980년대 중반 이후 2,300개 이상의 소형 맥주 양조장과 자가 양조 맥줏집이 미국에서 싹을 틔우고 번창했다. 이러한 확장은 맥주 이상의 것이다. 또한 많은 미국인이 장소와 다시 연결되기를 바라는 열망에 관한 것이다. 양조장들은 종종 자랑스럽고 자의식적으로 지방적이며, 종종 그들의 양조를 홍보하는 수단으로 특정 장소와 관련된 이미지와 이야기를 사용한다. 이러한 적극적이고 의식적인 창조와 장소에 대한 애착 유지는 신지방주의라고 불린다. 이 장에서는 미국의 소형 맥주 양조의 지리와 역사적 발전에 대한 개요를 제공한다. 그다음 소형 맥주 양조장에서 사용하는 에일 맥주 이름과 비주얼 마케팅 이미지가 신지방주의의 매우 강력한 개념에 주입되는지, 그리고 이러한 이미지가 지방 충성도와 정체성을 만드는 데 어떻게 도움이 되는지 분석한다. 우리는 그러한 이미지가 신지방주의 운동과 장소 애착 과정에 대한 귀중한 창을 제공한다고 주장한다.

서론

지난 30년 동안 미국 전역에서 2,300개 이상의 소규모 자가 양조 맥줏집과 소형 맥주 양조장[1]이 문을 열고 번창했다(Brewers Association 2013a). 이러한 양조장은 맥주 양조와 맥주 소비의 본질에 근본

---

1 여기서 '소형 맥주 양조장'이라고 말할 때 소형 맥주 양조장과 자가 양조 맥줏집(Brewpub)의 두 가지 범주의 사업을 포함하고 있다. 소형 맥주 양조장은 일반적으로 연간 최대 15,000배럴을 생산하고 현장에서 25% 이상 판매하지 않는 양조장으로 업계에서 정의된다. 자가 양조 맥줏집은 레스토랑 환경에서 맥주의 25% 이상을 판매를 전제로 한다. 문제를 더욱 복잡하게 만드는 것은 맥주양조협회에 의해 연간 생산량을 600만 배럴 미만의 '작고 독립적이며 전통적인'인 '수제 맥주 양조장'이라는 용어의 부상인데, 그것은 수제 맥주 양조장 자체가 아닌 다른 회사에 의해서 24% 이하만 소유되는 양조장이다. 이 후자 정의는 거대

15. 미국의 소형 맥주 양조장, 장소 그리고 정체성 **287**

적인 변화를 의미하며, 이는 지리적으로 명확한 영향을 미친다. 맥주 시장의 비율 측면에서 소형 맥주 양조장은 전체의 아주 작은 부분만을 차지한다. 하지만 소형 맥주 양조장의 맥주를 마시는 사람들은 양이 부족한 것을 새로운 것, 독특한 것, 그리고 지방에 대한 그들의 기여도 보상받는다.

소형 맥주 양조장이 양조한 맥주는 버드와이저(Budweiser), 쿠어스(Coors) 또는 밀러(Miller)가 양조한 페일 라거(Pale Lager)보다 더 독특한 맛을 가지고 있다. 대신 다른 곳에서는 찾을 수 없는 다양한 종류의 맥주로 진정한 현지적 경험을 만든다. 동시에 모든 영역에서 소매업을 장악하고 지방 사업을 망가뜨린 거대 전 국가적 연쇄망의 바다로부터 일시적으로 구원한다. 많은 자가 양조 맥줏집은 또한 현지의 역사적인 사진, 지도, 그리고 한 장소의 개성을 담은 다른 수제 맥주로 장식된 독특한 사회적 환경을 제공함으로써 우리의 독특함에 대한 열망을 충족시켜 오고 있다.

부분적으로, 소형 맥주 양조장의 성장은 단순히 맛의 변화를 반영한다. 대부분의 소형 맥주 양조장은 대부분의 노력을 미국의 거대 산업체를 특징짓는 페일 라거보다 많은 유럽 맥주와 더 유사한 어두운 에일과 홉 향이 더 좋은 혼합물에 쏟는다. 그러나 소형 맥주 양조장의 확산이 부분적으로는 대중적인 미국 문화의 질식할 듯한 동질성에서 벗어나 현지 사회, 환경 및 경제와의 연결을 재정립하려는 사람들의 열망에서 비롯된다고 제안한다. 이러한 경향은 '신지방주의'라고 불리는 운동으로, 지방적 유대, 지방 정체성, 그리고 점점 더 지방 경제를 구축하고 재건하고 배양하려는 개인과 집단의 의식적인 시도로 정의된다(Flack1997; Schnell 2013; Schnell and Rees 2003; Shortridge 1996; Shortridge 1998; Zelinsky 2011).

지리학자들과 미국 문화 현장의 다른 관찰자들은 오랫동안 미국 공동체에서 지방적 특성과 정체성의 말살을 한탄해 왔다(예: Relph 1976; Kunstler 1993). 하지만 미국인들은 세계화된 경제 상황에서 장소감과 독특한 풍경을 되찾기 위해 수많은 작은 방법으로 노력하고 있다. 포스트모던의 단편적인 효과 속에서 데이비드 하비(David Harvey)는 "사람들은 전통적인 공동체 구조를 파괴하고 뿌리 뽑는 이러한 힘에 대한 의식적인 대항으로서 종종 강하게 뿌리내리는 개인적 또는 집단적 정체성을 점점 더 다시 주장하고 있다"라고 주장했다(1990, pp.302-303).

실제로 최근 몇 년 동안 일반 대중의 일부는 한 미국 마을을 사실상 다른 미국 마을과 구별할 수 없게 만든 월마트와 맥도널드의 동질적인 바다에 환멸을 느끼게 되었다. 이에 대응하여 그들은 새로운

양조회사의 수제 양조 주문을 제외하려는 명시적인 시도이다(Brewers Association 2013b). 비록 소형 맥주 양조장과 자가 양조 맥줏집 사이에는 구별이 있지만, 둘 사이의 경계는 상당히 모호할 수 있다. 일부 양조장은 다른 곳에서 판매하기 위해 맥주를 병에 담는 반면, 일부 소형 맥주 양조장은 자체 양조장을 운영하기도 한다. 이 장에서는 '수제 맥주 양조장'과 '소형 맥주 양조장'이라는 용어를 사용하여 자가 양조 맥줏집과 소형 맥주 양조장을 모두 지칭한다. 이 글에서 종류 간의 차이는 특별히 관련이 없다.

장소감, 그들이 사는 곳과의 새로운 연결, 그리고 새로운 지방 기반의 경제를 만들기 위해 적극적으로 시도했다. 마키스와 바틸라나의 말에 따르면, "지방은 중요하게 남아 있을 뿐만 아니라 많은 면에서 지방의 특수성이 더 가시적이고 두드러졌다"(Marquis and Battilana, 2009, p.283). 이러한 신지방 운동에서 중요한 역할을 해 온 사업의 한 범주는 소형 맥주 양조장이다. 소형 맥주 양조장은 지역 정체성과 차별성을 강조하는 표적 마케팅 전략을 통해 의도적으로 이러한 연결에 대한 갈망을 충족시켰다. 그 과정에서 이러한 업체들은 지역 사회에서 장소 애착의 중요한 공급자이자 촉진자가 되었다.

　장소감과 장소에 대한 애착은 문화지리학에서 오랫동안 관심사였다. 하지만 장소와 장소 애착은 일반적으로 그들이 만들고 적극적으로 유지하는 것이 아니라, 사람들이 단순히 가지고 있는 것으로 취급되어 왔다. 이러한 관점은 상징적인 풍경의 의식적인 창조, 조작 및 해석에 대한 문화지리학자

그림 15.1 지방 판매 중. 뉴글라루스(New Glarus) 양조장의 로고는 장소, 정체성, 그리고 독특함 사이의 연관성을 명확하게 만든다. 베들레헴(Bethlehem) 양조장은 마을의 모라비안(Moravian) 설립자들의 이미지와 현재 사라진 중공업 거물 베들레헴 강철(Bethlehem Steel)을 나타내는 이미지를 결합한다. 한편, 페이퍼 시티(Paper City) 양조장은 자갈길과 마차가 그려진 먼 과거로 귀를 기울이고, 데슈츠(Deschutes) 양조장의 옵시디언(Obsidian) 스타우트 상표는 자연경관, 독특한 지질 및 야외 여가 활동(상표 가장자리에 산악자전거 바퀴가 있음)을 결합한다. 위스콘신주 뉴글라루스, 뉴글라루스(New Glarus) 양조회사; 펜실베이니아주 베들레헴, 페글리(Fegley's) 양조장의 제프리 페글리; 매사추세츠주 홀리요크(Holyoke), 페이퍼 시티 양조장; 오리건주 벤드(Bend), 데슈츠 양조장의 허가하에 복제하였음.

들의 오랜 관심과 대조될 때 특히 두드러진다(예: Cosgrove 1998; Cosgrove and Daniels 1988; Duncan 1990; Forest and Johnson 2002; Harvey 1979; Moore and Whelan 2007; Rowntree and Conkey 1980). 장소감과 장소에 대한 애착 또한 수동적인 성질이 아닌 능동적이고 의식적인 과정으로 보아야 한다. 기술적으로 연결되어 있고, 이동성이 높고, 점점 더 세계화되고 있는 나라에서, 지방적 장소에 대한 애착과 정체성은 과거보다 훨씬 더 의식적인 노력을 필요로 한다.

물론 일부 문화 집단은 민족적 고국이든 민족 국가든 대규모 지역과 오랫동안 연결되어 왔다 (Nostrand and Estaville 2001). 그러나 주제는 훨씬 더 지방적인 규모의 정체성이다. 개별 공동체가 자신을 위한 정체성을 만들고 유지하는 방법, 그리고 그들이 뿌리 깊은 장소감의 발전을 적극적으로 촉진하는 방법에 관심이 있다. 소형 맥주 양조장에 대한 고찰은 전국의 지역 사회에서 이러한 종류의 애착이 강화되고 있는 적극적인 방식에 대한 통찰력을 얻는 데 도움이 될 수 있다.

1997년 지리학자 웨스 플랙(Wes Flack)은 지방 애착에 대한 갈망이 맥주 양조장 혁명을 주도하고 있다는 가설을 세운 연구를 발표했다. 플랙의 가설에 흥미를 느낀 우리는 두 가지 방법으로 그의 작업을 확장했다. 먼저 그의 연구를 갱신하여 소형 맥주 양조장의 지역적, 사회적 추세가 지속되는지 확인했다. 중간 20년 동안(플랙의 대부분 자료는 1992년부터), 이 산업은 1990년대까지 6배로 성장하는 초고속 팽창을 겪었고, 1990년대 후반에는 거의 10년 만에 처음으로 침체가 따랐다. 일부 사람들은 산업의 몰락이 임박했으며, 소형 맥주 양조장은 일시적인 유행이라고 생각했다(Dwyer 1997; Flaherty 2000; Khermouch 2000). 하지만 오늘날, 소형 맥주 양조장과 자가 양조 맥줏집은 또 다른 상당한 성장의 시기에 접어들었다. 그 수는 그 어느 때보다 많고, 그 결과 점점 더 주류가 되고 있다. 그들은 많은 정치인과 지방 공무원에 의해 중요한 지역 경제 세력으로 여겨진다. 그들은 또한 지원과 지도를 위해 더 광범위한 수제맥주양조협회 네트워크를 가지고 있다.

둘째, 우리는 소형 맥주 양조장이 신지방주의를 조장하는 의식적인 방법을 조사하고자 했다. 이를 위해 양조장이 장소감을 묘사하고 마케팅하기 위해 사용하는 이미지를 고찰했다. 플랙(1997)은 사람들이 현지에서 양조한 맥주에 대해 느끼는 갈망을 기술한다. 하지만 어떻게 갑자기 거품 액체가 그렇게 강한 고향의 충성심을 불러일으킬 수 있을까? 미국 하이네켄의 마이크 폴리(Mike Foley) 사장은 "사람들은 행동적 진술의 일부로 매우 다른 것을 찾고 있다… 소형 맥주로, 그들은 브랜드를 전혀 마시지 않고 아이디어를 마시고 있다"라고 주장했다(Khermouch 1995a). 많은 사람에게 '아이디어'는 장소와의 연결이다. 우리는 양조장들이 그들의 지방적 유대를 증진시키기 위해 사용하는 이미지의 렌즈를 통해 이 아이디어를 검토했다. 상표와 홍보물의 이미지를 해석하고 맥주와 양조장 이름 자체를 조사하여 사람들이 갈망하는 장소의 성격을 조사했다(그림 15.1).

소형 맥주 양조의 지리[2]

1990년대 초까지, 소형 맥주 양조장의 성장 속도는 천문학적으로 증가하고 있었다. 1982년에는 미국 전역에 모든 규모의 양조회사가 82개에 불과했다. 10년 후 258개의 소형 맥주 양조장이 존재했다(Flack 1997). 1994년까지 새로운 소형 맥주 양조장이 3일마다 문을 열면서 전국의 소규모 양조장 수가 745개로 증가했다. 1995년에는 287개의 소형 맥주 양조장과 자가 양조 맥줏집이 추가되었다(Marriott 1995; Khermouch 1996). 실제로 1990년대 초까지 소형 맥주 양조 매출은 매년 40~50%씩 증가하고 있었다. 당시 1인당 알코올 소비량은 실제로 감소하고 있었다(Robinson 1996; Stapinski 1997). 1997년까지 1,273개의 양조장이 있었다. 사상 처음으로, 미국은 독일보다 더 많은 양조장을 가지고 있었다(Carroll and Swaminathan 2000). 맥주 소비가 전반적으로 감소하는 추세에서도 짧은 기간 동안의 수축 후 지속적인 성장 양상이 우세했다. 현재 2,300개 이상의 업체가 현지에서 맥주를 양조하고 있다(Brewers Association 2013a). 엘징가(Elzinga)가 언급한 바와 같이, "수제 맥주 양조 부문은 오늘날 맥주 산업에서 주목받고 있다"(2011, p.222).

그림 15.2는 현재 리얼비어 홈페이지(RealBeer.com)에 공개되어 있는 양조장을 사용하여 2012년 카운티별 소형 맥주 양조장의 위치를 보여 준다(Real Beer, Inc. 2012; 2002년 이 지도의 버전은 Schnell 및 Reese 2003 참조). 플랙의 1992년 자료 지도(그림 15.3)와 비교하면, 그의 자료가 수집된 이후 소형 맥주 양조 시장이 압도적으로 성장했음을 알 수 있다. 지역적으로 서부 해안, 로키산맥의 한 지맥인 프론트산맥(Front Range), 중서부의 북부(특히 미시간과 위스콘신)는 여전히 가장 중요하게 남아 있다. 수제 맥주 양조장의 수가 증가한 것 외에 가장 주목할 만한 변화는 1992년에 양조장 수가 드문 지역인 북동부의 거대 도시 지역, 로키산맥을 따르는 미국의 서부를 지칭하는 인터마운틴 웨스트(Intermountain West), 캘리포니아 남부, 캐롤라이나, 조지아 및 플로리다의 호황을 누리는 선벨트주에서 양조장이 증가한 것이다. 비록 남동부에서 수제 맥주 양조장이 증가하고 있지만, 이 지역은 계속 침체되어 있다. 남동부는 현재 총 수제 맥주 양조장 수가 가장 적고 1인당 수제 맥주 양조장 수가 가장 적으며 대도시 지역에서 확산이 가장 낮다(Baginski and Bell 2011). 그럼에도 불구하고 플랙(1997)이 언급한 대평원과 남부의 '소형 맥주 양조장 사막'은 여전히 다소 존재하지만, 당시만큼 지배적이지는 않다. 전통적으로 새로운 경향 수용이 덜한 지역에서도 소형 맥주 양조장이 점점 더 발견되고 있다.

---

2 이 장에서는 특히 신지방주의 운동의 맥락에서 수제 맥주 산업의 지리와 역사에 대한 개요를 제공한다. 수제 맥주 산업의 경제학과 역사에 대한 포괄적인 연구는 Warner(2010), Elzinga(2011), Tramplay and Tramplay(2011), Acitelli(2013)에서 찾을 수 있다.

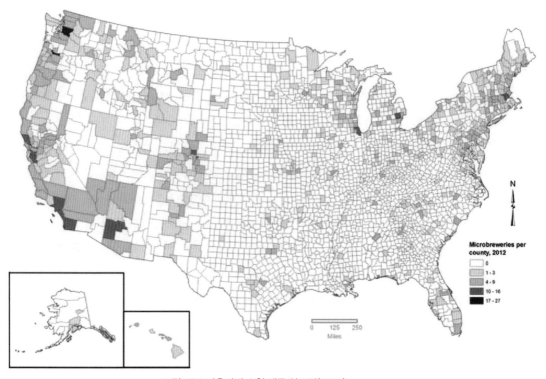

그림 15.2 카운티별 소형 맥주 양조장(2012)

출처: Real Beer, Inc. 2012의 자료를 바탕으로 저자가 제작.

소형 맥주 양조 혁명은 서부 해안, 콜로라도 발상지를 훨씬 넘어 전국적인, 나아가 국제적인 현상이 되었다.[3]

 미국의 소형 맥주 양조장 분포는 또 다른 신지방 현상인 지역사회 지원 농업(community supported agriculture, CSA)과 현저한 유사성을 보여 주며(두 현상에 대한 보다 자세한 설명은 Schnell 2013 참조), 특정 지역이 신지방 기업의 조기 채택자로서 분명히 선두에 있음을 나타낸다. 둘 다 북동부 도시 및 교외, 중서부 위쪽, 오리건 및 워싱턴 서부, 캘리포니아 북부뿐만 아니라 로키산맥의 한 지맥인 프론트 산맥 그리고 대학가 주변 지역에서 가장 강하다. 둘 다 이제 남아 있는 대평원과 남동부로 확장되었지만, 여전히 초기 지역에서 가장 강력하다.

 소형 맥주 양조장이 가장 밀집한 카운티는 상대적으로 부유하고, 정치적으로 진보적이며, 백인(그

---

3 비록 소형 맥주 양조가 현재 전국적인 현상이지만, 캘리포니아주 샌마르코스(San Marcos), 스톤(Stone) 양조회사의 애로건트 바스타드 에일(Arrogant Bastard Ale)과 함께 기쁘게 받아들인 이미지인 소형 맥주 양조 음료를 마시는 사람들과 관련된 다소 엘리트적인 이미지가 여전히 존재한다.

그림 15.3 소형 맥주 양조장(1992)

출처: Schnell & Reese 2003에서 복제된 것처럼 Flack 1997

리고 약간 더 히스패닉계) 도시 및 교외 지역인 경향이 있다(표 15.1). 소형 맥주 양조장이 있는 카운티는 또한 그러한 양조장이 없는 카운티보다 해당 카운티에서 태어난 인구의 비율이 더 낮다. 이러한 경향은 사람들이 부분적으로 장소와의 연관성에 대한 탐색에서 신지방주의로 내몰린다는 주장에 힘을 실어 주는데, 이는 의심할 여지 없이 이동해 온 사람들이 더 절실히 느끼는 욕망이다.

하지만 이것이 전부는 아니며, 실제로 여기서 그만두는 것은 단순히 백인 특권층의 영역으로 신지방주의에 대해 지나치게 정형화된 분석으로 남겨질 수 있다. 새로운 지역 기업에 수용적인 커뮤니티 유형에 대한 보다 자세한 분석을 시도하기 위해 첫 번째 저자(Schnell 2013)는 패치워크 네이션(Patchwork Nation) 프로젝트(2010; 보다 상세한 방법론적 설명과 카운티 유형의 분포를 자세히 설명하는 완전 컬러 지도는 www.patchworknation.org를 참조)의 일환으로 단테 친니(Dante Chinni)와 제임스 김펠(James Gimpel)이 개발한 12개 카운티 유형을 사용했다. 전수 사회·경제·정치 자료에 대한 주성분 분석을 사용하여 12개 카운티 유형의 분류를 고안했다(표 15.2). 첫 번째 저자는 이 12개 카운티 유형을 사용하여 각 유형의 카운티에 거주하는 국가 인구 비율을 비교하고, 해당 카운티에서 발견되

표 15.1 소형 양조장과 비소형 양조장 카운티 비교

		소형	비소형
평균 가구 소득($)		55,299	43,278
인종 (%)	백인	92.1	89.0
	흑인	8.0	9.5
	히스패닉	10.3	6.8
	원주민	1.5	2.1
	아시아·태평양계	3.3	0.8
연령별 인구 (%)	20~34세	21.8	19.7
	35~49세	23.3	21.1
	60~64세	19.4	18.7
	65세 이상	14.1	15.7
가구 소득 구간 (%)	0~20K	21.4	28.7
	20~40K	25.8	29.3
	40~60K	20.1	19.6
	60~80K	10.5	8.6
	80~100K	10.0	6.7
	100~125K	4.8	2.6
	125~150K	2.2	1.1
	150~200K	1.9	0.8
	200K 이상	2.1	1.0
학력 (%)	대학, 대학원생 수	23.6	14.6
	거주지 카운티 출생	59.3	71.7
	고등학교 졸업자 수	83.8	76.0
지지정당	2004년 공화당 투표	51.9	62.0
	2004년 민주당 투표	46.9	37.0

* 수치는 각 범주에 속하는 카운티의 평균값이다.

는 소형 맥주 양조장 비율과 비교했다(Schnell 2013; 그림 15.4). 소형 맥주 양조장과 지역사회 지원 농업이 가장 과도하게 많이 나타나는 곳은 다양성이 증가하고 최근에 등장한 급속도로 발전하는 도시(Boom Town)에서 나타난다. 신지방주의가 과도하게 나타나는 다른 범주는 부유한 교외, 산업 대도시, 빈 둥지 도시, 대학과 직장 도시이다. 그것이 크게 과소하게 나타나는 것들은 이민 국가, 소수 인종 중심 도시, 농업 도시, 서비스 근로자 중심 도시 및 군사 도시이다. 한편, 모르몬교 도시의 분포는 인구와 거의 같다.

이 두 가지 분석이 동시에 보여 주는 것은 우리가 과도한 일반화에 주의해야 한다는 것이다. 부유

표 15.2 패치워크 국가 공동체 유형 정의

공동체 유형	정의
급속도로 발전하는 도시 (Boom Town)	인구가 빠르게 다양해지고 성장하는 공동체
대학과 직장 도시	젊고 교육받은 인구가 있는 도시와 마을로 다른 미국 공동체보다 더 세속적이고 민주당 지지
빈 둥지 도시	많은 은퇴자들과 고령의 베이비 붐 세대들의 고향이며 전반적으로 국가평균보다 덜 다양
복음주의 중심지	복음주의 기독교(개신교)인 비율이 높은 지역사회, 주로 작은 마을과 교외에서 발견되며 미국 평균보다 약간 오래됨, 충성스러운 공화당 유권자
이민 민족 도시	라틴계 인구가 많고 평균 소득보다 낮은 지역사회, 일반적으로 남부와 남서부에 군집
산업 대도시	인구 밀도가 높고, 매우 다양한 도심이며 소득은 전국 평균보다 높고 유권자들은 민주당에 경도
군사 도시	군에서 고용률이 높거나 군인과 퇴역 군인 관련 인구가 많은 지역으로 2008년 민주당 오바마 대통령이 승리했지만, 공화당 유권자일 가능성이 있음
소수 인종 중심 도시	많은 흑인 거주자들의 집이지만 히스패닉과 아시아인들의 평균 비율은 이보다 낮음
부유한 교외	중앙 가구 소득이 전국 카운티 평균보다 15,000달러 높은 부유하고 교육 수준이 높은 공동체
모르몬교 도시	말일 성도 예수그리스도(모르몬교) 교회의 구성원들이 많이 살고 있으며 약간 높은 중위 가구 소득
서비스업 근로자 중심지	호텔, 상점 및 레스토랑에 의해 경제가 활성화되고 카운티별 평균 중위값 보다 낮은 가구 소득이 있는 중규모 및 소규모 도시
농업 도시(Tractor Country)	대부분 오래된 인구와 대규모 농업 부문이 있는 시골과 외딴 소도시

* 단테 친니와 제임스 김펠 박사에 의해 저작됨, 2008. Copyright 2008-2011 The Jefferson Institute for the Study of World Politics, Licensed to Users under Creative Commons Attribution-Non Commercial-NoDerive 3.0 Unported License

한 교외는 표 15.1에서 볼 수 있는 일반화를 충족하지만 다른 많은 것들은 그렇지 않다. 예를 들어, 산업 대도시 카운티는 상당히 다양한 반면, 빈 둥지 도시는 전국보다 평균적으로 상당히 오래되었다. 게다가 인구 통계만으로는 더 넓은 카운티 유형도 설명할 수 없는 지역적 효과가 분명히 있다. 미국의 일부 지역, 특히 대평원 주와 남동부 지역은 인구 통계학적 차이를 고려하더라도 여전히 신지방 기업에 더 저항적인 것으로 보이는 반면 조기 수용 지역은 상당히 개방적이다. 예를 들어, 전국의 서비스 근로자 중심도시는 소형 맥주 양조장이 있는 경향이 덜하지만, 뉴욕 북부와 같은 곳에는 신지역 활동의 중심지가 된 많은 카운티가 있다. 마찬가지로 미시간과 위스콘신과 같은 주에서 중서부 위쪽의 군집은 단순히 인구 통계학이나 정치적 성향에 의하여 설명할 수 없다. 지도를 신중하게 고려하면 더 많은 예가 나타난다. 이것은 많은 사회·경제·정치적 변수가 분명히 영향을 미치지만 신지방주의로의 이동이 이러한 범주 중 어느 것으로도 쉽게 환원할 수 없다는 결론으로 이어진다. 바긴스키와 벨(2011)은 남부의 소형 맥주 양조장에 대한 상세한 인구 통계학적 분석에서 대부분의 사

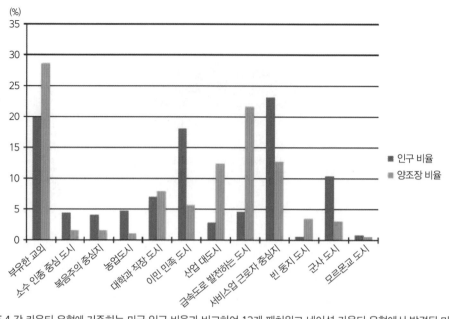

그림 15.4 각 카운티 유형에 거주하는 미국 인구 비율과 비교하여 12개 패치워크 네이션 카운티 유형에서 발견된 미국 소형 맥주 양조장의 비율

회 인구 통계학적 변수와 거의 상관관계를 찾지 못했으며, 수제 맥주 산업의 느린 확장이 남부의 더 보수적인 종교 문화에서 비롯된다고 주장했다. 그러나 지역사회 지원 농업의 분포(Schnell 2013)에서 발견된 유사한 양상은 단순히 음주에 대한 혐오가 아니라 신지방적 매력에 대한 광범위한 문화적 수용성(또는 그 부족)도 작용하고 있음을 나타낸다.[4]

양조 맥주와 경기 침체?

일류 양조업자가 압도적으로 많은 맥주를 계속 생산하는 시기에 소규모 맥주 양조장이 번창하는 것은 역설적으로 보인다. 하지만 자원 분할 이론은 실제로 그러한 증가하는 통합이 사실상 소규모 전문 맥주업자에게 더 비옥한 땅을 만든다고 주장한다. 또한 스타일과 가격의 차이로 인해 소규모 맥주 세계와 대규모 세계 간의 경쟁이 최소화될 것임을 시사한다(Carroll and Swaminathan 2000, Baginski and Bell 2011, Tramplay and Tramplay 2011).

---

4 종교 문화는 일부 지역에서 양상을 설명하는 데 역할을 할 수 있다. 복음주의 중심 카운티는 소형 맥주 양조장의 빈도가 예상보다 낮지만, 두 카운티 유형 중 유일하게 유사한 추세를 보이지 않은 지역사회 지원 농업의 빈도가 예상보다 높다(Schnell 2013).

점점 더 수익성이 높은 소형 맥주 양조 시장에 진입하기 위해 1995년과 1996년에 많은 대형 양조 업체(앤하이저-부시, 밀러, 쿠어스)는 소형 양조 이미지를 투영하는 브랜드 뒤에 자신들의 정체성을 숨긴 채 비밀 접근 방식을 취했다. 앤하이저-부시는 모조 소형 양조 맥주 (둘 다 실패한) 레드 울프(Red Wolf)와 엘크 마운틴(Elk Mountain)을 출시했다. 이 회사는 소형 맥주에 매우 성공적인 지역 도상학과 마케팅을 시도하기도 했다. 퍼시픽 리지(Pacific Ridge)는 서해안의 특정 지역에서만 판매되고, 자이겐보크(Zeigenbock)의 상표는 텍사스주의 윤곽을 포함하고 있으며 '단지 텍사스인을 위한 텍사스에서만 양조되는 것'으로 마케팅하고 있다. 쿠어스는 블루문 벨기에 위트(Blue Moon Belgian Wheat)와 킬리안 레드(Killian's Red)[5]를 생산했고, 밀러는 허구의 '플랭크 로드 양조(Plank Road Brewery)'에서 아이스하우스(Icehouse)와 레드독(Red Dog)을 출시했다. 플랭크 로드는 밀러의 첫 양조장이 위치한 곳으로, 많은 소형 맥주 양조장의 마케팅에도 사용되는 오래된 스타일 양조의 향수를 불러일으킨다. 밀러는 전문 맥주와 수입 맥주에 초점을 맞추면서도 2010년에 밀러 쿠어스의 한 부서로 시작할 때 가짜 주소 마케팅을 계속했다. 텐스와 블레이크(Tenth and Blake)는 어디에서도 교차하는 곳이 아니라 밀워키에 있는 라이넨쿠겔(Leinenkugel) 양조장의 주소와 덴버에 있는 블루문 양조회사의 블레이크가 주소를 결합한 것이다(Nason 2010). 수제 맥주 양조의 지속적인 경악(Tuttle 2012)에도 불구하고, 이러한 브랜드 중 일부는 여전히 생산되고 있지만(블루문의 경우 상당히 성공적으로), 성장하는 소형 맥주 양조 부문에는 거의 영향을 미치지 못했다.

그들만의 수제 맥주를 만드는 데 크게 실패한 대형 양조업체는 더 성공적이고 야심찬 소형 맥주에 직접 투자하기 시작했다. 최초로 투자한 사람 중 한 명은 밀러였는데, 그는 1988년에 라이넨쿠겔을 매입했다. 1990년대 중반 앤하이저-부시는 오리건의 위더머 브라더스(Widmer Brothers) 및 워싱턴의 레드훅(Redhook) 양조장[후자는 맥주 광신도로부터 '버드 훅'(Bud Hook)]이라는 경멸적인 별명을 얻음)과 동맹을 맺고 제품을 유통했다(Gendron 1994; Khermouch 1995b; McManus 1995). 보다 최근에 이 회사는 포드햄(Fordham)과 올드 도미니언(Old Dominion)과 유사한 동맹을 맺었다. 이 맥주회사는 또한 롤링락(Rolling Rock)과 구스 아일랜드(Gose Island) 양조장뿐만 아니라 위드머, 코나(Kona), 레드훅이 합병된 수제 맥주 양조 연합(Craft Brewers Alliance)의 상당한 지분도 매입했다. 이 회사는 펜실베이니아주 라트로브(Latrobe)에 있는 롤링락의 오랜 양조장을 폐쇄하고 뉴저지(Cowden 2006)로 생산지를 옮겼으며, 이에 따라 롤링락 브랜드의 오랜 기간 지속된 장소에 대한 유대를 없앴다.

1990년대 중반에 대형 양조장들이 시장의 이 작은 부분(약 3%)을 차지하려고 활용한 재원과 은밀

---

5 킬리안 레드는 1990년대 중반 출시의 유일한 예외이다. 킬리안은 1981년에 출시되었다.

함은 매우 놀라웠다. 그러나 전체 맥주 시장에서 소형 맥주 양조 시장이 차지하는 비중은 작지만, 소형 양조 맥주를 마시는 사람은 맥주에 대한 고급 가격을 기꺼이 지불하여 잠재적으로 이 부문을 업계에서 가장 수익성이 높은 부문 중 하나로 만든다. 계약 양조 대기업 힐만(G. Heileman) 고위 임원인 조 마티노(Joe Martino)는 1990년대 중반 맥주 유통업자 회의에서 다음과 같이 주장했다.

대형 양조업자에게 정말로 진절머리나게 하는 것은 소형 맥주 양조가 전국적인 추세를 훨씬 더 망라하는 강력한 지표라는 것이다. 소비자의 전통적인 브랜드의 건전성, 다양성과 참신성을 위해 더 많은(훨씬 더 많은) 지출의 의지, 소형 맥주 양조 분야에서 진전을 이루려면 전통적인 편견을 버리고 이 작은 시장에 무엇이 그렇게 많은 에너지를 제공하는지 면밀히 살펴볼 필요가 있다. 쇠퇴하는 산업에서 고급 가격을 강제하는 소형 맥주 양조업자의 능력은 양조자, 도매자, 소매자 모두에게 높은 이윤으로 해석되는 순수한 유혹이다. 우리 모두가 이 행동의 일부를 원한다는 것은 의심의 여지가 없다. 그것을 얻기 위해서 우리의 경기를 바꿔야 한다. 우리가 이길 수 있는 유일한 방법은 작게 생각하기 시작하는 것이다. 소형 맥주 양조는 많은 면에서 대기업과 반대되는 특성을 가지고 있다. 소형 맥주 양조는 대량 생산의 대안으로 자신들의 노력과 운영 자본의 대부분을 고품질과 신선도에 집중할 수 있다. 소형 맥주 양조 부문을 잠식하는 데 가장 큰 어려움은 알려진 대기업의 이름이다. 1970년대와 1980년대와는 얼마나 다른가! 포커스 그룹(Focus group)은 작은 상표에 대기업 이름을 붙이는 순간 상당한 수의 술꾼이 외면할 위험이 있다고 말한다… 성공하기 위해서는 대형 양조업자들이 작게 생각하고, 크게 활동해야 한다(Khermouch 1995a).[6]

1990년대 전반기의 터무니없이 빠른 성장은 하반기에 지속 불가능한 것으로 판명되었으며, 시장은 소형 맥주 양조장과 자가 양조 맥줏집으로 포화 상태가 되었다. 주요 기업들이 소형 맥주 시장을 개척하는 동시에 수천 명의 다른 투자자들과 기업가들이 뛰어들었다. 비록 이 중 많은 사람은 양조에 진정으로 열정적이었지만, 다른 사람들은 모든 유리잔에서 본 달러 표시에 매료된 단순한 기회주의자들이었다. 결과적으로 품질이 고르지 않은 맥주로 포화된 시장이 되었다. 또는 반대로, 맥주 양조에 열정적인 많은 고수들이 벤처 사업의 끝자락에서 어려움을 겪었다(Warner 2010; Elzinga 2011). 이 기간 동안 소형 맥주 양조장 부문의 매출 성장률은 1996년 26%, 1997년 5%로 둔화되기 시작했다(Melcher 1998). 1980년대 초 수제 맥주 양조 운동이 시작된 이래 처음으로 1999년에 문을 연 것보

---

6 모든 종류의 거래 및 사업 출판물을 읽으면서도 일반 대중이 모르는 이 같은 기업 임원에 의한 솔직한 진술을 종종 발견할 수 있다.

다 더 많은 양조장이 문을 닫았다(Flaherty 2000).

호황기에 많은 소형 맥주 양조업자는 그들의 성공에 흥분하여 전국적으로 그들의 양조에 대한 방대한 미개척 시장을 보았고, 많은 사람은 지역적으로 또는 전국적으로 확장하려고 노력했다. 그러한 많은 기업은 실패했다. 1990년대 후반에 공개적으로 거래된 몇몇 소형 맥주 양조장의 주가가 극적으로 폭락했다.[7] 끝없는 활황기처럼 보이던 것이 갑자기 일시적 유행처럼 보였고, 투자자들은 구제금융을 받았다. 전국적 시장에서 소형 맥주 양조장에 의한 시장 점유율 손실 중 일부는 유통업체가 소규모 양조장의 판매를 중단하도록 강제하기 위해 주요 양조장이 시행한 노골적인 수법을 동원한 조치의 결과이다(Stapinski 1997; Khermouch 1996, 1997). 하지만 더 중요한 것은 양조업자들이 초기 성공의 근원인 제품의 신지방 호소력을 잘못 이해했기 때문에 소형 맥주 양조업자들의 그러한 이익 주도 계획이 좌절되었다는 것이다. 그들은 전국적 시장에서 경기를 하려다가 그들의 지방 뿌리와 단절되었다는 것이다. 트렘블레이와 트렘블레이(Tremblay and Tremblay)가 관찰한 바와 같이, "반어적인 것은 성공적인 소형 맥주가 성장함에 따라, 그들은 지방 사회와의 유대를 잃고 더 이상 소형 맥주 양조장이라고 부를 수 없다는 것이다"(2011, p.159).

시장이 위축되면서 살아남은 양조업자는 본거지로 돌아가는 경향이 강했다. 더 큰 수제 맥주 양조장[8]인 보스턴 맥주(새뮤얼 애덤스 제조업체), 피라미드 에일(Pyramid Ales), 피트스 위크드(Pete's Wicked), 레드훅은 1996~1999년에 매출의 거의 4분의 1을 잃었지만(Melcher 1998), 지방 생산에 머물렀거나 복귀한 많은 작은 양조장은 번창했다. 예를 들어, 브루클린(Brooklyn) 양조업체는 전국적인 유통 제안을 무시하는 대신 고향에 집중하기로 선택하고, 지방적으로 마케팅을 하고, 많은 지역 사회 행사에 후원하고 참여했다(Stapinski 1997). 미주리주 캔자스시티에 있는 불러바드(Boulevard) 양조회사는 비슷한 전략을 따라 유통 지역을 확대하지 않고 매출을 증가시켰다(Woolverton and Purcell 2008). 와일드 구스 양조[메릴랜드주 프레드릭(Frederick)]와 데슈츠 양조(오리건주 벤드)와 같이 국내 시장에 진출한 많은 양조장은 과도하게 확장하였음을 인지하고 고향으로 되돌아갔다(Khermouch 1996). 콜로라도 양조 연구소의 회장인 데이비드 에드거(David Edgar)에 따르면, "그들이 발견한 것은 오리건의 맥주를 마시는 사람들이 블랙 뷰트 포터(Black Butte Porter)에 특별한 애정이 있었고, 앨라배마 사람들은 레드 마운틴 레드 에일(Red Mountain Red Ale)을 고수했다는 것이다"(Flaherty 2000, p.C12).

---

7 피라미드(Pyramid)의 주식은 주당 19달러에서 3달러로 떨어졌고, 피트(Pete)의 주식은 18달러에서 4달러로 떨어졌다(1998년 3월).

8 이 용어는 일종의 모순어법이다. 기술적으로 소형 맥주 양조장은 전국적인 입지, 판매량, 점증되는 특정 지방과의 연관성 부족(레드 훅은 1990년대 중반 워싱턴에서 뉴햄프셔로 확장됨)을 감안할 때 소형 맥주 양조장이 아닌 중간 규모의 양조장으로 적합하다. 그들은 세 대기업과 비교했을 때만 소규모이다.

다시 말해서, 소형 맥주 양조 혁명의 성공은 맥주 그 이상이었다. 만약 맛이 전부였다면 가짜 소형 맥주들은 시장 점유율을 차지하는 데 훨씬 더 성공했을 것이다. 왜냐하면 그들은 대형 양조업자들의 유통망과 수백만 달러의 광고 예산을 가지고 있었기 때문이다. 대신 지역을 지원하는 것, 자신의 뒤뜰에서 생산된 맥주를 마시거나 다른 사람의 뒤뜰에서 맛을 보는 것, 장소의 선물(Baldacchino 2010)에 관한 것이었다. 울버턴(Woolverton)과 퍼셀(Purcell)은 "수제 맥주 양조는 스타일과 지리적 지역에 따라 차별화된 제품을 제공한다. 제품 소비는 종종 새로운 장소에서 새로운 스타일, 즉 소일거리를 시도하는 것으로 위치 지어진다"(2008, p.63). 앞서 마르티노가 설명한 소형 맥주 양조장의 '유혹'은 국가적 규모에서는 효과적으로 재창출될 수 없었다.

1990년대 후반 업계 소식을 보면 소형 맥주 양조장 시장 전체가 말랐다는 인상을 쉽게 얻을 수 있지만, 산업 침체의 강도를 과장하지 않는 것이 중요하다. 1990년대 후반과 2000년대 초반에 양조장 수가 약 10% 감소한 반면, 2000년대 중반에는 안정화가 이루어졌고 양조장 수는 느린 확장을 재개했다(Tremblay and Tramplay 2011). 오늘날 1880년대 이후 그 어느 때보다 많은 미국 양조장이 있다. 수제 맥주 양조는 전체적으로 오늘날 맥주 매출의 약 5.7% 또는 9.1%를 차지한다. 양조장의 수 역시 계속 증가하여 2011년에는 250개가 문을 열었지만 37개만 문을 닫았다(Brewers Association 2013a).

사실 1990년대 후반의 흔들림은 고품질 맥주 생산에 열정을 쏟는 신실한 지방 기업으로서 양조장의 위상을 약화시키지 않고 굳힌 것으로 보인다. 이 산업은 성숙해졌으며 이제 소비자들의 관심과 더불어 주류를 끌어들여 상당한 성장을 이루었다(Woolverton and Purcell 2008). 이 나라의 많은 지역에는 여전히 다양한 종류의 소형 맥주 양조장과 자가 양조 맥줏집이 있다. 사실, 1달러를 벌어야 할 것 같았을 때 소형 맥주 양조 시류에 편승한 수백 명의 양조업자들의 손실을 슬퍼하는 사람은 거의 없다. 2000년 전국 수제 맥주 양조자 회의에서 데슈츠 양조장의 사장인 게리 피시(Gary Fish)는 "이러한 행사는 물어만 보고 구매하지 않는 '타이어 키커(tire kicker)'들로 가득 차곤 했다. 더 이상 그런 사람들이 여기에 많지 않다"(Flaherty 2000, p.C12)고 했다. '타이어 키커'가 참석하지 않을 수도 있지만, 오늘 회의에는 25개국 이상에서 4,000명 이상의 참가자가 참가한다(Craft Brewers Conference 2013).

수제 맥주에 대한 대형 양조업체의 지속적인 관심의 일부는 불황에 대한 그들의 탈출 전략에 있다(Tremblay and Tremblay 2011). 수제 맥주의 판매량은 2010년에 12%, 2011년에 13% 증가한 반면 전체 산업은 1.4% 감소했다(Kesmodel 2009, Schultz 2011, Brewers Association 2013a). 불황이 한창일 때는 신규 출점의 속도가 느려졌지만(Tarquinio 2009), 지속적으로 출점이 폐점을 앞질렀고(Tarquinio 2009), 오늘날 소형 맥주 양조의 성장률은 주요 양조업체의 성장률을 크게 웃돌고 있다(Rasch 2012). 어떤 사람들은 경기 침체가 지방 맥주업자에 대한 충성도를 높인다면, 고객들이 지방 사업을 살리기 위해 의식적으로 지방 맥주를 구매하기 때문이라고 주장해 왔다. 이는 지난 몇 년간의 경제적 어려움 동안 수입 맥주 소비의 감소(그러나 지방 수제 양조 맥주 소비는 그렇지 않음)로 인해 지탱되었다(Tremblay and Tremblay 2011).

지난 10년 동안 통합의 물결이 맥주 양조 산업을 휩쓸었고, 전통적인 거대 맥주 양조장은 훨씬 더 크고 세계적으로 만들었다. 2005년 몰슨과 쿠어스는 미국에서 세 번째로 큰 몰슨 쿠어스 양조회사에 합류했다. 2002년 필립 모리스로부터 밀러 양조회사를 인수하여 사브밀러로 이름을 변경했다. 2008년 사브밀러는 미국의 몰슨 쿠어스와 협력하여 밀러 쿠어스라는 이름으로 제품을 공동 유통하여 앤하이저-부시와 더 나은 경쟁을 펼쳤다. 한편, 앤하이저-부시는 2008년 벨기에의 인베브[몇 년 전 벨기에의 인터브루(Interbrew)와 브라질의 암베브(AmBev)가 합병]에 의해 인수되었다. 결합된 거대 기업은 24개국의 맥주 브랜드를 흡수했다(ABInBev 2013).

소형 맥주 양조장이 통합의 영향을 받지 않은 것은 아니다. 노스아메리칸(North American) 양조회사는 한 사모펀드가 기네스, 피라미드, 매직 햇(Magic Hat), 맥타나한(MacTarnahan)을 사들이면서 시작되었다. 최근 코스타리카 최대 음료 생산업체인 플로리다 아이스 앤드 팜 컴퍼니(The Florida Ice and Farm Company, FIFA)가 3억 8800만 달러에 인수했다(로이터 2012). 대형 소형 맥주 양조 중 일부는 또한 서로 동맹을 맺거나 주요 양조장 중 하나[앞에서 논의한 수제 맥주 연합(Craft Brew Alliance)과 같이 최근 중국, 덴마크, 핀란드, 네덜란드, 홍콩, 아일랜드, 일본, 노르웨이, 스웨덴, 대만, 영국에 브랜드 수출로 전형를 통해 국내 및 국제적으로 확장을 추진하고 있다(Hummel 2012). 한편 브루클린 양조는 스웨덴 양조업체와 협력하여 스웨덴에 양조장을 건설했다(Brooklyn 2013). 소형 맥주가 대규모화를 시도했던 과거의 역사를 볼 때, 이러한 움직임이 장기적으로 성공할 수 있을지는 두고 볼 일이다. 그것은 아마도 다양한 종류의 미국 수제 양조 맥주를 시음하는 해외 맥주 애호가에 달려 있다.

그럼에도 불구하고 일부 소형 맥주 양조장은 이러한 경로를 취했지만, 압도적인 대다수는 계속해서 지방적 또는 지역적 규모를 뚜렷하게 유지하고 있다. 예를 들어 콜로라도에서는 22.7%의 양조업자만이 주 밖으로 배송되며, 10%는 국제적으로 배송된다(Colorado Brewers Guild 2012). 브루클린에 있는 식스포인트 크래프트 에일스(Sixpoint Craft Ales)는 맥주를 병에 담아 팔지도 않는다. 대신 그들은 현지 술집과 식당에 맥주통을 팔고, 개별 고객들을 위해 64온스의 그롤러(growler, 맥주 담는 그릇)를 채우는 것에 중점을 둔다. 식스포인트의 소유주인 세인 웰치(Shane Welch)는 "우리는 전통적인 양조장 경로를 추구하지 않을 것이다. 그것을 지구 반 바퀴에 선적하는 것은 말이 안 된다. 그것은 시대에 뒤떨어진 사업 모형이다"(Tarquinio 2009)라고 하였다.

문화적 주류로의 성숙

우리가 이 연구의 첫 번째 판(Schnell and Reese 2003)을 발표한 이후로, 소형 맥주 양조장은 지방 음식과 음료, 장인의 생산을 향한 광범위한 운동의 필수적인 부분이 되었다. 랜디 모셔(Randy Mosher)의 말을 빌리자면,

> 한 세기 이상 이 이민 국가는 하나가 되는 방법을 찾으려고 노력했다. 대중 시장에서 일반적인 언어를 찾는 '현대적인' 제품이 이를 위한 한 가지 방법이었다. 그것들은 여전히 진열대에 있지만, 이러한 산업 아이콘들의 밝고 영혼이 없는 합리성은 더 이상 그렇게 매력적이지 않다. 우리 중 많은 사람은 얇게 썰지 않은 빵과, 곰팡이가 슨 치즈를 먹고, 갓 볶은 커피, 검고 약간 탁한 맥주를 마시는 것을 선호한다. 비합리성은 아름다운 것이 될 수 있다(2009, p.142).

소형 맥주 양조 추세 자체는 맥주를 넘어 소형 증류주 공장으로 확장되었으며, 이 중 상당수는 사과주 생산뿐만 아니라 기존 소형 맥주 양조장의 부속물이다(Willey 2007; Schultz 2011; Ostendorff 2011; Reimer 2012; Steinmetz 2012). 지역 와인 양조장도 1990년대 이후 극적으로 확장되었다(Trubek 2008). 맥주 양조장 방문은 이제 와인 양조장 여행과 함께 전국 대부분 지역의 관광 광고의 필수적인 부분으로 자리 잡았으며, 장소의 '진정한' 본질을 경험하는 수단으로 홍보되고 있다(Baldacchino 2010; Elzinga 2011; Murray 2012; Schnell 2011). '에일 오솔길(Ale trails)', '에일로 가는 오솔길(trail to ale)' 운영 등이 점점 더 많이 구축된 와인 오솔길과 함께 자리를 잡고 있으며, 이는 소형 맥주 양조장이 군집화된 지역으로 전문가를 끌어들이고 있다(예: Eldridge 2009 참조).

맥주 관광 애호가들의 소규모 동호회는 지역 안내서와 수제 맥주 양조장 웹사이트를 작성함으로써 그들의 문학적 재능을 기부한다. 여기에는 펜실베이니아(Bryson 2012)와 같은 역사적으로 중요한 맥주 양조 지역, 태평양 북서부(Morrison 2011)와 같은 수제 맥주 개척 지역, 콜로라도(Sealover 2011)와 캘리포니아 북부(Weaver 2012), 포틀랜드(Burningham and Thalheimer 2012), 애슈빌(Glen 2012)과 같은 악명 높은 맥주 친화 도시 등 전국을 망라한다. 또한 흥미롭게도, 수제 맥주 산업의 문화적 부상을 보여 주는 수제 맥주와 마리아주(페어링)에 관한 문헌이 와인에 관한 것만큼이나 흔해지고 있다(예: Oliver 2003; Calagione and Old 2009; Mosher 2009; Schultz 참조). 위에 나열된 책들의 저자로부터도 소형 양조 맥주 애호가들의 순위가 더 이상 (거의) 독점적인 남성 영역이 아니라는 것이 분명하다.

많은 지역에서 활발한 맥주 문화가 발달했다. 예를 들어, 샌디에이고는 현재 샌디에이고 카운티에

50개 이상의 양조장이 있는 큰 중심지이다. 방문객들은 맥주 양조장 지도를 얻고, 양조장 버스 관광을 할 수 있으며, 매년 열리는 샌디에이고 맥주 주간(Dickerman 2012)에 참석할 수 있다. 사실 전국적으로 수십 개의 도시들이 5월 중순에 미국 수제 맥주 주간을 기념한다. 지역 차원에서 현재 전국에 최소 50개의 수제 맥주 양조 조합이 존재한다[미국 브루어 길드(American Brewers Guild), 2013]. 이러한 연합체는 특정 지역에서 양조 전문가와 애호가를 위한 자원과 정보를 제공한다. 캘리포니아 남부를 넘어 주 및 지방 관광청은 정기적으로 수제 양조장 지도와 간이 안내 책자를 발행하고 있다. 양조 축제도 많다. 수제 맥주 문화는 다른 종류의 대중 문화와도 연결되어 야구장뿐만 아니라 다른 스포츠 경기장에도 들어가고 확고한 기반을 찾았다. 스크레타(Skretta)는 "(현지 수제 맥주) 브랜드에 대한 폭발적인 응원은 야구장에서 크고 명확하게 들렸다. 이는 시장 주도의 수요이지 마케팅 주도의 수요가 아니다"(2012)라고 하였다.

정치인, 장소 판촉자, 공식 맥주양조회사 및 연구원들은 소형 맥주 양조를 일자리 창출 및 경제 성장을 위한 엔진으로 보기 시작했다(예: Baldacchino 2010, Colorado Brewers Guild 2012, Dillivan 2012, Francioni 2012, Murray 2012, Tonks 2011). 2011년 연방 입법부 차원에서 전 민주당 대통령 후보인 존 케리(John Kerry) 상원의원과 아이다호 출신의 보수적인 (절대 금주주의자가 아닌) 모르몬 공화당 상원의원인 마이크 크래포(Mike Crapo)는, 맥주 생산에 대한 소비세를 줄이기 위해 2011년 맥주의 약자를 딴 '양조업 고용과 소비 촉진법'[Brewer's Employment and Excise Relief (BEER) Act]을 발의했으나 채택되지는 않았다. 하버드대학교의 연구에 따르면 수천 개의 새로운 일자리를 창출할 수 있을 것으로 추정된다(Simender 2011). 비슷한 법안을 하원에서 발의한 매사추세츠주 출신의 민주당 의원인 리처드 닐(Richard Neal)은 "전국 어디를 방문하든 지방 양조장이 있고 그에 수반되는 일자리가 있다. 이 양조장들은 지역에 생명을 불어넣고 수만 개의 일자리를 창출하는 훌륭한 일을 한다. 그들은 또한 정말 좋은 맥주를 만든다"(Wherum 2010; Gorski 2012)라고 하였다.

지방에 대한 애착 만들기

그렇다면, 양조장은 어떻게 그들의 성공을 이끈 현지에 대한 애착을 만들어 낼 수 있을까? 맥주 양조장과 와인 양조장은 다른 방식으로 지역성을 구성한다. 와인 양조장이 (일부는 그들의 수제 양조를 위해 다른 곳의 포도를 가져오지만) 일반적으로 그들의 포도가 생산되는 바로 그 토양과 기후에 뿌리를 두고 있는 반면, 맥주 양조장들은 대개 다른 곳에서 그들의 원료를 가져온다. 보리와 특히 홉은 지리적으

그림 15.5 상표 예술. 캘리포니아주 포트브래그(Fort Bragg), 노스코스트(North Coast) 양조회사; 알래스카주 앵커리지, 미드나잇선(Midnight Sun) 양조회사; 아이다호주 빅터, 그랜드티턴(Grand Teton) 양조회사의 소유주 및 직원; 펜실베이니아주 이리, 이리(Erie) 양조회사; 네바다주 스팍스(Sparks), 그레이트베이진(Great Basin) 양조회사의 회장 및 양조 마스터인 탐 영(Tom Young)의 허가하에 복제함.

로 밀집된 지역에서 재배되며 홉은 그들의 테루아로부터 그들의 성격의 많은 부분을 비슷하게 얻는다고 하지만, 대부분의 양조자는 그들 자신의 것을 재배하지 않는다. 따라서 맥주 양조자들은 일반적으로 지방성을 환기하기 위해 양조 기술 자체와 마케팅에서 사용하는 장소의 내러티브[9] 등의 다양한 수단에 의존한다.

우리는 연구 중에 미국 전역의 자가 양조 맥줏집을 방문하였으며 그 가게들의 장식이 지방색으로 가득 차 있을 뿐만 아니라, 맥주 이름도 마찬가지라는 것을 알게 되었다. 이 이름들은 양조된 장소를 반영하는 경향이 있으며, 역사적 인물이나 사건, 지역 전설, 랜드마크, 야생 동물 또는 심지어 기후 사건과 같은 다양한 출처에서 유래되었다(그림 15.5).

이러한 소형 양조 에일의 이름이 지역 정체성을 연구할 수 있는 귀중한 창구가 될 것이라고 보았다. 국가의 다른 지역 사람들은 그들의 지역에 대해 특별히 무엇을 인식하고, 무엇을 자랑스러워하며, 무엇이 그들을 다른 곳과 다르게 만들지 궁금했다. 처음에 지난 10년 동안 미국의 경관을 재구성하고 있는 장소의 신지방적 자부심에서 지역적 양상을 구별하기 위해 전국의 소형 양조 맥주의 이름을 분석하려고 했지만 실패했다.

2002년 당시 1,500개 정도의 맥주 양조장을 우편으로 조사했고, 예를 들면 특정 이미지가 선택된 이유는 무엇인가와 같은, 맥주 이름과 그 이름 뒤에 숨겨진 이야기들에 대한 정보를 물었다. 1,500명 이상의 조사 대상자 중 약 400명의 응답자가 있었다. 지역적으로 특색 있는 이름이 없는 많은 자가 양조 맥줏집들이 대답할 이유가 없다고 판단한 것을 고려하면, 반응은 꽤 좋았다. 그 이후 10년 동안 정기적으로 연구를 갱신했고, 수백 개의 다른 양조장의 웹사이트를 조사했다.

초기 자료에서 내용을 분석하고 자료를 지도화할 계획이었다. 지방적 의미를 가진 모든 맥주 이름을 일련의 범주로 나누고, 그 범주의 전국적 분포를 지도화했다. 우리가 만든 목록(역사적 인물이나 사건, 지역 랜드마크, 유명인 등)은 곧 관리하기 어려울 정도로 많아졌다. 바위, 거리, 별명, 수역, 모호한 해안 섬, 야생 동물, 야외 활동, 비, 유령 이야기, 지방 괴짜, 지방의 미래상(local visionaries, 항상 구별할 수 있는 것은 아님), 그리고 수많은 다른 범주들은 모두 장소의 독특한 이미지처럼 보였다. (내용 분석을 해 본 사람이라면 누구나 증명할 수 있듯이) 혼란을 가중시킨 것은 연구의 핵심 가정인 이미지나 단어를 별개의 범주로 나눌 수 있다는 망상이었다. 밀워키의 레이크프론트(Lakefront) 양조장의 크림 시티 페일 에일(Cream City Pale Ale)을 예로 들어 보겠다(그림 15.6). 정확히 어떤 범주인가? 그 이름은 많은 석조 건물의 돌 색깔에 기원한, 오래된 도시의 별명에서 유래되었다. 지방(광업) 산업으로 간주할

---

9 이 과정에 대한 영국의 맥락에서 논의는 메이에(Maye) 2012 참조

까? 지질학? 도시 랜드마크? 도시의 별명? 오래된 양조장 건물(상표에 있는 그림)? 아니면 '벽돌 색깔'에 해당하는 다른 범주가 필요할까? 장소감의 본질인 많은 지명이 장소를 강하게 환시시키고, 풍부하고 상호 연결된 의미의 그물망을 만들기 때문에 그러한 방법론을 정확하게 쓸모없게 만든다.

우리 방법에 내재된 두 번째 문제는 개념적인 문제였다. 몇 가지 지역적 양상을 알아낼 수 있었는데, 해안가의 이미지는 해안가에 나타나고, 식민지의 이미지는 북동쪽에서 발견될 가능성이 더 높다는 것이다. 하지만 이것들은 사소한 것부터 진부한 것까지 매우 좁은 범위를 가지고 있었다. 우리의 방법론에서 우리가 정말로 길을 완전히 잃어버렸다는 것을 깨달았다. 지역적(regional) 양상을 지도화하는 과정에서 소형 맥주 양조장 확장의 가장 중요한 측면인 자랑스럽고 독특한 지방(local)에 대한 애착과 헌신을 놓치고 있었다. 양조업자와 고객 모두가 추구하는 것은 지역 정체성이 아니라 그 입지와 그 입지만의 독특한 장소감이다.

문화지리학자들이 보여 주었듯이, 장소 애착은 스토리텔링과 지방 역사에 대한 높아진 의식을 통해 강화될 수 있다(Tuan 1980, 1991). 이러한 행위는 민속, 역사, 지방 지식이 마음의 눈에 보이게 하기 때문에 '보이지 않는 경관'(Ryden 1993)의 의미를 효과적으로 풍부하게 한다. 한때 우리 일상의 예외 없는 배경처럼 보였던 것이 여러 층의 역사와 의미를 갖게 된다. 이런 종류의 장소 창조는 바로 소형 맥주 양조장이 맥주 이름을 짓고 그들의 가게를 장식할 때 결부되는 것이다.

답장으로 받은 편지를 읽고 수제 맥주 양조장 웹사이트를 조사한 결과, 많은 양조장과 소유주들이 그들이 사는 곳에 대한 뿌리 깊은 애정으로부터 이름 짓는 과정에 얼마나 많은 연구와 노력을 기울였는지를 종종 발견했다. 이러한 소유주들은 특정 지역에 강력하게 뿌리내리기 위해 노력하고 있다. 예를 들어, 펜실베이니아주 이리(Erie)에 있는 이리 양조회사는 개별 맥주에 대한 맛 프로필, 맞는 안주 및 수상 실적을 제공할 뿐만 아니라 '맥주 이야기'를 위한 상당한 공간을 확보하고 있다. 이 이야기들은 각 이름의 기원에 초점을 맞추고, 각 이름을 확실한 지방적 맥락으로 포장하고, 각각의 이름을 공동체 정신과 연결한다.

그림 15.6 내용 분석의 문제점: 이 이름을 어떻게 범주화할까? 미국 위스콘신주 밀워키, 레이크프론트(Lakefront) 양조회사의 허가하에 복제함.

펜실베이니아의 이리는 19세기 중반에 철도의 중요한 중심지였고, 도시는 세 개의 선로 궤간이 교차하는 곳이었다. 이리 양조회사의 대표적인 에일인 레일벤더 에일(Railbender Ale)은 철도 선로를 부설한 노동자들에서 유래되었는데, 이 에일은 양조에 역사적인 철도와 철도 노동자들을 상징하는 자부심, 힘, 그리고 순수함으로 양조된다.

프레스크 아일 필스너(Presque Isle Pilsner), 미저리 베이 IPA(Misery Bay IPA), 매드 앤서니의 APA(Mad Anthony's APA), 드레이크의 크루드 오트밀 스타우트(Drake's Crude Oatmeal Stout) 등 다른 이리 양조회사의 맥주 이름들도 매우 현지적이다. 이러한 이름들을 진정으로 감상하기 위해서는 현지의 전설을 알아야 하며, 이 '맥주 이야기'에서 볼 수 있듯이 양조장들은 기꺼이 제공한다.

올리버 페리 기념비(Oliver Perry Monument)에서 이리 호수의 역사적인 미저리만을 가로지르는 풍경은 이리 호수 전투(1812년 전쟁의 중요한 해전) 동안 견뎌낸 고난을 끊임없이 상기시켜 준다. 미저리만 IPA는 많은 용감한 선원들과 군인(미 해군 함대를 건설하면서 1812~1813년 겨울 동안 사망한)들의 마지막 안식처인 미저리만과 그레이브야드 폰드(Graveyard Pond)에 대한 조의로 양조된다(Erie Brewing Company 2013).

현재 이리의 유일한 자가 양조 맥줏집인 유니언 역 양조회사(The Brewerie at Union Station)는 "이리 시내를 한 번에 1파인트씩 활성화"라는 표어를 가지고 있으며 맥주 이름을 훨씬 더 기발하게 지방 차원으로 연결한다. 엉클 잭의 블론드 에일(Uncle Jack's Blonde Ale)과 맥네어 소령의 넛 브라운 에일(Major McNair's Nut Brown Ale)은 각각 이제는 사라진 이리 양조장과 이리의 첫 양조장에 경의를 표한다. 애프리션 에일(Apparition Ale)은 1900년대 초 양조장이 있는 기차역에서 때아닌 최후를 맞이한 어린 소녀 클라라의 이야기를 떠올리게 한다. 그녀의 정신은 계속해서 그 장소에 남아 있다. 그리고, 홉니스 몬스터 IPA(Hopness Monster IPA)는 이리 호수에 있는 네스 호수 괴물과 같은 생물의 전설에서 유래한다(The Brewie 2013). 양조 맥주의 이름을 짓는 전략은 의도적으로 모호한 이름을 사용하는 더 큰 추세와 유사하다. 여기서 증명되었듯이 많은 경우 그러한 언급은 또한 맥주가 양조된 장소에 대한 깊은 애착을 보여 준다.

맥주 제조업자들은 종종 독특한 지방 주제를 만들기 위해 많은 노력을 기울이며, 맥주 상표를 장식하는 이미지는 종종 이름만큼이나 많은 관심을 받는다. 예를 들어 캔자스주 로런스(Lawrence)에 있는 프리 스테이트(Free State) 양조장의 이 이미지에서 양조장의 존 브라운 에일(John Brown Ale)을 홍보하는 이미지를 볼 수 있다(그림 15.7). 물론, 존 브라운은 캔자스와 다른 곳에서 폭력적인 공적

그림 15.7 캔자스주 청사를 장식한 존 스튜어트 커리의 유명 벽화 〈비극적인 전주곡〉을 그린 존 브라운 에일[캔자스주 로렌스, 프리스테이트(Free State) 맥주 양조장] 홍보 티셔츠는 캔자스 상징성을 잘 보여 준다. 커리의 원본 그림은 http://www.kshs.org/p/kansas-state-capitol-online-tour-tragicprelude/16595 (2013년 6월 10일 검색)을 참조. 캔자스주 로렌스, 프리스테이트 맥주 양조장의 허가하에 복제함.

으로 남북 전쟁을 촉발시킨 유명한(악명 높은) 반노예 십자군이었다. 실제로 양조장의 이름 자체는 남북 전쟁 이전 수십 년 동안 자유 국가 반노예 옹호자들의 보루로서 로렌스의 지위에서 유래했다. 이미지 자체는 토페카(Topeka)에 있는 캔자스주 청사를 장식하고 있는 존 스튜어트 커리(John Steuart Curry)의 그림 〈비극적인 전주곡〉을 본떠 만들어졌다. 브라운의 강력하고 약간 미친 듯한 모습은 토네이도 길목에 있는 캔자스의 존재를 나타내는 다가오는 토네이도에 의해 주도된다. 두 이미지 모두 캔자스를 특별한 일이 별로 일어나지 않는 온화한 곳으로 보는 외부인의 공통된 인식으로 인해 차례로 고개를 갸우뚱하게 한다. 따라서 결과 이미지는 캔자스 고유성의 다층성이 추출된 것이다.

왜 양조자들은 그들의 이미지와 이름에 그렇게 많은 노력을 기울이는가? 미주리주 세인트조지프(St, Joseph)에 있는 벨트(Belt) 양조회사의 한 양조업자는 2002년에 자신의 코네스토가(Conestoga) 밀을 예로 들며 이렇게 설명했다.

예를 들어, 네브래스카주에서 누군가가 온다면, 그들은 아마 코네스토가(Conestoga) 마차가 무엇인지 알게 될 것이다. 반면에 만약 플로리다에서 온 누군가가 코네스토가 마차가 무엇인지, 무엇을 위한 것인지 모른다면 우리는 그들과 우리의 역사와 이상을 조금 나눌 수 있는 여지를 갖게 된다.

이러한 지역적으로 뿌리내린 이름은 내부자에게 독특한 장소에 소속되어 있다는 느낌과 새로 온 사람들과 이러한 독특함을 공유할 수 있는 기회를 제공한다.

이러한 소속감, 제자리에 뿌리를 둔다는 것은 우리가 연구한 많은 에일 이름의 핵심적인 측면이다. 오리건주 코발리스(Corvallis)의 블록 15(Block 15) 양조장처럼 양조장 건물의 원래 주소(블록 번호)를 따서 명명된 양조장이 있는 바로 그 건물에 뿌리를 두고 있는 경우도 있다(DeBenedetti 2011). 우리가 조사한 자가 양조 맥줏집은 사실상 1980년대 후반 이전에는 존재하지 않았지만, 많은 것들이 더 오래되고 더 역사적인 건물들에 입지해 있다.[10] 실제로 그것은 메뉴에 이전에 그들의 공간을 차지했던 사업들의 계보에 대한 일부 설명이 포함되지 않아 지역 사회와의 연속성을 담보하지 않는 드문 양조장이다. 다른 경우에는 금주령 이전의 마을 양조장 이름을 따서 맥주 이름이 지어지기도 해서 오랜 양조 전통과 연관성을 확립하기도 한다.

가장 도시적인 환경에서도 현대적인 도시 이미지는 거의 강조되지 않는다. 그리고 현대의 생활 방식은 거의 항상 대장장이, 광부, 증기선 선장과 같은 역사적이거나 육체 노동자 생활 방식을 선호한다. 이제는 사라진 중공업 역사에 대한 언급도 많다. '주식 중개인 스타우트'나 '시스템 분석가 필스너' 또는 'C.P.A. I.P.A.'를 찾을 수 있는 곳은 없었다.[11] 대신 콜 마이너(Coalminer)의 스타우트[블랙호스(Blackhorse) 주점 및 양조장, 테네시주 클락스빌(Clarksville)], 블랙스미스(Blacksmith) 양조회사[몬태나주 스티븐스빌(Stevensville)], 그리고 럼버잭(Lumberjack) 페일 에일[미시간주 트라이시티베이(Tri-City Bay)]이 훨씬 더 전형적이다. 생계가 사는 곳의 지리와 얽혀 있는 사람은 '진정한' 장소를 대표하는 사람들이다. 오하이오주 영스타운(Youngstown)의 러스트 벨트(Rust Belt) 양조회사[블라스트 퍼니스 블론드 에일(Blast Furnace Blonde Ale)과 코크 오븐 스타우트(Coke Oven Stout)의 양조업자는 "미국 철강 산업을 건설한 블루칼라 직업 윤리와 인내를 모범으로 삼아 오하이오에서 가장 큰 수제 맥주 양조장이 되는 것이 우리의 사명"이라고 말한다(Rust Belt Brewing 2013).

그 지역의 역사적인 측면 또한 장소에 대한 연결고리를 제공한다. 특히 동부와 중서부에서 마을 설립자들의 공통적인 주제이다. 연구된 다른 요소들과 마찬가지로, 이러한 이름들은 가까운 지방 밖에서는 거의 알려져 있지 않다. 흥미롭게도, 미국 독립 전쟁이나 남북 전쟁의 이미지 사용은 우리가 예상했던 것보다 훨씬 적었다. 왜냐하면 양조장이 그들의 정수(elixir)를 병에 넣을 계획이 있다면, 알코올, 담배와 무기 관리청은 군대나 무기가 내포된 어떤 맥주 이름도 단호히 거부하기 때문이다.

---

10 여기에는 아마도 2011년 버락 오바마(Barack Obama) 대통령의 요청으로 양조된 세계에서 가장 독점적인 소형 양조 맥주인 화이트하우스 허니 에일(White House Honey Ale)이 포함된다.

11 맥주의 한 종류, 인도 페일 에일의 일반적인 약어이다.

거의 모든 경우에 환영받는 것은 전적으로 지방 역사이다. 독립 전쟁이 언급될 때, 그것은 록 바텀 (Rock Bottom) 양조장(노스캐롤라이나주 샬럿)의 스팅진 브리츠 IPA(Stingin' Brits IPA)와 같은 특정 지역의 역사적 사건과 관련되는데 지나가는 영국 군인들에게 말벌의 둥지를 떨어뜨린 당시의 현지 여성들을 기념한다.[12] 이곳의 역사는 교과서적인 역사가 아니다. 장소에 대한 친숙함을 요구하는 역사이다.

예를 들면 기차, 말, 마차 또는 증기선과 같은 과거의 향수를 불러일으키는 이미지도 많다(그림 15.8). 다시 말하면, 암트랙(Amtrak) 에일이나 I-35 도플복(Dopplebock)은 없고 증기 기관차, 돛배, 올드 포스트 로드(Old Post Road), 포니 익스프레스(Pony Express)가 있다. 오래된 맥주 생산 또는 소비에 대한 상표 이미지가 많이 존재하며, 많은 맥주가 이 지역의 오래된 역사적인 양조장의 이름을 따서 명명되었다. 이러한 이미지는 앤하이저-부시와 같은 거대 양조장의 대량 생산과 분명히 대조된다. 캘리포니아 샌마르코스에 있는 스톤 양조회사의 소유주는 "우리 회사의 상표이자 보호자인 스톤 가고일(Stone Gargoyle)은 현대의 악(화학 보존제, 부가물 및 첨가제)이 맥주를 더럽히는 것을 방지한다"라고 말했다(개인 통신 2002). 이 모든 향수를 불러일으키는 이미지들은 우리의 현대적이고 고통스러운 삶 속에서 사라졌다고 널리 인식되는 공동체의 유형과 사회의 유형에 대한 창 역할을 한다.

뿌리를 내리는 또 다른 원천은 계절과 수확 주기에서 발견된다. 농부들의 시장과 지역 공동체가 농업을 지원함에 따라 계절별 농산물 소비에 대한 아이디어가 대중의 관심으로 사로 잡았고, 소형 맥주 양조장도 제철에만 특정 맥주를 양조하기 시작했다. 대부분의 양조장은 계절별 맥주 목록과 연중 제공되는 맥주 목록을 가지고 있다. 다시 말하지만, 양조장의 환경에 관계 없이 뉴욕 코틀랜드(Cortland)에 있는 코틀랜드 맥주 회사의 하이퍼 바이젠(Heifer Weizen)처럼 이름과 상표(그림 15.9) 모두에서 시골 및 농업 이미지가 풍부하다.[13] 몬태나주 벨트에 있는 하베스트 문(Harvest Moon) 양조회사에서는 픽스 애스 포터(Pig's Ass Porter)와 같이 지방 농부와 양조장의 직접적인 연결을 광고한다. 이 회사의 이름은 현지 돼지 사육업자가 어느 날 돼지에게 먹일, 양조 후 남은 곡물을 줍기 위해 양조장에 들른 데서 따온 것이다. 윈쿱(Wynkoop) 양조회사(콜로라도주 덴버)와 실제 황소 고환으로 양조된 로키마운틴 오이스터 스타우트(Rocky Mountain Oyster Stout)처럼 보다 다양한 시골 관련 사례도 풍부하다.

맥주 양조장은 맥주를 마시는 사람에게 문자 그대로 장소의 맛을 주기 위해 과일, 허브, 꿀, 심지

---

12 록 바텀은 여기 언급된 다른 양조장들과는 달리 전국적인 체인점이지만, 다른 양조장의 지역적 느낌을 모방하기 위해 정기적으로 맥주에 지역 이름을 붙인다.

13 밀로 양조한 일반적인 스타일의 맥주인 헤페바이젠(hefeweizen, 효모 밀)로 언어 유희.

그림 15.8 과거의 향수를 불러일으키는 이미지. 캘리포니아주 포트 브래그, 노스 코스트(North Coast) 양조회사; 메인주 포틀랜드, 쉽야드(Shipyard) 양조회사; 매사추세츠주 사우스디어필드, 버크셔(Berkshire) 양조회사의 허가하에 복제함.

어 채소와 같은 현지에서 조달한 재료와 오래된 양조 전통을 사용하는 것을 점점 더 홍보하기 시작했다. 미시간주의 마운틴 플레전트(Mount Pleasant) 양조회사의 양조자인 김 코왈스키(Kim Kowalski)는 "현지에서 수확할 수 있는 모든 것이 내가 사용하기 좋아하는 것이다. 현지 꿀, 현지 채소, 과일, 허브는 우리가 누구인지를 말해 주기 때문에 정말 재미있다. 알래스카에서는 우리가 할 수 있는 방식과 다른 방식일 수 있다. 그것이 유래한 지역을 대변한다"(Mahaffy 2012; Carmichael 2008 참조). 노스캐롤라이나주의 에슈빌의 크래기(Craggie) 양조회사의 안테벨럼 에일(Antebellum Ale)은 당밀, 가문비나무, 생강, 물 및 효모만을 사용하는 노스캐롤라이나의 전통적인 양조법에서 유래되었다(Miers

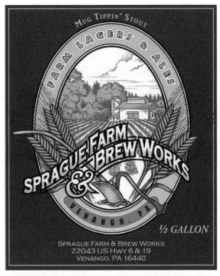

그림 15.9 농촌 이미지. 위스콘신주 밀워키, 레이크프론트 양조장; 펜실베이니아주 배낭고, 스프래그팜(Sprague Farm)과 비어웍스(Beer Works)의 브라이언과 미니의 허가하에 복제함.

2012). 그리고, 스프래그 팜과 브루 웍스(펜실베이니아주 배낭고)와 같은 몇몇 양조업자들은 현재 자신들의 홉을 재배하고 있다. 툰드라(Tundra) 양조장(뉴욕주 스탬퍼드)은 자신들의 홉과 보리도 재배하고 있으며, 뉴욕 유니언 스퀘어의 그린 마켓에서 다른 지역 농부들과 함께 양조한 맥주를 판매하고 있다(Sen 2011). 스톤 양조장(캘리포니아주 에스콘디도)은 19에이커의 농장을 가지고 있으며, 홉뿐만 아니라 자가 양조 맥줏집의 식당을 위한 유기농 농산물도 생산한다.

자연의 이미지는 전국의 맥주 레이블에서 발견되지만, 로키산맥에서 서해안까지의 이미지가 많으며, 이 지역의 초기 자료에서 지방 기반 양조 맥주 이름의 약 70%를 차지한다(그림 15.10). 과거 이미지의 중요성이 낮다. 대신, 이미지의 기원은 자연과 아메리카 원주민과 유럽계 개척자들이 처음 마주친 '때 묻지 않은' 풍경에서 비롯된다. 상표의 동부 야외 이미지는 종종 인공 구조물(농장, 지붕이 있는 다리, 마차)을 사용하는 데 비해, 인공 구조물은 서부 자연 기반 상표에서 두드러지게 덜 사용한다. 일반적으로, 상표에 사람을 쓰면, 사람들이 산악 자전거 타기, 등산 또는 서핑과 같은 야외와 접촉하게 하는 활동으로 그럴듯하게 보여 준다. 하와이의 파이프라인 포터[Pipeline Porter 코나(Kona) 양조회사], 오리건의 아이스 액스 인도 페일 에일(Ice Axe Grill) 또는 유타의 데일루르 에일을 예로 들 수 있다[Derailleur Ale 모압(Moab) 양조장](그림 15.11).

우리의 조사에 대한 응답자의 말에 의하면 '불필요한 댐의 제거를 촉진하기 위해' 지어진 이름[워싱

그림 15.10 야생 동물과 자연계. 유타주 솔트레이크시티, 우인타(Uinta) 양조회사; 애리조나주 템페, 포 픽스(Four Peaks) 양조회사; 몬태나주 미줄라, 빅 스카이(Big Sky) 양조회사; 아이다호주 빅터, 그랜드티턴 양조회사의 고용인과 소유주의 허가하에 복제함.

턴주 올림피아에 있는 피시테일 에일스(Fish Tale Ales)의 디토네이터 도플복(Detonator Doppelbock)]도 있다. 동물, 식물, 지형, 산, 계곡 또는 강에 대한 대부분의 야외 이름 또는 이미지는 미드나잇 선(Midnight Sun) 양조회사(알래스카주 앵커리지)의 소케에 레드 IPA(Sockeye Red IPA) 및 코디악(Kodiak Brown)과 마찬가지로 오염되지 않은 황야의 화려함의 아이콘으로 분명히 의도되었다. 에디라인(Eddyline) 식당과 양조장[콜로라도주 부에나비스타(Buena Vista)]은 두 개의 강줄기 사이 강 지역에서 이름을 갖고 왔

그림 15.11 양조장 이미지의 주요 요소인 자연 속의 사람들, 특히 미국 서부의 사람들. 하와이 주 코나, 코나(Kona) 양조회사; 유타주 모압, 모압(Moab) 양조회사의 허가하에 복제함.

다. 그 밖에 생각나게 하는 풍경명으로는 타말파이스 트리펠[Tamalpais Tripel, 로스 밸리(Ross Valley) 양조장, 캘리포니아주 페어팩스(Fairfax)], 행잉 레이크 허니 에일[Hanging Lake Honey Ale, 글렌우드 캐니언(Glenwood Canyon) 양조장, 콜로라도주 글렌우드 스프링스], 파호이오이 포터(Pahoehoe Porter, 코나 (Kona) 양조회사, 하와이주 코나] 등이 있다. 많은 서부 양조장들은 (동부의 일부뿐만 아니라) 이름을 읽고 상표에 있는 예술 작품을 조사하는 것만으로도 지방의 자연환경과 경관을 잘 이해할 수 있다. 일부 는 심지어 "웨인스빌(Waynesville) 주변에 솟아 있는 산의 서리선을 참고"한 노스캐롤라이나주 웨인 스빌의 프록 레벨(Frog Level) 양조회사와 같이 자연지리에 대한 더 자세한 설명이 필요하다. 서리선 위에서는 개구리가 살 수 없지만, 서리선 아래에서는 개구리가 많이 산다. 또 다른 이야기는 웨인스 빌의 프록 레벨 구역이 역사적인 홍수 때문에 그렇게 별명이 붙여졌다고 말한다(Myers 2012, p.47).

지역에 대한 양조자의 헌신이 양조장을 넘어서는 경우도 있다. 가장 성공적인 많은 소형 맥주 양조장들은 지역 사회에 뿌리를 두고 있으며, 지방 사업, 명분 및 주도의 열렬한 지지자가 되었다 (Tremblay and Tremblay 2011; Colorado Brewers Guild 2012; Dillivan 2012). 덴버 최초의 수제 맥주 양 조장이자 콜로라도에서 가장 오래된 양조장 중 하나인 윈쿱(Wynkoop) 양조장은 덴버 동물원과 덴 버 자연사 박물관과 같은 지역 기관을 위한 기금을 마련하기 위해 특별한 맥주를 양조하며, 가능한 한 많은 콜로라도 생산 제품을 자가 양조 맥줏집 메뉴에 사용한다.[14] 콜로라도주 롱몬트(Long-mont)에 있는 레프트 핸드(Left Hand) 양조회사는 비영리 기부에 전념하는 정규직 직원을 두고 있다(Sealover 2011). 많은 양조장이 지방 야생 지역을 구하고 보호하기 위한 캠페인에 참여했다. 예를 들어, 버크셔(Berkshire) 양조회사[매사추세츠주 사우스디어필드(South Deerfield)]는 프랭클린 랜드 트러스트 프리저베이션 에일(Franklin Land Trust Preservation Ale)을 정기적으로 양조하여 동일한 이름의 조직에 이익을 준다. 오크셔(Oakshire) 양조회사[오리건주 유진(Eugene)]는 최근 베르그렌(Berggren) 유역 보호 지역에 혜택을 주기 위해 한정판 맥주인 스쿠쿰척 와일드 에일[Skukumchuck Wild Ale, '강력한 물'을 뜻하는 치누크(Chinook) 원주민의 단에]을 양조했다.

[92에이커] 자산은 농사를 짓고 있는 범람원에서 지속 가능한 농업 기술을 선보이는 동시에 교육 기회와 토착 서식지 복원을 통합하는 개발 시범 농장의 부지이다. 지역 음식과 이 자산에 대한 유역 보호간 연결은 오크셔(Oakshire)가 판매 수익금을 투자하도록 동기를 부여했다(McKenzie River Trust 2011).

현지의 스포츠 팀들에게도 때때로 초점을 맞추지만, 중요한 것은 이때 스포츠팀들은 절대 메이저 리그 스포츠가 아니라는 것이다. 드문 예외는 클리블랜드 브라운 에일(Cleveland Brown Ale)이다(우리의 추측으로는 익살이 너무 좋아서 포기할 수 없었다). 뉴욕 포킵시(Poughkeepsie)의 레니게이드 레드(Renegade Red)와 노스캐롤라이나 히코리(Hickory)의 크로대드 레드 에일[Crawdad Red, 올드 히코리(Olde Hickory) 양조장]은 현지의 마이너리그 야구 선수들을 기념한다. 한편, 러프 라이더스 앰버 휘트(Rough Riders Amber Wheat)는 시더 래피즈(Cedar Rapids)의 마이너 리그 하키 구단의 이름을 따서 명명되었다. 텍사스주 오스틴(Austin)의 아이스배트(Ice Bat) 맥주도 마찬가지였다. 이러한 팀은 현지 지역 밖에서의 응원은 제한적인데, 바로 그것이 요점이다(메이저 리그 이미지를 사용하는 데 과도한 비용이 필요할 수 있다). 에일 이름에 스며드는 역사와 전통을 주제로 한 그러한 이름들은 때때로 과거를 돌아보고 있다. 솔트 시티 슬러거 골든 에일[Salt City Slugger Golden Ale, 미시간주 매니스티의 라이트하우스(Lighthouse) 양조회사, 현재는 소멸됨]은 오래전에 사라진 1890년대 야구팀의 이름을 따온 것이다.

다른 현지 전용 이름은 현지의 인물, 전설 또는 유령 이야기를 나타낸다. 뉴저지주 버클리헤이츠(Berkeley Heights)의 트랩 록(Trap Rock) 양조장은 한때 여섯 마녀의 무덤 위로 포장된 지방 도로에서

---

14 원쿱은 덴버 시장이 된 존 히켄루퍼와 2011년 콜로라도 주지사가 공동 설립한 양조장이다.

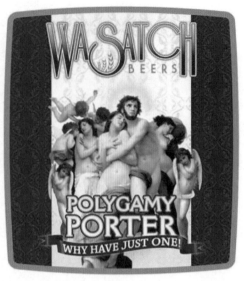

그림 15.12 이미지는 자랑거리가 될 필요는 없고, 단지 독특성일 뿐이다. 오하이오주 클리브랜드, 그레이트레이크 (Great Lakes) 양조회사; 유타주 솔트 레이크시티, 유타(Utah) 양조자 협동조합의 허가하에 복제함.

이름을 딴 식스 위치스 스타우트(Six Witches Stout)를 제공했다. 이 전설은 마녀들이 도로가 완공된 후 도로에 여섯 개의 돌기를 만들어 어떻게 복수를 하는지에 대해 이야기한다. 한편 캔자스주 로렌스의 프리 스테이트(Free State) 양조장에 있는 브링클리의 마이복(Brinkley's Maibock)은 전통적인 맥주 스타일과 염소의 연관성을 이용한다. 존 브링클리(John Brinkley) 박사는 1920년대 캔자스주에서 '염소 분비기관 의사'로 알려져 있었는데, 그는 염소 분비기관을 불임의 사람들에게 이식함으로써 불임을 치료하려고 노력했다. 브링클리는 또한 무전기의 선구자였으며, 1,000마일 내에서 들을 수 있는 고성능 방송국에서 모든 종류의 우편 주문 의약품을 판매했다. 연방통신위원회(FCC)가 그를 차단했을 때, 그는 국경을 넘어 멕시코로 가서 계속해서 판매했다.

흥미롭게도, 필요 요소는 자긍심이 아니고 독특성일 뿐이다. 예를 들어, 오하이오주 클리블랜드의 그레이트 레이크(Great Lakes) 양조회사는 버닝리버 페일 에일(Burning River Pale Ale)을 제공하는데, 이는 쿠야호가(Cuyahoga)강에 불이 났을 때 도시의 더 끔찍한 사건 중 하나에 대한 시민들의 농담에서 따온 것이다. 한편 와사치(Wasatch) 양조장(유타주 오그던)은 폴리가미 포터(Polygamy Porter)라는 이름을 사용하는데 이 이름은 처음 소개되었을 때 눈살을 찌푸리게 했으며 양조장이 전국적인 언론의 주목을 받게 했다(그림 15.12).

결론

소형 맥주 양조장 사업의 최근 동향과 소형 맥주 양조장을 성공적으로 마케팅하는 데 사용되는 이미지를 모두 검토한 결과, 20년 전 플랙(Wes Flack)이 주목했고 10년 전에 확인한 신지방주의가 여전히 살아 있으며 그 어느 때보다 강력하다는 것을 확인했다. 1990년대 중반의 소형 맥주 양조장 '몰락'의 본질은 단기적인 대중문화의 딸꾹질의 끝을 알리는 것이 아니라 현대 문화에 고착된 이러한 사업의 유지력과 진정한 장소에 얽매인 본성을 드러낸다.

대부분은 아니지만, 이러한 소형 맥주 양조장의 맥주를 판매하는 데 사용되는 많은 이미지들은 초기 내부자 외에는 누구에게도 알려지지 않았다. 그리고 그러한 지식을 가진 것에서 오는 공동체 의식은 널리 퍼져 있는 매력의 일부이다. 그러한 현지 양조장들은 전국적인 고객을 끌려 시도하지 않으며, 많은 면에서 이미지 참고 대상이 모호할수록 더 좋다는 것을 알아야 한다. 예를 들어, 미줄라의 빅 스카이(Big Sky) 양조장은 슬로우 엘크 오트밀 스타우트(Slow Elk Oatmeal Stout)를 제공하는데 "몬태나에서 소들은 종종 같은 목초지를 공유하고 매년 몇몇 근시안적인 사냥꾼들이 엘크(elk) 수렵 기간에 소를 쏘기 때문에, 소는 '슬로우 엘크(Slow Elk)'로 종종 불리는 데서 유래한다"(주인으로부터 온 편지, 2000년). 캘리포니아 우키아(Ukiah)의 요카요 골드[Yokayo Gold, 요카요는 원래 우키아 계곡의 포모(pomo) 인디언 이름이었다든, 알래스카 스카그웨이(Skagway)의 오식 스타우트(Oosik Stout, 오식은 바다코끼리의 음경 뼈를 뜻하는 이누이트 단어)이든, 자가 양조 맥줏집 이름은 압도적으로 현지의 랜드마크, 현지 역사, 짧게는 현지 지식에 주로 초점이 맞춰져 있다. 이들은 현지 주민만이 알고 있는 것이며, 다른 곳과 다르게 의도된 장소이다. 대부분의 경우 가게에서 메뉴의 에일 이름을 읽는 순간 하나의 가능한 위치를 떠올릴 수 있다.

이것은 대중을 위한 것이 아니라 선택된 소수를 위한 마케팅이다. 그것은 또한 신지방주의의 표현인 장소의 독특함에 대한 자긍심의 명백한 표현이다. 흥미롭게도, 이 매우 지방적인 강조는 그 자체로 작은 방식으로 지방적인 장소 정체성을 만드는 데 핵심적인 구성 요소인 구전(또는 적어도 인쇄된 메뉴)의 전통을 되살린다(Tuan 1991). 신지방주의를 주도하기 위해, 우리는 그 지방의 민간 전승 지식을 배우고 그 지역의 장소감을 형성하는 이야기에 결부되어야 한다.

소형 맥주 양조 이미지를 조사함으로써 우리는 신지방주의의 과정에 대한 더 큰 통찰력을 얻을 수 있다. 문화와 상업의 경관이 점점 다국적 기업들에 의해 동질화되고 있는 이때, 많은 사람이 자기 지방의 차이와 독특성을 적극적으로 선언하고 있다. 소형 맥주 양조장은 지역에 대한 애향심을 구축하고 새롭게 하는 도구 중 하나이다. 우리가 연구에서 도출한 핵심 결론 중 하나는 신지방 운동에 대한 장소 애착의 의식적인 창조의 중요성, 뿌리 의식과 장소감의 자발적인 배양이다. 맥주 이름이 처음에는 사소한 마케팅 전략인 것처럼 보이지만, 사실 그것들은 미국 문화에서 훨씬 더 깊은 경향을 보여 주는 지표이다. 우리와 같은 이동성이 높은 사회에서 공동체와 장소감은 헌신과 노력이 필요하다. 소형 맥주 양조장은 점점 더 많은 미국인이 지방으로의 연결이 부족하다고 느끼고 있다는 증거이며, 경제, 역사, 환경 및 가정 문화와의 연결을 약속하는 기업을 수용할 것이다.

2003년 한 작가가 버몬트주 사우스벌링턴(South Burlington)에 있는 매직햇(Magic Hat) 양조장을 방문했을 때, 방문객들은 지난 세기 동안 작은 양조장의 흥망성쇠를 자세히 설명하는 슬라이드 쇼를 접했다. 상영이 끝날 무렵, 양조자들은 소형 맥주 양조장 운동의 신지방 철학을 다음과 같이 명시했다.

수제 맥주의 부활은 미국인들이 다시 한번 독특한 맛의 고급 식품을 고집하는 것과 다름없다. 우리는 실제 사람들이 만든 현지 제품에 대해 새로운 인식을 갖게 되었다. 우리는 갑자기 이런 것들이 우리 삶과 공동체의 중요한 부분이고, 그들이 우리에게 주는 많은 것들이 파인트나 파운드로 측정될 수 없다는 것을 기억했다.

다시 말해, 소형 맥주 양조장의 폭발적인 성장은 점점 더 많은 미국인, 양조업자, 소비자는 그들이 살고 있는 도시나 마을과 다시 연결되어 특정한 경관에 얽매인 공동체의 느낌을 되살리고자 하는 욕구를 나타낸다. 실제로 이 장의 초기 버전을 만든 이후 수행된 한 연구는 공동체와의 연결이 충성스러운 소형 양조 맥주 소비자에게 영향을 미치는 가장 중요한 단일 요소라는 것을 발견했다(Murray 2012). 이것은 본질적으로 신지방 주민들이 채택한 새로운 장소의 이야기를 만들어 낸다. 이는 비인간적인 시장의 힘에 의해 움직이는 것이 아니라 개인과 지역 사회의 힘에 의해 움직이는 것이다. 소형 맥주 양조장은 기업화와 동질화에 대한 저항이 누구의 예상을 뛰어넘는 성공을 거둔 주목할 만한 분야 중 하나이다. 하지만 소형 맥주 양조장은 단순히 무언가에 대한 부정적인 반응이 아니다. 소형 맥주 양조장은 지역 지식, 지역 사업, 지역 경제 및 지역 연결이 모두 의식적으로 배양되고, 연결과 정체성이 양성되는 광범위한 정치, 사회 및 경제 사업의 일부가 되었다. 그 과정에서 소형 맥주 양조장은 또한 장소, 독특함, 그리고 소속감에 대한 살아 있는 이야기를 만드는 것을 돕는다.

참고 문헌

ABInBev (2013) Brand strategy. http://www.ab-inbev.com/go/brands/brand_strategy.cfm. Accessed 5 June 2013

Acitelli T (2013) The audacity of hops: the history of America's craft beer revolution. Chicago Review Press, Chicago

American Brewers Guild (2013) American brewers Guild. http://abgbrew.com/.Accessed 15 Jan 2013

Baginski J, Bell TL (2011) Under-tapped?: an analysis of craft brewing in the southern United States. Southeastern geographer 51(1): 165-185. Available from: http://130.102.44.246/journals/southeastern_geographer/v051/51.1.baginski.pdf. Accessed 15 January 2013

Baldacchino G (2010) Islands and beers: toasting a discriminatory approach to small island manufacturing. Asia Pac Viewp 51(1): 61-72

Brewers Association (2013a) Facts. Brewers association. http://www.brewersassociation.com/pages/business-tools/craft-brewing-statistics/facts. Accessed 8 Jan 2013

Brewers Association (2013b). Craft brewer defined. Brewers association. http://www.brewersassociation.org/pages/business-tools/craftbrewing-statistics/craft-brewer-defined. Accessed 13 Jan 2013

Brooklyn B (2013) We're building a new brewery in Stockholm. Brooklyn brewery. http://brooklynbrewery.com/blog/news/newbrewery-stockholm/. Accessed 8 Jan 2013

Burningham L, Thalheimer E (2012) Hop in the saddle: a guide to Portland's craft beer scene, by bike. Microcosm, Portland

Bryson L (2012) Pennsylvania breweries, fourth edition. Stackpole, Mechanicsburg

Calagione S, Old M (2009) He said beer, she said wine: impassioned food pariings to debate and enjoy: from burgers to brie and beyond. DK Publishing, New York

Carmichael B (2008) In search of a homegrown beer. OnEarth. http://www.onearth.org/article/in-search-of-a-homegrown-beer. Accessed 8 Jan 2013

Carroll GR, Swaminathan A (2000) Why the microbrewery movement? Organizational dynamics of resource partitioning in the U.S. brewing industry. Am J Sociol 106(3): 715-760

Chinni D, Gimpel J (2010) Our patchwork nation: the surprising truth about the "real" America. Gotham, New York

Colorado Brewers Guild (2012) Craft brewers industry overview and economic impact. Leeds School of Business, University of Colorado at Boulder, p.14

Cosgrove D (1998) Social formation and symbolic landscape. University of Wisconsin Press, Madison

Cosgrove D, Daniels S (eds) (1988) The iconography of landscape: essays on the symbolic representation, design, and use of past environments. Cambridge University Press, Cambridge

Cowden M (2006) Latrobe says goodbye to rolling rock. Washingtonpost.com. http://www.washingtonpost.com/wp-dyn/content/article/2006/07/28/AR2006072801718.html. Accessed 8 Jan 2013

Craft Brewers Conference (2013) http://www.craftbrewersconference.com/. Accessed 18 January 2013

Crouch A (2010) Great American craft beer: a guide to the nation's finest beers and breweries. Running Press,

Philadelphia

DeBenedetti C (2011) The great American ale trail: the craft beer lover's guide to the best watering holes in the nation. Running Press, Philadelphia

Dickerman S (2012) Beyond San Diego's surf and sun: Suds. New York Times. May 25

Dillivan M (2012) Finding community at the bottom of a pint: an assessment of microbreweries' impact on local communities. Master's thesis, Ball State University. http://cardinalscholar.bsu.edu/bitstream/123456789/196000/1/DillivanM_2012-2_BODY.pdf. Accessed 10 Jan 2013

Duncan J (1990) The city as text: the politics of landscape interpretation in the Kandyan kingdom. Cambridge University Press, Cambridge

Dwyer S (1997) Brewers at "lagerheads". Prepared Foods 166(9): 18-21

Eldridge D (2009) A turnaround brews. The next American city 24: 13

Elzinga KG (2011) The U.S. beer industry: Concentration, fragmentation, and nexus with wine. JWE 6(2): 217-230

Erie Brewing Company (2013) Erie brewing company. www.eriebrewingco.com. Accessed 17 Jan 2013

Flack W (1997) American microbreweries and neolocalism: "Ale-ing" for a sense of place. J Cult Geogr 16(2): 37-53

Flaherty J (2000) Now the glass is half empty: microbreweries in the slow lane. New York Times May 30: C1, C12

Forest B, Johnson J (2002) Unraveling the threads of history: Sovietera monuments and post-Soviet national identity in Moscow. Ann Assoc Am Geogr 92(3): 524-547

Francioni JL (2012) Beer tourism: a visitor and motivational profile for North Carolina craft breweries. Master's thesis, University of North Carolina Greensboro. http://libres.uncg.edu/ir/uncg/f/Francioni_uncg_0154M_10955.pdf. Accessed 10 Jan 2013

Gendron G (1994) Brewed awakening. Inc 16(10): 11

Glenn AF (2012) Asheville beer: an intoxicating history of mountain brewing. The History Press, Charleston

Gorski E (2012) As Congress rests, brewers brew - and hope for lower federal excise taxes. Denverpost.com. http://blogs.denverpost.com/beer/2012/07/13/congress-rests-brewers-brew-hope-federal-excisetaxes/5101/. Accessed 8 Jan 2013

Harvey D (1979) Monument and myth. Ann Assoc Am Geogr 69(3): 362-381

Harvey D (1990) The condition of postmodernity. Blackwell, Cambridge

Hummel C (2012) Craft brew alliance 2013 preview. The motley fool. http://beta.fool.com/callamarie/2012/12/31/2013-preview-craftbrew-alliance/19781/. Accessed 8 Jan 2013

Kesmodel D (2009) In lean times, a stout dream. WSJ

Khermouch G (1995a) A different brew. Brandweek 36(44): 25-29

Khermouch G (1995b) 'Original' recipes: A-B hits back at micros. Brandweek 36(35): 1-2

Khermouch G (1996) Mega-brewer incursions ending honeymoon for craft brewers. Brandweek 37(19): 14

Khermouch G (1997) Beer marketing for dummies. Brandweek 38(13): 38-39

Khermouch G (2000) Having a blast during the great beer "bust". Brandweek 41(3): 28-32

Kunstler JH (1993) The geography of nowhere. Touchstone, New York

Mahaffey H (2012) Brewery adds local ingredients to make beer taste like home. The Morning Sun December 18. http://www.themorningsun.com/article/20121218/LIFE01/121219749/brewery-adds-localingredients-to-make-beer-taste-like-home. Accessed 8 Jan 2013

Marcial GG (1998) Microbrews-without the froth. Business week. 1998 March 16: 96

Marriott A (1995) Local beer makers brew all the way to the bank. Insight 18 December: 30

Marquis C, Battilana J (2009) Acting globally but thinking locally? The enduring influence of local communities on organizations. Res Organ Behav 29: 283-302

Maye D (2012) Real ale microbrewing and relations of trust: a commodity chain perspective. Tijdschrift voor economische en sociale geographie 103(4): 473-486

McKenzie River Trust (2011) Skookumchuck Wild Ale. McKenzie River Trust. http://mckenzieriver.org/2011/11/skookumchuck-wildale-coming-soon/. Accessed 8 Jan 2013

McManus J (1995) Fake-cozy: all faux nought. Brandweek 36(35): 46

Melcher RA (1998) Those new brews have the blues. Business Week March 9: 40

Moore N, Whelan Y (2007) Heritage, memory and the politics of identity: new perspectives on the cultural landscape. Ashgate, Burlington

Morrison LM (2011) Craft beers of the Pacific Northwest: a beer lover's guide to Oregon, Washington, and British Columbia. Timber Press, Portland

Mosher R (2009) Tasting beer: an insider's guide to the world's greatest drink. Storey Publishing, North Adams

Murray AK (2012) Factors influencing brand loyalty to craft breweries in North Carolina. Master's thesis, East Carolina University. http://thescholarship.ecu.edu/bitstream/handle/10342/4029/Murray_ecu_0600M_10772.pdf?sequence=1. Accessed 14 Jan 2013

Myers EL (2012) North Carolina craft beer and breweries. Blair Publisher, Winston-Salem

Nason A (2010) MillerCoors' tenth and blake beer company opens for business. Beerpulse.com. http://beerpulse.com/2010/08/millercoors-tenthand-blake-beer-company-opens-for-business/. Accessed 8 Jan 2013

Nostrand R, Estaville L (eds) (2001) Homelands: a geography of culture and place across America. Johns Hopkins University Press, Baltimore

Oliver G (2003) The brewmaster's table: discovering the pleasures of real beer with real food. Ecco, New York

Ostendorff J (2011) Craft liquors making a splash. USA Today. May 17

Raasch C (2012) Craft beers brew up booming business cross USA. USA Today 25 May. http://usatoday30.usatoday.com/money/industries/food/story/2012-05-26/craft-breweries/55203882/1. Accessed 13 Jan 2013

Real Beer, Inc (2012) http://www.realbeer.com. Accessed 8 July 2012

Reimer DJ Sr 2012. Micro-distilleries in the U.S. and Canada, 2nd edn. Crave Press, Kutztown

Relph E (1976) Place and placelessness. Pion, London

Steinmetz K (2012) Little bitty bourbon. Time 179(10): B8-B10

Tarquinio JA (2009) Beer connoisseurs defy hurdles to start breweries. New York Times. November 26

The Brewerie (2013) The brewerie at union station. http://www.brewerie.com/. Accessed 15 January 2013

Tonks NEH (2011) Craft brewing and community in Austin, Texas: The Black Star Co-op. Master's thesis,

University of Texas at Austin. http://repositories.lib.utexas.edu/handle/2152/ETD-UT-2011-05-2873. Accessed 4 Jan 2013

Tremblay CH, Tremblay VJ (2011) Recent economic developments in the import and craft segments of the U.S. brewing industry, In: Swinnen JFM (ed) The economics of beer. Oxford University Press, Oxford, pp.141-160

Trubek AB (2008) The taste of place: a cultural journey into terroir. University of California Press, Berkeley

Tuan Y-F (1980) Rootedness versus sense of place. Landscape 24: 3-8

Tuan Y-F (1991) Language and the making of place: A narrativedescriptive approach. Ann Assoc Am Geogr 81(4): 684-696

Tuttle B (2012) Trouble brewing: the craft beer vs. crafty beer cat fight. Time business and money. December 27. http://business.time.com/2012/12/27/trouble-brewing-the-craft-beer-vs-crafty-beer-catfight/. Accessed 25 Jan 2013

Warner AG (2010) The evolution of the American brewing industry. Journal of Business Case Studies 6(6): 31-46. http://www.journals.cluteonline.com/index.php/JBCS/article/viewFile/257/247. Accessed 19 Sept 2012

Weaver K (2012) The Northern California craft beer guide. Cameron and Company, Petaluma

Wherum C (2010) A craft-beer stimulus plan? Inc. October 1. http://www.inc.com/magazine/20101001/a-craft-beer-stimulus-plan.html. Accessed 8 Jan 2013

Willey R (2007) Craft brewers turn to whiskey chasers. New York Times. February 28

Woolverton AE, Purcell JL (2008) Can niche agriculturalists take notes from the craft beer industry? J Food Distrib Res 39(2): 50-65

Zelinsky W (2011) Not yet a placeless land: tracking an evolving American geography. University of Massachusetts Press, Amherst

16.

신지방주의와 캐나다 소형 맥주 양조장의 장소 브랜딩과 마케팅

데렉 에버츠Derrek Eberts
브랜드대학교

| 요약 |

모든 맥주 양조장이 지방 지향적이고 규모가 작았을 때 소박하게 시작한 캐나다의 양조 산업은 20세기 중반까지 장기간의 통합 기간을 거쳤다. 이 기간에 대형 맥주 양조회사들은 합병과 인수를 통해 확장되었고, 전국적 시장에서 제공되는 제품들을 점점 더 표준화했다. 더 최근 들어 1980년대 중반에 소규모 맥주 양조업자들이 크게 성장하면서 주로 현지 시장을 겨냥한 소규모 맥주들이 다시 등장했다. 새로운 소형 맥주 양조장들은 종종 지리적 요소를 도입하고 브랜드화 및 마케팅 전략을 수립하여 지역과의 연관성을 강조한다. 이 전략은 '신지방주의'로 알려져 있으며, 소형 맥주 양조업자들이 전국적 양조회사들보다 이 전략을 훨씬 더 많이 사용할 가능성이 높은 것은 분명하다. 이 장에서는 캐나다의 맥주 양조장이 신지방주의를 사용하여 장소를 연결하는 몇 가지 방법을 논하고, 맥주 양조장 및 맥주 브랜드 이름을 분석함으로써 맥주 양조장과 전국적 맥주 양조회사 간의 경향 차이를 보여 준다. 또한 소형 맥주 양조장의 새로운 경쟁에 대한 전국적 맥주 양조회사의 대응은 신지방주의와 장소 연결을 수용하는 새로운 인수 합병 접근 방식을 보여 준다.

서론

[소형 맥주 양조자의] 양조회사들이 현지 주민들을 위해 맥주를 생산하는 현지 기업들이었던 시절로 거슬러 올라간다(Beaumont 1995, p.6).

1982년 캐나다 최초의 현대식 소형 맥주 양조장[1]이 문을 열었고, 이 나라 양조 산업의 이전 반세기를 장식했던 합병과 인수를 통해 통합의 추세를 역전시켰다. 미국에서와 마찬가지로 1930년부터 1980년까지의 기간 동안 맥주양조회사의 수는 거의 지속적으로 감소했으며, 큰 회사들은 전국적으로 지방 회사들을 인수함으로써 확장되었다. 1860년대 180여 개의 독립 양조회사의 이전 절정기였던 캐나다의 맥주 양조 산업은 1980년대 초까지 40개 미만으로 감소했다. 이 중 몰슨(Molson), 라바트(Labatt), 칼링 오키프(Carling O'Keefe)는 전국에 걸쳐서 양조 시설을 갖춘 전국적 운영 업체 세 곳이었다. 하지만 수제 맥주의 부활은 캐나다에서 운영되는 양조장의 수가 급격히 증가함에 따라 두드러졌고, 이 새로운 양조장들은 동쪽에서 서쪽으로, 도시에서 시골로, 엄청나게 다양한 지리적 시장에 문을 열고 있다. 2009년까지 캐나다에는 거의 210개의 양조장이 있다. 대부분은 지리적으로 작은 시장(적어도 초기에는)에 서비스를 제공하는 소규모이다. 맥주는 다시 '지방적'이 되었다.

이러한 변화가 소비자에게 미치는 주요한 영향은 선택의 폭이 넓어지고 맥주의 품질이 크게 향상되었다는 것이지만 이 장의 초점은 소규모 양조장들이 그들의 브랜드 및 마케팅 전략을 부분적으로 통합함으로써 그들의 지역적 정체성을 수용하는 방법에 있다. '신지방주의'라는 용어는 이러한 장소의 축복을 의미한다(Flack 1997). 구체적으로 여기서 독특한 맛과 스타일로 특징지어지는 맥주를 양조하는 것 외에도, 소형 맥주 양조업자들은 의도적으로 국내 및 국제 양조회사들과 차별화하는 수단으로 회사와 그들 제품의 브랜딩과 마케팅에 신지방주의의 전략을 사용한다고 주장한다. 그 결과, 소형 맥주 양조장은 '지방 정체성의 도구'(Schnell and Reese 2003)가 되어 사람들이 사는 곳과 다시 연결하는 데 도움이 되었다.

---

1 용어에 대한 간략한 설명: 이 장에서 소형 맥주 양조장과 수제 맥주 양조장이라는 용어가 자주 사용될 것이다. 캐나다에서는 두 용어에 대한 국가적으로 확립된 정의가 없다. '소형 맥주 양조장'의 정의는 주에 따라 다르지만, 핵심적인 특징은 규모이다. 이름에서 알 수 있듯이 소형 맥주 양조장은 소규모로 양조한다. 캐나다에서는 연간 60,000헥토리터의 임계치 생산이 공통 정의 용량으로 사용되는 경우가 많다. '수제 맥주 양조장'이라는 용어는 훨씬 덜 확립되어 있다. 수제 맥주 양조장은 일반적으로 규모가 작지만, 적어도 맥주는 소량으로 일관 생산되며 규모만 놓고 볼 수는 없다. 오히려 수제 맥주 양조장이라는 용어는 맥주의 특성과 생산 방법을 가리키는 데에도 일반적으로 사용된다. 아마도 이 용어는 그것을 만든 것으로 널리 인정받은 저자에 의해 가장 잘 요약될 것이다. 수제 맥주는 "전통적인 방법과 재료를 사용하여 현지에서 판매되는 수제, 타협 없는 맥주를 생산하는 작은 양조장"에 의해 생산되는 맥주를 말한다(Cottone 1986, p.9). 이 정의는 조작적으로 적용하기 어렵지만 캐나다에서 가장 큰 전국적 맥주 양조장은 수제 맥주 양조장이 아닌 반면, 작은 지방 맥주 양조장은 그렇기 때문에 큰 논란은 없다. 또한 일반적으로 수제 맥주 양조장은 독립적인 사업체인 반면, 더 큰 규모의 전국적 맥주 양조장은 현재 세계적 음료 회사의 자회사이다. 따라서 저자는 독자들이 이 장의 목적을 위해 맥주 양조장을 설명하고 차별화하는 비공식적인 방법을 받아들이기를 바란다.

캐나다의 소형 맥주 양조의 쇠퇴와 재생

캐나다의 모든 맥주 양조장이 지방 시장에서 운영되는 단일 공장으로 시작되었지만, 산업은 20세기 중반까지 상당한 통합 기간을 거쳤다. 캐나다 맥주 양조 산업의 생산량이 꾸준히 증가했음에도 불구하고(제1차 세계대전, 대공황 및 제2차 세계대전 중의 사소한 예외를 제외하고) 맥주 양조장의 수는 상당히 극적인 하향 궤적을 따른다(그림 16.1, 16.2 참조). 이는 주로 이 기간 동안 맥주 양조업을 특징지은 인수 합병 양상의 결과이다. 예를 들어, 1920년대 초 금주법으로 인한 파업 이후 1945년까지 캐나다에는 30개 회사가 소유한 61개의 맥주 양조장만 남아 있었다. 1960년대 중반까지 이것은 52개의 양조장을 운영하는 약 10개의 회사로 줄어들었고, '빅 3'(라바트, 몰슨, 칼링 오키프)는 지배적인 전국적 양조장으로 부상했다. 통합은 계속되었고, 1989년 몰슨이 칼링 오키프를 인수했을 때, 국내 시장은 오직 두 개의 큰 회사에 의해 지배되었다. 이 두 회사 모두 결국 외국 양조회사(현재 앤하이저–부시 인베브인 인터브루에 의한 라바트, 쿠어스에 의한 몰슨)에 의해 인수되거나 합병되어 전국적 브랜드는 더 이상 캐나다 브랜드가 아니다.

가장 큰 양조회사들이 전국적 시장에 서비스를 제공하기 위해 거대한 공장을 운영했던 미국과

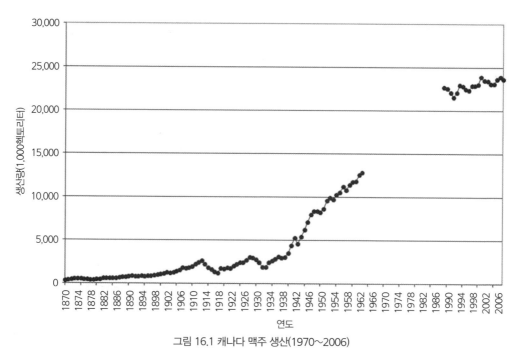

그림 16.1 캐나다 맥주 생산(1970~2006)

출처: 캐나다 양조협회 1965, 1999, 2003, 2007, 2009. 1964~1988년 데이터는 사용 불가

그림 16.2 캐나다의 맥주 양조장 수(1850~2006)

출처: 캐나다 양조협회 1965, 1999, 2003, 2007; 캐나다 통계청 CANSIM 표 301-0003 및 301-0006; 웨스턴 양조 1903

는 대조적으로, 캐나다 회사들은 주 간 무역 장벽을 피하면서 그들의 표준 제품으로 현지 시장에 서비스를 제공하기 위해 분산된 장소에서 그들이 사들인 양조장을 계속 운영했다. 보몬트(Beaumont 1994)는 지역 브랜드가 더 적고 더 일반적인 맥주(주로 라거)로 대체되었기 때문에 이 시기를 '차별화의 쇠퇴'라고 기술했다. 내부 무역 장벽이 무너진 후에도 몰슨과 라바트는 전국적으로 여러 공장을 계속 운영했지만, 각각 일부 공장을 폐쇄하고 국내 생산을 중간 정도로 통합했다. 예를 들어, 두 회사 모두 위니펙과 서스캐처원 양조장을 폐쇄했지만 앨버타와 온타리오에는 공장이 계속 있다.

폴 브렌트(Paul Brent)가 언급했듯이 라바타와 몰슨은 "[캐나다] 맥주 사업은 양조보다 마케팅에 훨씬 더 중점을 두고 있다"고 결정했다(2004, p.15). 즉 제품의 품질과 차별성보다 브랜드가 더 중요했고, 브랜드는 전국적이어야 했다. 대기업의 성공은 그들의 정체성이 지방적인 장소에 얽매이지 않았다는 사실에 의해 가능했을 것이라고 주장할 수 있다. (이전에 칼링 오키프를 포함하여) 각각의 이름은 그 것을 설립한 가족의 이름을 따서 지어졌다. 사실 1950년대를 거치면서 캐나다 맥주회사(1973년 칼링 오키프가 됨)는 몰슨과 라바트에 밀렸는데, 그 이유는 일련의 지역 브랜드를 가지고 운영하고 있었기 때문인데, 그중 어느 것도 전국적인 매력을 얻지 못했고, 후자의 회사들은 지역 브랜드를 포기하고 전국적 브랜드를 만들고 있었기 때문이다(Brent 2004). 훨씬 후에야 그들은 지리적 또는 지역적 정체성을 바탕으로 마케팅된 브랜드를 다시 판매하기 시작했다(아래 설명). 기껏해야 이 기간 동안 대기업들은 기존의 지방적 또는 지역적 정체성을 기반으로 구축하기보다는 자사 제품[회사의 대표 브랜드 몰슨 카나디안(Molson Canadian)을 생각해 보라]으로 전국적 정체성을 구축하려고 했다. 더 큰 규모로 볼 때, 보몬트는 이 과정을 "세계화와 동일시하며, 맥주 세계에서는 제품이 이미지만으로 더 효과적으로 판매될 수 있도록 구별되는 특징으로 간주될 수 있는 맛을 추출하는 것을 의미한다"(2004). 캐나다 전역의 지역별 생산성 차이에 대한 연구에서 데니와 메이(Denny & May 1980)는 양조 산업을 선택했는데 그 이유는 무엇보다도 "제품 차별화가 마케팅과 대조적으로 생산 측면에서 미미하기 때문이다"(p.209).

1980년대까지 캐나다는 소규모 맥주 양조 부흥을 위한 준비가 되었다. 영국 CAMRA[리얼 에일(Real Ale)을 위한 캠페인(CAMpaign)]에 영감을 받은 한 무리의 애호가들과 새로운 소규모 맥주 양조장을 합법화하는 새로운 법률에 의해 가능해진 일부 지방에서 1980년대에 걸쳐 소형 맥주 양조장이 전국적으로 생겨났다(Snath 2001). 이러한 초기의 소규모 맥주 양조 개척자들은 상당한 성공을 거두었고, 그 추세는 1990년대에 가속화되었다. 캐나다 최초의 현대적인 소형 맥주 양조장은 1982년 브리티시컬럼비아[밴쿠버 근처의 호스슈만(Horseshoe Bay) 양조]에서 문을 열었고, 곧이어 1984년 온타리오[워털루의 브릭(Brick) 양조회사]와 앨버타[캘거리의 빅 락(Big Rock) 양조]가 양조장에 합류했다. 그때쯤 이 경향은 굳어져 있었다. 1990년까지 캐나다 전역에 62개의 맥주 양조장이 있었고, 그중 33개는 새로운 독립 소형 맥주 양조장이었다(다른 29개는 부흥기 이전의 독립된 업체와 더 큰 전국적 맥주회사가 소유한 여러 공장 포함). 10년 후 이 숫자는 83개로 늘어났고 그중 58개는 현대식 소형 맥주 양조장이었다. 2000년대 초반에 성장이 가속화되었고, 2010년까지 캐나다 통계청은 캐나다에서 206개의 양조장을 운영하고 있다고 보고했다(그림 16.2 및 16.3 참조).[2]

캐나다의 소규모 맥주 양조장과 신지방주의

확실히 새로운 소형 맥주 양조장은 캐나다 소비자들이 마실 수 있는 스타일의 맥주 가용성과 인기에 큰 변화를 가져왔다. 일부 전문가들은 대서양쪽 캐나다(노바스코샤주, 뉴브런즈윅주, 프린스에드워드아일랜드주, 뉴펀들랜드 래브라도주)의 영국 스타일, 퀘벡주의 벨기에 스타일, 온타리오주의 주류 또는 재래

---

2 캐나다 양조 산업의 발전에 대한 간결한 개요는 에버츠(Eberts 2007)를 참조하고, 보다 포괄적인 역사는 스나스(Snath 2001)를 참조.

그림 16.3 캐나다 양조장의 위치, 2006.

출처: 2007년 캐나다 맥주양조협회

식 스타일, 브리티시컬럼비아주의 절충된 맛, 대평원(매니토바주, 서스캐처원주, 앨버타주)의 실험 스타일(Foster 2011)에서 맛의 지역적 경향을 확인하기도 했다. 이것이 매우 광범위한 일반화라는 것은 의심의 여지가 없지만 맥주가 흥미로운 방식으로 장소와 연관되어 있다는 생각에는 몇 가지 기본적인 진실이 있다.

이 장의 핵심 전제는 이러한 흥미로운 연결고리 중 하나가 소형 맥주 양조장이 스스로 제품을 브랜드화하고 마케팅하는 방식이라는 것이다. 파이크(Pike 2011, p.8)에 따르면, "브랜드와 브랜딩은 '본래의 공간성'을 구현한다." 특히, 브랜드는 여러 계층의 의미나 가치를 전달하기 위해 사용되며, 여기에는 소비자의 정체성에 대한 호소가 포함될 수 있다. 많은 사람에게 이 정체성은 장소와 불가분으로 묶여 있다. 예를 들어 '원산지' 마케팅의 광범위한 사용을 뒷받침한다. 동시에 브랜딩과 장소의 관계는 장소마다 문화적 신호의 의미가 다르기 때문에 브랜드와 마케팅 전략이 정확히 다른 장소의 사람들에 의해 다르게 이해될 수 있다는 것을 나타낸다. 브랜딩이 내재된 '지리적 얽힘'은 "다양한 종류

(예: 재료, 상징, 추론, 시각, 청각), 범위(예: 강함, 약함) 및 특성(예: 진정성, 허구)이 다를 수 있다"(Pike 2011, p.9).

소형 맥주 양조업체들은 브랜드화 및 마케팅 전략에 자신들의 장소에 대한 연관성을 적극적으로 수용한 것으로 보인다. 웨스 플랙(Wes Flack)은 용어 신지방주의를 사용하여 이 "특이하게 지방적인 것에 대한 자의식적인 재확인"(1997, p.38)을 반영하고, 소형 맥주 양조장이 이 현상의 주요 예라고 제안한다. 그는 지방 정체성의 대리인으로서 새로운 소형 맥주 양조장이 세계화와 보편적 소비문화의 동질화 힘에 저항하여 나타난 더 큰 '문화적 역류'의 일부라고 주장한다. 다른 예로는 농부 시장(farmer's market), 장인 생산자, 100마일 식단과 현지식 주의 운동이 있다. 조던-비치코프 등(Jordan-Bychkov et al. 2006, p.428)도 마찬가지로 이것이 대량 생산, 소비 문화, 그리고 "장소의 고유성과 진정성을 다시 수용"하려는 욕망의 시대에 세계화의 동질화하는 힘에 대한 거부를 나타낸다고 제안한다.

소형 맥주 양조장은 본질적으로 지방 기업이다. 그들은 소규모로 운영되기 때문에 주로 현지 시장에 서비스를 제공하는 것은 당연하다. 더 성공적인 수제 양조업자 중 일부가 지리적 범위를 지방, 지역, 때로는 전국적 및 국제 시장으로 확장하려고 시도한 미국에서 많은 사람은 이 전략이 실행 불가능하고 멀리 떨어진 시장은 수익성이 없다고 생각했다. 결과적으로, 1990년대 후반과 2000년대 초반에 수제 맥주 양조업자들이 더 확장된 시장에서 철수하고 지방 및 지역 시장[3]에 다시 집중하는 것을 보는 것은 드문 일이 아니었다. 소형 맥주 양조장이 지역 소비자들에게 호소한다면, 새로운 지리적 시장으로의 확장은 해당 양조장이 지역 소비자들이 더 쉽게 확인할 수 있는 다른 양조장과 직접적인 경쟁 관계에 있다는 것을 의미하기 때문에, 이 결과는 아마도 완전히 예측 가능한 것이었다. 캐나다에서는 더 넓은 지역에 분포하는 더 적은 인구가 지리적 확장 전략의 매력을 제한했기 때문에 이러한 현상은 미국과 같은 규모로 발생하지 않았다. 더 적은 수의 소형 맥주 양조장이 상당한 규모로 지리적 확장을 시도했고 가장 경쟁력 있는 양조장만이 성공했다. 흥미롭게도, 거리를 극복하고 가장 큰 성공을 거둔 수제 브랜드들은 장소 브랜드가 아닌 경향이 있었다. 예를 들어, 캐나다에서 가장 큰 수제 맥주 양조장인 슬리먼(Sleeman)은 (다른 지역의 소형 맥주 양조장을 매입함으로써) 해안에서 해안으로 확장되었다. 전국적 양조 대기업 몰슨과 라바트처럼, 출생지와 지리적으로 연결된 어떤 것

---

3 1997년 개최된 미국 맥주양조협회의 연례 회의 중 소규모와 소형 맥주 양조장이 살아남을 수 있을까?"라는 제목의 패널 토론에서 보스턴 맥주 회사의 공동 설립자이자 회장인 짐 코흐(Jim Koch)는 다음과 같이 말했다. "지금 이 부문에서 일어나고 있는 일은 낙관적으로 확장하고, 전형적으로 지리적으로 자신의 핵심 강점 영역으로 되돌아가는 사람들에 의한 대규모 축소이다. 이러한 기업들은 원격 시장에서 판매원을 떨구어 내고 핵심 영역으로 철수시키고 있다"(Modern Brewery Age 1997).

보다 그것을 설립한 가족의 이름을 따서 지어졌다.

그러함에도 불구하고, 소형 맥주 양조 산업은 일반적으로 뿌리 깊은 브랜드와 마케팅 전략으로 특징지어진다. 여기에는 양조장과 맥주의 브랜드화, 그리고 맥주의 마케팅 방식이 모두 포함된다. 게다가 캐나다의 많은 소형 맥주 양조장들은 지역 사회 활동과 발전에서 중요한 역할을 했다. 이 장은 신지방주의의 이러한 측면 중 몇 가지를 강조한다. 다음의 이름에 대한 논의는 2005년에 실시된 맥주회사와 제품에 대한 조사에 기초한다. 그 당시 113개의 양조장과 500개 이상의 맥주 브랜드가 확인되었다. 그 이후로 업계의 성장과 매출이 모두 있었지만, 그 당시의 일반적인 양상, 특히 소형 맥주 양조장과 전국적 맥주 양조회사 간의 대조를 고려하면 오늘날 산업과 유사하다.

맥주 양조회사의 브랜드화

아마도 맥주 양조 산업에서 신지방주의의 가장 단순한 예는 맥주 양조회사의 이름으로 대표될 것이다. 위에서 제안한 바와 같이, 전국적 맥주 양조업자들이 계승한 것은 부분적으로 그들의 정체성이 위치에 명시적으로 연결되어 있지 않기 때문이다. 캐나다의 3대 양조회사의 이름을 딴 가족들은 모두 특정 위치[라바트는 온타리오주의 런던에, 몰슨은 퀘벡주의 몬트리올에, 슬리먼은 온타리오주의 궬프(Guelph)]와 역사적으로 강력한 연결고리가 있을 수 있지만, 이것은 장소 자체의 브랜드화와는 거리가 멀다. 반면에 소형 맥주 양조장은 지역적인 것에서부터 매우 지방적인 것에 이르기까지 그들이 거주하는 장소의 이름을 따서 명명되는 경우가 매우 많다. 가장 큰 규모의 차원에서 일부 양조장은 그들이 위치한 지역의 이름을 따서 명명되었다. 브리티시컬럼비아주 빅토리아에 있는 밴쿠버 아일랜드(Vancouver Island) 양조회사와 온타리오주 브레이스브리지(Bracebridge)에 있는 레이크 무스코카(Lakes of Muskoka) 양조회사가 그 예이다. 몇몇 양조장들의 이름은 단순히 그들이 고향이라고 부르는 공동체의 이름을 따서 지어졌다. 예를 들어 브리티시컬럼비아주 넬슨에 있는 넬슨(Nelson) 양조회사와 온타리오주 나이아가라 폭포에 있는 나이아가라 폴스(Niagara Falls) 양조회사가 있다. 그러나 일부 다른 양조장의 이름은 근린이나 심지어 거리와 같은 더 작은 규모의 지방성을 나타낸다. 예를 들어 밴쿠버의 그란빌섬(Granville Island, 고급 상업 및 주거 지역)의 수변에 위치한 독사이드(Dock-side) 양조회사, 온타리오주의 미시소가[Mississauga, 크레디트(Credit)항은 미시소가가 성장한 항구이자 주변 구역]의 올드 크레디트(Old Credit) 양조회사, 온타리오주의 토론토에 있는의 밀 스트리트(Mill Street) 양조회사(밀 스트리트에 위치한 과거의 향락가 고급 산업 지구의 중심)가 그렇다.

지명 외에도 많은 양조장은 지방적 지리의 특징을 따라 이름을 지었다. 온타리오주 크리모어에 있는 크리모어 스프링스(Creemore Springs) 양조장, 브리티시컬럼비아주 레벨스토크(Revelstoke)에 있는 마운트 벡비(Mt. Begbie) 양조회사, 앨버타주 캘거리에 있는 빅록[Big Rock, 현지의 유명한 빙하 표석에서 따온 이름으로 캘거리에 인접한 오코톡스(Okotoks) 마을 근처에 마지막 빙하기 동안 16,500파운드의 화강암 자갈이 퇴적된 빙퇴석으로 세계에서 가장 큰 것으로 알려져 있다] 양조장이 주목할 만한 예이다.

추가적인 신지방 요소는 중요한 역사적 사건이나 장소의 특징에 대한 참조를 포함할 수 있다. 매니토바주 위니펙에 있는 포트게리(Fort Garry) 양조회사는 도시의 기원을 나타내는 역사적인 허드슨베이 회사(Hudson's Bay Company) 교역소의 이름을 따서 명명되었다. 또 다른 위니펙 소형 맥주 양조장인 투 리버스(Two Rivers)는 관련된 이유로 이름이 붙여졌다. 포트 게리 거점은 레드(Red)강과 아시니보네(Assiniboine)강이 합류하는 지점에 위치하여 당시 서부 캐나다 내륙의 모피 무역에 이상적인 위치를 차지했다. 공교롭게도 투 리버스는 현재 포트 게리와 합병되었다. 온타리오주 토론토에 있는 스팀 휘슬(Steam Whistle) 양조회사는 역사적인 연결고리의 또 다른 예로 오래된 철도 기관차고에 있다. 하지만 회사 브랜드에서 두드러진 증기 기관차의 기적 이미지라는 특징에도 불구하고, 그 이름의 진짜 기원은 이상하게도 철도보다 플린트스톤(Flintstones)과 더 관련이 있다! 노바스코샤주 핼리팩스의 게리슨(Garrison) 양조회사는 도시의 뿌리를 대서양 캐나다의 주요 항을 보호하는 무장 요새를 참조해 명명되었다.

경우에 따라 이름은 지나치게 일반적으로 보일 수 있지만 여전히 지방 지리학의 중요한 측면을 반영한다. 브리티시컬럼비아주 캠루프스에 있는 베어(Bear) 양조회사와 브리티시컬럼비아주 킬로나에 있는 트리(Tree) 양조회사는 그들의 입지 주변의 자연환경의 일반적인 특성을 나타낸다. 지방 생태학은 캠루프스와 킬로나에게 장소 정체성의 중요한 구성 요소이다.

모든 소형 맥주 양조장이 의심할 여지 없이 신지방 방식으로 브랜드화된 것은 아니지만, 소형 맥주 양조장이 더 큰 양조장 회사보다 그렇게 할 가능성이 훨씬 높다는 것에는 의문의 여지가 없다. 캐나다의 양조장을 새로운 시대의 소형 맥주 양조장과 오래된 전통의 양조장(전국적 회사 포함)으로 나누면 다음과 같은 구별이 가능하다(그림 16.4 참조): 여기서 확인된 111개의 소형 맥주 양조장 중 절반 이상이 지방 지리(장소 이름, 자연환경의 요소 또는 지방 역사)와, 전통적인 양조장이 소유한 하나의 공장만이 장소와 관련이 있는 것으로 간주될 수 있다. 전통적인 범주의 유일한 예외는 브리티시컬럼비아주 크레스턴에 있는 라바트 공장인데, 이 공장은 1974년 라바트가 그것을 구입한 후에도 컬럼비아 양조라는 이름으로 계속 운영되었다.

맥주의 브랜드화

다음으로 회사 제품의 명명을 고려해 보자. 다시 한번 우리는 지방 장소[예를 들면, 그들이 위치한 도시의 이름 칠리왝을 따온 올드 예일(Old Yale) 양조장의 칠리왝 블론드(Chilliwack Blonde); 다시 그들이 위치한 도시의 이름을 따온 브랜드 브릭(Brick) 양조장의 워털루 다크(Waterloo Dark), 자연환경의 이름을 따온 트라팔가(Trafalgar) 에일과 미즈드 하버 골드(Meads's Harbour Gold) 또는 포트 사이드 앰버(Port Side Amber), 노던(Northern) 양조장의 레드 메이플(Red Maple) 고급 라거]와 지방 역사·역사지리[예를 들면 1608년 사무엘 드 샹플랭(Samuel de Champlain)을 타두삭(Tadoussac)으로 운반해 온 배의 이름을 따서 명명된 유니브루(Uni-broue)의 돈 드 다이우(Don de Dieu), 뉴펀들랜드주의 세인트 존스에서 1800년대 마지막 '대화재'를 기리기 위해 퀴디 비디 양조회사의 1892(Quidi Vidi Brewing's 1892)]를 반영하는 브랜드를 확인할 수 있다. 마찬가지로 일부 전통적인 양조업자의 브랜드 역사에 약간 있지만, 그것이 항상 지리적인 의미를 담고 있는 것은 아니다. 예를 들어, 라바트 50은 설립자 존 라바트의 손자인 존과 휴 라바트(Hugh Labatt)의 동반자 관계 50주년을 기념하기 위해 만들어졌고 이름이 붙여졌다. 기업 역사는 장소와 관련이 없다.

552개의 개별 맥주에 대한 신지방주의 대 비신지방주의 브랜딩의 분포는 그림 16.5에 요약되어 있다. 이번에는 소형 맥주 양조장의 신지방 전략이 감소하고 전통적 양조장의 전략이 증가한 것으로

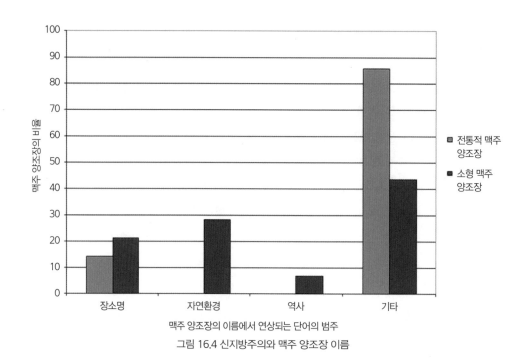

맥주 양조장의 이름에서 연상되는 단어의 범주

그림 16.4 신지방주의와 맥주 양조장 이름

보이지만(특히 자연환경 범주), 브랜드 비중은 여전히 마케팅 분야에서 소형 맥주 양조장이 전통적 양조장을 쉽게 능가한다. 그 격차가 줄어드는 것은 부분적으로 전통적 양조장이 소규모 맥주 양조 부흥을 이용하려는 최근의 노력 때문이다. 저자는 식별 과정이 주관적이었다는 것을 인식하고 있으며, 또한 일부 브랜드는 저자와 보조 연구원이 알지 못하는 지역적 의미를 가지고 있을 가능성이 있다. 이러한 이유로 맥주 브랜드에서 신지방주의의 규모는 과소 평가될 가능성이 높다.

소형 맥주 양조장이 장소에 '연결'하는 다른 방법

소형 맥주 양조는 단순히 사업과 제품의 마케팅을 넘어 신지방 전략을 개발했다. 적어도 특별 행사 맥주 양조, 관광 및 공동체 경제 발전의 세 가지 추가적인 지역 관련 범주가 확인된다.

앨버타의 빅록(Big Rock)은 특히 특별한 행사를 위해 특별한 맥주를 양조하는 일에 관여하게 되었다. 2003년에는 서스캐처원 시장을 위해 본 크릭 센테니얼 라거(Bone Creek Centennial Lager)를 양조하여 2005년에 100주년을 기념했다. 이름은 주의 주도인 레지나의 와스카나 크리크(Wascana Creek)에서 직접 유래되었다. 그것이 중요한 정착지가 되기 전에, 그 장소는 '뼈 더미(Pile of Bones)'로 알려

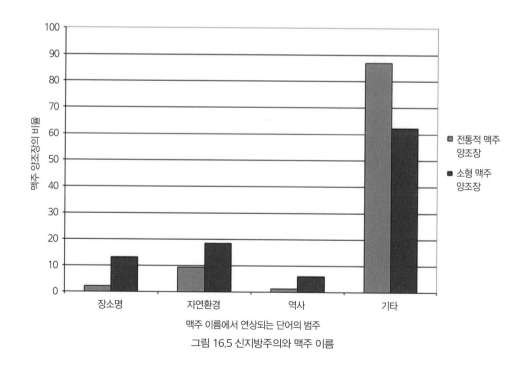

맥주 이름에서 연상되는 단어의 범주

그림 16.5 신지방주의와 맥주 이름

는데, 왜냐하면 그것이 그곳에 있던 것의 전부이기 때문이다. 와스카나는 '뼈 더미'를 뜻하는 크리 (Cree) 인디언 언어에서 유래되었다. 마찬가지로, 매니토바주 브랜든의 125주년을 기념했을 때, 빅 록은 브랜든의 아시니보네강에서 이름을 딴 기념 맥주인 아시니보네 라거를 양조하는 계약을 따냈 다. 그들은 특별 브랜드 제품을 제공했을 뿐만 아니라 지역 사회를 아름답게 하기 위한 나무 심기 프 로젝트에 판매되는 모든 건당 1달러를 기부했다. 마찬가지로, 배틀포드 센테니얼(Battleford Centen- nial) 라거는 2004년 서스캐처원주 배틀포드 마을이 100주년을 기념하는 것을 돕기 위해 양조되었으 며, 모든 건당 1달러씩 히스토릭 배틀포드 라이온스 클럽 파크(Historic Battleford Lions Club Park)를 지원하기 위해 기부되었다. 특히 브랜든(Brandon) 대회에서는 전국 맥주회사 중 어느 곳도 입찰에 응하지 않았다. 흥미롭게도 라바트와 몰슨은 둘 다 소형 맥주 양조회사 부흥 이전에는 정기적으로 그러한 모험에 관여했다.

（전부는 아니지만) 많은 소형 맥주 양조장과 마찬가지로, 특별 이벤트 제품의 틈새 시장은 지방 공동 체에 적극적으로 참여하기 위한 빅록의 더 큰 전략의 일부이다. 빅록 웹사이트의 '공동체에서(In the Community)' 페이지에 다음과 같이 설명한다.

물론 우리는 상을 수상하고 맥주를 몇 잔 팔았지만, 우리는 우리의 성공을 조금 다르게 평가한다. 우 리의 성공은 우리가 할 수 있는 모든 곳에서 지역 사회를 지원하는 것이다. 매년 열리는 에디(Eddie) 시상식은 재미와 기금을 모아 가치 있는 지역 자선 단체들을 위한 기금을 조성한다. 우리는 전국적 으로 수백 개의 다양한 예술 행사를 지원한다. 요청이 있을 때 우리는 지역 사회 기금 모금 활동을 위해 특별한 맥주를 만들기도 했다. 치누크 페일 에일은 연어 서식지 보호를 돕기 위해 모금을 했고, 캔버스백(Canvasback) 에일은 덕스 언리미티드(Ducks Unlimited)를 지원했다(빅록 양조회사).

최종 결과는 여전히 중요하지만, 빅록은 지역 사회와 연결하는 것이 소형 맥주 양조장의 핵심 전 략인 방법을 예시한다.

관광 산업은 수제 양조장 사업모형의 중요한 구성 요소가 되었으며 지역 사회와의 연결을 강화하 고 있다. 대부분의 소형 맥주 양조장은 마케팅뿐만 아니라 일반적으로 소비자와 실질적인 연결고리 를 만들거나 소비자가 더 큰 연결고리를 느낄 수 있도록 투어를 제공한다. 수제 양조장 사업모형의 이러한 요소의 중요성은 온타리오에서의 홍보를 통해 잘 알 수 있다. 초기의 예로, 워털루 웰링턴 에 일 트레일(Waterloo-Wellington Ale Trail)은 1998년 온타리오 수제 양조 운동의 온상인 온타리오 카 운티 워털루와 웰링턴에 있는 양조자 집단에 의해 설립되었다(Plummer et al. 2005). 에일 트레일은 다른 곳의 와인 루트와 매우 유사하게 운영되었다. 맥주 양조장을 인식한 대중이 양조장 방문을 통해 자체적으로 계획된 트레일 투어에 참여하도록 장려되었다. 에일 트레일은 성공적이었지만 2003년에 폐기되었다(Plummer et al. 2006). 더 최근에는 2005년에 이 주의 약 30개의 소형 맥주 양조장으로 구성된 단체인 온타리오 수제 양조장(Ontario Craft Brewers, OCB)은 이 아이디어를 더 큰 규모로 가져갔고, 온타리오 수제 맥주 루트를 만들었다. 그것은 실제로 OCB가 지방을 5개의 '수제 양조 지역'으로 나눈 것을 바탕으로 한 5개의 일련의 경로이며, 지방 관광 위원회가 지방을 별개의 관광 지역으로 나누는 방식이다. 방문객들이 "맛있는 맥주를 맛보고, 양조 장인과 대화하고, 온타리오 지역사회의 문화를 경험할 수 있기를 바랍니다"(온타리오 수제 양조장). 그들의 장소와의 관계는 그들의 공장 방문을 촉진하기 위한 전략의 명시적인 부분이다.

양조장(맥주 및 기타 회사 용품)에 대한 판매 증가 외에도, 양조장 관광은 지역 사회의 경제 활동을 증가시킨다. 즉 양조장 투어는 경제 발전 전략이 된다. 이러한 방식으로 양조 사업은 지역 사회의 핵심적인 지원 요소이다. 이러한 연관성을 잘 알고 있는 일부 양조장은 지역 사회 개발 계획에 매우 적극적인 역할을 한다. 온타리오주 크리모어 마을에 있는 크리모어 스프링스 양조장(Creemore Springs Brewery)은 이러한 개입의 눈에 띄는 예이다. 양조장 자체가 마을의 중심가(Main Street)에 있는 개조된 건물을 차지하고 있다. 오랜 세월 동안의 침체기 이후, 양조장이 제공하는 촉매제를 기반으로 마을이 효과적으로 부활했다. 온타리오 최고의 소별장(cottage) 지역의 가장자리에 위치한 크리모어는 현재 수많은 고급 상점과 미술 및 수제 양조장 갤러리가 있는 번창하는 마을이다. 이 양조장은 이러한 부흥에 중요한 역할을 했으며, 심지어 사용하지 않게 된 중심가 건물을 개조하는 데 동참하려는 다른 기업에게 건축적 조언을 제공하기까지 했다(Brewers Association of Canada 2001). 오늘날 크리모어 중심가의 많은 부분은 이 활성화 전략에서 마을이 거둔 성공의 증거이다. 실제로 크리모어는 유산과 관광에 기반한 활성화에 대한 고전적인 '중심가' 접근 방식은 전략을 완수하는 데 핵심적인 역할을 했다.

전국적 맥주 양조업자의 대응: 신지방주의라는 속임수

새로운 수제 맥주 시장의 잠재력을 깨닫고, 새로운 소형 맥주 양조장이 시장의 가장 높은 수익에서 매출을 잠식하고 있다는 것을 알아차린 전국적 양조회사는 이 시장을 유지하기 위한 몇 가지 전략을 시작했다. 가장 쉬운 것은 일단 자리를 잡고 성공을 거둔 소형 맥주 양조장을 인수하는 것이었다. 예를 들어 몰슨 쿠어스는 2005년에 온타리오의 크리모어 스프링스 양조장을 매입했으며(이 연구에 대한 데이터가 수집된 직후), 2009년에는 브리티시컬럼비아의 그랜빌 아일랜드 맥주 양조장(Granville Island Brewing)을 매입했다. 제2차 세계대전 이후의 취득 및 인수 시대와는 달리 이러한 운영은 독립적으로 계속 작동하며, 소형 맥주 양조장은 다른 몰슨 제품을 양조하지 않는다. 1974년 라바트가 인수한 브리티시컬럼비아주 크레스톤의 컬럼비아 양조회사(Columbia Brewery)의 사례를 대조해 보자. 새로 인수한 공장 고유의 브랜드를 계속 생산하는 것 외에도, 라바트는 블루(Blue)와 같은 주요 제품을 크레스턴 사업부의 생산 계열로 추가했다.

또 다른 전략은 이미 회사의 포트폴리오에 있는 제품에 대한 신지방 정체성을 배양하는 것이었다. 예를 들어, 라바트는 이전에 인수한 틈새 제품을 더욱 공격적으로 마케팅하기 시작했다. 1962년부터 컬럼비아 양조회사가 양조한 코카니(Kokanee) 라거는 현재 웨스턴캐나다주의 대표 브랜드이다. 1974년 이 회사가 이전에 독립한 컬럼비아 맥주를 인수했을 때 라바트 포트폴리오에서 중요한 브랜드가 되었다. 마케팅 이미지(포장 및 광고 캠페인 포함)는 산악 정체성에 크게 의존하며, 한동안 라바트는 이러한 스타일이 존재하지 않음에도 불구하고 상표 꼬리표에 '빙하 맥주(Glacier Beer)' 한 줄을 달아 설명하기도 했다.

알렉산더 키스(Alexander Keith's)는 또 다른 예를 제공한다. 라바트 제품 알렉산더 키스의 인도 페일 에일은 소형 맥주 양조회사 부흥 이전에는 대서양 밖에서 거의 알려지지 않았지만, 현재는 전국적으로 홍보되고 있다. 1971년 노바스코샤주 핼리팩스에 있는 라바트 소유의 올란드(Oland) 양조장에서 독점적으로 양조한다. 올란드는 이전에 알렉산더 키스의 양조장을 인수했다. 현재 맥주를 전국적으로 마케팅하고 있을 뿐만 아니라, 알렉산더 키스의 유산 또한 라바트에 의해 격렬하게 홍보되고 있다. 게다가 핼리팩스 시내에 인접한 원래 키스의 양조장 위치는 현재 인기 있는 관광지이다. 비록 맥주가 더 이상 생산되지 않지만, 방문객들은 원래의 알렉산더 키스가 연습했었던 전통적인 양조 기술을 보여 주며 양조장 투어를 여전히 환영한다. 하지만 이것은 원래 키스의 양조장에서 작은 부분만을 차지한다. 나머지는 이제 인기 있는 지역 농부 시장을 포함한 최신 유행의 고급 쇼핑이 차지하고 있다.

몰슨은 소형 맥주양조회사의 부흥이 꽃피면서, 1984년 리카드 레드(Rickard's Red) 브랜드를 선보이면서 또한 이 전략을 이용했다. 이 브랜드는 원래 카필라노(Capilano) 양조회사에서 만든 것으로 표시되었다. 이 역사적인 브리티시컬럼비아주 양조장은 1934년 밴쿠버에서 문을 열었고, 1953년 시크(Sick's)가 인수했으며, 후자는 1958년 몰슨이 구입했다(Bigelow 2012). 카필라노 양조회사의 어떤 흔적도 오래전에 사라졌지만, 몰슨이 리카드 레드를 고급 소형 양조 맥주로 홍보하는 것은 고급 맥주를 홍보하는 적절한 방법으로 보였다. 리카드의 레드 에일은 리카드의 화이트(Rickard's White), 리카드의 다크(Rickard's Dark), 리카드의 블론드(Rickard's Blonde)가 참여했으며, 모든 스타일이 소형 맥주 양조회사와 관련된 소수의 계절 맥주도 포함되어 있다. 흥미롭게도 몰슨 쿠어스는 지역적 연결이 맥주를 마케팅하기 위한 프리미엄 스타일보다 덜 중요하다고 분명히 느끼면서 카필라노 양조회사를 상표에서 삭제했다(바와 레스토랑은 맥주를 일상적으로 '수입'(비록 아니지만), '자가 제조'가 아닌 '프리미엄'으로 분류한다). 그러함에도 불구하고 몰슨 쿠어스 연결도 잘 은폐되어 있다. 리카드 웹사이트는 하단의 엷은 글꼴(Rickard의 날짜 확인 불가)로 표시된 모회사의 흔적에 대한 가장 희미한 흔적만 보여준다.

밴쿠버의 그랜빌 아일랜드(Granville Island) 양조회사는 진정한 지역 양조장과 이 현상을 재현하려는 전국적 맥주 회사의 시도 사이의 대조를 잘 보여 준다. 원래 독립적인 소형 맥주 양조장이었던 그랜빌 아일랜드는 신지방주의의 전형적인 사례였다. 이 양조장은 물론 밴쿠버의 활성화된 지역인 그랜빌 섬의 이름을 따서 지어졌다. 밴쿠버 시내에 인접한 폴스크릭(False Creek)에 위치한 이 섬은 한때 산업화되었지만 최신 유행의 쇼핑 및 주거 지역이 되었다. 이 양조장은 1984년에 문을 열었으며 브리티시컬럼비아주에서 소규모 맥주 양조 부흥의 선구자 중 한 업체이다. 많은 그랜빌 아일랜드의 맥주들 또한 지방 지리를 반영하기 위해 브랜드화되었다. 잉글리시 베이 페일 에일(English Bay Pale Ale), 가스타운 앰버 에일(Gastown Amber Ale), 키실라노 메이플 크림 에일(Kitsilano Maple Cream Ale), 아일랜드 라거(Island Lager). 그들의 롭슨 스트리트 헤페바이젠(Robson Street Hefeweizen)은 독일 스타일의 밀 맥주이고, 그 이름은 신중하게 선택되었다. 반대쪽 상표에는 다음과 같이 표시된다.

롭슨 거리는 한때 롭슨스트라세(Robsonstrasse)라고 알려졌는데, 독일 상점과 먹거리 가게가 줄지어 있는 매력적인 거리이다. 이렇게 강한 독일의 뿌리를 가진 우리의 바이에른 헤페바이젠(Hay-fuh-vy-tzen)은 궁극적으로 밴쿠버의 사람들 구경하는 곳에 완벽하게 어울린다.

이 여과되지 않은 밀 에일은 지글지글한 여름날과 잘 어울리기 때문에 안뜰 의자에 앉자. 길고 얇은 유리잔에 차갑게 식힌 헤페바이젠을 즐겨라. 비록 우리 양조장인이 경멸할지 모르지만, 유리잔에 꽂혀 있는 한 조각의 레몬은 이 상쾌한 맥주의 자연스러운 과일 맛에 완벽한 보조물이다.

맥주를 마시는 사람은 방금 무료 지리 수업을 받았다! 그러나 2009년에 그랜빌 아일랜드가 몰슨 쿠어스에 인수된 후, (모든 그랜빌 아일랜드 맥주 양조회사 브랜드에 적용됨에 따라) 롭슨 스트리트 헤페바이젠의 상표명이 바뀌었다. 그래픽이 업데이트되었지만, 여기서의 주장과 더 관련된 것은 지리에 대한 설명이 생략되었다. 이제 상표는 다음과 같다.

이 여과되지 않은 밀 에일은 서부 해안에서 가장 인기 있는 것이다. 길고 얇은 유리잔에 차갑게 식힌 롭슨가 헤페바이젠(ROBSON ST. HEFEWEIZEN)을 즐겨라. 그리고 비록 우리 양조장인이 경멸할지 모르지만, 유리잔에 꽂혀 있는 한 조각의 레몬은 이 상쾌한 맥주의 자연스러운 과일 맛에 완벽한 보조물이다.

아마도 그것은 단지 우연의 일치일 뿐이지만, 몰슨 쿠어스 버전의 브랜드는 원래보다 다소 덜 신지방적인 것처럼 보인다.

유사 신지방주의

한 맥주회사는 브랜딩과 마케팅의 신지방주의에 대한 논의에서 특별한 언급을 할 가치가 있다. 캘거리에 본사를 둔 민하스 크릭(Minhas Creek) 양조회사는 2002년에 설립되었으며, 지방의 지리적 특징의 이름을 따서 명명된 것으로 보이지만 사실 민하스 크릭은 없다. 이름은 단순히 소유주들의 성[남매 팀 라빈더(Ravinder)와 만짓 민하스(Manjit Minhas)]을 기준으로 했다. 이 회사는 여러 지역에서 독특한 마케팅을 하고 있다. 예를 들어 매니토바와 서스캐처원의 민하스 크릭(Minhas Creek), 앨버타의 마운틴 크레스트(Mountain Crest), 온타리오의 레이크쇼어 크릭(Lakeshore Creek)이라는 브랜드가 붙은 '전통적 라거'이다. 각 시장의 포장은 이름을 제외하고 동일하게 보인다. 그리고 캔 위의 글에는 부분적으로 "민하스 크릭 전통 라거 맥주(Minhas Creek Classic Lager Beer)는 5억 년 된 캐나다 순상지의 깊은 곳에서 순수하고 깨끗한 물로 시작한다"라고 쓰여 있다 분명히 그 브랜드는 진정한 신지방주의적 수제 맥주의 모습을 보이려고 시도하고 있다.

지리적 연결이 조작되었을 뿐만 아니라, 맥주는 심지어 캐나다에서 만들어지지도 않은 것으로 밝혀졌다. 그 회사는 양조업이 아닌 마케팅 사업으로 시작했다. 포장에 단풍잎을 사용하는 것이 눈에 띄었음에도 불구하고, 민하스 크릭은 위스콘신주 먼로에서 양조된다. 민하스는 초기에 조지프 후버(Joseph Huber) 양조장과의 계약에 의해 2006년에 인수하자마자 민하스 수제 양조회사로 이름을 바꿨다. 그래서 실제로 그 물은 캐나다 순상지 아래에 있을 수 있지만 캐나다에는 없다. 이 회사는 특히 여러 다른 시장에서 현지라는 이미지를 만드는 데 신경을 쓰고 있다. 원래는 앨버타 회사였지만, 그들은 서스캐처원과 매니토바로 확장하면서 자신들을 위한 새로운 이미지를 만들었다. 회사는 각 지방의 소비자들을 대상으로 한 독특한 웹사이트를 유지하고 있으며, 그들의 '정체성' 홍보는 흥미롭다. 서스캐처원 웹사이트에서 "민하스 크릭 수제 맥주 양조회사는 100% 캐나다인이 소유하고 운영되며, 우리는 서스캐처원주 리자이나에 기반을 두고 있다"라고 명시하고 있다. 이 웹사이트의 매니토바 버전은 "민하스 크릭 수제 맥주 양조회사는 100% 캐나다인이 소유하고 운영되며, 우리는 매니토바의 위니펙에 기반을 두고 있다"라고 선언한다(Minhas Creek Brewing Company n.d.). 이와 같은 설명은 '신지방주의적'이라는 용어가 내포하는 모든 의미, 즉 진정성, 친숙성, 장소와의 연결성을 근본적으로 위반하기 때문에 신지방주의에 대한 민하스 크릭의 접근법을 '유사'라는 용어로 기술하는 것이 적절한 방법이라고 생각한다.

결론

모든 맥주와 모든 맥주 양조장이 지방적이었던 19세기의 소박한 시작 이후, 캐나다의 현대 맥주 양조 산업은 20세기 중반에 극적인 통합을 겪었다. 한 가지 주요한 결과는 지역 사회와 장소와의 모든 관계를 점진적으로 단절시키는 소수의 전국적 기업과 브랜드의 출현이었다. 1980년대 이후의 소규모 맥주 양조 부흥은 이러한 추세를 뒤집었다. 새로운 수제 양조장은 종종 지방의 정체성을 수용했으며, 대형 전국적 양조회사보다 장소(지역, 지역사회)와 더 밀접하게 연결되어 있다. 후자는 맥주 시장의 수제 부문에서 경쟁할 수 있도록 돕기 위한 다양한 전략으로 대응했지만, 대부분의 경우 소형 맥주 양조장이 하는 것과 동일한 방식으로 장소 유대를 구축하지 않았다. 결국 후자는 진정한 지방 사업이다. 그들의 신지방 브랜드 전략과 지방 정체성을 구축하는 다른 수단들은 거의 틀림없이 좋은 맥주를 만드는 것 외에도 그들의 성공의 핵심 요소이다.

  여기에 제시된 자료와 결론은 분명히 피상적이며 신지방주의의 풍부함을 완전히 다루지는 못했다. 예를 들어, 맥주의 마케팅은 회사와 제품의 이름을 짓는 것 이상의 것을 포함한다. 또한 광고 캠페인과 제품 포장은 맥주 양조장의 지리와 장소에 대한 추가적인 검토를 위한 풍부한 지형을 제공한다. 추가 연구를 통해 소형 맥주(및 기존) 양조장 소유주와 마케팅 담당자가 브랜드 및 마케팅 전략을 개발하는 동기를 유용하게 탐색할 수 있다. 마찬가지로 소비자 행동 연구는 지방 정체성이 구매 결정에 진정으로 정보를 제공하는지 여부를 결정하는 데 도움이 될 수 있다. 캐나다 산업의 지속적인 발전에 대한 광범위한 추세 또한 더 탐구할 가치가 있다. 예를 들어, 기존에는 전국적 맥주 양조회사들이 지방 맥주 양조장과 자사 브랜드를 인수하여 동화시켰지만, 최근에는 이들이 인수하는 소규모 맥주 양조장의 독립적인 운영을 유지하는 추세(위에서 기술한 사례)가 나타나고 있다. 이것은 계획적이다. 한편, 새로운 시대의 대형 소형 맥주 양조장 중 일부는 1940년대, 1950년대, 1960년대에 전통적인 양조장들이 그랬던 것처럼 전국적으로 확장되고 있다. 예를 들어, 온타리오의 슬리먼은 핼리팩스의 매리타임(Maritime) 양조회사, 토론토의 어퍼 캐나다(Upper Canada) 양조회사, 브리티시컬럼비아의 오카나간 스프링스(Okanagan Springs)를 인수했다. 흥미롭게도 이 새로운 인수 물결은 20세기 중반과 비교했을 때 성격과 영향력이 매우 다르다. 게다가 슬리먼 자체는 일본의 삿포로(Sapporo)에 의해 인수되어 전국적 포트폴리오와 국제적인 소유권을 가진 '현지' 양조장이 되었다. 캐나다 양조 산업은 지속적으로 발전하고 있으며, 이러한 양상과 전개 과정은 더 많은 연구를 할 가치가 있다.

그러함에도 불구하고 소형 맥주 양조장은 제품의 품질뿐만 아니라 장소에 대한 사람들의 정체성에 계속해서 호소하고 있다. 파파도풀로스(Papadopoulos)가 제안한 바와 같이, 소비자들은 구매 결정을 내릴 때 제품의 내재적(예: 기술적 품질)과 외재적(예: 가격 및 브랜드) 특성을 모두 활용한다. 특히 제품 또는 회사의 수명주기의 초기에는 내재적인 단서를 평가하기 어려울 수 있기 때문에, "구매자들은 판단을 위해 PI(place identity, 장소 정체성)와 같은 내재적인 단서에 의존하지 않는 경우가 더 많다"(Papadopulos 2011, p.28). 소형 맥주 양조장들은 이를 성공적으로 활용하고 있다. 전통적인 양조업자들이 캐나다의 맥주 양조 산업과 소비문화를 변화시키기 위해 사용했던 일반적이고 표준화된 접근 방식과는 대조적으로 "소형 맥주 양조 맥주의 매력이 전국적 또는 심지어 지역적인 것을 거부하면서 더 지방적인 문화를 선호한다는 것이다"(Flack 1997, p.49). 이것은 오늘날 세계화된 세계가 분열되고 포스트모던, 포스트 소비자주의 사회로 특징지어진다는 자주 제기되는 주장과 일치하는 것으로 보인다. 슈넬(Schnell)과 리스(Reese)가 말했듯이, "만약 당신이 당신의 지역 사회와 그것의 개성을 지지하고, 우리의 소비자 사회가 우리에게 억지로 강요하는 단조롭고 획일적이고 평범한 보통 사람들을 가차 없이 힘으로 밀어붙이는 것을 멈추기를 원한다면, 당신은 당신의 지방 자가 양조 맥줏집에서 1파인트를 마시는 것도 나쁘지 않을 수 있다"(2003, p.66).

참고 문헌

Beaumont S (1994) Stephen Beaumont's great canadian beer guide. Macmillan, Toronto

Beaumont S (1995) A taste for beer. Macmillan, Toronto

Beaumont S (April 2004) Oh look, it's another major brewery merger! http://worldofbeer.com/features/feature-200408.html. Accessed 14 July 2005

Big Rock Brewery (n. d) In the Community. http://www.bigrockbeer.com/about-big-rock/community. Accessed 15 April 2013

Bigelow S (May 17, 2012) Beer in Vancouver. Authenticity: the city of Vancouver archives blog. http://www.vancouverarchives.ca/2012/05/beer-in-vancouver/. Accessed 16 April 2013

Brent P (2004) Lager heads: labatt and Molson face off for Canada's beer money. HarperCollins, Toronto

Brewers Association of Canada (1965) Brewing in Canada. RonaldsFederated Ltd., Montreal

Brewers Association of Canada (1999) Annual statistical bulletin 1998.

Brewers Association of Canada, Ottawa

Brewers Association of Canada (2001) Main street revival: beer and the Renaissance of Creemore, Ontario. Way Beyond Beer v.3, p.6

Brewers Association of Canada (2003) Annual statistical bulletin 2002. Brewers Association of Canada, Ottawa

Brewers Association of Canada (2007). Annual statistical bulletin 2006. Brewers Association of Canada, Ottawa

Brewers Association of Canada (2009) Annual statistical bulletin 2008. Brewers Association of Canada, Ottawa

Cottone V (1986) Good beer: breweries and pubs of the Pacific Northwest. Homestead Book Co., Seattle

Denny M, May JD (1980) Regional productivity in Canadian breweries. Can J Region Sci 3(2): 209-226

Eberts D (2007) To brew or not to brew: a brief history of beer in Canada. Manitoba Hist 54: 2-13

Flack W (1997) American microbreweries and neolocalism: 'Ale-ing' for a sense of place. J Cult Geogr 16(2): 37-53

Foster J (November 2011) Canada's regional beer personality. http://www.onbeer.org/2011/11/canadas-regional-beer-personality/. Accessed 15 April 2013

Jordan-Bychkov T, Domosh M, Neumann RP, Price PL (2006) The human mosaic: a thematic introduction to cultural geography, 10th edn. W. H. Freeman and Company, New York

Minhas Creek Brewing Company (n. d) Untitled [company homepage]. http://www.damngoodbeer.biz. Accessed 15 April 2013

Modern Brewery Age (Dec 29, 1997) Brewers association of America convention, panel discussion, Nov 11th, 1997

Ontario Craft Brewers (n. d) The Ontario craft brewers: welcome all visitors! http://www.ontariocraftbrewers.com/pdf/media_tours09. pdf. Accessed 15 April 2013

Papadopoulos N (2011) Of places and brands. In: Pike A (ed) Brands and branding geographies. Edward Elgar, Cheltenham, pp.25-43

Pike A (2011) Introduction: brands and branding geographies. In: In Pike A (ed) Brands and branding geographies. Edward Elgar, Cheltenham, pp.3-24

Plummer R, Telfer D, Hashimoto A, Summers R (2005) Beer tourism in Canada along the waterloo-wellington ale trail. Tourism Manage 26(3): 447-458

Plummer R, Telfer D, Hashimoto A (2006) The rise and fall of the waterloo-wellington ale trail: a study of collaboration within the tourism industry. Curr Issues Tourism 9(3): 191-205

Rickard's (n. d) Rickard's: it's remarkably Rickard's [company homepage]. http://www.rickards.ca. Accessed 15 April 2013

Schnell SN, Reese JF (2003) Microbreweries as tools of local identity. J Cult Geogr 21(1): 45-69

Sneath AW (2001) Brewed in Canada: the untold story of Canada's 350-year-old brewing industry. The Dundurn Group, Toronto

The Western Brewer (1903) One hundred years of brewing: a complete history of the progress made in the art, science and industry of brewing in the world, particularly during the nineteenth century (supplement). H. S. Rich and Co., New York

사사

캐나다에 있는 모든 양조장과 그 제품의 이름을 나열하는 단일 출처는 없다. 여기에 사용된 이름 목록은 캐나다 맥주 양조협회의 회원 자격과 여러 온라인 블로그를 포함한 다양한 출처에서 추출되었다. 존재가 확인될 수 있는 양조장만 포함되었다. 제품 이름에 대해서는 가능한 한 많은 개별 브랜드를 식별하기 위해 양조장 자체 웹사이트를 광범위하게 검색했다. 이 일을 도와주신 피터 굿(Pieter Good) 씨께 감사한다.

17.

오프라인 양조 맥주와 온라인 관점
: 맥주 트윗의 지리 탐색하기

매슈 주크Matthew Zook, 에이트 푸어두이스Ate Poorthuis
켄터키대학교

| 요약 |

이 장에서는 '맥주' 및 관련 용어를 참조하는 지오코딩된 소셜 미디어 데이터(가상경관이라고도 함)의 분포를 분석한다. 세계의 모든 지오코딩된 트윗을 수집하는 진행 중인 연구 프로젝트를 바탕으로 이 장은 맥주에 대한 트위터 사용자들의 일상적인 논평의 빈도와 지리적 분포의 차이를 탐구한다. 2012년 100만 개에 가까운 지오코딩된 맥주 트윗의 순수한 활동량은 그 자체로 주목할 만하지만, 가장 흥미로운 공간 양상이 나타나는 것은 데이터의 하위 집합 간 비교가 이루어질 때이다. 온라인 소셜 미디어 내에서 이러한 차이의 양상을 보여 주기 위해, 맥주 트윗을 다른 주제에 대한 트위터 댓글과 비교한다. 즉 와인과 맥주 트윗의 지리적 대조와 맥주에 대한 온라인 대화 내의 차이점을 조사한다. 라이트 맥주(light beers)나 지역적인 '값싼' 맥주에 대한 언급은 공간에 따라 다르다. 이러한 지리적 차이[예: '맥주'와 '와인'이 인기 있는 장소는 어디일까? 또는 '버드 라이트(Bud Light)' 대 '쿠어스 라이트(Coors Light)'는?]는 온라인에서 표현된 해설과 관점이 오프라인 관행과 선호를 어떻게 반영하는지를 조명한다. 간단히 말해서 트윗을 지도화함으로써 생성된 '맥주 공간'의 시각화는 자신의 관점을 제시하는 온라인 관행을 통해 표현되는 특정 맥주에 대한 오프라인 선호의 복잡한 얽힘을 나타낸다.

서론

물리적 공간과 정보 공간 사이의 상호 연결은 지난 수십 년 동안 비약적으로 확장되었다. 1980년대 개인용 컴퓨터의 등장, 1990년대 상업용 인터넷의 등장, 2000년대 이동 통신의 성장은 디지털 정보를 일상 생활의 실천에 꾸준히 통합하는 데 기여했다. 점점 더 많은 도시들이 스리프트와 프렌치

(Thrift & French 2002)가 주장한 것처럼 정보와 소프트웨어가 사물을 작동시키는 데 불가분으로 묶여 있는 '공간의 자동 생산'의 대상이 되는 것으로서 특성화되기 쉽다. 엘리베이터의 이동을 제어하는 저급 마이크로칩에서부터 정교한 교통 혼잡 가격 시스템에 이르기까지, 정보는 오늘날 도시의 필수적인 부분이다(Graham and Marvin 1996). 키친과 닷지(Kitchin & Dodge, 2011, p.198)는 '코드가 공간의 생산을 지배하는' '코드/공간'의 개념화로 가정과 심지어 농장 공간의 이러한 이해를 확장하고, 정보 처리 소프트웨어가 달걀에서 음악에 이르기까지 모든 것의 생산과 이동을 추적하는 다양한 방식을 검토한다.

일상생활에 정보와 소프트웨어의 통합이 증가함에 따라 지리학의 학문과 일상 관행 모두에 직접적인 영향을 미쳤다. 전 지구적 위치결정 시스템(GPS), 무료 온라인 지도화 (Google이 제공하는 것과 같은) 및 강력한 모바일 스마트폰의 인기는 일반 대중에 걸쳐 지도화 및 공간 인식의 가용성에 큰 영향을 미쳤다(Graham and Zook 2013; Graham et al. 2013). 초기 세대가 전문가에 의해 배포된 정적 지도와 공간 데이터에 익숙했던 반면, 오늘날의 세계는 지도화의 민주화, 즉 모든 사람이 공간적으로 참조되는 정보와 시각화를 만드는 데 참여할 수 있다. 이 현상은 굿차일드(Goodchild 2007)에 의해 사용자 기여 지리 정보(volunteered geographic information, VGI)로 불리게 되었지만 신지리학(neogeography), 디지플레이스(digiplace) 및 지오웹(geoweb)이라고도 불린다(Zook and Graham 2007; Graham 2010 참조). 이름과 상관없이, 보편적으로 강조되는 핵심은 개인이 단순히 지도의 소비자가 되는 것이 아니라 공간 데이터와 시각화의 능동적이고 참여적인 생산자가 될 수 있는 능력이다.

개인의 지도 제작 역량 강화로 이제는 일상적인 공간 검색을 통해 가까운 편의시설을 찾는 행위, 휴대전화가 남긴 디지털 흔적을 무의식적으로 만드는 행위, 사업체나 상점을 검토하여 새로운 콘텐츠를 의도적으로 만드는 행위 등이 포함된다. 공간 태그 지정의 관행이 온라인 소셜 미디어, 예를 들자면, 페이스북(Facebook), 포스퀘어(Foursquare), 트위터(Twitter) 등의 사용에 침투하여 일반적인 의견이나 '상태 갱신'이 작성된 실제 위치로 항목이 지정된다. 소셜 미디어에 위치 태그를 지정하는 이러한 관행은 수백만 명의 개인의 일상적인 공간 이동에 비길 데 없는 통찰력을 제공하며, 더욱이 그들이 그 당시에 무엇을 하고 있고 무엇을 생각하고 있는지를 엿볼 수 있다. 확실히 사용자가 생성하고 지리 태그된 소셜 미디어 데이터에는 오랜 기간 동안 지속된 재현 우려(Pickles 1995)부터 VGI의 유비쿼터스 프로세스 내에서 공간적, 사회적 편견을 강조하는 새로운 비판에 이르기까지 상당한 문제가 남아 있다(Crutcher and Zoo 2009; Haklay 2013). 그러나 이러한 문제는 공간 질문에 답하기 위해 지오코딩된 소셜 미디어 데이터를 사용하려고 해서는 안 된다는 것을 의미하지 않으며, 오히려 질문 유형, 질문의 규모 및 결과가 해석되는 방식에 대한 인식과 신중한 감수성이 필요하다. 이를 위해, 이

장은 미국에서 맥주에 대한 사용자 생성 논평의 지리적 위치에 대한 초기 탐색을 제공하기 위해 소셜 미디어의 한 형태인 지오코딩된 트위터의 트윗을 탐색한다.

공간적으로 물질 세계에 대한 온라인 정보를 참조하는 가상경관의 아이디어를 바탕으로(Crutcher and Zook 2009 참조), 이 연구는 켄터키대학교에서 진행 중인 연구 프로젝트를 활용하여 세계의 모든 지오코딩된 트윗을 수집한다. 2012년 100만 개에 가까운 지오코드화한 맥주 트윗 전체의 활동량은 그 자체로 주목할 만하지만, 가장 흥미로운 공간 양상이 나타나는 것은 데이터의 하위 집합 간 비교가 이루어질 때이다. 온라인 소셜 미디어 내에서 이러한 차이의 양상을 보여 주기 위해, 이 장은 맥주 트윗을 다른 주제에 대한 트윗 댓글과 비교한다. 즉 와인과 맥주 트윗의 지리적 대조와 맥주에 대한 온라인 대화 내의 차이점을 고찰한다. 라이트 맥주나 지역적 '맛있는' 맥주에 대한 언급은 공간에 따라 어떻게 다른지 고찰한다. 이러한 지리적 차이(예: '맥주' 대 '와인'의 인기 장소는 어디일까? 또는 '버드 라이트' 대 '쿠어스 라이트'는)는 온라인에서 표현된 해설과 관점이 오프라인 관행과 선호를 어떻게 반영하는지를 조명한다. 간단히 말해서, 트윗을 지도화함으로써 생성된 '맥주 공간'의 시각화는 자신의 관점을 제시하는 온라인 관행을 통해 표현되는 특정 맥주에 대한 오프라인 선호의 복잡한 얽힘을 나타낸다.

자료와 방법

이 연구의 데이터는 돌리(DOLLY, Digital Online Life) 프로젝트에서 추출한 것으로, 공개 소스 소프트웨어에서 맞춤형 데이터베이스 및 소프트웨어 시스템을 사용하여 특히 더 일시적인 형태로, 지오태그된 소셜 미디어를 수집한다. 켄터키대학교에 위치한 돌리는 전용 가상 서버 클러스터에서 실행되며 트위터 응용 프로그램 인터페이스(Twitter API)를 통해 모든 지오태그된 트윗(하루 약 800만 개)을 수집하여 전체 데이터베이스에서 실시간 검색을 수행할 수 있다. 돌리 프로젝트는 2011년 12월부터 운영되고 있으며, 그 이후 2013년 9월 현재 약 50억 개의 트윗을 수집, 색인화 및 저장하고 있다. 견고하고 안정적인 백 엔드(back-end) 외에도, 돌리 프로젝트에는 데이터를 쉽게 탐색하고 분석할 수 있는 사용자 친화적인 프론트 엔드(front-end)가 포함되어 있다. 현재 반복 작업에서 연구자는 실시간으로 데이터베이스 전체 텍스트를 검색하고, 공간 및 시간적으로 결과를 시각화하며, R 또는 ArcGIS와 같은 전용 통계 및 지리 공간 소프트웨어에서 오프라인으로 추가 분석을 위해 결과를 텍스트 파일로 내보낼 수 있다. 현재 데이터는 지오태그가 지정된 트윗으로 제한되지만, 사용 중인 틀을 쉽게 활용하여 다른 소스도 포함할 수 있다.

이 장에서는 돌리 사용자 인터페이스를 사용하여 지오코딩된 트위터 데이터의 네 가지 하위 집합을 추출했다.

- '와인' 또는 '맥주'라는 핵심어가 포함된 트윗
- '버드 라이트' 또는 '쿠어스 라이트'와 같은 다양한 라이트 맥주와 관련된 핵심어가 포함된 트윗;
- '버드와이저(Budweiser)' 또는 '사라낙(Saranac)'과 같은 다양한 '저렴한' 브랜드의 맥주와 관련된 핵심어와 '맥주'[1]라는 용어가 포함된 트윗
- 정규화에 사용된 모든 트윗의 임의적인 선택

이 트윗은 2012년 6월~2013년 5월에 전송된 것으로 한정하여 전체 데이터와 계절 변이에 대한 통제를 가능하게 한다. 핵심어와 정확히 일치하는 트윗(대문자 제외)만 수집되었으며, 가능한 언어 효과를 단순화하기 위해 미국에서 만들어진 트윗만 수집되었다. 시각화를 단순화하기 위해 하위 48개 주만 사용되었다. 대부분의 핵심어에서는 지오코딩된 트윗의 모집단이 사용되었지만, '맥주' 및 '와인'라는 용어에서는 여전히 수십만 개의 관측치가 있는 데이터 세트를 생성하는 10% 무작위 표본이 대신 데이터 가공 및 처리를 더 쉽게 하기 위해 사용되었다.

결과 데이터 세트는 각 트윗이 전송된 위치를 기록하는 점 차원의 데이터로 구성된다. 이 장에 제시된 시각화는 대륙부 미국 전역을 사각형 격자(800×800 셀 또는 각각 폭이 약 0.07 십진도이고 높이가 0.03 십진도인 64만 셀)에서 가우스의 커널(Gaussian kernel) 밀도를 사용하여 각 특정 핵심어를 평탄화된(smoothed) 별도의 점 패턴 처리로 가공하여 생성된다(Diggle 1985; 2003 참조).

이 처리의 결과는 각 점 패턴의 강도를 포함하는 각 셀 값을 가진 800×800 격자이다. 전체 트위터 활동 수준의 공간적 차이를 수정하기 위해, 즉 인구가 많은 곳은 인구가 적은 지역보다 트위터 수가 훨씬 많으며, 각 격자점 양상은 처음 처리된 모든 트위터의 무작위 선택에 의해 정규화되는데, 즉 핵심어처럼 동일한 방식으로 강도 격자로 전환된다, 각 핵심어의 각 격자 셀에 대해 승산비가 계산된다. 여기서 값이 1인 비율은 무작위 표본에서 기대한 만큼 핵심어에 대한 데이터 점이 많이 있고 1보다 큰 비율은 예상보다 많은 점을 나타낸다. 각 셀에 대해 99.5%의 신뢰 구간이 계산되며 통계적으로 유의한 1보다 큰 승산비를 가진 셀만 이러한 단일 핵심어 포인트 패턴 지도에 포함된다. 종종 인구가 희박한 지역(대평원과 로키산맥의 주)이나 맥주 관련 트윗이 상대적으로 적은 사이트(남동부)는 통

---

1 수집된 트윗이 맥주를 구체적으로 참조하는지 확인하기 위해 부울린(Boolean) 매개 변수 'AND beer'가 포함되었다. 부울린 매개 변수 없이 트위터를 육안으로 검사한 결과 일부 핵심어, 예를 들면 론스타(Lonestar), 올림피아(Olympia) 및 후드폴(Hudepohl)은 다른 맥주 브랜드 핵심어에 비해 높은 수준의 비맥주 트윗을 발견했다.

계적으로 유의한 임곗값을 충족하지 못해 일부 지도에 분류되지 않는 경우가 있다. 여러 핵심어 지도를 지역 변이의 단일 시각화로 결합하기 위해 반복적 이동 평균[흔히 아이소데이터(ISODATA)라고 함]에 기반한 군집 절차가 사용된다(Ball and Hall 1965). 중첩된 군집에 걸린 셀은 각 계급에 대한 정규 분포를 가정하고 특정 군집에 속하는 각 셀의 확률을 결정하기 위해 각 군집에 대한 분산/공분산 행렬을 사용하는 최대우도법(maximum likelihood classification)으로 분류를 위해 ISODATA 군집화 결과를 입력[베지안(Bayesian) 용어의 사전분포]으로 사용하여 범주에 할당된다. 셀 할당은 확률이 가장 높은 군집을 기준으로 한다.

트위터에서 맥주 품평의 가상경관

다음 맥주 가상경관 지도(트위터를 통한 맥주 품평의 지리라고도 함)는 맥주에 대한 온라인 소셜 미디어 대화 내의 인기 장소와 차이점을 조명한다. 이러한 시각화는 오프라인과 온라인 관행 사이의 연결고리에 대한 설득력 있는 예를 제공하고 가상경관이 어떻게 중요한 지역에 대한 통찰력을 제공할 수 있는지 보여 준다.

와인 대 맥주

미국에서는 오랫동안 맥주가 선호되는 알코올 음료였지만, 최근 갤럽 여론조사에 따르면 미국인들은 맥주와 와인 사이에서 선택한 음료로 거의 비슷하게 나뉘고 있다(O'Donnell 2013). 그러나 국가 수준에서 거의 동일한 일련의 선호도는 주 및 지역 차원에서 소비의 지리적 차이를 모호하게 한다. 맥주와 와인 선호도의 공간적 차이를 설명하는 것은 이 장의 범위를 벗어나지만, 경제지리 이론에서 도출된 가능한 요인에는 와인과 맥주 생산 재료와의 물리적 근접성, 소득 제약 및 와인 또는 맥주 음료에 대한 문화적 선호가 포함된다. 지오웹에 대한 이전의 연구는 맥주에 대한 태도의 이러한 공간적 차이가 이 활동의 지리 사회적 미디어 차원을 고찰함으로써 확인될 수 있음을 보여 준다(Floating Sheep 2010; 2012). 따라서 이 장의 첫 번째 단계는 '와인'과 '맥주'라는 핵심어를 포함하는 트윗의 공간적 변화를 조사하는 것이다(그림 17.1 참조).

　이 분석에서 나타나는 지리는 온라인 활동이 오프라인 관행을 어떻게 반영하는지에 대한 유용한

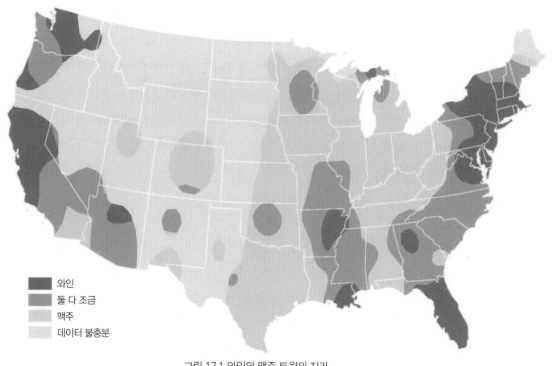

그림 17.1 와인와 맥주 트윗의 지리

범례:
- 와인
- 둘 다 조금
- 맥주
- 데이터 불충분

예를 제공한다. 미국에는 분류되지 않은(가장 밝은 회색으로 음영 처리된) 많은 지역이 있지만(특히 로키산맥 서쪽과 대평원, 미시간주의 위쪽 반도 지역 및 메인주 북부 지역)이 지역은 인구 밀도가 낮고 트위터 활동이 상대적으로 낮다. 그러나 미국의 나머지 지역은 와인과 맥주에 대한 관심의 지역적 차이에 대한 귀중한 통찰력을 제공한다. '와인' 트윗의 더 많은 수를 나타내는 가장 어두운 회색 지역은 캘리포니아 북부와 중부뿐만 아니라 워싱턴과 오리건의 와인 재배 지역에 집중되어 있다. 와인 산업은 이러한 지역에서 중요한 경제 활동이며 따라서 트윗의 주제가 될 것이기 때문에 이는 비교적 예측 가능하다. 게다가 이러한 지역은 미국에서 주요 와인 시장 및 소비 지역을 나타낸다(Lamy 2012).

반대쪽 해안에는 또한 뉴햄프셔 남부에서 보스턴과 뉴욕을 거쳐 뻗어 있는 광범위한 대도시 지역을 포함하여 워싱턴 D.C. 대도시 지역에 이르기까지 와인에 대해 트윗하는 경향이 뚜렷하게 나타난다. 이 와인 구역은 또한 중요한 와인 재배 지역인 뉴욕 북부의 많은 지역까지 확장된다. 플로리다, 애틀랜타, 뉴올리언스, 멤피스와 존스버러 주변 지역은 다른 와인 트윗 군집을 나타낸다. 이러한 집중도의 대부분, 특히 메가로폴리스 지역은 중요한 와인 시장(Lamy 2012)과 일치하며 중간 회색으로 음영 처리된 그 사이의 지역은 맥주와 와인에 대한 트윗에서 동등함을 나타낸다. 간단히 말해서, 미

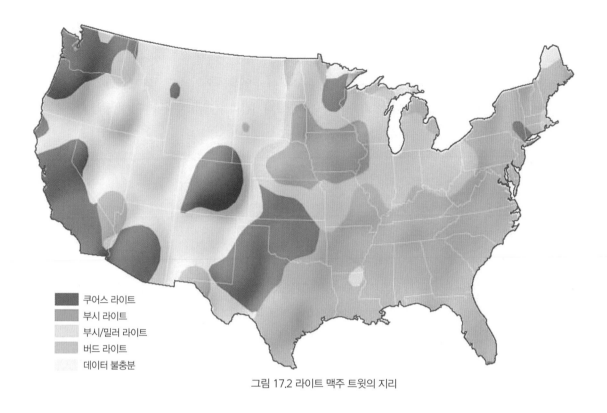

그림 17.2 라이트 맥주 트윗의 지리

국의 양쪽 해안 지역은 맥주보다 와인을 더 선호하며, 더 구체적으로 말하면 와인 트윗의 강도가 더 높다.

대조적으로 동부 펜실베이니아에서 미네소타에 이르는 대부분의 중서부 지역과 캔자스, 오클라호마, 텍사스를 포함한 서부 남중부 지역의 상당 부분이 맥주 관련 트윗의 근원이 될 가능성이 훨씬 높다. 이 지역의 일부, 특히 위스콘신과 미네소타와 같은 중서부 북부의 주들은 북유럽과 중부 유럽에서 온 유럽 이민자들에 의해 정착되었고 맥주 양조와 소비의 강력한 문화적 전통을 가지고 있다. 실제로 '저렴한' 지역 맥주의 아래의 지도(그림 17.3 참조)는 특정 브랜드에 대한 선호도가 있는 지역을 보여 준다. 또한 로키산맥의 동쪽 지역, 특히 덴버—볼더(Denver—Boulder) 지역, 솔트레이크시티 대도시 지역뿐만 아니라 시우다드후아레스와 샌디에이고를 포함한 티후아나의 반대쪽 남쪽 국경 지역에도 더 작은 군집이 나타난다. 미국 내륙에서 더 많은 맥주 트윗 양상에 대한 한 가지 주요 예외는 뉴올리언스에서 시작하여 북쪽으로 멀리 미주리주 일부까지 확장된 미시시피 계곡 지역이다. 이 지역은 와인과 맥주 사이의 더 모호한 양상을 보여 준다.

이 분석은 물질적 행동이나 주식에 기반한 데이터가 아닌 정보 공간, 즉 트윗을 보내는 활동에 기반을 두고 있으며 맥주와 와인이 품평되는 방식의 공간적 차이, 예를 들어 일부 지역에서 탄산수 (pop), 소다(soda) 및 청량음료(soft drink)가 트윗되는 방식과 유사한 것의 발견을 이 지도로 그려질 수 있다는 것을 기억할 가치가 있다. 그럼에도 불구하고 나타난 양상은 와인과 맥주와 관련된 오프라인 역사, 문화, 경제 관행과 대체로 일치하며 일상생활의 디지털과 물질적 차원이 어떻게 공존하고 반영되는 공간인지에 대한 설득력 있는 예를 제공한다.

라이트 맥주의 공간성

맥주와 와인 트윗의 비교에서 확장하여 이 장은 다양한 종류의 맥주에 대한 소셜 미디어 내의 지리적 차이를 조사한다. 많은 하위 범주를 사용할 수 있지만, 2012년에는 매출로 측정한 상위 5개 맥주 중 4개가 라이트 맥주(DBJ Staff 2013)였기 때문에 중요한 연구 분야에 해당한다. 게다가 라이트 맥주의 인기는 소셜 미디어에 보다 많이 나타남으로 시각화를 단순화하고 분류되지 않은 지역이 적도록 보장한다. 따라서 여기 지도는 미국에서 가장 인기 있는 라이트 맥주인 버드 라이트(Bud Light), 쿠어스 라이트(Coors Light), 밀러 라이트, 부시 라이트(Busch Light)의 이름이 포함된 트윗의 지리를 보여준다. 이것은 지리적 시장 점유율과 관련이 있을 가능성이 높지만, 후자의 자료를 사용할 수 없기 때문에 트윗과 판매를 직접 연결할 수도 없다. 마찬가지로 우리는 이러한 브랜드에 대해 긍정적이든 부정적이든 트윗에서 표현된 감정을 분류하거나 측정하지 않고 특정 이름에 대한 언급만 표시한다. 따라서 이 지도는 다른 라이트 맥주와 비교하여 특정 브랜드에 대한 트위터 내의 관심 수준을 측정하는 것으로 가장 잘 해석된다.

라이트 맥주 트윗의 지리(그림 17.2 참조)는 다양한 브랜드에 대한 관심의 변화에 설득력 있는 그림을 제공한다. 가장 분명한 양상은 버드 라이트와 쿠어스 라이트라는 두 개의 가장 큰 브랜드가 미국의 라이트 맥주 가상경관을 지배하고 있다는 것이다. 이것은 그들의 매출 합계가 다른 두 맥주를 2.5 대 1로 능가하기 때문에 놀라운 일이 아니다. 게다가 이 두 브랜드의 지리적 위치는 버드 라이트가 인구 밀도가 높은 미국 동부 해안과 남부 지역을 지배하고 있는 반면, 쿠어스 라이트는 미국 서부 지역에 주로 모여 있다. 이 지역은 시장 점유율 쟁점(쿠어스 라이트의 매출 23억 달러 대비 버드 라이트의 매출 59억 달러)과 쿠어스가 콜로라도주 골든에 설립되어 본사를 계속 유지하고 있는 역사와 관련이 있을 것이다. 지도에서 쿠어스 라이트에 대한 관심이 높은 지역으로 강조된 콜로라도 지역 외에도 로키산맥 서부의 대부분 지역이 이 범주에 들 가능성이 있어 보인다. 그러나 이 지역은 인구가 적은 지역으로 낮은 수준의 트윗 활동과 강하게 동일시되므로 19세기 식민지 지도의 전통적인 '알려지지 않은 내륙' 꼬리표의 반복으로 이 지도에서 분류되지 않은 상태로 남아 있다. 소셜 미디어의 일부 한계를 상기시키는 것으로, 특히 그 사용은 공간과 사회에 따라 다양하며 대표되지 않는 공간과 사람들을 야기한다는 것이 가장 두드러진다.

동부와 남부의 버드 라이트 양상에 대한 예외가 명백하지만(뉴욕시 지역에서 두드러지는 쿠어스 라이트에 대한 트윗) 전체적인 지리적 구분은 비교적 일관성이 있다. 그러나 지역적 특이치는 와인 대 맥주 분석에서 핵심 맥주 지역으로 부상한 중서부 위쪽이다(그림 17.1 참조). 펜실베이니아 서부에서 네브래스카 동부에 이르는 이 지역에서는 트위터 내에서 더 많은 관심을 받는 다른 브랜드들이 등장한다. 부시 라이트와 밀러 라이트(Miller Lite)는 각각 버드 라이트와 쿠어스 라이트의 제조업체가 소유하고 있지만 이러한 브랜드는 자체 고객 충성도 및 시장 전략을 갖춘 서로 다른 역사에서 생겨났다. 이들 브랜드가 더 큰 시장 점유율 사촌과 경쟁하고 차별화하는 정확한 방법은 이 장의 범위를 벗어나지만, 이들 브랜드가 더 우세한 브랜드와 차별화될 수 있는 고유한 트윗 지리를 보유하고 있음은 분명하다. 가장 인기 있는 라이트 맥주의 지배적인 시장 점유율과 지속적인 산업 통합에도 불구하고, 미국의 라이트 맥주의 가상경관은 온라인 소셜 미디어에서도 대중 시장 맥주 사이의 지역적 차이가 여전하다는 것을 보여 준다. 게다가 더 많은 틈새 맥주와 시장을 고려하면 맥주의 점점 더 복잡한 가상경관이 등장한다.

지역적으로 '저렴한' 맥주지리 밝히기

이 분석의 마지막 단계는 미국의 싸게 살 수 있는 (저렴하다고 알려짐) 여러 맥주 브랜드의 경쟁적이고 중첩적인 가상경관을 시각화하고 분석하는 것이다. 전국적 맥주[버드와이저(Budweiser)와 쿠어스(Coors)], 광범위하게 분포하는 수입 맥주[코로나(Corona)와 도스 에퀴스(Dos Equis)] 및 더 많은 지역 맥주를 선택하여 각 브랜드가 선호하는 소셜 미디어의 다양한 가시성을 탐구했다. 트윗이 단순히 성이나 장소 이름이 아닌 맥주 양조장의 제품을 참조하기 위해 '맥주'라는 용어가 있는 트윗을 데이터 세트에 추가하였다.

중요한 것은 핵심어 선택이 미국에서 제공되는 맥주의 전체 범위를 나타내는 것이 아니라 대기업이 역사적으로 독립된 양조장을 사들이면서 맥주 산업이 지속적으로 통합되고 있다는 최근 잡지 기사에서 정확한 정보를 추출한다는 것이다(Salon Staff 2011). 이 기사는 이 지도화 과정에 포함된 맥주

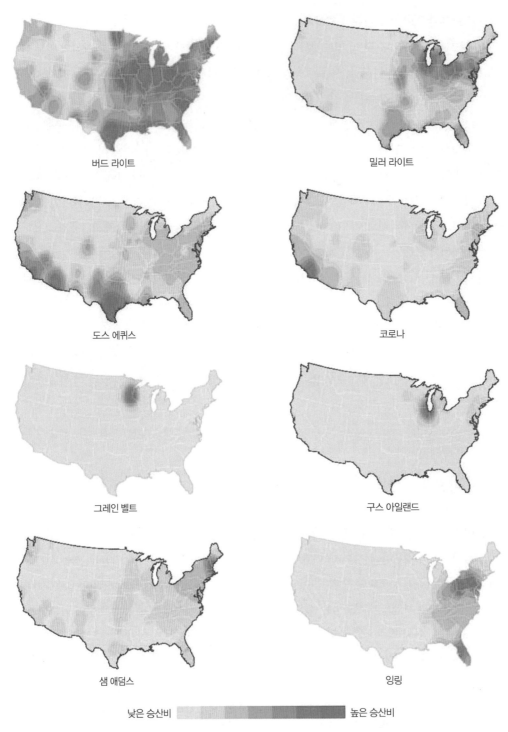

버드 라이트

밀러 라이트

도스 에퀴스

코로나

그레인 벨트

구스 아일랜드

샘 애덤스

잉링

낮은 승산비 ▭▭▭ 높은 승산비

그림 17.3 선택된 지역마다 '저렴한' 맥주 브랜드 트윗의 개별 지리

목록의 출처이기도 하다. 예를 들면 부상하는 소형 수제 맥주 양조, 인도 페일 에일 스타일 등과 같은 다른 목록에서도 유사한 지도화를 수행할 수 있지만, 디지털 소셜 미디어와 오프라인 자료 존재 사이의 관계에 초점을 맞춘 이 연구를 고려할 때, 그들이 그들의 지역에서 수십 년 동안 문화적 존재를 누리면서 핵심어를 더 전통적인 브랜드의 맥주로 제한하는 것이 유용하다.

먼저 a) 판매량이 많은, b) 멕시코 수입, c) 중서부 지역 브랜드와 d) 동해안 지역 브랜드들의 대략적인 쌍으로 분류된 8개의 서로 다른 맥주 브랜드에 대한 트윗 강도의 개별 포인트 패턴 격자를 고찰한다(그림 17.3 참조). 먼저 그림 17.2와 라이트 맥주 트윗의 군집 양상에서 버드 라이트와 밀러 라이트에 대한 특정 가상경관을 추출한다. 버드 라이트가 미국 동부 대부분에서 높은 트윗의 강도를 보여 주는 반면, 밀러 라이트는 그림 17.2와 거의 유사하게 중서부와 대평원에 거의 독점적으로 집중되어 있다. 맥주 트윗의 개별 및 군집 시각화 간의 전환은 그림 17.3의 나머지 단일 브랜드 지도와 그림 17.4의 군집된 복합을 해석하는 데 유용한 지침을 제공한다. 멕시코의 코로나 및 도스 에퀴스 수입을 보여 주는 다음 지도 쌍은 모두 국경을 따라 명확한 집중을 보여 준다. 도스 에퀴스는 코로나보다 남서쪽과 다른 지역 모두에서 훨씬 더 많이 퍼져 있다. 다음 지도 짝은 함께 중서부로 초점을 옮기면 미네소타의 트윈 시티(Twin Cities) 주변에서는 그레인 벨트(Grain belt)의 분명한 인기 장소가 있으며 구스 아일랜드(Goose Island)는 시카고를 중심으로 주로 인근으로 확장되는 가상경관을 보유하고 있다. 마지막 한 쌍의 지도에는 보스턴과 잉링(Yeungling)에 있는 본사를 중심으로 한 가상경관을 가진 샘 애덤스(Sam Adams)가 등장하며 펜실베이니아와 플로리다에 있는 운영 부서 주변에 트윗이 집중되어 있다.

또한 맥주 트윗의 복잡하고 중첩되는 공간을 설명하기 위해 개별 맥주 가상경관을 하나의 공통 지도로 통합하는 것은 설명적이다. 분석 중인 브랜드의 시장 점유율 크기의 다양성을 고려할 때, 이 지도에 대한 방법은 절대 언급 수보다 맥주에 대한 상대적인 언급 강도에 초점을 맞춘다. 그렇지 않으면 쿠어스와 버드와이저와 같은 주요 브랜드가 전체적으로 우세하고, 샘 애덤스와 같은 중간 규모의 사업체가 특정 지역 시장의 소규모 양조장을 능가하는 집계 지도는 그림 17.2와 매우 유사하게 보일 것이다. 브랜드의 가상경관의 지방화된 강도에 초점을 맞추면 다양한 시장 점유율에 걸쳐 그 결과로 주목받는 지역에 대한 더 나은 통찰력을 얻을 수 있다. 또한 여기에 제시된 시각화는 특정 위치를 단일 브랜드의 영역으로만 분류하는 것이 아니라 중첩되는 가상경관을 가능하게 한다. 그 결과는 해석하기가 더 어렵지만(그림 17.4 참조), 특히 다수의 경쟁 지역 맥주가 포함된 중서부와 북동부와 같은 지역에서 맥주 가상경관의 복잡성을 보여 주기 때문에 의도적으로 수행하였다.

서부를 시작으로 시애틀 대도시 지역의 올림피아(Olympia) 맥주와 캘리포니아 남부에서 코로나

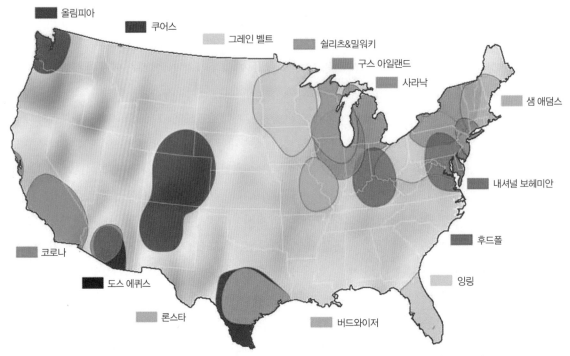

그림 17.4 지역의 '저렴한' 맥주 브랜드 트윗의 군집된 지역. 주된 중심지와 인접한 지역에 브랜드 상표를 붙임

맥주의 가상경관을 볼 수 있다. 이러한 후자의 효과는 주로 이 데이터 세트에 포함된 캘리포니아의 '저렴한' 맥주 중 하나인 럭키 라거(Lucky Lager)에 대한 트위터 언급이 상대적으로 적었기 때문이며, 이 맥주는 역사적인 원산지에서 대부분 사라졌다. 동쪽으로 이동하면 콜로라도를 중심으로 한 쿠어스의 가상경관을 볼 수 있는데, 이는 다시 부분적으로 맥주 브랜드의 상대적으로 제한된 선택의 결과인 반면, 코로나와 도스 에퀴스는 애리조나 남부에서 다각형이 크게 중첩되어 있다. 텍사스는 도스 에퀴스와 론스타가 주 최남단에 떠오르는 버드와이저와 대체로 유사한 윤곽을 공유하는 유사한 일련의 가상경관을 보여 준다.

미네소타에서 매사추세츠에 이르는 맥주 영역의 지대는 미네소타를 중심으로 하는 그레인 벨트에서 시작하여 슬릿(Schlitz), 올드 밀워키(Old Milwaukee)와 밀워키 베스트(Milwaukee's Best)로 대표되는 밀도가 높고 소용돌이꼴의 다각형으로 위스콘신을 덮고 일리노이, 인디애나 및 미시간을 가로질러 남쪽과 동쪽으로 확장되는 가장 복잡한 일련의 중첩 경계를 표시한다. 버드와이저는 전국적으로 많이 언급되나, 세인트루이스 주변에 특히 밀집된 가상경관을 계속 보유하고 있으며 후드폴(Hude-poll) 브랜드는 신시내티에 있는 본사 주변에 유사한 강세를 나타내고 있다. 후드폴 바로 동쪽에서는 잉링에 대한 트윗의 수가 증가하고 있음을 알 수 있는데. 잉링은 거리를 가로지르며 건너뛰어 또한 양조장이 있는 플로리다에서도 대표되는 브랜드이다. 동쪽으로 계속 가면 메릴랜드를 중심으로 한 내셔널 보헤미안(National Bohemian)의 가상경관이 있고, 뉴욕 서부와 북부에 제네시(Genesee)와 사라낙(Saranac)이 있다. 마지막으로 매사추세츠주의 북동쪽에는 샘 애덤스와 하펜리퍼(Haffenreifer)의 가상경관이 있다.

그림 17.3에서 사용된 자료는 맥주와 관련된 현실 세계의 구체적인 수치, 예를 들면 판매, 생산 등과 반대로 소셜 미디어와의 개별적인 행동에서 완전히 도출되었다. 그럼에도 불구하고, 등장하는 공간 양상이나 가상경관은 맥주 생산과 소비의 역사적, 현실적 존재와 명확한 관련이 있다. 신시내티 지역과 그 주변의 트윗은 미국의 다른 지역보다 후드폴에 대한 언급을 포함할 가능성이 훨씬 높은 반면, 서부 펜실베이니아는 비교적 많은 잉링 트윗을 포함하고 있다. 간단히 말해서 맥주에 대한 지리적 품평 소셜 미디어를 지도화하는 이 분석은 21세기에 현실과 디지털 세계가 얼마나 긴밀하게 통합되어 있는지 보여 준다.

결론

우리는 물리적 차원과 디지털 차원 모두에서 동시에 실행되고 경험되는 세계에서 점점 더 많은 혼종 지리를 만들어 내고 있다. 대부분의 일상적인 상호 작용이 현실성과 단절된 가상 현실에서 일어나는 단절된 가상 공간의 단순한 이상과는 거리가 먼(Gibson 1984) 우리의 삶은 물리적 행동과 디지털 행동을 끝없이 결합한다. 사회적 관행은 단순히 맥주를 마시는 것이 아니라 디지털 사진, 상태 업데이트, 품평에 대해 기록하는 것을 포함하도록 진화하거나 세 가지 모두의 조합을 특정 지리적 위치와 관련지어 양질의 수치로 저장되었다. 마찬가지로 맥주의 새로운 종류나 특정 종류에 대한 디지털 검색은 거의 확실히 동료 맥주 소비자들이 남긴 이전 기록에 영향을 받을 것이며 우리가 가장 접하기 쉬운 브랜드와 의견에 영향을 미칠 것이다(Zook and Graham 2007; Graham and Zook 2013). 간단히 말해서, 정보 기술의 사용은 21세기 인문지리의 근본이지만 상대적으로 연구가 많이 되지 않았다.

이 장에서는 소셜 미디어 내에서 생성된 데이터가 오프라인 관행과 매우 일치하는 방식으로 물리적 공간에 중첩될 수 있는 이러한 디지털 지역의 측면을 어떻게 포착하는지 보여 준다. 맥주와 관련된 와인에 대한 트윗의 분포는 다양한 맥주 브랜드에 대한 트윗의 밀도가 다양한 것처럼 역사적, 문화적, 경제적 물질 관행(그림 17.1 참조)과 강한 연관성을 보여 준다(그림 17.2~17.4 참조). 이러한 시각화는 매력적이지만 이 접근 방식의 잠재적인 간극과 단점도 강하게 보여 준다. 예를 들어, 모든 그림은 디지털 데이터가 분류하기에 충분하지 않거나 그림 17.4의 경우처럼 단일 영역 내에 여러 범주가 있는 영역을 보여 준다. 문제는 있지만 이러한 문제는 지리학의 디지털 차원이 오프라인 차원만큼 복잡하고 까다롭다는 점을 강조한다. 셸턴 등(Shelton et al. 2013, p.616)이 종교의 온라인 표현의 경우에서 주장하듯이, "여기에 제시된 분석은 오프라인 관행이 온라인 표현에 어떻게 내재되어 있는지를 명확하게 보여 주지만 이러한 성찰이 어떻게 그들만의 논리를 가지고 있는지도 보여 준다. 오래된 현실 양상은 지속되지만 디지털 영역 내에서 새로운 활동을 통해 누적되고 여과된다." 이 장에서는 맥주의 온라인 및 오프라인 차원 사이의 연결이 똑같이 복잡하다는 것을 보여 준다.

이 장에 제시된 시각화는 특정 스타일, 예를 들면 인도 페일 에일(India Pale Ale), 에일, 라거부터 가정 양조장 및 소규모 수제 맥주 양조장과 같은 사회 운동에 이르기까지 광범위한 맥주 범주에 대해 수행될 수 있다. 게다가 소셜 미디어와 사용자 기여 지리정보의 확산은 이 장과 책의 특정 초점을 훨씬 넘어서는 광범위한 문화적, 경제적 현상의 디지털 지리를 연구하는 데 큰 가능성을 가지고 있다는 것을 의미한다. 다른 많은 사회적 관행과 마찬가지로 맥주는 수천 년 동안 판매될 수 있지만 맥주와 관련된 사회 공간 관행(맥주 양조장을 검토하고, 평판을 게시하고, 사진을 지오태그하는)은 계속 진화하고 있다. 따라서 자료와 연구에 대한 우리의 접근 방식도 이러한 지리를 포착하기 위해 진화해야 한다.

참고 문헌

Ball GH, Hall DJ (1965) Isodata: a method of data analysis and pattern classification. Office of Naval Research, Information Sciences Branch. Stanford Research Institute, Menlo Park

Crutcher M, Zook M (2009) Placemarks and waterlines: racialized cyberscapes in post-Katrina Google Earth. Geoforum 40(4): 523-534

DBJ Staff (2013) Top 20 selling beers of 2012. January 11. Dayton Business Journal. http://www.bizjournals.com/dayton/news/2013/01/11/top-20-selling-beers-of-2012.html. Accessed August 28, 2013

Diggle PJ (1985) A kernel method for smoothing point process data. Appl Stat (Journal of the Royal Statistical Society, Series C) 34: 138-147

Diggle PJ (2003) Statistical analysis of spatial point patterns. 2nd edn. Arnold FloatingSheep Blog (2010) The beer belly of America. February 1. http://www.floatingsheep.org/2010/02/beer-belly-of-america.html. Accessed August 28, 2013

FloatingSheep Blog (2012) Church or Beer? Americans on Twitter. July 4. http://www.floatingsheep.org/2012/

07/church-or-beer-americans-on-twitter.html. Accessed August 28, 2013

Gibson W (1984) Neuromancer. Ace Goodchild M (2007) Citizens as sensors: the world of volunteered geography. Geo J 69(4): 211-221

Graham M, Zook M (2013) Augmented realities and uneven geographies: exploring the geolinguistic contours of the web. Environ Plann A 45(1): 77-99

Graham M, Zook M, Boulton A (2013) Augmented reality in urban places: contested content and the duplicity of code. T I Brit Geogr 38(3): 464-479

Graham M (2010) Neogeography and the palimpsests of place: web 2.0 and the construction of a virtual earth. Tijdschr Econ Soc Ge 101: 422-36

Graham S, Marvin S (1996) Telecommunications and the city: electronic spaces. Urban Places. Routledge

Haklay M (2013) Neogeography and the delusion of democratisation. Environ Plann A 45(1): 55-69

Kitchin R, Dodge M (2011) Code/space: software and everyday life. The MIT Press, Cambridge, MA

Lamy J (2012) Where are America's leading wine markets? http://enobytes.com/2012/12/13/leading-wine-markets/. Accessed August 28, 2013

O'Donnell B (2013) Wine challenging beer as America's drink of choice. The Wine Spectator. August 5. http://www.winespectator.com/webfeature/show/id/48770. Accessed August 28, 2013

Pickles J (1995) Ground truth. The Guilford Press, New York.

Salon Staff (2011) The United States of cheap beer. Salon. August 11. http://www.salon.com/2008/08/11/cheap_beer/. Accessed August 28, 2013

Shelton T, Zook M, Graham M (2012) The technology of religion: mapping religious cyberscapes. Prof Geogr 64(4): 602-617

Thrift N, French S (2002) The automatic production of space. T I Brit Geogr 27(3): 309-335

Zook M, Graham M (2007) The creative reconstruction of the Internet: google and the privatization of cyberspace and DigiPlace. Geoforum 38(6): 1322-134

✤ 집필진(게재순)

마크 패터슨 Mark W. Patterson　미국 조지아주, 케네소 주립대학교 지리·인류학과

낸시 홀스트 풀렌 Nancy Hoalst-Pullen　미국 조지아주, 케네소 주립대학교 지리·인류학과

맥스 넬슨 Max Nelson　캐나다 온타리오주, 윈저대학교 언어학, 문학·문화학과

스티븐 슈얼 Steven L. Sewell　미국 텍사스주, 메인랜드대학교 역사학과

새뮤얼 바츨리 Samuel A. Batzli　미국 위스콘신주, 위스콘신대학교 매디슨 캠퍼스, 우주과학·공학 센터

앤드루 시어즈 Andrew Shears　미국 펜실베이니아주, 맨스필드대학교 지리·지질학과

수전 가우스 Susan M. Gauss　미국 뉴욕주, 뉴욕 주립대학교 올버니 캠퍼스 역사학과

에드워드 비티 Edward Beatty　미국 인디애나주, 노트르담대학교 역사학과

로저 미터그 Roger Mittag　캐나다 온타리오주, 험버대학교 기술고등학습원, 호텔·여가·관광학부

피터 코프 Peter A. Kopp　미국 뉴멕시코주, 뉴멕시코 주립대학교 역사학과

제이 가트렐 Jay D. Gatrell　미국 켄터키주, 벨라민대학교 지리·환경학과

데이비드 네메스 David J. Nemeth　미국 오하이오주, 털리도대학교 지리·도시계획학과

찰스 예거 Charles D. Yeager　미국 미주리주, 미주리 남부 주립대학교 지리학과

스티븐 율 Stephen Yool　미국 애리조나주, 애리조나대학교 지리·개발학부

앤드루 컴리 Andrew Comrie　미국 애리조나주, 애리조나대학교 지리·개발학부

레베카 안나 매토드 Rebecca Anna Mattord　미국 조지아주, 케네소 주립대학교 지리·인류학과

마이클 베스트 Michael D. Vest　미국 조지아주, 케네소 주립대학교 지리·인류학과

제이크 헤울란 Jake E. Haugland　미국 콜로라도주, 콜로라도대학교 볼더 캠퍼스 평생교육·직업연구부

랠프 매크로플린 Ralph B. McLaughlin　미국 캘리포니아, 산호세 주립대학교 도시·지역계획학과

닐 리드 Neil Reid　미국 오하이오주, 털리도대학교 도시문제센터, 지리·도시계획학과

마이클 무어 Michael S. Moore　미국 오하이오주, 털리도대학교 도시문제센터, 지리·도시계획학과

필립 하워드 Philip H. Howard　미국 미시간주, 미시간 주립대학교 커뮤니티지속가능성학과

스티븐 슈넬 Steven M. Schnell　미국 펜실베이니아주, 쿠츠타운대학교 지리학과

조지프 리스 Joseph F. Reese　미국 펜실베이니아주, 에든버러대학교 지구과학학과

데릭 에버츠 Derrek Eberts　캐나다 매니토바주, 브랜든대학교 지리학과

매슈 주크 Matthew Zook　미국 켄터키주, 켄터키대학교 지리학과

에이트 푸어두이스 Ate Poorthuis　미국 켄터키주, 켄터키대학교 지리학과